U0382213

国家社会科学基金项目（批准号 04BGJ021）

当代齐鲁文库·山东社会科学院文库
THE LIBRARY OF CONTEMPORARY SHANDONG
SELECTED WORKS OF SHANDONG ACADEMY OF SOCIAL SCIENCES

山东社会科学院◎编纂

构建信息安全保障新体系

全球信息战的新形势与我国的信息安全战略

卢新德◎著

中国社会科学出版社

图书在版编目（CIP）数据

构建信息安全保障新体系：全球信息战的新形势与我国的信息
安全战略／卢新德著 . 一北京：中国社会科学出版社，2016. 12
　ISBN 978－7－5161－8680－0

　Ⅰ.①构…　Ⅱ.①卢…　Ⅲ.①信息安全－研究－中国
Ⅳ.①TP309

　中国版本图书馆 CIP 数据核字（2016）第 182763 号

出 版 人	赵剑英	
责任编辑	冯春凤	
责任校对	张爱华	
责任印制	张雪娇	

出　　　版	中国社会科学出版社	
社　　　址	北京鼓楼西大街甲 158 号	
邮　　　编	100720	
网　　　址	http：//www.csspw.cn	
发 行 部	010－84083685	
门 市 部	010－84029450	
经　　　销	新华书店及其他书店	

印刷装订	环球东方（北京）印务有限公司	
版　　　次	2016 年 12 月第 1 版	
印　　　次	2016 年 12 月第 1 次印刷	

开　　　本	710×1000　1/16	
印　　　张	27	
插　　　页	2	
字　　　数	441 千字	
定　　　价	108.00 元	

凡购买中国社会科学出版社图书，如有质量问题请与本社营销中心联系调换
电话：010－84083683

《山东社会科学院文库》
出版说明

　　党的十八大以来，以习近平同志为核心的党中央，从推动科学民主依法决策、推进国家治理体系和治理能力现代化、增强国家软实力的战略高度，对中国智库发展进行顶层设计，为中国特色新型智库建设提供了重要指导和基本遵循。2014年11月，中办、国办印发《关于加强中国特色新型智库建设的意见》，标志着我国新型智库建设进入了加快发展的新阶段。2015年2月，在中共山东省委、山东省人民政府的正确领导和大力支持下，山东社会科学院认真学习借鉴中国社会科学院改革的经验，大胆探索实施"社会科学创新工程"，在科研体制机制、人事管理、科研经费管理等方面大胆改革创新，相继实施了一系列重大创新措施，为建设山东特色新型智库勇探新路，并取得了明显成效，成为全国社科院系统率先全面实施哲学社会科学创新工程的地方社科院。2016年5月，习近平总书记在哲学社会科学工作座谈会上发表重要讲话。讲话深刻阐明哲学社会科学的历史地位和时代价值，突出强调坚持马克思主义在我国哲学社会科学领域的指导地位，对加快构建中国特色哲学社会科学作出重大部署，是新形势下繁荣发展我国哲学社会科学事业的纲领性文献。山东社会科学院以深入学习贯彻习近平总书记在哲学社会科学工作座谈会上的重要讲话精神为契机，继续大力推进哲学社会科学创新工程，努力建设马克思主义研究宣传的"思想理论高地"，省委、省政府的重要"思想库"和"智囊团"，山东省哲学社会科学的高端学术殿堂，山东省情综合数据库和研究评价中心，服务经济文化强省建设的创新型团队，为繁荣发展哲学社会科学、建设山东特色新型智库，努力做出更大的贡献。

　　《山东社会科学院文库》（以下简称《文库》）是山东社会科学院"创

新工程"重大项目，是山东社会科学院着力打造的《当代齐鲁文库》的重要组成部分。该《文库》收录的是我院建院以来荣获山东省优秀社会科学成果一等奖及以上的科研成果。第二批出版的《文库》收录了丁少敏、王志东、卢新德、乔力、刘大可、曲永义、孙祚民、庄维民、许锦英、宋士昌、张卫国、李少群、张华、秦庆武、韩民青、程湘清、路遇等全国知名专家的研究专著18部，获奖文集1部。这些成果涉猎科学社会主义、文学、历史、哲学、经济学、人口学等领域，以马克思主义世界观、方法论为指导，深入研究哲学社会科学领域的基础理论问题，积极探索建设中国特色社会主义的重大理论和现实问题，为推动哲学社会科学繁荣发展发挥了重要作用。这些成果皆为作者经过长期的学术积累而打造的精品力作，充分体现了哲学社会科学研究的使命担当，展现了潜心治学、勇于创新的优良学风。这种使命担当、严谨的科研态度和科研作风值得我们认真学习和发扬，这是我院深入推进创新工程和新型智库建设的不竭动力。

实践没有止境，理论创新也没有止境。我们要突破前人，后人也必然会突破我们。《文库》收录的成果，也将因时代的变化、实践的发展、理论的创新，不断得到修正、丰富、完善，但它们对当时经济社会发展的推动作用，将同这些文字一起被人们铭记。《山东社会科学院文库》出版的原则是尊重原著的历史价值，内容不作大幅修订，因而，大家在《文库》中所看到的是那个时代专家们潜心探索研究的原汁原味的成果。

《山东社会科学院文库》是一个动态的开放的系统，在出版第一批、第二批的基础上，我们还会陆续推出第三批、第四批等后续成果……《文库》的出版在编委会的直接领导下进行，得到了作者及其亲属们的大力支持，也得到了院相关研究单位同志们的大力支持。同时，中国社会科学出版社的领导高度重视，给予大力支持帮助，尤其是责任编辑冯春凤主任为此付出了艰辛努力，在此一并表示最诚挚的谢意。

本书出版的组织、联络等事宜，由山东社会科学院科研组织处负责。因水平所限，出版工作难免会有不足乃至失误之处，恳请读者及有关专家学者批评指正。

《山东社会科学院文库》编委会

2016 年 11 月 16 日

前　言

一　研究写作的背景和意义

波涛汹涌的信息技术革命和信息网络化浪潮在给人类带来良好机遇的同时，也带来了日趋激烈的信息战。信息战对信息安全的威胁和挑战越来越严重，对人类社会的冲击越来越广泛、越来越深刻，迫使人们研究应对的战略和策略。关于信息战的研究，国内外学术界早已开始，成果颇丰。国外最早研究信息战的人是美国原国防部指挥控制政策局局长艾仑·坎彭教授，在1991年的海湾战争结束后不久就出版了专著《第一场信息战争》。然而，世界上最早研究信息战争的专家是中国的沈伟光教授，在海湾战争爆发的前一年，即1990年3月就出版了专著《信息战》，之后又陆续出版了《信息时代》《新战争论》等一系列有关信息战的专著，发表了许多有关信息战的文章。关于信息安全战略，美国、日本、英国、德国、俄罗斯、印度等国家都组织专门机构进行研究，出了一些高水平的成果，影响较大的是美国兰德公司毛文杰执笔的《信息安全战略》。我国对信息安全战略的研究才刚刚起步，王渝次、何德全、吴志刚、沈昌祥、沈伟光、吴世忠等知名专家作了认真研究，成果较多。学习国内外的名人名著，收获颇多，促使我研究信息战和信息安全问题。2004年春，我设计了一项国家社科基金课题《全球信息战的新形势与我国信息安全战略的新思路》。批准立项后（批准号04BGJ021），精心研究，写出一长篇研究报告；2006年2月通过国家级鉴定，鉴定等级为优秀（A级）。《中国社会科学院院报》作了长篇评介，指出："研究成果内容丰富、观点新颖、论证深刻，具有前瞻性、战略性、创新性、开拓性、实用性之特点，集学术价值与应用价值为一身，达到优秀（A级）研究成果水平。"呈献在读者面前的《构建信息安全保障新体系——全球信息战的新形势与我国的信息安全战略》，就是以这项课题最终成果为基础进一步研究写作而成的专著。

研究全球信息战的新形势和我国的信息安全战略，构建我国信息安全保障新体系，意义重大。第一，全球信息战的新形势对我国信息安全的全面深刻影响，要求理论界与时俱进，研究探索我国的信息安全战略，构建信息安全保障新体系。因此，本课题处在该研究领域的最前沿，具有重大理论意义。第二，面对日趋激烈的信息战，怎样分析测评我国信息安全的形势，怎样制定和实施适应新形势的信息安全战略和策略等问题，都需要学术界提供理论依据、科学方法和参考方案。本课题适应了这一要求，具有重大实际意义。

二 基本思路和主要内容

该专著在简述信息战和信息安全理论的基础上，全面系统地分析了全球信息战的新形势，研究了新形势对我国信息安全的威胁和挑战，设计了新形势下我国制定和实施信息安全战略、构建信息安全保障新体系的基本框架。全文共九章。

第一章，信息战和信息安全理论简述。在评介国内外学术界不同观点的基础上，对信息战和信息安全的内涵、特点等进行了新概括，论述了信息战对信息安全的威胁。指出：信息战是抢占信息空间，争夺、控制和使用信息的战争。网络信息战是信息战的主体。信息战严重威胁着信息安全，破坏着信息运行系统和信息内容的完整性、可用性、保密性、可控性和可靠性。制定和实施信息安全战略，构建信息安全保障新体系，必须认真研究信息战和信息安全的内涵和特点，明确信息战和信息安全的关系，把握信息战威胁信息安全的规律性。

第二章，信息安全在国家安全中的战略地位。通过分析研究得出了科学的结论：信息技术革命的迅猛发展和信息网络技术的广泛应用，引起了国家安全领域的革命性变革。信息安全在国家安全中的地位越来越高，并迅速渗透到国家的政治、经济、文化、军事安全中去，成为影响政治安全的重要因素，保障经济安全的重要前提，维护文化安全的关键，搞好军事安全的重要保障。因此，没有信息安全，国家安全的其他领域就得不到保障，也就没有国家的综合安全。信息安全在国家安全中占有极其重要的战略地位，从某种意义上说已经成为国家安全的基石和核心。

　　第三章，全球信息战的新形势对我国信息安全的威胁和挑战。把全球信息战的新形势概括为信息战攻击日趋频繁，日趋激烈，具体表现为：形形色色的病毒层出不穷，花样各异，防不胜防；网络黑客为所欲为，日益猖獗，破坏力越来越大；有组织入侵，攻势凶猛，难以抵挡；网络恐怖主义对国家安全的威胁越来越严重。信息战的新形势给我国信息安全带来了种种严重威胁和挑战，形势日趋严峻。计算机病毒、网络黑客、垃圾信息的攻击日趋频繁而激烈，网络犯罪活动日趋猖獗，对我国信息安全和国家安全的破坏性越来越大。美国等某些西方国家极力推行"信息霸权主义"，境内外敌对势力对我国进行反动渗透、煽动性宣传和政治动员，网络政治颠覆活动防不胜防。我们应该高度警惕，采取有效措施，保障信息安全，维护国家安全。

　　第四章，世界典型国家和地区信息安全战略模式评介。通过对美国、日本、欧盟、俄罗斯等国家和地区实施信息安全战略模式的分析比较，概括出：美国实施的是"扩张型"信息安全战略，强调在保障本国安全的同时，向全世界进行"信息殖民扩张"，推行"信息霸权主义"；日本实施的是"保障型"信息安全战略，强调"信息安全保障是日本综合安全保障体系的核心"；欧盟实施的是"集聚型"信息安全战略，强调"集聚地区优势、集团实力与外部竞争和抗衡，各成员协调一致，共同保障整体及各成员的信息安全"；俄罗斯实施的是"综合型"信息安全战略，强调"以维护信息安全为重点，维护国家的综合安全"。

　　第五章，我国信息安全战略的总体设想。制定和实施信息安全战略，必须以科学发展观统领全局，树立综合安全观，提高认识，更新观念，确立科学目标，遵循正确原则，开拓新思路，创建新机制，提出新举措；必须采用综合集成的方法，打破旧框框，加强领导，统筹兼顾，全民参与，对现有各部门、各地区、各领域、各层面的资源、策略、手段进行整合和创新，建立健全信息风险预警新机制、信息安全防范新机制、信息安全管理新机制；大胆探索加强信息安全关键技术和核心技术研发的新思路、促进信息安全产业健康持续发展的新思路、加强信息安全法制建设和标准化建设的新思路；积极参与和加强信息安全保障的国际协作，构建既符合国际通则又具有中国特色的信息安全保障新体系。

　　第六章，信息安全的等级保护。信息安全等级保护是实施信息安全战略，创建信息安全保障新体系的重要内容，是提高信息安全保障能力和水平，保证和促进信息化建设安全、有序、高效发展的基本制度。我们应该明确信息安全等级保护的概念、基本内容、基本原则、目标要求和标准体系，遵循客观规律，按照党和政府颁发的《关于信息安全等级保护工作的实施意见》等一系列有关文件，实施信息安全等级保护，特别是电子政务的信息安全等级保护，保障信息安全，维护国家安全、社会稳定和人民利益。

第七章至第九章，分别论述了电子政务的信息安全战略、电子商务的信息安全战略和信息安全人才资源的开发战略。强调：在国家信息安全战略的总体框架内，构建以信息安全技术保障体系为核心、以组织管理保障体系为基础、以法律法规保障体系为保证的三位一体的立体式电子政务信息安全保障新体系；制定和实施既符合国际通行规则，又具有中国特色的电子商务信息安全战略，从技术、管理、法规三个层面保障电子商务的信息安全；把信息安全人才资源的开发，作为信息安全保障工作的重中之重，积极探索新思路，制定和实施新战略，搞好信息安全人才的培养、引进和使用，依靠高素质的人才迎接全球信息战的挑战，保障我国的信息安全，为信息化建设创造良好的安全环境。

三　理论价值和应用价值

（一）理论价值

1. 通过对信息战和信息安全内涵、特点的新概括及发展趋势的分析，总结出了规律性认识，把现有这方面理论向前推进了一大步。

2. 通过对全球信息战新形势及其对我国信息安全新威胁的研究，提出了一些具有创新性的理论观点。例如：信息安全处在国家安全系统的最高层次，是影响、渗透、制约、决定其他安全要素的核心因素。因此，信息安全已成为国家安全的基石和核心。这就要求人们，把信息安全战略提升到国家安全战略的核心地位，科学规划，认真实施，构建信息安全保障新体系。

3. 通过研究信息战对信息安全及国家安全的威胁，剖析信息安全与国家安全的关系，探索新形势下我国构建信息安全保障新体系的最佳方案，为创立和完善信息安全理论、丰富和发展国家安全理论体系作出了贡献。

（二）应用价值

1. 设计的新形势下我国的信息安全战略和构建信息安全保障新体系的设想，具有前瞻性、全局性、开拓性、科学性、实用性和可操作性之特点，可供党和政府制定和实施信息安全战略和构建"信息安全保障新体系"时参考。

2. 对信息战和信息安全的理论论述，可帮助广大干部群众学习理论，提高理论素质。

3. 全球信息战新形势的分析及其对我国信息安全新威胁的研究，可帮助广大干部群众特别是领导干部了解和把握信息战的新形势，从国家安全战略的高度认识信息安全，自觉维护信息安全。

4. 研究成果，可供理论工作者进一步研讨"信息战和信息安全战略"时参考。

信息战和信息安全实践的发展，呼唤理论不断创新，要求人们不断更新观念，开拓新思路，制定新战略，构建信息安全保障新体系。我们的研究才刚刚起步。随着实践的发展和社会的进步，我们将继续深入研究，以更好的成果为信息战和信息安全的理论大厦增砖添瓦，为党和国家制定和实施信息安全新战略献计献策。

目　　录

第一章　信息战和信息安全理论简述

　　信息战是抢占信息空间，争夺、控制和使用信息的战争。网络信息战是信息战的主体。信息战严重威胁着信息安全，破坏着信息运行系统和信息内容的完整性、可用性、保密性、可控性和可靠性。制定和实施信息安全战略，构建信息安全保障新体系，必须认真研究信息战和信息安全的内涵和特点，明确信息战和信息安全的关系，把握信息战威胁信息安全的规律性。

第一节　信　息　战

　　信息技术革命和互联网的蓬勃发展，在给人们带来巨大方便和利益的同时，也带来了日趋激烈的信息战。信息战是以信息设备和信息技术为武器，以覆盖全球的信息网络为主战场，抢占信息空间，争夺、控制和使用信息的战争。信息战形式多样，内涵丰富，以网络信息战为主体。信息战除有一般战争的特点外，还有区别于传统战争的鲜明特点。只有掌握这些特点，才能把握信息战的规律性和主动权。

一　信息战的内涵

　　信息技术革命的蓬勃发展，使计算机与通信两大信息技术在兼容共存的基础上有机结合在一起，产生了互联网。国际互联网的迅猛发展及广泛应用，有力地促进了信息传播全球化的发展。与此相适应，信息共享程度日益提高，使世界各国和地区的经济、政治、军事、科技、文化等对信息的依赖性空前增强，人民群众的社会生活、企业的生产经营、国民经济和社会的发展、国防和军队的建设等都离不开信息系统。信息资源已经成为人类社会赖以生存和发展的战略性资源，信息网络已经成为企业的命脉、国家的命脉。因为信息和信息网络的重要性越来越突出，所以就产生了一种争夺、获取、控制和破坏信息资源与信息网络的战争——信息战。

现代信息战产生于 20 世纪 80 年代，最初主要表现在军事领域。波涛汹涌的信息技术革命和信息网络化浪潮，使信息战范围迅速扩大，影响日益严重，对人类社会各方面、各领域的冲击越来越广泛、越来越深刻。信息威慑正在迅速取代核威慑成为军事战略和国家安全战略的基础，使国家安全战略发生了跨越式变化。谁控制了信息和信息网络，谁就掌握了信息战的主动权，谁就可能赢得全球信息战的胜利，从而控制整个世界。因此，我们必须认真研究信息战。

研究信息战，首先应揭示信息战的定义和内涵。由于信息战本身的复杂性和研究者研究方法、角度等的差异，人们对信息战定义和内涵的解释也众说纷纭，很不一致。有代表性的观点主要是：

"信息战是一个全新的战争概念，是争夺制信息权的战争，核心是不战而胜。它是一个军事问题，更多的是社会问题。"①

"信息战是社会集团之间或国与国之间通过全球信息和通信网络所进行的战争。"②

"信息战，包括宣传战、舆论战、社会心理战，是影响、控制、攻击对方决策观念和认识系统的作战，其本身就是一种政治行为。"③

"正如战争总是归结到对资源的争夺一样，信息社会中的战争也聚焦到对信息资源的争夺。信息战中的双方如同以往对制陆权、制海权、制空权、制天权的争夺一样，也对制信息权展开了激烈的争夺。同时，也因为战争扩展到了五维的信息域，信息战也就以传统的战争从未有过的广度和深度，跨越了以往传统战争中军民截然可辨的藩篱，直接影响着我们每一个人。"④

"信息战是敌我双方信息、信息过程和信息系统的'较量'，贯穿于整个战争过程及和平时期。"广义是指"军事集团抢占信息空间和争夺信

---

① 沈伟光：《解密信息安全》，北京：新华出版社 2003 年版，第 88 页。
② ［美］乔治·斯坦：《信息战与信息安全战略》，北京：金城出版社 1996 年版，第 10 页。
③ 张新华：《信息安全：威胁与战略》，上海：上海人民出版社 2003 年版，第 402 页。
④ 晓宗：《信息安全与信息战》，北京：清华大学出版社 2003 年版，第 2 页。

息资源的战争"；狭义是指"战争中交战双方在信息领域的对抗"。①

"所谓信息战，是指对立双方为争夺对于信息的获取权、控制权和使用权而展开的斗争。"②

"信息战可归结为对信息控制权的斗争。"③

"信息战是以夺取决定性军事优势为目的，以实施信息的管理和使用为中心，进行武装冲突的手段。"④

"信息战是在高技术战场环境中，敌对双方为争夺对信息的获取权、控制权和使用权，使用信息技术手段、装备和系统而实施的作战行动。它比电子战定义要广，其核心是'指挥与控制战'。"⑤

"信息战是高技术战争的一种类型，它是以夺取战场主动权为目的，以争夺、控制和使用信息为主要内容，以各种信息武器装备为主要手段的一种作战样式。"⑥

"信息战争，是信息时代的产物，是在战争中大量使用信息技术和信息武器的基础上，构成信息网络化的战场，进行全时空的信息较量的一种战争形态。核心是争夺信息的控制权，并以此影响和决定战争的胜负。"⑦

在 2001 年美国国防部《网络中心战》的报告中这样概括信息战的定义和内涵："信息作战是指那些为影响敌方的信息和信息系统，同时保护己方的信息和信息系统所采取的行动。信息作战还包括那些在非战斗或形势不明朗的情况下，为保护己方的信息和信息系统所采取的行动。"⑧

对信息战定义和内涵的上述种种表述，都有一定道理和科学性，但都有一定局限性和片面性。一般说来，信息战的定义和内涵应既简单扼要，便于把握，又能揭示信息战的本质和规律。据此，笔者认为：信息战是为信息而进行的战争。现代信息战是以信息设备和信息技术为主要武器，以

---

① 转引自王建华：《信息技术与现代战争》，北京：国防工业出版社 2004 年版，第 121—122 页。

② 同上。

③ 同上。

④ 同上。

⑤ 同上。

⑥ 同上。

⑦ 同上。

⑧ 同上。

覆盖全球的信息网络为主战场，抢占信息空间，争夺、控制和使用信息的战争。信息战既可以在战时的刀光剑影中实施，也可在平时的经济社会活动中进行，不仅存在于军事领域，而且更多地存在于经济、社会、科技、文化领域，在金融系统、保险系统、财政系统、证券交易系统、通信系统、企业系统等表现突出。近十几年来，美国经常在国际经济技术竞争中运用"信息战"攻击竞争对手的银行、交通、商业、工业、医疗、通信、电子等信息系统，破坏许多国家、企业的信息系统，使许多国家的经济受到了重大损失，许多企业陷入混乱和瘫痪状态。其他许多国家，包括部分发展中国家也都纷纷效仿美国，运用"信息战"参与国际竞争。在亚洲，印度的"黑客"比率高居首位，发动或参与信息战的频率最高。

二 网络信息战是信息战的主体

（一）信息战的主要形式

信息战的形式很多，最主要的有网络战、电子战、心理战三种，其中网络战是信息战的主体，简称网络信息战。网络信息战是本文论述的重点，我们将在下面作专门介绍，这里先简单阐述一下心理战和电子战。

1. 心理战

心理战是以特定的信息媒介为武器，通过有效的信息刺激，影响和改变敌方特别是决策人的心理，导致其意志衰退、思维混乱、决策失误，降低乃至丧失战斗力，从而战胜之。自古以来，我国乃至世界军事家都非常重视心理战。"攻心为上，攻城次之"，鲜明地体现了我国古代军事家对心理战和物理摧毁战所排定的优先顺序。"不战而屈人之兵"历来是中国兵家推崇和追求的战争最高境界，是心理战战略的精练概括。现代战争，也都是建立在大量的宣传、实力展示和信息披露基础之上的，都是"攻心为上"，力求"不战而屈人之兵"的。例如，无论是海湾战争、科索沃战争、阿富汗战争，还是2003年的伊拉克战争，美国都在战前和战争实施过程中利用空中广播、网络发布、空撒传单和食品等多种手段来炫耀美国优势，并承诺敌方士兵在其投诚时给予优待和人道主义待遇。传单带着食物，信息中携带着心理威慑和诱骗，使敌方未战先怯，丧失斗志。

心理战包括四个方面：针对国家意志、针对军队、针对指挥官和文化冲突。针对国家意志的心理战，既要抛橄榄枝进行诱惑，又要挥舞铁拳进行威慑。在这方面，索马里部族领袖艾迪德可谓高手。被美军追剿的他，精心策划了一次伏击，打死了19名美军士兵。嘲弄美国的索马里人拖着美军士兵尸体穿过摩加迪沙大街。这一景象通过美国的新闻广播公司（CNN）播放到美国。失望的美国电视观众强烈要求政府从索马里撤军。结果艾迪德取得了胜利。针对军队的心理战是传统的战法，主要包括死亡恐惧和挑动上下和前后方不和两方面。在信息技术空前发达的今天，它与情报战相结合，可实现"不战而屈人之兵"。针对指挥官的心理战，主要是通过有效的信息刺激使敌方指挥官惊慌失措，引导敌方指挥官走入歧途，从而导致全军失败。文化冲突也是心理战的一种重要形式。虽然有人否认，但许多第三世界国家都将西方文化特别是美国的文化入侵看作是对本民族价值观的信息战。我国也应将美国等西方国家通过文化入侵对我国的"渗透"和"和平演变"看作是对社会主义的信息战。

心理战是信息战的重要组成部分，而且在现代战争中的作用越来越重要。所以，诸多国家对心理战的重视程度越来越高。近十几年来，美国组织精干力量专门研究和发展心理战理论，并且颁布了相应的军队训练条令条例。例如，美国陆军颁布了FM33-1号野战手册（《心理作战》）、FM33-5号野战手册（《心理战的战术、技术与程序》），建立了肯尼迪特种作战中心，用于组织实施陆军各级人员和各级部队的心理战训练。美国还组织了专业化心理战部队，由4个心理战大队，2个后备役心理战大队，1个心理战战略研究中心组成。在2003年的伊拉克战争中，专业化心理战部队云集海湾，为摧毁萨达姆政权起了重大作用。

2. 电子战

电子战是在信息领域以电子方式进行的对抗，是通过对电子信号进行干扰破坏，使敌方无法收到自己传递的信息或收到假信息，以致遭受失败。

电子战是20世纪初才出现的作战方式。初期，主要围绕电子信号的发现、探测和防泄露而展开。随着电子和信息技术的发展，电子武器和电磁武器结合起来，故电子战也可称为电磁战。在信息技术革命蓬勃发展的当今世界，电子战渗透到各领域和各方面，已从过去的无线电通信对抗、雷达对抗，扩展到指挥、控制、引导以及光电对抗等多个领域，覆盖整个战场的电磁空间。现代战场上，太空的侦察卫星，空中的电子预警和侦察飞机，地面的各种红外、微波、微光数字设备，海上的电子舰船、声呐侦察干扰设备等构成了立体的电磁对抗环境。敌对双方在作战中，如同以往争夺制高权、制海权、制空权一样，在争夺制信息权的攻防中，对这些寄存信息的载体和设备展开了激烈的争夺战。

电子战主要攻击敌方的电子通信、计算机以摧毁敌方的信息获取能力和信息传输能力。电子战在电磁领域所实施的侦察、捕获、干扰、制导、欺骗、摧毁等构成了电磁攻击的主要内容。电子战除了具有一般信息战的特点外，还具有硬杀伤和物理摧毁的特征。电磁脉冲弹（EMP）和高能微波弹（HMP），就能从物理上摧毁敌方的电子设备，从肉体上消灭敌方的有生力量。在科索沃战争中，北约出动 EA - 6B 防电子干扰战机，直接投放了高强电磁脉冲弹。电磁脉冲弹所引爆的强大电磁波，如同原子弹在大气中的冲击波一样，将方圆数十公里内的计算机、雷达、各种电子设备，实施了强大的电磁"清扫"。所有的电子设备无一幸免，计算机内存和磁盘上的信息被全部清除。电磁攻击这种惊人的硬杀伤力，加上网络攻击的巨大软杀伤力，构成了现代信息战前所未有的网电一体战的残酷对抗。

（二）网络信息战是信息战的主体

所谓网络信息战，就是以计算机为主要武器，以覆盖全球的计算机网络为战场，运用现代信息技术，破坏敌方的信息网络系统，抢占信息空间，争夺制信息权，以极小的代价夺取战争的胜利。网络信息战所攻击的目标，不仅包括军事指挥和武装控制系统，而且包括政府网络系统、国民经济各部门、企业和企业集团、科研单位、通信系统、财税系统、金融系统、保险系统、证券系统、高技术数据库等，只要暂时控制敌方的部分信息流就足以使其变成瞎子、聋子，上当受骗，乱作一团，遭受重大损失，直至失败。

信息技术革命的蓬勃发展，产生了互联网。互联网特别是国际互联网的产生和发展，使信息的生产、扩散和利用日益在全球范围内进行，地球上任何一个角落的人瞬间就可以与全世界任何其他地方的人进行沟通和交流；鼠标一点，瞬间就可获取几千里甚至几万里以外的信息；资金借助互联网可以"光的速度"从地球的一方流入另一方；各民族文化、管理经验等，不停地迅速向世界各地传播；跨国公司的领导者，坐在办公室里，就可利用国际互联网指挥、管理、组织、协调分布在世界各地的子公司和分支机构；小小的厂商也可利用互联网络向遥远的市场提供商品和服务……这就使古往今来优秀思想家所梦想和追求的"地球村"真正变成了现实，信息已成为人人都可以开发利用的战略性资源。互联网络不仅是信息传递的工具，而且成为控制系统的中枢；不仅军队和国防设施要靠互联网络指挥，而且财政系统、金融系统、交通管理系统、电力网、油气管道、科技教育和卫生保健系统等关系国计民生的各领域各方面，都越来越依赖于互联网络的安全性。然而，日趋激烈的信息战却严重威胁着网络安全，经常给人们带来灾难。正如乔治·K. 沃克（George K. Walker）所概括的："全球范围内正在出现一场由有形生产和破坏方式向无形生产和破坏方式过渡的革命性变化，信息战正是作为这种全球革命性变化一部分的冲突的示范性表现。"① 这种全球革命性变化使信息战从战争的配角演变为主角。人们争夺、控制和使用信息的战争往往通过互联网进行，互联网已成为敌对势力和其他群体或个人实施信息攻击的主要对象，网络信息战成为信息战的主体。本项目论述的重点，就是网络信息战。据美国官方权威人士 2001 年在国会作证时透露："敌对信息活动如今在迅速增加。在过去两年中，联邦调查局的计算机网络遭受攻击的案例数量每年翻番。来自互联网的信息表明，自 2000 年 9 月以来，网上黑客事件增长了 10 倍以上。"② 根据美国五角大楼的统计，国防部的计算机网络系统遭受外来信息战攻击的次数急剧上升：1992 年 53 次，1993 年 115 次，1994 年 225次，1995 年 559 次……2006 年达 26 万次之多，而且其中约有 65% 获得了成功。

由于互联网的互联性、相关性、兼容性，网络信息战具有低成本、高杀伤的特点，灾害可经网络传播呈几何级数放大并且迅速蔓延。网络信息战可每日 24 小时全天候无间断攻击，并可在瞬息之间造成敌方信息系统瘫痪。网络信息战的类型多种多样，其攻击形式主要有：（1）扰乱型攻击，即进入公众信息网络，篡改公众信息和数据等，扰乱社会秩序；进入

---

① Vanderbilt. lnformation Warfare and Neutrality ［J］. *Journal of Transnational Law*, 2000 (11).

② Lawrence K Gershwin. Statement for the joint Economic Committee ［J］, 2001 (6).

企业信息网络，篡改企业信息和扰乱企业生产经营秩序。(2)非法进入型攻击，即非法进入银行系统或证券交易系统，获取用户账号和密码，修改用户的证券交易记录或银行存款账目，实施直接的电子窃取行为。(3)窃取、破坏型攻击，即窃取企业或国家机密文件、敏感数据、要害部门的网络口令，为敌对势力提供可靠情报；或者直接侵入保密信息的存放地址，销毁或修改网络上的机密信息资源，达到破坏信息资源和扰乱指挥系统的目的。(4)阻塞型攻击，即阻塞敌方信息流，使敌方指挥系统无法收集信息，无法下达军令，中枢控制系统"耳、目"闭塞。(5)污染型攻击，即污染敌方信息流，释放欺敌信息，使敌方指挥系统收到的信息真假难辨，无法决策，或作出错误决策。(6)肢解型攻击，即集中攻击敌方信息系统关键节点，如防空预警雷达，高炮引导雷达，撕裂、肢解敌方统一的信息网，破坏敌方之信息集成。(7)内置型攻击，即深入敌方之网络内部，安置木马、病毒、逻辑炸弹，或源源不断地通过电子间谍向我方提供敌方的信息情报；或在战机成熟时引爆病毒，使敌方指挥控制中心瘫痪。

波涛汹涌的信息技术革命和信息化浪潮，在给人类带来越来越多的利益的同时，也带来了日趋激烈的信息战。在日趋激烈的信息战中，国际犯罪分子——暴力犯罪团伙、毒品走私罪犯、金融诈骗者等，都想尽千方百计利用互联网加强和改进他们的犯罪活动。他们利用互联网增强管理能力，改进犯罪运作和扩大犯罪领域与活动的多样性，提高犯罪效益，争夺更多利益。这是因为，许多犯罪行为可以通过互联网进入远程电脑来实施，尤其是金融诈骗和金融偷窃，而且对内对外的通信联系效率和可靠性可以借助这些新技术大大提高。再者，网络便利与加密新技术的结合，使犯罪集团看到了大幅度降低犯罪风险的可能性。据有关方面测算，采用传统方式，抢劫银行，不易成功，且破案率在82%以上，绝大多数罪犯被捉，并判以重刑乃至死刑。而通过信息网络诈骗和偷窃银行，容易成功，且被抓获的可能性只有20%。显而易见，网络空间正在成为跨国有组织犯罪新一轮泛滥的大本营，成为新型有组织犯罪迅速在全球滋生的温床。

三　信息战的特点

因网络信息战是信息战的主体，所以以网络信息战为研究对象来揭示信息战的特点。信息战既然是战争，就具有一般战争的特点，它和传统战争有许多相同之处，也有明显的不同，信息战和传统战争的不同，主要体现在以下特点上。

（一）实时性

信息战的出现没有任何时间上的约束，任何一个国家和地区在任何时刻都有可能会遭受一场突然的战争，而事先却没有任何明显的标志。侵略一方不是靠武器使对方屈服，而是坐在舒适的办公室或家里通过智力、键盘和信息因子，在几秒钟甚至更短的时间内造成一次不亚于"核爆炸"产生的破坏。传统的战争以月或周来安排进攻序列，调集兵力，组织战役；以日或时来安排协同作战。在信息战场上，进攻的发起是以分和秒来计算的。进攻方发起信息进攻后，网络上电子信息包的传递，可近似地视为以光速进行。几分钟之内就能使敌方统帅部的指挥控制系统瘫痪，千里之外的"奔袭"可在瞬间完成，战争的实时性大大加强。传统战争中，可以依靠构筑梯次防御，加强纵深防御实施延缓阻敌，以空间换取时间。然而在信息战中，敌方可能一发起信息攻击，就"直捣黄龙"，使防卫方最高统帅部的指挥、决策中枢瘫痪。防卫方将会同时丧失空间和时间。正因为信息战的实时性、隐蔽性和突袭性，传统战争的"积小胜为大胜""消耗敌方有生力量"的战法受到了极大的挑战。

（二）没有国界和前后方之分

信息战是以计算机网络为战场的。因此，这类战争没有国界之分、前后方之别。遍及世界各地的计算机网络（包括美国的计算机网络）随时随地都可能成为被攻击的目标。攻击者可以在世界上任何一个网络入口处对任何一个计算机网络发动进攻。例如，一个携带一台"便携式计算机"的伊拉克特工人员可以从容地在墨西哥一家豪华旅馆里面向美国军事信息中心或经济信息中心发起攻击。据此，从这个角度看，高度依赖于计算机网络的美国军队和美国经济也具有一定的脆弱性，对它的攻击已经不再受时间、空间，甚至经济实力的限制，而且一旦攻击得手，它的损失也远远大于其对手。据报道，美国每年因信息战而造成的经济损失超过 100 亿美元；美国企业电脑安全受到侵犯的比例从 1996 年的 42% 上升到 1997 年的 48%，2000 年又上升到 50% 以上，2006 年高达 80%。

（三）敌对双方在信息空间进行作战

信息战作战系统可能依托陆、海、空、天战场，但并不是对上述战场的争夺，而是在网络、电磁、心理等信息领域展开的攻防作战。在这种作战中，获取信息优势成了战争的重要目的，是决定作战胜负的主要因素之一，是力量倍增器。在战术上，信息优势主要指及时、准确、全面地利用信息。在战略上，信息优势主要指充分利用信息传输、传播技术，沮丧敌方军民的战斗意志，破坏敌方正常的政治、经济运行体系，导致敌国处于瘫痪状态。在信息战中，要充分发挥军事作战能力，对军队实施不间断的指挥、控制和管理，都必须依赖于信息的采集、处理、传递、管理与使用，战场主动权从制陆、海、空、天权转移为制信息权。因此，争夺制信息权成为信息战的目标。

（四）作战对象难以确定

传统的战争，作战对象明确。然而在信息战中，攻击方可使用信息攻击欺骗战法，通过国际互联网，经过地面—卫星—地面的多次地空转发、迂回，借用"僵尸机"等方式使真正的攻击者深藏在海量的信息源中，突发信息"冷箭"，并且采用手提、车载、卫星巡游、炮弹发射等无线工具，不断地实施干扰和转移，使防守方难以定位。在信息战中，当防卫方遭受损失，欲对攻击方发起反击时，所遇到的首要问题竟是要判明谁是攻击者。因为在网络世界，公用和私人网络互联，军用和民用网络互联，各国之间的网络互联，各类用户量极大，很难搞清攻击是来自国内还是国外，很难确定谁在攻击，谁在主使。正是这种作战对象的难以确定，导致了信息战的扑朔迷离。

（五）作战双方的非对称性

系统的战争，可能是国家集团之间，国与国之间，或是一国的武装力量和国内的某股分裂、叛乱集团之间的战斗。它们基本上是同一个数量级的冲突对手，双方之战属对称性作战。然而在信息战中，由于网络的高倍增效应，少数的黑客、恐怖分子就具备足够的战争能量向信息大国发起攻击，具有非对称性。在海湾战争期间，就有数以百计的美军机密文件被泄露给伊拉克。涉及的机密包括美军调防武器配备、作战计划、战术导弹部署、爱国者导弹技术参数。只是因伊拉克总统萨达姆怀疑是美军有意散布的假信息未予理睬，被泄露的美军信息才未对美军造成更大的伤害。战后，美军与联邦调查局经过长期调查，最终才确定是位于荷兰艾因德霍芬镇的几个黑客所为。

（六）交战双方的非接触性

在信息战中，交战中的双方大多没有肉体上的直接的"短兵相接"。敌我双方的指挥官和战斗兵员很可能互不照面，甚至可能互不知名，然而却在信息战场上进行着激烈的搏斗。反映在肉体上，因为没有接触，因而战斗的进程并非"血淋淋"的，看不到眼泪和硝烟，也听不到震天的嚣响和凄厉的厮杀；然而，信息战却通过信息空间，在双方的信息网络中进行着殊死的较量。战争的直接目的由"消灭敌人，保存自己"，变为"控制敌人，保全自己"，战争结果由大量伤亡变为很少人员伤亡，甚至"零伤亡"。

（七）低成本，高损害

发动传统战争，几乎是国家垄断的权力。一国对另一国之战，必须经国家最高权力机构批准。集团与集团之间的国内战争，也都由集团最高领导层决定。其他个人起不了多大作用，即便参与战争，也须服从指挥官的命令。在信息战中，低进入成本和信息技术的普遍可获取，使得任何人都可以自由自主地发起进攻，以极少的资源就可以对拥有丰富资源的敌方发起攻击，并使之产生极大损失。信息战的个体可以仅凭一台计算机，一根电缆，加上足够的计算机和网络知识，以极小的成本，借助互联网的高倍增效应，对庞大的敌方造成极大的损害。

信息战还有一些特点，如智能性、虚拟性、隐蔽性、潜伏性、不间断性，作战战法的不确定性，攻击目标的灵活性等，在此不一一论述了。

第二节　信息安全

信息安全，内涵丰富，且随着时代的发展而发展。它涵盖的领域多，涉及面广，其基本要求是完整性、可用性、保密性、可控性、可靠性。

一　信息安全的内涵

"安全"一般可以解释为：客观上不存在威胁和侵害，主观上不存在恐惧。信息安全的内涵是与时俱进的，随着时代的发展而发展。它从初期的通信保密发展到涉及信息、通信、计算机、数学等诸多学科,成为综合、交叉学科的概念,对其内涵的概括,有许多不同的表述。张新华先生认为信息安全概念包含下列广泛的动态内容:信息基础设施的可能攻击、破坏、干扰和影响以及在这种情势下响应、维持、恢复和发挥功能的状态和能力;各种系统、网络和结构在无意的或人为的影响下所引起的功能破坏、中止、削弱等情势以及由此所产生的后果和可能的响应与状态;在上述各类型以及其他情势中,信息本身所遭遇的各种类型的破坏、篡改、丢失、偷盗及非法和不当利用;更为重要的是,上述各种操作和活动过程中以信息系统、网络和设施作为工具、手段和平台所进行的各种目的的针对社会、组织、国家和个人的安全攻击和安全破坏行为,以及与此相关的一切状态、响应和结果,包括政治的、文化的、经济的、军事的和心理与肉体的损害。从这个角度看,信息安全实际上就是一个涉及许多领域的多维现象和概念,而且相当离散。① 也有些专家学者对信息安全的内涵作了高度概括。信息安全研究大师沈伟光教授认为信息安全是指人类信息空间和资源云安全,它是保证国家信息化进程健康、有序、可持续发展的基础。没有信息安全,就没有政治、军事和经济安全,就没有完整意义上的国家安全。② 周学广、刘艺认为,信息安全为一个国家的社会信息化状态不受外来的威胁与侵害,一个国家的信息技术体系不受外来的威胁与侵害。③ 晓宗认为,信息安全是为保证信息不泄露,不被冒充,不被修改,不可否认,且保证信息系统不被非授权使用,其功能不丧失。④ 李艳认为,信息安全主要指信息产生、制作、传播、收集、处理直到选取等信息传播与使用全过程中的信息资源安全,目前对信息安全最主要的关注点集中在信息传输的安全、储存的安全以及信息内容的安全三个方面。⑤

信息安全的具体内涵会随着"角度"的变化而变化。例如,从用户(个人、企业、机关事业单位等)的角度来说,就是涉及个人隐私或商业利益的信息在网络上传输时受到机密性、完整性和真实性的保护,避免其

---

① 张新华:《信息安全:威胁与战略》,上海:上海人民出版社 2003 年版,第 60 页。

② 沈伟光:《解密信息安全》,北京:新华出版社 2003 年版,第 1 页。

③ 周学广、刘艺:《信息安全学》,北京:机械工业出版社 2003 年版,第 2 页。

④ 晓宗:《信息安全与信息战》,北京:清华大学出版社 2003 年版,第 42 页。

⑤ 李艳等:《国家信息安全综论》,《现代国际关系》2005 年第 4 期,第 42 页。

他人或对手利用窃取、冒充、篡改、抵赖等手段侵犯用户的利益和隐私，同时也避免其他用户的非授权访问和破坏。从网络运行和管理者角度说，就是对本地网络信息的访问、读写等操作受到保护和控制，避免出现"后门"、病毒、非法存取、拒绝服务和网络资源非法占用和非法控制等威胁，制止和防御网络黑客的攻击。而对安全保密部门来说，就是对非法的、有害的或涉及国家机密的信息进行过滤和防堵，避免机要信息泄露，避免对社会产生危害，对国家造成巨大损失。①

　　上述表述都有一定道理，但也有片面性。吸取国内外多数专家学者的观点，笔者认为，对信息安全的研究，主要从运行系统安全和信息系统安全（也有人称为信息内容安全）两个部分展开。运行系统安全主要指网络系统的设备、操作系统、应用系统的安全，研究的目的是探求网络运行系统的抗攻击性、保密性、完整性、可用性和可控制性。信息系统的安全主要指组成信息系统的硬件、软件、数据资源等受到妥善保护，系统中的信息资源不因自然或人为因素遭到破坏、更改、泄露或非法占用，各种信息的存储、传输都安全。据此，所谓信息安全就是采取技术、管理等综合配套的安全保护措施，保护信息网络系统能够连续正常运行，保护各种信息资源不因自然或人为的因素而遭到破坏、更改、泄露或非法占用。

二　信息安全的基本领域

　　信息安全涵盖的领域非常广泛。总部设于美国佛罗里达州的国际信息系统安全认证组织（International Information Systems Security Consortium，简称 ISC2），将信息安全划分为 10 大领域并给出了它们涵盖的知识结构。这 10 大领域可作如下的归纳。

　　（一）物理安全

　　物理安全领域包括环境、厂房、硬件、数据、媒介、人员所面临的自然威胁和入侵者造成的威胁及其对策。

　　物理安全所涵盖的领域主要有：

　　1. 对信息贮存地的人员生存要求及对自然灾害的防范。如电力、高压电力（HVAC）、洪水、火灾检测、毒性物质存放、自然灾害及其防范

---

① 阙喜戎、孙锐等：《信息安全原理及应用》，北京：清华大学出版社 2003 年版，第 9 页。

措施（风、雪、冰、闪电、地震、滑坡、海啸、建筑物倒塌等）。

2. 对信息贮存地场所和备用场所的选择、设计、配置，警卫如岗楼、护栏、警示牌、通行证、警岗、大门、窗、通道、观察口、天花板、地板、锁、钥匙、警报、警号。

3. 对信息贮存地环境的要求和对入侵者的检测。如停车场、人行道、护墙、栅栏、照明、温度控制、湿度控制、闭路电视、移动传感器、振动传感器、热传感器、红外夜视仪、X 光。

4. 对信息贮存地的设备和应急人员的要求。如应急发电机、UPS、应急照明、特勤队、武警、警犬、哨兵。

（二）商务连续计划和灾害重建计划

商务连续计划和灾害重建计划（Business Continuity Planning and Disaster Recovery Planning，BCP/DRP）包括公司或机构面对潜在的安全风险时事先应作的评估、计算和应对风险的预案，以及一旦灾害发生后应如何尽快恢复正常生产。商务连续计划 BCP 是一个长期的、在正常商务条件下的计划，而灾害重建计划 DRP 是一个短期的（从灾害发生日起到最后一道工序恢复正常止）、在非常时期的应急计划。BCP 和 DRP 这两个计划虽出现在同一个领域里，但它们既有联系又有着本质的区别。

商务连续计划和灾害重建计划所涵盖的领域主要有：

1. 计划项目所覆盖的范围。商业机构的组织和工艺流程，商业单元资源要求及其价值，商业运行所必须遵从的法律和条件要求。

2. 商务冲击的评估。商业单元的优先序，关键的商务功能，紧急状态的评估，风险遏制战略的制定，预案和执行。

3. 组织和管理。应急团队的组成，危机管理，紧急反应指导大纲，冷/温/热/移动备用场地，电子保险库，备用场地选择标准。

4. 灾害预防计划实施的训练、演习、更新。

5. 安全灾害的预警、发现、报警，事件的紧急响应，人员通知，安全撤离，系统软件、硬件，数据的存储、销毁、转移，灾害期的信息发布，应对传播媒体。

6. 灾害警报的解除，灾后重建，场所、通信、软件和数据的恢复。

（三）安全结构和模式

安全结构和模式包括计算机和网络的原理、结构、安全模式及其判则。

安全结构和模式涵盖的主要领域有：

1. 物理地址和 IP 地址。地址空间与存储空间，硬件，软件，固件。

2. 机器类型。真实机，虚拟机，多状态，多程序，多任务，多进程，多处理器，多用户。

3. 操作模式。管态，目态，核。

4. 存储器类型。真实，虚拟，主存储，二次存储，挥发，不挥发，随机，序列。

5. 保护机制。抽象，数据隐藏，程序隔离，硬件区分，最小特权，特权分解，可核查性。

6. 系统的封闭和开放。安全周边，非军事区，主体和客体，参考监视（Reference Monitor）。

7. 安全模式。贝尔—拉帕杜拉模式（Bell - LePadula），比巴模式（Biba），克拉克—威尔逊模式（Clark - Wilson）。

8. 可信赖计算机判则。橙书（系统），红书（网络和网络组件）。

9. 系统结构与设计常见漏洞和安全因素。秘密通道，初始化，时间因素等。

（四）应用和系统开发

应用和系统开发领域主要包括在数据库、数据仓储、数据挖掘、分布式环境、操作系统中的安全组件（Security Component）和软件开发周期和控制。

应用和系统开发涵盖的主要领域有：

1. 分布式环境。客户/服务器架构，代理，小程序（Active - X, ap-plet），对象。

2. 数据库和数据仓储。聚合，数据挖掘，推论，多实例化，多层安全。

3. 基于知识的系统。知识，决策，专家系统，神经元网络。

4. 系统开发控制。系统开发的生命周期，功能要求，代码检查和遍历，系统测试。

5. 系统的开发方式。对象，面向对象，数据结构，CORBA，COM，DCOM，OLE，CASE。

6. 系统的安全结构。程序隔离，硬件分区，特权分解，可追溯性，安全层，抽象化，数据隐藏，安全核，参考监视。

7. 恶意码。黑客，病毒，逻辑炸弹，特洛伊木马，蠕虫，陷门。

8. 网络攻击。流量分析，拥塞，强制攻击，拒绝服务攻击，字典攻击，浏览器攻击，推论攻击，检查时间/使用时间（TOC/TOU）。

（五）通信和网络安全

通信和网络安全包括企业内部网及互联网上公开和隐秘的通信、网络结构、器件、网络协议、远距访问和管理。

通信和网络安全主要涵盖的领域有：

1. ISO 的 OSI 7 层协议及其特性。

2. 内部网，内联网，互联网。

3. 网络器件转发器，防火墙，路由器，转换器，网关，PBX。

4. 远程拨号访问系统（RADIUS），终端访问控制系统（TACACS）。

5. 互联网协议 TCP/IP，网络层安全协议（IPSEC，SKIP，SWIPE），运输层安全协议（SSL），应用层安全协议（S/MINE，SSL，SET，PEM），口令辨识协议（PAP），点到点协议（PPP）。

6. 服务。HDLC，FR，SDLC，ISDN，X. 25。

7. 安全通信技术。隧道技术，VPN，哈希函数，网络地址翻译，DNS，网络操作系统。

8. 安全边界，网络资源可用性，RAID，网络攻击。

（六）访问控制领域

访问控制包括合法用户的身份识别，允许获取什么样的网络资源，能执行什么样的操作，以及辨识、鉴别、授权、监视和审计活动。

访问控制主要涵盖的领域有：

1. 访问控制的模式和技术。自主控制，强制控制，基于角色的控制，基于准则的控制，基于上下限的控制，访问控制矩阵，访问控制表。

2. 访问控制管理。集中式，分布式，授权；最小特权，职责和义务的分离。

3. 标识和鉴别。以知识为基础（口令、PIN、原语），以分析为基础（生化、行为），令牌，票，一次性口令。

4. 访问控制的方法。物理控制法，技术控制法，行政控制法。

5. 访问控制监视。入侵检测（数据抽取、样本、辨别、流量），入侵特征分析，渗透测试。

（七）密码学领域

密码学领域包括信息安全传输时加/解密的方法、实施与标准。

密码学主要涵盖的知识领域有：

1. 密文的保密性、完整性、可鉴别性、不可否认性。

2. 对称和非对称算法。算法强度，公钥和私钥，钥的长度，空间，生成，派送，备份，复核，销毁，保管，恢复。

3. 流密码和分组密码。

4. 公钥基础设施（PKI），证书，数字签名，哈希值，认证中心，注册中心。

5. 密码算法。DES，RSA，SHA，MD5，看门狗，PGP，IDEA。

6. 密码破译。单密文，单明文—单密文，多明文—单密文，单明文—多密文。

（八）安全管理实践

安全管理实践主要包括如何正确保护公司或机构内的资产，如何制定正确、有效的安全政策、标准、指导大纲和步骤。

安全管理实践涵盖的知识领域主要有：

1. 安全管理的概念和原则。隐私，保密性，完整性，可用性，可审核性，不可否认性。

2. 数据分类。分类的目标，分类的准则，军用数据分类，民用数据分类，政府数据分类。

3. 安全政策，标准，大纲，步骤，风险管理，威胁和脆弱性，资产值，风险评估工具和技术，概率判定，定性分析，定量分析，风险损失计算。

4. 信息安全者的角色和职责。管理者，数据拥有者，数据监护者，数据使用者。

5. 安全预警训练。

（九）操作安全

操作安全所研讨的是尽管制定了许多政策、规章制度，应用了许多先进技术，但是在实际操作、运行中，总会发生许多偏差。或是人员不遵章守纪，或是设备偏离预设参数。因此，有必要对人、硬件、系统的实际运行进行控制，强制遵守标准。这个领域的知识是对上一个领域（安全管理实践）在具体操作时的落实。

操作安全包括的主要领域有：

1. 人事管理。岗位责任描述，背景调查，职责和职务的分离，最小特权，轮岗，强制放假，雇员违纪，不忠，解雇。

2. 控制。直接控制，预先控制，检测控制，纠正控制，恢复控制，更改控制，硬件备件控制，输入输出控制，媒体控制，关键数据备份控制。

3. 资源保护。欠重视（Due Care）/欠努力（Due Diligence），口令，文件保护，数据库保护，操作系统保护，应用源代码保护。

4. 防病毒，训练，内部核查。

（十）法律、侦查和道德规范

法律、侦查和道德规范主要包括计算机犯罪和适用的法律、条例，以及计算机犯罪的调查、取证、庭讯、犯罪证据保管。

法律、侦查和道德规范涵盖的知识领域主要有：

1. 法律的分类。民法、刑法，公司行政法。

2. 知识产权，版权，贸易机密，专利，隐私权。

3. 计算机犯罪调查。可接受证据的种类，证据的收集和保管，证据链，调查的程序和技术。

4. 法庭审问，适用法律。

5. 主要的计算机犯罪类型。军事攻击、商务攻击、财务攻击、恐怖攻击、怨恨攻击、恶作剧攻击。

6. ISC2 道德规章，互联网董事会"道德和互联网"要求。

三　信息安全的基本要求

要搞好信息安全，就必须在掌握信息安全的内涵和基本领域的基础上，研究并把握信息安全的基本要求。根据国际标准化组织（ISO）的规范和美国、日本、德国、印度等国政府有关国家信息安全问题的最新文件概括，信息安全的基本要求是完整性、可用性、保密性、可控性、可靠性（也叫"不可否认性"）。

（一）完整性

完整性是指信息在存储或传输过程中保持不被修改、不被破坏和不丢失的特性。保证信息的完整性是信息安全的基本要求，而破坏信息的完整性则是对信息安全发动攻击的目的之一。因此，应该防范对信息的随意生成、修改和删除；同时要防止数据传送过程中信息的丢失和重复，并保证信息传送次序的统一。

可采用加密、数字签名和散列函数（Hash Function）来保护数据的完整性。最常用的为散列函数，散列函数也译为杂凑函数、哈希函数，通常表示为函数 $h = H (M)$，其输入 M 为任意长度的信息，输出 h 为长度固定的信息摘要。

（二）可用性

可用性是指信息可被合法用户访问并按要求的特性使用，即指当需要时能够存取所需信息。对可用性的攻击则是阻断信息的可用性。例如，在网络环境下拒绝服务、破坏网络和有关系统的正常运行就属于这种类型的攻击。

可用性中的按要求的特性使用可通过鉴别技术来实现，即每个实体都的确是其所宣称的那个实体。但要保证系统和网络中能提供正常的服务，除了备份和冗余配置外，目前没有特别有效的方法。

（三）保密性

保密性是指信息不泄露给非授权的个人和实体，或供其利用的特性。这是信息安全最重要的要求。例如，在网上进行电子商务的询价、成交、签约，涉及许多商业的秘密和公众隐私。如果信用卡里的账号和用户名被人知悉，就可能被盗用；如果订货和付款的信息被竞争对手获悉，就可能丧失商机。因此，要保证电子商务的安全，就必须预防非法的信息存取和信息在传输过程中泄密而被非法窃取。

由于系统无法确认是否有未授权的用户窃取网络上的数据，这就需要使用一种手段来对数据进行保密处理。通常采用数据加密技术来实现这一目标，加密后的数据能够保证在传输、使用和转换过程中不被第三方非法获取。数据经过加密变换后，明文转换成密文，只有经过授权的合法用户，使用被授予的正确密钥，通过解密算法才能将密文还原成明文。反之，未经授权的用户因不掌握解密算法或解密密钥，无法获取原文的信息，从而限制了其对加密数据的访问，维护了数据的保密性。当然加密算法必须有足够的复杂度，以排除从密文中破译出信息的可能性。

除了使用各种加密技术外，数据的存储保密性也可通过访问控制的方法来实现。网络和系统管理员根据不同的数据类型和应用需求，对数据和用户进行分类，配置不同的访问模式。这种访问控制不难实现，许多带安全机制的操作系统都具有这种功能，如 UNIX，Windows NT 等，但早期的 DOS 和 Windows 95 不具有这种功能。

（四）可控性

可控性是指可以控制授权范围内的信息流向及行为方式，对信息的传播及内容具有控制能力。

为保证可控性，首先系统能够控制谁能够访问系统或网络上的数据，以及如何访问（是只读还是可以修改等），通常通过访问控制列表方法来实现；其次需要对网络上的用户进行验证，可通过握手协议和鉴别进行身份验证；最后要将用户的所有活动记录下来便于查询审计。

（五）可靠性

可靠性是指保证信息系统能以被人们所接受的质量水准持续地运行。行为人要对自己的信息行为负责，不能抵赖自己曾有过的行为，也不能否认曾经接到对方的信息。

通常将数字签名和公证机制共同使用来保证可靠性。数字签名是手写签名的功能模拟，其实是一个函数，输入为所保护的信息的所有比特位及一个秘密密钥，输出一个数值，其可靠性可通过另一个密钥来检验。

信息及信息处理的完整性、可用性、保密性、可控性、可靠性是一个相互联系、密不可分的整体。不仅对于军事部门是极其重要的，而且对于国民经济各部门、社会生产各领域、社会生活各方面、党政机关、企业、事业单位、群团组织甚至个人也是极其重要的。尤其在竞争日趋激烈的国内外市场上，必须保持信息的完整性、可用性、保密性、可控性和可靠性，否则就不可能在竞争中获胜。

第三节　信息战对信息安全的威胁

信息战严重威胁着信息安全。而且由于信息网络自身的特点，一旦出现问题，往往是系统性、全局性的问题。目前，信息安全已经成为全球性的现实问题。信息安全与国家政治安全、民族兴衰、经济社会发展、战争胜负等息息相关。没有信息安全，就没有真正意义上的国家安全，也不可能有经济安全、政治安全、社会安全、军事安全、人民安全。但是，信息战也有局限性，其威慑力只有在一定条件下才能发挥作用。

一　信息战严重威胁着信息安全

因为人们设计制造计算机及互联网的主要目标是追求信息传输和处理能力的提高及生产经营成本的降低，所以计算机系统的各个组成部分特别是软件和硬件、接口和界面，各个层次相互转换，难免存在一些漏洞和薄弱环节，加之信息网络的互联性、相关性，信息战的低成本、高杀伤等特点，灾害可经互联网呈几何级数放大且迅速蔓延，因此信息战对信息安全的威胁非常严重。在汹涌澎湃的全球化浪潮中，各国的信息网络已经相互连接成全球网络，任何一点上的安全事故都可能威胁全球网络的信息安全。信息战对信息安全的威胁是多种多样的，并且随着时间的变化而不断变化。从现实情况看，最主要的威胁有以下六种类型。

（一）计算机病毒

计算机病毒是一种隐藏在计算机系统内，利用系统信息资源进行繁殖并生存，能影响计算机系统正常运行，并通过系统信息共享的途径进行传染的、可执行的编码集合。作为程序编码的计算机病毒具有潜伏机制、繁殖机制、传染机制，以及表现和破坏机制。它和生物病毒的最基本特性类似，这组程序编码具有传染性、流行性、繁殖性、表现性、针对性、变种性、抗反病毒软件性和潜伏性。计算机病毒能搅乱、改变或摧毁计算机中的软件，轻则给计算机用户"开个玩笑"；重则使整个计算机网络瘫痪，将用户们的心血付诸东流。计算机病毒通过磁盘、网络、电子邮件等途径传播。利用电子邮件传播计算机病毒隐藏性强，经常令人防不胜防。计算机病毒的传染性极强，只要你的计算机同其他计算机联网，或者使用新的软件，计算机病毒就可能不知不觉地到你的计算机中安家落户，等待时机捣乱一场。

一旦病毒发作，它能冲击内存、影响性能、修改数据或删除文件。一些病毒甚至能擦除硬盘或使硬盘不可访问。病毒造成的直接危害是降低网络的运行效率，因为一旦出现病毒，网络管理员和 PC 机用户必须停止所有其他的工作，以便查找病毒。查出病毒后，必须立即将它们清除，已经感染的计算机、磁盘和程序都必须进行消毒，需花费相当长的时间。

随着计算机网络的迅速发展和普及，计算机病毒也像瘟疫一样袭击着世界许多国家的信息网络系统，恶性病毒给信息产业和信息安全造成了极大的威胁和危害。据统计，目前世界上已知名的计算机病毒有 5 万多种（一般可分为引导扇区病毒、文件感染病毒和复合型病毒三类），而且还经常产生新的计算机病毒。这种对计算机非常有害的软件程序具有对正常程序和数据的破坏作用。由于计算机病毒制造者的编程手段越来越高明，其所产生的病毒破坏力越来越大，传播越来越快和越来越广，隐蔽性越来越好，还能有效地对抗已有的反病毒工具的检测。计算机病毒与引发人类多种疾病的生物病毒有许多相似之处。它们都具有潜伏性、突发性、传播性、抗药性等，所以人们还很难彻底根除计算机病毒。近几年来，越来越多的计算机病毒制造者开始将目标对准了包含在一些大型应用软件中的指令说明程序（即"宏"）。这些程序的易破坏性，给病毒制造者们提供了可乘之机。据介绍，在微软公司的字处理（Word）和表格处理（Excel）等流行办公软件中，宏病毒迅速增加，是目前新病毒中发展最快的种类。国际计算机安全协会介绍说，目前在美国最流行的 10 种计算机病毒中，有 4 种属于此类，而在五年前根本没有类似病毒。

虽然现在的计算机用户摆脱了对计算机病毒的神秘感，但却陷入了种种病毒的困扰之中。计算机病毒也成为军事领域的一个重要武器，并可能成为恐怖活动的一种手段。有资料称，计算机病毒将成为 21 世纪国际恐怖活动五种新手段之一，并排名第二。通过病毒诈骗、勒索，实施政治以及人身攻击，泄私愤等。计算机病毒正在应用于军事目的，成为实际战争的实用武器。美军早已提出计算机病毒对抗（CVCM，Computer Virus Counter Measure）。

在军事领域里，信息化武器装备的关键装置和军事信息系统的核心设备，都将成为计算机病毒攻击的主要目标。不难想象，计算机病毒在未来作战中将会发挥任何其他武器系统所难以起到的独特的破坏作用。它有可能在很短时间里使作战指挥系统，甚至整个部队陷于全面瘫痪的地步，对它的破坏力绝不能低估。

计算机病毒这一世界新公害，已经引起诸多国家的高度重视。科学家们强烈呼吁各国政府和国际社会采取强有力措施防止计算机病毒蔓延，严厉打击计算机杀手。目前，美国已成立了电脑紧急反应小组，德国、法国、英国、日本、印度等国也成立专门机构，负责防范和治理计算机病毒，打击计算机杀手。

（二）网络黑客

对信息安全构成威胁的不仅有计算机病毒，而且还有臭名昭著的网络"黑客"。"黑客"原意为热衷于电脑程序的设计者。但这些人不同于普通的电脑迷。他们掌握了高科技，专门用来窥视别人在网络上的秘密，如政府和军队的核心秘密，企业的商业秘密及个人隐私等全都在他们的窥视之列。"黑客"中有的截取银行账号，盗取巨额资金；有的盗用电话号码，使得电话公司和客户蒙受巨大损失。

网络"黑客"主要有两种类型。一是恶作剧型。此种"黑客"喜爱进入他人网址中，以增加一些文字来凸显自己高超网络侵略技巧，然而这种"黑客"侵入多为通过增添一些"笑话"，制造恶作剧，使人虚惊。二是蓄意破坏型。这种"黑客"不带枪支弹药，而配备计算机，使用"黑客程序"、计算机病毒、特洛伊木马之类的"武器"，其破坏力不亚于核导弹。他们盗取或修改其中的数据，使对方的计算机系统无法正常工作；还会将电脑病毒载入他人网络网址中，使其网络无法顺利运行，甚至瘫痪。

"黑客"攻击的方式是多种多样的，对信息安全威胁最严重的主要有以下三种。

1. 拒绝服务攻击。

拒绝服务（DoS，Denial of Service）是一种比较简单而且正在日益流行的攻击。攻击者只要向被攻击的服务器发送信息洪流，就能使 Web 服务器、主机、路由器和其他网络设备淹没于洪流之中，使用户、客户和合作伙伴无法访问网络。

拒绝服务攻击的后果可能是破坏性的。2005 年 3 月 24 日，一黑客团伙以"僵尸网络"为作案工具制造了一起严重的拒绝服务攻击案件，造成了巨大的经济损失和不良社会影响。他们通过境内外多台服务器操纵着 10 万台计算机。在这 10 万台被控制的计算机中，有 6 万台位于我国境内，其中包括政府和其他重要部门的计算机。国家计算机网络应急处理中心随即配合公安部展开侦破工作,并在河北唐山将犯罪嫌疑人抓获①。另据南方网 2005 年 4 月 20 日讯,4 月 11 日晚上网高峰时段,由于受到黑客拒绝服务攻击,发生全国性的网络断网事故,上千万网民被拽出虚拟世界。

有许多技术都可以帮助居心叵测的人实现拒绝服务攻击。这些方法大多非常简单,也很容易实现。当然也有一些复杂的高级工具用于欺骗不明真相的系统,使这些系统变成一架实施攻击的机器,这就是分布式拒绝服务攻击(DDoS)。如果受到攻击的机器是一台 Web 服务器,那么拒绝服务就是一件非常令人烦恼的事情。更糟糕的是,如果这台 Web 服务器是一家在线商店,那么系统一分钟不能正常运转,就会带来一分钟的经济损失,而且这种损失有时是巨大的。

除了来自外部的攻击,内部的拒绝服务攻击破坏性甚至更大,因为这有可能使企业的整个经营活动陷于停顿。经历过暂时的网络或电子邮件服务中断尚可忍耐,如果有一次长时间的有意攻击,使所有员工的工作都陷于瘫痪,那么将使企业、用户等付出沉重的代价。

2. 偷窃专利信息。

有两种形式的信息偷窃行为:智能资产偷窃(商业机密、销售预报、职员信息和会计信息等)和工业间谍(受雇于他人的高级专业间谍、外国政府间谍和目标是针对某一组织实施攻击的犯罪企业联合体)。攻击者可能复制或删除组织内部数据资源中的重要信息,或者把这些重要信息据为己有、出卖或者用来勒索钱财。

最令人头疼的是,并非所有的偷窃行为都是来自外部攻击的结果,某些不道德的员工也可能偷窃自己组织内部有可能出售给其下一个老板的重要信息,或者攫取那些能够帮助自己建立新公司的重要信息。程序员也可能在定制的软件中留下后门,让重要信息能够自动地传递出来。

3. 破坏硬件、软件和数据。

这类攻击的目的就是破坏硬件、应用程序或数据资源。目前已经有一些软件能显示出攻击的来源,以确定攻击是由内部职员、承包人还是由严重危害信息安全基础设施的入侵者发动的。攻击者为了永久地改变或删除

---

① 冯晓芳:《一操纵十万台计算机黑客落网》,《人民日报》2005 年 3 月 26 日。

这些软件，就必须进行物理型访问。

组织内部的滥用职权也会带来严重的威胁。例如，通过编写会计系统程序，让系统将所有账目的零头划归到自己的账上，从而获取大笔的非法收入。事实上，许多公司都发现，有些 Y2K 咨询人员都在其程序代码中留下了后门，这些后门就可能给未来的攻击者带来便利。

此外，企业常用的数据库也为不怀好意的攻击提供了机会。大多数企业级数据库（例如 Microsoft SQL Server、Oracle 和 Sybase Adaptive Server 等）都有一些存储程序。这些程序大多是用宏编程语言制作的，它们自动地为数据库应用程序安排任务，而且还可以模仿一些基本的操作系统功能。许多组织对其主机上的操作系统给予了充分的保护，但对数据库应用程序却很少提供保护，最终的结果将是数据库软件可能被用来发动对数据或网络其他部分的攻击。

（三）有组织入侵

网络"黑客"们虽然很危险，但最大的威胁来自有组织入侵，即网络犯罪或蓄意入侵。有人称蓄意入侵是一种黑色艺术，是信息战攻击的高级形式，一些发达国家已经多次领略了这种黑色艺术对它们信息网络的入侵。早在1995 年 7 月，有人组织"黑客"闯入了法国土伦海军造船厂的一个计算机系统，偷取了数百法国和盟国舰只的声信号特征数据。像这样令发达国家恐慌的事件每年都发生多次，已经构成了真实的计算机入侵战争。现在，经济社会竞争越来越激烈，竞争对手通过网络非法访问、窃取内部信息的事件屡见不鲜。对一个国家来说，这些人可能是敌对国家或敌军的情报人员；对一个企业来说，这些人可能是竞争对手的情报人员。这些人有很高的技术水平和技术手段，远非十多岁学生的恶作剧可比。他们会系统地查询某家企业的信息系统以寻找漏洞，然后就通过漏洞谋利，甚至通过截获、篡改数据来非法获取巨额利润。

从 2004 年 1 月到 2005 年 3 月，青岛市公安局信息网络安全报警处置中心共接各类网络犯罪案件及安全事件报警 6897 余起，从接报警类型上看，主要分为：网上诈骗 2177 起（经济损失 200 余万元）、黑客攻击及病毒感染类 1701 起（经济损失 100 余万元）、手机有害短信类 1356 起（经济损失 30 余万元）、开办非法或有害网站类 541 起……针对网络违法犯罪案件发案率高、社会危害性大的突出问题，青岛市公安部门采取重点打击、快速侦破的原则，通过获取的网上线索，连续破获多起涉网刑事案件，缴获赃款 55 万元①。

据法国《费加罗报》报道，世界范围内网络犯罪所涉及的总金额高达 1 万亿美元。在各国政府的努力下，网络犯罪受到了一定程度的打击，一批批网络犯罪分子被逮捕法办。但据塞尔日·勒多朗以及菲利普·罗塞合著的《电脑犯罪》一书介绍，犯罪分子的势力仍然十分强大，犯罪分子利用信息技术包括移动电话、个人电脑以及互联网等来进行的犯罪活动还十分猖獗。信息网络，尤其是互联网的发展为犯罪分子洗黑钱提供了巨大的便利。世界各地开设的网上银行几乎完全逃避了各国的监管。《电脑犯罪》一书的作者们还解释了犯罪分子喜爱电子货币的原因。这些电子货币可以用"筹码"的形式储存在电脑中。这样，它们可以十分方便地转移到世界各地去。

面对这些威胁，有关当局被迫行动起来进行反击。他们购买设备，培训专业人才并制定了一些规章制度（尤其是在互联网的加密技术方面）。但这将是一场艰难的战斗。塞尔日·勒多朗和菲利普·罗塞认为，犯罪分子的"技术手段远远超过了各国的警察"。而且他们认为，各国政府在这方面"越来越落后了"。

（四）来自内部的威胁

堡垒最容易从内部攻破。信息战的实践告诉我们，对信息安全产生最大威胁、最大破坏性的并不是"黑客"和外部攻击者，而是内部的攻击者。许多信息化领导者和信息管理者往往十分注意来自外部的攻击，却经常忽视来自内部的攻击。因此，除在上述有关内容（如"网络黑客"部分）中已经涉及外，特对"来自内部的威胁"作一专门论述。

如果某一个内部职员将企业的机密文件或信用卡信息透露给竞争对手，将会给企业带来致命的打击；如果把企业的用户名单或其他商业秘密泄露，必将给企业带来不可估量的损失。在现实经济活动中，随着经济竞争的日趋激烈，许多竞争对手纷纷高价收买信息情报。少数内部工作人员为了获取暴利，向竞争对手或敌方出卖信息情报的案件屡屡发生。据我国公安部统计，60% 以上的信息安全事件牵涉到组织内部的人，70% 的泄密

---

① 刘学斌：《与网络犯罪"短兵相接"》，《信息网络安全》2005 年第 4 期，第 37—38 页。

犯罪来自内部①，而不是陌生的外部力量。在印度"黑客"中，74%是公司的前雇员或对公司心怀恶意的现有雇员。这就使得信息安全问题越来越复杂。

内部工作人员特别是计算机操作人员能较多地接触内部信息，工作中的任何失误都可能给信息安全带来威胁。在企业经营国际化活动特别是电子商务活动中，企业内部职工的网络不良操作习性是越来越多的安全隐患产生的重要原因之一。据香港 Symantec 公司网络安全专家对亚洲信息安全状况的调查，公司雇员工作时，其上网时间的1/3用于处理私人事务——发 E - mail、浏览娱乐网络或进入聊天室。专家认为，在上网接收邮件及文件下载的过程中，都会给公司内部计算机系统带来极大的风险。"黑客"及形形色色的病毒可能趁机而入，窥探或毁坏公司数据库系统，破坏性极大。因此，亚洲一些公司都在寻求限制雇员私用互联网的方法，并随机检查雇员的 E - mail 信箱及所浏览的网页。

（五）垃圾信息的侵入

另一类威胁信息安全的行为，是利用网络传播违反社会公德及所在国法律的信息。这类信息人们称之为垃圾信息。垃圾信息入侵问题越来越严重，让网民们头昏眼花，无所适从。例如：虚假信息、冗余过时信息、黄色淫秽信息、政治反动信息、种族歧视信息等在网上随意流动，互相渗透。由于全球信息系统的贯通，任何一个系统、任何一个环节的污染都将给整个信息社会带来难以估量的破坏和损失，也对国家安全、企业安全、社会稳定造成极大的危害。

通过发送垃圾邮件进行阻塞性攻击，是垃圾信息侵入的主要途径。攻击者通过发送大量垃圾邮件，污染信息社会，消耗受害者的宽带和存储器资源，使之难以接收正常的电子邮件。家住美国底特律的阿伦·拉尔斯就是臭名昭著的"垃圾邮件之王"，他通过家中设置的数台服务器，每小时可发65万条信息，一天可发垃圾邮件10亿封。随着计算机功率的提高，垃圾邮件的数量还可成倍增加，对信息安全的威胁越来越严重。

我国深受垃圾信息侵入的危害。2004年7月至10月，在中宣部、公

①　上海宝信软件股份有限公司：《内部网络安全的威胁分析与对策》，《信息网络安全》2004年第1期，第60页。

安部等 14 家单位组织的打击淫秽色情网站专项行动中，依法查出并关闭的境内淫秽色情网站就达 1442 个，赌博或诈骗网络 365 个；在百度、中国搜索、搜狐和 3721 等搜索引擎上删除违法信息 10 万多条。截至 2004 年 11 月 9 日，全国公安机关共立淫秽色情网站方面的刑事案件 247 起，已破获 244 起，抓获犯罪嫌疑人 428 名。[①]

（六）侵权问题

网络的发展也给知识产权和隐私权的保护提出了严峻的挑战。用户的程序及数据受到侵犯的事例已屡见不鲜，对数据的侵犯还包括对在线数据库及非在线数据库中的数据的滥用。联网计算机的个人数据有可能遭到来自信息战的攻击，某些时侯就会为敲诈者提供机会，从而导致产生社会的不稳定因素。

二 信息战威慑力的辩证分析

（一）信息战具有巨大威慑力

理论和实践都说明，信息战严重威胁着信息安全乃至国家安全。因此信息战具有巨大的威慑力。2004 年，英国因信息战攻击多次出现互联网瘫痪事件，损失严重。11 月 22 日，英国"就业与养老金部"及所属系统的 8 万台电脑遭信息战攻击，全国 1000 多所办公室的 80% 的台式机暂时停止运转或完全陷入瘫痪，受影响的 8 万多职工只能"望屏兴叹"。试想，如电信系统，电力生产与供应系统，天然气和油料生产、存储和运输系统，银行和金融系统，交通运输系统，供水系统等部门，一旦计算机网络遭受类似攻击，其后果会怎样呢？可想而知。据英国媒体透露，"黑客"曾劫持了英国的一颗军事卫星，要政府交出一笔数额不菲的赎金，否则就将其变为太空中的一堆废铁。军事评论家认为，如消息得以确认，显然意味着黑客恐怖主义已发展到一个新阶段。

加拿大 BC 理工学院和全球管理咨询公司（PACG）的信息安全专家联合进行研究测算，自 2000 年至 2006 年，工业控制系统遭受的网络攻击激增 10 倍，损失激增 15 倍。美国国防部发表的一份报告中称，美国国防部的计算机网络系统遭到"黑客"的攻击次数几乎每年翻一番，2006 年高达 26 万

---

① http://www.people.com.cn/GB/42510/42731/3112027.html.

次。"黑客"在对美国军用计算机和通信系统（ROME 实验军、空军司令部及保险设施）实施的攻击中，竟然控制了实验室支持系统，与国外互联网接点建立联系，并窃取了战术研究和人工智能研究数据。美国国防信息安全部门曾经使用"黑客"的工具和手段，以"黑客"的身份对国防部的计算机系统进行了模拟攻击，以试验其计算机系统的防护能力。结果，在38000 多次攻击中，成功率高达 65%，被发现的次数不到 1000 次。意大利一个经济管理系统的计算机网络被来自北欧的一个小伙子攻破，由于大量的数据和程序遭到毁灭性的删除，而该系统没有完全的备份，其损失十分惨重。这个管理系统半年之后还未恢复，经济损失数亿美元。这些都说明，信息战攻击确实具有巨大的威慑力，可以带来巨大的威胁。

政治家、经济家、军事家、科学家们看到信息战的威力，都对这类信息战攻击忧心忡忡。"黑客"，正如他们的名字一样，像黑夜里的幽灵，来无影，去无踪，一次恶意的得手，便使得井井有条地工作的网络顷刻之间瘫痪了。如果一个国家决策信息完全依赖于网络系统，而这个网络又有被黑客侵入的漏洞，那么这个国家就真的处于火山口上了。那些"黑客"手里的键盘就是能捅破地壳的熔岩，随时都能使这个国家面临灭顶之灾。

信息技术革命的发展，使信息战攻击的威慑力越来越大，并不是说物质性的常规武器和核武器等不重要了。只要存在带有暴力性质的对抗，存在战争，武器包括核武器的威慑力及在战争中的地位就不会失去。但是，武器系统在战争中发挥作用，一刻也离不开信息的支持。高精度的武器作用的发挥，必须依靠高精度的信息。试想，核导弹的发射离开正确信息的引导，怎么能够准确地击中目标呢？不能准确地击中目标，怎么能够发挥正常作用呢？

和武器威慑相比，信息战威慑有许多优点。首先，威慑的目标准确。在一个作战系统中，如果掌控了要害部位的信息，即便不直接攻击，只要告诉对方其要害已被发现或监视，就已经构成了真正的威胁。因为，攻击只是将威胁变成摧毁现实的过程。其次，信息威慑更加实用。由于在摧毁目标的时候，高精度的攻击只需要较少的能量就可以达到摧毁的效应，这样就不必使用大规模杀伤性武器。利用信息优势可以形成"点穴式"和"外科手术式"的常规打击，而这可以使敌方的指挥机构和领导人更加心惊胆战。

（二）信息战威慑也有局限性

信息技术具有强大的渗透力和关联性。任何国家、地区、企业乃至个人的任何活动都离不开信息，信息资源的使用范围和价值是无法比量的。信息战的威慑力是巨大的，在某种意义上可能胜过核武器。但信息战也有局限性，不是万能的，其威慑力只有在一定条件下才能发挥作用。

1. 孤立的信息战难以取得战争的最后胜利。

实现战争目的是取得战争胜利的主要标志。战争的目的是多种多样的，但都离不开控制这一行为。而控制，并不仅仅包含对信息的控制，更多的是对空间、地域、人员以及对自然资源、生产资源、市场、社会和政权的控制。在许多时候，单纯地夺得信息控制权不能达到战争的主要目的，有时甚至不能达到军事行动的基本目的，而机动战和火力战在任何时候都可成为夺取控制权的可靠手段。这样说并没有丝毫贬低信息战的作用和地位，信息战主要目的是有利于指挥的决策。任何战争都不是靠一两件武器或一两种技术就能决定胜负。在物理上的摧毁是永久性的，在信息上的摧毁是暂时性的。取得制胜把握依然要依靠制空权、制海权、制火力权、制机动权，当然掌握这些主动权也必须依靠制信息权。物理打击、高速机动、信息战和正确指挥缺一不可。单靠几个"黑客"，有组织入侵，注入计算机病毒或发布垃圾信息等信息战攻击，就想搞垮一个国家只能是天方夜谭，白日做梦。

2. 信息弱势一方并非无所作为。

在信息领域很难有所谓的绝对控制。信息技术有先进有落后，水平有高有低。一方的信息技术大大强于另一方时，信息弱势一方并非无所作为。美国是世界上经济技术实力最强的国家，它戒备森严，拥有世界上最先进、最庞大的信息网络和尖端侦察技术，拥有高素质的信息战部队和情报人员，但少数恐怖分子竟然在光天化日下，在美国当局毫无察觉的情况下，于2001年9月11日劫持4架飞机撞毁了纽约世界贸易中心大厦，制造了震惊世界的"9·11事件"。"9·11事件"给美国带来了极大的痛苦，美国恨不得将凶手马上绳之以法。美国总统布什更是信誓旦旦：一定要抓住本·拉登，死活不限。10月7日，美国在反复权衡各种利弊和协调了与有关国家的关系之后，对阿富汗的塔利班武装采取了军事行动。这场战争的理由只有一个——塔利班庇护恐怖组织的头目本·拉登；这场战争的目的也只有一个——摧毁塔利班武装，抓住或消灭本·拉登。这场战争的理由和目的如此明确，塔利班特别是本·拉登的命运自然是人们关注的焦点。捉到一个活的本·拉登，对他进行审判，对于揭开事件的真相，打击国际恐怖主义的信心，堂堂正正地为在"9·11事件"中无辜丧生的人申冤也许最符合美国人的做事方法。但是，5年多过去了，美国却一直找不到本·拉登的踪迹，一个世界级的通缉犯一直逍遥法外。这就足以证明信息战的局限性。美军抓捕萨达姆遇到了同样的困难，美军花了半年的时间，才在提克里特郊区的一间农舍旁的地窖里抓住他。这说明，用传统方式进行躲藏的人，在相当程度上可以脱离现代信息技术编织的网络。信息，只在它自己的领域里流淌，信息战主要在信息世界进行。

3. 信息战威慑只有与武器威慑和心理威慑结合使用才能取得预期的效果。

信息战的威慑力是巨大的，但它并不排除物质性的武器威慑，信息威慑与武器威慑是相辅相成的。拥有了以物质和能量为主要特征的武器优势，再在信息优势的帮助下，才能通过高效率达到较高的作战效能。离开实力强大的武器威慑，单靠信息威慑是很难取得最后胜利的。同时，信息威慑并无实战的功能，它的效力是有限的，一旦威慑失灵，就必须刀枪上阵，以实力见分晓。无须讳言，战争也是一门艺术，一门追求和谐的艺术。只有科学合理地综合运用信息威慑、武器威慑和心理威慑，才能取得战争的胜利。

传统战争中的战斗力主要包括人和武器"二要素"，现代战争中的战斗力则包括人、武器和信息"三要素"，信息已成为确保人和武器作用充分发挥的关键性要素。传统战争是在战场上决出胜负的，是一种物质和能量对物质和能量的消耗战，现代战争则是以物质、能量和信息"三位一体"的系统与其他系统之间的对抗。"这其中有软杀伤，兵不血刃；有高机动，兵临城下；有硬破坏，准确攻击；在心理上彻底征服对方，使其丧失任何抵抗的意志与力量。在战争中，各军兵种，各武器平台之间的信息系统是开放的，单兵武器平台、分队以及各兵种之间以网络形式紧密地联系在一起，这就使战场从纵向和横向两个方面达成了前所未有的统一，威慑的效应会充分地显现出来。"①

---

① 王建华：《信息技术与现代战争》，北京：国防工业出版社 2004 年版，第 165 页。

第二章　信息安全在国家安全中的战略地位

　　信息技术革命的迅猛发展和信息网络技术的广泛应用，引起了国家安全领域的革命性变革。信息安全在国家安全中的地位越来越高，并迅速渗透到国家的政治、经济、文化、军事安全中去，成为影响政治安全的重要因素，保障经济安全的重要前提，维护文化安全的关键，搞好军事安全的重要保障。因此，没有信息安全，国家安全的其他领域就得不到保障，也就没有国家的综合安全。信息安全在国家安全中占有极其重要的战略地位，从某种意义上说已经成为国家安全的基石和核心。

第一节　信息安全已成为影响国家政治安全的重要因素

　　政治安全是国家安全最重要的领域，是主权国家存续的根本因素，主要以主权独立、领土完整、政权巩固、社会稳定等形式表现出来。政治安全作为国家的传统安全领域，随着信息网络技术的发展和广泛应用，也发生了很大变化，出现了"信息网络时代的政治安全"。所谓"信息网络时代的政治安全"，就是在信息网络迅猛发展的新环境下，一个主权国家有效防范来自外部的政治干预、压力和颠覆以及内部敌对势力的破坏活动，确保国家政治制度的安全、稳定，维护国家主权和领土完整，增强国际地位的正常运行状态。相对于传统的政治安全来说，"信息网络时代的政治安全"呈现出许多新的特点。第一，内涵发生了变化，不再是传统意义上的政治安全，而是基于信息网络的安全，信息网络安全成为影响政治安全的最基础的因素。第二，外延扩展了，不仅包括传统的领土疆界安全、领空疆界安全、领海疆界安全，还包括"信息边疆"这一虚拟的疆界安全。第三，防范的难度更大了，信息网络的影响和渗透，不仅使关系政治安全的许多信息不再是秘密，"处处是前线"；而且使对政治安全构成威胁的因素逐渐增多，政治安全面临"瞬间威胁"的可能性大大增加了。第四，信息网络把纵横交错的不同层次的社会各部门连接起来，形成错综复杂的社会网络，这种关系越复杂越易受攻击，并且破坏性后果越严重。第五，防范措施主要是靠提高信息网络技术水平，而不是单纯增加警察和军队的数量。① 由此可以看出，在信息网络技术广泛应用的时代，一个国家的信息安全得不到保障，必然会损害它的政治安全。

一　信息安全是否有保障直接关系到国家主权能否得到有效维护

国家主权是指一个国家独立自主地处理对内对外事务的最高权力。国家主权行使的范围和内容不是一成不变的，随着信息技术革命的迅猛发展和信息网络技术的广泛应用，国家主权行使的领域从传统的领陆、领海、领空扩展到了"信息疆域"，国家主权的内容也从传统的政治主权、经济主权、文化主权等扩展到了"信息主权"。"信息主权"是国家主权新的重要组成部分，是国家对信息必然享有的保护、管理和控制的权力，是国家主权在信息活动中的体现。"信息主权"对内表现为：国家对于所辖"信息疆域"内任何信息的制造、传播和交易活动，以及相关的组织和制度拥有最高权力；对外表现为：国家有权决定采取何种方式，以什么样程序参与国际信息活动，并且有权在信息安全利益受到他国侵犯时采取必要措施进行保护。

从法理上讲，国家之间的主权是平等的。但是，由于各国的信息网络技术基础不同，信息网络技术发展水平存在很大差距，各国维护信息安全的能力也千差万别，所以各国凭借信息网络技术行使主权的空间范围和能力也不相同。信息网络技术发达的国家，操纵着全球大部分越境信息流的流向和分布，从而能够拓展主权的行使空间，直达"信息疆域"；而信息网络技术落后的国家，主权行使依然集中在传统概念上的领陆、领海、领空范围，难以对全球范围内的信息流动施加影响或进行控制，造成了不同国家间"信息主权"享有的事实上的不平等。更为严重的是，许多落后

---

① 石国亮：《确保政治安全，抢占网络制高点》，《中国教育报》第三版，2004 年 12 月 12 日。

国家的"信息主权"处于缺失状态,遭受别国任意侵犯而又无可奈何。而"信息主权"的缺失必然损害国家主权的其他方面。如在信息网络时代,无论是卫星传播还是互联网传输都不可能以国界为限。任何个人、组织、国家,无论在地球的什么位置,都可以借助廉价的工具将高质量的"敌对信息"昼夜不断地传输给某一国家的民众。美国创立的"自由亚洲之声"(1996 年 10 月开播)和"美国之音"就连续不断地、经年累月地向包括中国在内的许多国家发送这些国家并不需要甚至是有害的各种政治信息,明显带有鼓励反政府活动的目的;但是这些国家却束手无策,不能像抵挡军事入侵一样把这些信息拒之国门之外。拥有先进的卫星制造、发射、管理能力的国家,能探测到别国境内的露天目标甚至是部分隐蔽目标,并将探测到的结果在适当的时候公布于天下,这实际上是对这些国家主权的一种软侵犯。美国就是通过间谍卫星在 2003 年发现朝鲜重新激活核反应堆的,同样通过侦察卫星于 2005 年发现了位于伊朗中部城市阿拉克的生产"钚"的重水工厂,并通过互联网将所拍照片公布于世。"信息主权"享有的不平等和"信息主权"的缺失已成为国家主权与国家安全的重大威胁,随着全球化的深入发展和信息网络及传播技术的进步,这种威胁将越来越严重。未来国家间的侵略不会仅限于单一的物质财富的掠夺,必将更多地指向对信息的侵占和控制。① 从这种意义上说,谁没有信息安全,谁就没有信息主权,谁就没有完整的国家独立和主权,国家综合安全也就无从谈起。

二 "网络政治动员"难以控制,挑战政府权威,损害政治稳定

政治动员是指在一定政治环境下,政治主体或社会主体为了实现特定的政治目标,通过政治宣传、政治诱导、政治鼓动等方式和策略,获得所在政治集团或其他社会成员的支持和认同,进而扩大自身政治资源和政治力量的行为和过程。政治动员的媒介是多样的,但网络一出现,就因其虚拟性、开放性、扩散性、互动性、便捷性和隐蔽性等诸多独特优势,而被灵活地运用到政治动员的实践中来,发展成"网络政治动员"。所谓"网络政治动员",就是政治动员主体利用网络在虚拟空间有目的地传播具有

---

① 沈雪石:《论信息网络时代的国家安全》,《国防科技》2004 年第 11 期,第 21 页。

政治鼓动性的信息，诱发意见倾向，号召和鼓动人们在现实社会进行政治行动的政治动员。"网络政治动员"是现实世界政治动员向虚拟空间的拓展，由于其成本低、见效快、控制难、影响大、安全性高，所以任何组织和个人都可以利用以互联网为主的信息网络，进行发布号召、筹集资金、施加舆论影响和组织动员政治活动等工作。这使得在现实世界中很难实现的政治目的或无法进行的政治活动，可以通过信息网络比较容易地实现，为网络时代那些具有"网络头脑"的政治活动家提供了大展拳脚的好时机，也让一些非法组织及其政治活动有机可乘，还使得政府对民间的政治活动更加难以控制。

　　国内外通过"网上政治动员"而开展政治活动的例子不胜枚举。1999 年 11 月底，在美国西雅图召开的世界贸易组织第三次部长级会议开幕式，由于受到了近 3 万人的游行示威和大规模骚乱而被迫延迟了 5 个多小时。抗议的发起者是美国的一些劳工、人权和环保组织。示威者们相隔千里、互不相识且具有不同的信仰。然而，他们能够在短短的时间里万众一心地聚集在西雅图，完全得益于费用低廉且传播迅速的互联网。早在1999 年 3 月，游行发起者就通过互联网上的新闻组来组织这次抗议集会，随着世贸组织会议的临近，示威者们建立了众多的网站来进行宣传鼓动，进行各种信息的交流，对这次游行示威进行了周密策划和安排，甚至连示威者在西雅图住什么饭店、抽什么烟、喝什么酒等等，发起者都在互联网上作了精心调查和安排。[①] 又如，巴斯克人和魁北克人在互联网上制作了大量的网页，在全球范围内宣传其独立运动的正义性，并通过网络征求人力和财力资助，将各种分离主义的力量集中起来，从事分裂国家的活动。随着国际反恐联盟对恐怖主义打击力度的加大，国际恐怖主义势力也越来越多地依靠网络进行联络动员、筹集资金、指挥控制，发动恐怖袭击。

　　2005 年春季席卷全国的反日示威和抵制日货活动显示了"第四媒体"的政治动员能力。中国政府从维护中日关系的大局和长远利益出发，不赞成民间的反日示威和抵制日货活动；但是游行示威组织者利用网上 BBS、电子邮件、新闻组、聊天室等方式发出信息，鼓励民众参加游行，并通知

---

　　① 丁斗：《互联网中的国际政治权力》，《国际经济评论》2000 年第 3 期，第 17 页。

游行路线，发布示威口号。在 1999 年北约轰炸中国驻贝尔格莱德大使馆和 2000 年美军侦察机和中国战斗机在南海上空相撞事件中，互联网也起到了类似的作用。以上政治动员活动反映了我国民众朴素的爱国主义情感，但是"法轮功"邪教组织的政治动员却给我国政治社会的稳定带来了极大的隐患。"法轮功"邪教组织在 1999 年就被取缔，李洪志也逃到国外；但是他们建立了自己的网站，通过互联网络宣传其歪理邪说，指挥和组织"学员"集会串联，开展各种非法活动。

三 "颠覆性宣传"防不胜防，直接威胁国家政权

千方百计地对不同社会制度的国家政府，特别是对弱小国家的政府进行颠覆性活动，一直是美国和某些资本主义国家国际政治战略的重要组成部分。它们所用的颠覆性手段，有"军事援助"、"经济援助"、代理人政变、秘密情报战和直接军事干预等。然而，随着卫星通信技术和计算机互联网络技术的发展和应用，美国等国家获得了干涉别国内政、进行颠覆活动的新手段——覆盖全球的信息网络。美国著名国际战略专家约瑟夫·奈（Joseph Nye）就曾提醒美国政府："信息优势将和美国外交、美国的软实力——美国民主和自由市场的吸引力一样，成为美国重要的力量放大器。信息机构……应作为比以前更强大、更高效、更灵活的工具来发挥作用。"[①] 这句话的实质就是，为了推行其政治制度、生活方式、价值观念、民主思想、意识形态等，美国和某些国家会运用信息网络，通过信息空间，在目标国家组织煽动性、颠覆性宣传。这种"颠覆性宣传"，轻则造成人民对政府的不满，重则导致国家政权的崩溃。1989 年的罗马尼亚事件，就是失去信息安全保障而失去国家政权的典型案例。当时，西方国家用计算机合成技术，把英国医院太平间的死尸照片，伪造成所谓"罗马尼亚国家安全部队"大肆屠杀群众，"死难者尸体难以计数"的电视画面，利用互联网和广播电视网络不间断地向罗马尼亚境内播放，从而激化了罗马尼亚国内矛盾，导致齐奥塞斯库政权垮台。在伊拉克战争前，美国也通过各种媒体甚至散发传单，宣传萨达姆政权是残暴的专制主义政权，揭露萨达姆本人、他的两个儿子、他的手下对伊拉克人的暴虐行为；宣传

---

① 张新华：《信息安全：威胁与战略》，上海：上海人民出版社 2003 年版，第 405 页。

美国出兵伊拉克是为了解放伊拉克人民，使他们过上民主的生活。美国的宣传基本达到了预期的目的，战争打响后伊拉克的部分军队放弃抵抗；在萨达姆的铜像被推倒后，许多在场的伊拉克人民一边践踏一边欢呼民主生活即将到来。

中国作为世界上现存最大的社会主义国家，以美国为首的一些西方国家从来都没有停止对我国的"颠覆性宣传"，在信息网络覆盖全球的时代，更是变本加厉。他们在互联网上举办各种政治性论坛，发表大量对我国执政党和政府不满的言论，转帖反党、反社会主义的谣言；肆意诋毁和歪曲我国的社会主义制度，恶意炒作我国政治建设中存在的一些问题，煽动不明真相的人闹事；散布政治偏见，宣扬民族仇恨、破坏民族团结，鼓动地区分裂等等。例如，在美国反华势力支持下，刊登所谓有关中国民主和经济发展状况文章的《VIP参考》的编辑就曾对我国进行"颠覆性宣传"。他从华盛顿把电子时事通讯通过电子邮件发送给大陆的民众。2005年上半年，境外的个别网站发布了所谓"数以千计的党员要求退党"的消息，还刊登了一些人的退党声明。中组部副部长李景田2005年7月7日上午在国务院新闻办举行的记者招待会上透露，据对其中一些所谓刊登声明、要求退党党员的情况进行了解，发现或者是查无此人，或者是某些别有用心的人为一些早已定居国外的人编造的故事，是别有用心的人造谣言。这些"颠覆性宣传"，威胁着我国国家政权的稳定，我国政治安全遭到一定程度的损害。

四　国家形象更易遭受歪曲和破坏

国家形象是一国内部公众和外部公众对该国政治（包括政府信誉、领导人能力、外交能力与军事准备等）、经济（包括金融实力、财政实力、产品特色与质量、国民收入等）、社会（包括社会凝聚力、安全与稳定、国民士气、民族性格等）、文化（包括科技实力、教育水平、文化遗产、风俗习惯、价值观念等）与地理（包括地理环境、自然资源、人口数量等）等方面状况的认识与评价，可分为国内形象与国际形象，两者之间往往存在很大差异。国家形象是国家一种重要的"软力量"，也是国家利益的不可分割的一部分。随着信息化、全球化时代的到来，国家形象更加直接、有力地影响着国家的方方面面。良好的国家形象有利于维护国家在国内及国际上的威信，增强国家凝聚力，鼓舞人民士气，激发人民爱国主义热情，保证国家的长治久安，提高国家在国际社会中的政治地位和纵横捭阖的能力；有利于国家活动空间扩大，促进经济的发展，增强外国政府、企业、投资者、贸易界人士的信心，更好地吸引资金、技术、人才，开拓国际市场，扩大市场份额，增强参与国际经济活动的能力等。不良的国家形象则会导致国内人心不稳，国家在国际上的活动空间大大缩减，甚至影响国家之间正常关系的发展。国家形象在根本上取决于国家的综合国力和其在国内、国际社会中的行为表现，但是在信息网络技术迅速发展和广泛应用的时代，国家形象在很大程度上也是信息传播的结果，是国家与外部世界在信息传播领域不断博弈的结果，即使是最强大的国家也不例外。美国是世界上综合国力最强大的国家，在国际社会各个领域占有极其重要的地位。但驻伊拉克美军士兵虐待战俘事件经《新闻周刊》报道之后，立刻在美国和世界上引起了轩然大波。通过卫星电视和广播以及互联网络，几乎所有国家的人民都看到了美国士兵虐待伊拉克战俘的照片甚至是录像。这对于一个口口声声宣扬"人权至上"的国家来说，无疑是一个沉重的打击，美国"人权卫士"的形象大受影响。当然，这是美国自食其果。

中国作为世界上最大的发展中国家，改革开放之后经济发展迅速，在国际社会中发挥着越来越重要的作用，一个负责任的大国形象正在形成。但是，由于社会制度、意识形态和价值观念的不同，更由于国家利益的相互冲突与矛盾，一些别有用心的国家、社会组织利用包括信息网络在内的传播媒介不遗余力地对中国进行"妖魔化"的宣传，肆意歪曲和破坏我国形象，以达到自己的罪恶目的。一名英国资深记者在互联网上发出的一封公开信中披露说，英国广播公司"BBC 只对诬蔑中国感兴趣……BBC 的路线就是除非我们能够给中国抹黑，否则就别提中国"。它们以极其卑劣的手段编造种种负面消息渲染制造所谓邪恶的中国形象：从政治迫害、洗脑、管制到屠杀婴儿、出售犯人的身体器官；从到处是便衣警察、莫名其妙的失踪到电话窃听、电邮监控；从台湾问题到西藏人权；从派到西方的间谍到向东方邪恶的国家出售武器；从公开大规模的盗版到暗地搞核扩散；从扩充军备、武装入侵别国到驱赶百姓去吃光世界的粮食……总之，妄图通过对"邪恶中国形象"的宣传将中国"妖魔化"。① 而我们对这些信息在国内外的制造、传播和接收是难以控制的，这势必严重破坏我国的国家形象，影响人民民族自豪感和我国国际地位的提升，大大损害我国的政治安全。

第二节 信息安全是国家经济安全的重要前提

在国家安全中，经济安全占有非常重要的地位。从内涵看，经济安全主要是指维护国家经济的持续、稳定、健康发展和国家经济利益，不受内外界的干扰、侵犯和破坏。从外延看，经济安全主要包括国家经济生存和发展所面临的国际国内环境的安全，经济发展和经济运行安全，经济利益和经济主权安全，资源供给安全，金融安全，产业安全，经济活动的过程和各方面的安全等。随着信息网络技术的发展，利用信息网络进行的经济活动日益广泛和频繁。在我国，经过多年的努力，已经建立起了经济、科技、统计、银行、海关、铁路、民航等 12 大系统的信息网络基础设施。但是，由于很多难以克服的技术漏洞和安全缺陷，再加上许多人为的破坏，在短短十几年的发展中，网络信息系统暴露出极大的安全隐患，很大程度上增加了社会经济的不安全因素。如果这 12 个大信息网络系统中的任何一个系统发生问题，都将影响我国的经济安全。信息安全是国家经济安全的重要前提。

一 信息安全关乎国家经济安全的全局

当今世界，信息已成为人类社会最宝贵的战略资源，经济社会的发展对信息资源和信息技术的依赖程度日益提高。一方面，随着信息技术革命的发展和整体信息化的深入，社会经济形态也将发生根本的变化，逐步从工业经济向知识经济转变；另一方面，经济全球化的趋势，迫使各国在开放的大环境中增强与其他国家的经济联系和交流，经济信息已成为国家经济活动中不可缺少的纽带。因此，经济信息安全便自然成为经济安全的核心，它保证着产业结构、就业结构和产品结构等的合理改造和优化组合，

① 刘小彪：《"唱衰"中国的背后——从"威胁论"到"崩溃论"》，北京：中国社会科学出版社 2002 年版，第 35 页。

保护着工业、农业、商业、科技中的秘密以及金融、外贸和经济战略的安全，从而保障着国民经济健康有序地发展。一旦一个国家的机密经济建设信息被泄露或破坏，那么其经济安全也将遭到威胁，国家安全也就随之受到损害。更严重的是，通过计算机网络破坏信息资源中的经济信息体系，如金融信息体系，可直接威胁到经济安全，甚至能置一个国家于死地。因信息安全出问题而威胁经济安全的事件屡见不鲜。2004 年，"黑客"利用"特洛伊木马"病毒攻击英国多家银行，盗取客户存款约 10 亿英镑。由市场机构 Infonetics 提供的名为"北美 2007"的一份调查报告显示，"黑客"攻击平均每年为美国大型机构带来的经济损失，高达 3000 万美元，折合其总营业收入的 2.2%。[①] 在我国，因信息安全事故而遭受巨大经济损失的事件也常常发生。1998 年 4 月 26 日，CIH 病毒爆发，国内有几十万台计算机瘫痪或数据丢失，直接经济损失 8000 万元，间接经济损失超过 10 亿元。公安机关发布的统计数据显示，2005 年，国内处理的网络安全犯罪近 3 万起，国内网民因为网络安全犯罪而造成的直接损失超过 1 亿元。银行等国内金融机构成为网络诈骗犯罪高发的"重灾区"，按照 GDP 和我国网络应用水平计算，国内金融系统全年因网络安全犯罪造成直接经济损失约 10 亿元人民币。而据综合估测，中国 2005 年因网络威胁造成的间接损失高达数十亿元。[②]

这些事件不仅仅是直接造成了巨大经济损失的问题，更重要是影响到整个国民经济健康发展的问题。可见，信息安全受侵害，经济安全也就得不到保障，信息安全关乎国家经济安全的全局。

二 信息产业发展状况令人担忧，国家经济安全遭受直接损失

信息技术革命的蓬勃发展，不仅为经济持续稳定增长提供了强大的物质技术基础和手段，而且造就了经济发展的新增长点——信息产业。它一般指以信息为资源，以信息技术为基础，进行信息资源的研究、开发和应用，以及对信息进行收集、生产、处理、传递、储存等，为经济发展和社

---

① 李远：《安全问题每年平均造成 3000 万美元损失》，《中国安全网》2007 年 2 月 28 日，http：//www. securitycn. cn/html/news/industry/2433. html.

② 黑客拜金：《网络安全犯罪直接损失逾 10 亿》，《流媒体网》2006 年 2 月 3 日，http：//www. lmtw. com/VM/minfo/200602/20568. html.

会进步提供有效服务的综合性生产和经营活动的行业。信息产业一般可包括七个方面：一是微电子产品的生产与销售；二是电子计算机、终端设备及其配套的各种软件、硬件开发、研究和销售；三是各种信息材料产业；四是信息服务业，包括信息数据、检索、查询、商务咨询；五是通信业，包括电脑、卫星通信、电报、电话、邮政等；六是与各种制造业有关的信息技术产业；七是大众传播媒介的娱乐节目及图书情报等行业。现在，各国一般都把信息当作社会生产力和国民经济发展的重要资源，把信息产业作为社会新兴的核心产业群，称为"第四产业"。信息产业具有强大的带动性、关联性、渗透性和扩散性，它的健康快速增长，会带动整个国民经济的持续稳定发展。只有信息产业安全，信息才能安全，我国的国民经济才能安全运行，国家安全才有保障。

必须肯定，我国信息产业发展成就显著；但与发达国家相比，我国信息产业的发展状况令人担忧。这主要表现在以下几方面。

第一，发达国家尤其是美国在全球信息产业中占有压倒性优势。在全球信息产业中，中央处理器的产量美国占 92%，系统软件产量美国占 86%，仅微软公司的视窗操作系统就占全球操作系统应用量的 95%；目前世界大型数据库近 3000 个，其中 70% 设在美国；全球共有 13 台顶级域名服务器，有 10 台设在美国，其他 3 台分别被韩、日、英把持；美国 IT 投资占全球总投资的 41.5%。① 第二，与上述情况相反，我国信息产业的自主研发能力却很低，许多核心部件和应用软件仍为原始制造商所垄断，关键部位几乎完全处于受制于人的地步。据国家信息产业部有关人员介绍，目前美国微软公司的视窗操作系统和办公软件系统已在我国占据了 90% 的份额，国产中文办公软件受到严重打击。② 这就意味着目前我国绝大多数的电脑用户在日常工作、生产及生活中都将离不开微软的视窗操作系统和办公软件，一旦失去这一操作平台，国产的大部分软件都将无法工作。第三，外国公司为抢占和控制我国的信息产业市场，采取各种手段，高薪雇用我国有关人员，充当它们打开市场之门的先锋，在激烈的竞争中

---

① 蔡翠红：《信息网络与国际政治》，上海：学林出版社 2003 年版，第 79 页。

② 牛俊峰：《令人忧虑的 5.5 分》，《金阳网讯》2000 年 11 月 13 日，http：//www.ycwb.com/gb/content/2000—11/13/content_ 34735. html.

抢占有利地位。第四，它们已经把发财的欲望投入到有关信息安全的领域，这是关系国家安全、民族存亡的极为重要的领域。第五，最为可怕的是，对发达国家或跨国公司提供的软硬件设备中可能事先做的手脚无从检测和排除，这将造成既花费了大量资金又买来了经济运行中的隐患，买来国家不安全的严重后果。1999 年 6 月，《光明日报》记者杨谷偶然发现，于 1999 年 2 月刚上市的奔腾Ⅲ电脑芯片上预先设置了一个用于识别用户身份的序列号，使用了这种芯片的电脑，如果连上了互联网，则其用户在网上所进行的每项操作都会留下信息，极易被人监视和窃取秘密。1999年 8 月，加拿大科学家 Andrew Fernandes 发现视窗操作系统中存在第二把密钥，即 NSAkey。也就是说在风靡全球的 Windows 系列操作系统中留有一个后门，从而使美国著名的情报机构国家安全局可以秘密访问用户的电脑系统。[1] 可见，在目前我国信息产业发展水平较低且受制于人的情况下，信息产业自身的安全无法保障，信息安全岌岌可危，整个国家的经济安全也存在巨大隐患。

三 网络经济犯罪严重威胁国家经济安全

信息技术的发展，促进了电子商务的突飞猛进，使得小到企业、银行，大到整个国家的经济业务实现了网络化，世界经济正在进入"网络经济"时代。但是，信息网络是一把"双刃剑"，它在为人类带来巨大经济效益的同时，也让违法犯罪分子谋取巨大非法经济利益有机可乘，网络经济犯罪应运而生。网络经济犯罪主要是指行为人以网络为载体，以计算机软件、硬件及其信息网络为侵害对象，通过信息采集、发布、反馈等活动，实施的危害国家经济制度，扰乱市场经济秩序，侵犯国家、集体及他人合法财产安全的行为。网络经济犯罪的形式多种多样，防不胜防：有的以冒充合法用户身份或破译密码口令的方式侵入银行金融信息网络，实施虚增存款、网上购物、非法转账；有的通过网络将非法程序，如间谍软件安装到他人的计算机系统中，收集和获取商业秘密；有的利用计算机信息网络，虚构事实或者隐瞒真相，以欺诈手段骗取国家或他人合法财产，目前以网上传销、网上非法集资及非法证券交易等活动最为猖獗；有的以非

---

① 蔡翠红：《信息网络与国际政治》，上海：学林出版社 2003 年版，第 194—195 页。

法复制、出版、传播等形式，侵犯他人知识产权，目前以国际互联网上对文学著作、音乐、录像制品的非法复制传播最为典型；有的通过国际网上贸易进行洗钱活动，将其非法收入合法化；有的还通过互联网络进行赌博活动。犯罪手段的专业化、智能化，犯罪空间的虚拟化、拓展化，犯罪行为的隐蔽化，犯罪结果的扩散化等特点让网络经济犯罪的危害大大增强。

　　网络经济犯罪已经成为危害世界各国经济安全的普遍问题。《普华永道 2003 年度经济犯罪调查报告》显示：过去两年间，亚太地区有 16% 的企业表示曾遭遇过网络经济犯罪，38% 的企业认为网络经济犯罪是未来 5 年内它们最为担忧的问题。① 英国警方 2004 年 2 月 24 日公布的一项调查报告显示，在接受调查的英国最大的 201 家公司中，有 83% 的公司表示 2003 年遭受过某种形式的网络犯罪，由此造成的停工、生产效率降低以及对其品牌和股票产生的破坏作用带来的经济损失达 1.95 亿英镑。② 瑞士信息安全检测分析中心在 2006 年 4 月 4 日发表的报告中称，瑞士网络经济犯罪呈急剧上升态势。2003 年全年瑞士发生网络经济犯罪 145 起，而 2005 年仅上半年就发生 275 起。③ 美国博彩业协会 2006 年 5 月 23 日发布一份报告称，虽然美国禁止公民参与网络赌博活动，但美国人 2005 年投入网络赌博的赌金却高达 40 亿美元以上。④

　　近年来，我国的网络经济犯罪也甚嚣尘上。据统计，2005 年前三个季度，广州市公安局网监处接办和协查的经济犯罪案件 638 宗，占去年全年总数的 93.3%。⑤ 2005 年 4 月 3 日，通化市公安局网监处根据群众举报，在通化市某洗浴包房内抓获网络赌博犯罪嫌疑人马某、姜某及参赌人员共 11 名，扣押现金 1.4 万元、电脑 2 台、手机 13 部、银行卡 14 张、

---

① 网络欺诈严重，美国机构提醒企业加强关注，《商都信息港》2003 年 7 月 23 日，http：//news. shangdu. com/118/2003—07—23/20030723—345224—118. shtm.

② 报告显示网络犯罪给英国公司造成巨大经济损失，《网易》2004 年 2 月 26 日，http：//tech. 163. com/tm/040226/040226_ 128466. html.

③ 杨京德：《瑞士网络经济犯罪呈上升趋势》，《中国法院网》2006 年 4 月 5 日，http：//www. chinacourt. org/public/detail. php？id＝200799.

④ 美国去年网络赌博额达 40 亿美元，网站在境外，《新浪网》2006 年 5 月 24 日，http：//tech. sina. com. cn/i/2006—05—24/1549953929. shtml.

⑤ 穗检宣：《陷阱明暗难防，网络成犯罪天堂》，张伟湘，《天极网》2005 年 12 月 1 日，http：//yingkouit. hezuo. yesky. com/neUchxjj/20/2217520, shtml.

轿车 2 辆，打掉了以马某、姜某夫妇为首的网络赌博团伙。犯罪嫌疑人马某、姜某于 2004 年 8 月起，通过"上线"万某获取了赌博网站的账号和密码，在该网站上参与赌博活动，并通过"上线"的"返点"牟利 2 万余元。① 据《中国青年报》报道，上海一电脑高手设计非法软件程序，培训"特别"收银员，每天将超市销售记录的 20% 自动删除，并将其装入自己的腰包。这伙成员达 43 人的超市内部高智商犯罪团伙，通过分工合作，在短短一年多的时间内侵占了超市营业款 397 万余元。从 2006 年 7 月 31 日开始，湖北某市 17 岁"黑客"利用腾讯公司的系统漏洞，非法侵入该公司的 80 余台计算机系统，并通过分析这些电脑数据后逐步取得该公司的域密码及其他重要资料，进而取得多个系统数据库的超级用户权限，在 13 台服务器中植入木马程序。在获得大量网络虚拟财产后，鄢某通过打电话和发短信的方式，称已获取该公司的网络管理漏洞，向腾讯公司及其总裁进行敲诈勒索。② 日益猖獗的网络经济犯罪，扰乱了我国市场经济秩序，破坏了国民经济的健康运行的外部环境，给银行、企业、个人的财产造成了重大损失，严重威胁着我国的经济安全。

四　金融安全面临更大挑战

金融是现代经济的核心，金融安全则是主权国家经济安全的核心。随着国民经济和社会信息化进程的全面加快，信息技术在金融领域得到了广泛应用，网络与信息系统的作用日益增强，已经成为金融业的关键基础设施。目前，全球发达国家大约有 85% 的主要银行已经建有自己的业务网站，中国银行界实现银行机构信息化的进程也在不断加快。可以说开拓数字化、网络化的电子金融业务，已经成为国内金融界发展的战略重点。据报道，中国银行业金融电子化建设已经具有相当的规模，计算机和通信网络在银行已经得到普遍的应用，银行系统的存款、贷款、代理、结算、ATM、信用卡同城清算，已经基本实现了计算机网络化。据不完全统计，中国银行、中国工商银行，计算机网络化已经达到了 100%，中国建设银

---

① 通化市公安局打掉一网络赌博团伙，《吉林省信息安全网》2005 年 9 月 1 日，http：//www.jlis.gov.cn/Newsshow.asp？ID＝4634.

② 2006 年重大黑客事件回顾，《互联安全网》2007 年 1 月 30 日，http：//www.sec120.com/news/internal/2007—1—30/2508_ 2.html.

行达到了 90% 以上，中国交通银行达到了 85% 以上，农业银行也达到了 80% 以上。① 这一方面极大地提高了金融市场的运作效率和覆盖面，给广大客户提供了更为便捷的金融服务，也给金融业的发展带来了重大机遇；另一方面，金融安全更易受到攻击，比以往任何时候更脆弱。对我国金融系统的安全现状，专家们有一些形象的比喻：使用不加锁的储柜存放资金；使用公共汽车运送钞票；使用邮寄托寄的方式传送资金；使用平信邮寄机密信息②等等。

从实际情况来看，金融安全所受的信息战威胁主要来自以下几个方面。

（一）由计算机软硬件系统的不安全带来的威胁

由于目前我国自己的计算机硬件设施、系统软件、加密技术和密钥管理技术及数字签名技术相对落后于金融电子化发展的需要，因此我国所用的计算机软硬件设施及技术主要依靠从美国公司进口。但是，近年来不断有报道指出从国外进口的软硬件设施及其技术都有明显的秘密通道，在需要的时候，他们可以通过远程操作，利用秘密通道窃取我国的金融信息。

（二）内部人员的威胁与破坏

2006 年 7 月 6 日早晨 7 点 50 分左右，朝阳公司财务部职员将员工工资表做好，看了一遍后没错便去倒水喝；另一部门的员工刘涛见状，立即用自己电脑侵入财务部职员电脑，将自己制作的模板覆盖公司员工工资模板。大约 8 点 20 分，财务部职员并未发现异样，将工资表交给财务主管去银行。这时，刘涛已经成功将 300 余名员工共 70 余万工资划入事先开好的 2 个账户中，再由其在财务部工作的女友闫美廷先后两次从银行取出共 42 万现金。③

（三）外部入侵

外部入侵是一种经常性的威胁，既可以来自"黑客"，也可以来自犯罪分子。2005 年 7 月，日本发生多起银行网络交易系统遭"黑客"入侵，

---

① 严明：《开创安全的金融网络时代》，《硅谷动力网》2006 年 12 月 8 日，http：//www.enet.com.cn/anicle/2006/1208/A20061208327200.shtml.

② 张新华：《信息安全：威胁与战略》，上海：上海人民出版社 2003 年版，第 419 页。

③ 《2006 年重大黑客事件回顾》，《互联安全网》2007 年 1 月 30 日，http：//www.sec120.com/news/internal/2007—1—30/2508_2.html.

包括瑞穗银行在内的三家银行声称，有客户在不知情的情况下，存款被转账、盗领。瑞穗银行已发生两次类似案件，遭受 500 万日元的损失。①

（四）网上金融欺诈

网上金融欺诈的手法是多样的，网络钓鱼最为常见。比如有的犯罪分子设立虚假的网络银行网站，这些虚假网站的网址与真正的网络银行的网址只有极其细微的差别，网络界面则惊人地相似，当用户通过虚假网络银行进行交易时，自己的账号和密码则被犯罪分子轻而易举地窃取。据美国银行及信用卡公司统计，2003 年由于网络诈骗的损失达 12 亿美元，平均每个受害者损失约 1200 美元。另据英国安全机构 MI2G 估计，2003 年由于网络钓鱼诈骗，全球经济损失超过了 322 亿美元，原因包括客户的减少、业务被中断，以及用于恢复品牌信誉方面的努力。②

（五）国际游资与非法资本的威胁

据国际货币基金组织估计，目前活跃在全球金融市场上的游资在 7 万亿美元以上，相当于国民生产总值的 20% 或全球证券市场的年交易量。这些资金为追逐高额利润，借助现代化的网络设备，哪里可能有丰厚的回报，就流向哪里，更容易造成全球范围内影响更大、更广、更深的金融市场风险。随着中国金融创新的发展和网上金融业务范围的逐步扩大，大量的国际游资和非法资本很可能通过网络进入我国证券市场或其他资本市场。据披露，在东南亚金融危机之后，一些国内外汇交易市场上的游资炒手曾蠢蠢欲动，希望在中国掀起像东南亚那样的投机狂潮，从中大捞一把。③

（六）在网上发布虚假金融信息，制造金融秩序混乱

2006 年的最后一天，很多网友都收到一些号称"工行要倒闭，所有存款均没收"之类的新闻链接，地址都是正牌的 icbc.com.cn，而不是盗版的 1cbc.com.cn。原来工商银行被"黑客"入侵，截至当天晚上 11 点，发现此漏洞已经修好。但是此事还是引起了人们的恐慌，并且给工商银行

---

① 《黑客多次入侵日本三大银行网络交易系统》，《天极网》2005 年 7 月 11 日，http://www.yesky.com/sofUsecurity/443/2032443.shtml.

② 陈明奇、刘洋：《网络安全不容忽视，积极应对网络钓鱼》，《天极网》2006 年 5 月 25 日，http://net.chinabyte.com/chwlaq/56/2415056.shtml.

③ 史东明：《经济一体化下的金融安全》，北京：中国经济出版社 1999 年版，第 104 页。

的信誉造成了严重影响。

（七）信息网络安全事故带来的风险

发生于 2006 年 4 月 20 日我国境内的一次事故，就是因为某某单位的主机和通信网络设施出现了故障，导致全球至少 34 万家商户以及 6 万台 ATM 机受到影响，其跨行业和刷卡消费中断了 6 个小时之多，导致在中国数百万笔交易无法跨行业完成。①

第三节　信息安全是国家文化安全的关键

"文化"一词有广义和狭义之分。广义的文化是指人类在社会生活中所创造的一切，包括物质生产和精神生产的全部内容及其成果；狭义的文化是指精神文化，包括科学、教育、文学、艺术、意识形态、道德、信仰、宗教、风俗、习惯等。不同的国家和民族在特定的地域范围内，经过长期的历史发展，形成了各具特色的文化。这些文化在凝聚国家力量、构建民族认同中发挥着不可替代的作用，是一个国家、民族生存和发展的根基，也是与其他国家和民族相区别的标志。文化安全是国家安全的一个重要领域，是指国家防止异质文化对本民族文化生活的渗透和侵蚀，保护本国人民的民族传统文化、意识形态、价值观念、行为方式、风俗习惯等不被重塑和同化的安全。文化安全是相对于"文化渗透"、"文化控制"而言的，是一种相应的"反渗透"、"反控制"、"反同化"的文化战略。信息网络技术的高速发展及其在文化领域的广泛应用，对一个国家的文化安全产生了重大影响。信息安全已成为国家文化安全的关键。

一　"网络文化霸权主义"严重危害他国文化安全

随着信息技术革命的发展和国际互联网的普及，产生了一种威力巨大的文化，这就是网络文化。网络文化是一种全新的文化表达形态，它以人类最新科技成果的互联网和手机为载体，依托发达而迅捷的信息传输系

---

① 严明：《开创安全的金融网络时代》，《硅谷动力网》2006 年 12 月 8 日，http://www.enet.com.cn/article/2006/1208/A20061208327200.shtml。

统，运用一定的语言符号、声响符号和视觉符号等，传播思想、文化、风俗民情，表达看法观点，宣泄情绪意识，垒筑起一种崭新的思想与文化的表达方式，形成一道崭新的文化风景。① 信息技术革命没有停滞，也不会停滞，它仍在蓬蓬勃勃、如火如荼地进行。信息传播技术发展的无限性，促使网络文化越来越强劲，网络文化参与者的队伍规模越来越庞大。必须指出，网络文化是一把"双刃剑"：一方面会给人类文明带来最新、最优秀的文化成果；另一方面会给许多国家的文化安全带来巨大威胁和挑战。个别信息强国利用网络文化推行霸权主义，形成了"网络文化霸权主义"，严重危害着他国的文化安全。我们应该顺应时代潮流，以创新的精神加强网络文化建设和管理，维护我国的文化安全，满足人民群众日益增长的精神文化需要。

阿尔温·托夫勒在《权力的转移》中说："世界已经离开了依靠金钱与暴力控制的时代，而未来世界政治的魔方，将控制在信息强权的人手里，他们会使用手中所掌握的网络控制权、信息发布权，利用强大的语言文化优势，达到暴力与金钱无法征服的目的。"尼葛洛庞帝在其《数字化生存》中说："现在互联网络上绝大部分的信息的提供者是欧美国家，而且网络系统从硬件到软件再到各种标准，都是由发达国家来制造和控制的，无形之中落后的不发达国家就会受到种种的控制。"② 国际关系现实主义理论大师摩根索在《国际政治学》中指出，"我们所谓的文化帝国主义，是所有帝国主义方法中最灵巧、最成功的帝国主义……它的目的不在于领土的征服，也不在于控制经济命脉，而在于征服并控制人们的心灵，借以改变两国间的权力关系。假若我们能够设想甲国的文化，尤其是甲国的政治思想连同其一切具体的帝国主义目标，征服了乙国所有决策人物的心灵的话；那么甲国将已赢得了一项较之任何军事征服者或经济征服可能赢得者更完全的胜利，同时甲国的优越地位也将建立在更稳定的基础上。甲国将无须施以军事威胁或使用武力或经济压力，以完成其目的；因为那种目的——是乙国服从甲国的意志——由于甲国优越文化的说服力以及更

---

① 尹韵公：《论网络文化》，《光明日报》2007 年 3 月 25 日第 6 期。

② 甘满堂：《网络时代的信息霸权与文化殖民主义》，《开放导报》2002 年第 9 期，第 29 页。

具有吸引力的政治哲学，将早已实现了。"① 这三段话是对"文化霸权主义"、"文化帝国主义"、"文化殖民主义"及其危害所作的最恰当解释。

　　在信息网络技术高速发展和广泛应用的背景下，借助于卫星为"文化霸权主义"、"文化帝国主义"、"文化殖民主义"的泛滥提供了更好的土壤，使文化传播和发展的不平衡状况更加严重。尤其是在互联网上，西方文化覆盖全球，英语是主导性语言，绝大部分信息是用英语发布的，网上内容英语占90%，法语占5%，其他世界众多的语言只占5%。"只要你一进入交互网络（即国际互联网），你的电脑屏幕上显示的是英语，你进入的讨论组大多数是美国人发起的，讨论的题目是他们想出来的，你看的广告几乎全是美国产品的广告。一句话，进入交互网络，就是进入了美国文化的万花筒。"② 这种状况使得，一方面，以美国文化为首的西方文化占据了文化的霸权地位，主导着世界文化的发展模式和趋向；另一方面，令弱势文化的拥有者感到恐惧，弱者无法利用"第四媒体"向外传播自己的文化种子，甚至在受到诸如"落后愚昧"的攻击时也无法进行反驳。比这更可怕的是一个国家或民族文化的内核可能被强行改变，文化的独立自主性被大大削弱。外来文化对原生文化具有排斥作用，一旦渗透侵蚀到原生文化的内核，原生文化主体原有的思维模式、行为方式、道德观念、价值观念、风俗习惯等的延续机制就会遭到破坏，文化继承力也会受到抑制。由此可见，一个国家在无力维护自己的信息安全的情况下，文化安全必然也无从保障，整个国家安全也处于一种长期的威胁之中。

二　国家民族传统文化的继承与发扬遭到挑战

　　在快速发展的互联网上，随着电子图书馆、电子出版物、远程教育等手段和工具的发展与应用，各国文化之间的相互影响也迅速扩大。一方面，促进了各民族文化的相互交融和发展；另一方面，对于以信息接受为主的发展中国家包括处于信息弱势地位的中国来说，互联网的发展又造成了对本国传统民族文化的冲击和挑战，如不采取相应的措施，有些语言和

---

　　① 摩根索著：《国际政治学》，张自学译，台北：台湾幼狮文化事业公司1984年版，第87页。

　　② 易丹：《我在美国信息高速公路上》，北京：兵器工业出版社1997年版，第294页。

文化甚至有可能消失。① 如西方文化借助语言优势，在信息网络所及范围内，疯狂地侵入世界每个角落，到处宣扬自己的民族文化的无比优越性，对不同于他们的异质文化横加鞭挞，迫使别人接受他们的文化信仰，从而对众多国家的民族传统文化的发展和繁荣造成了严重的威胁。同时，发展中国家的某些西方文化受动者也慢慢地由抵制西方文化到接受再到喜爱，甚至开始厌恶自己国家的民族传统文化，对国家和民族的认同感不断弱化。20世纪美国的流行文化是以麦克唐纳汉堡包和肯德基，以好莱坞电影和肥皂剧，以麦克尔·杰克逊与麦当娜，以《花花公子》和可口可乐为标志的庞大集合体。这个文化集合体在国际互联网上，以或明或暗的方式渗透到其他民族文化之中，使多样化的民族文化逐步趋向于美国文化。但这里并不是说美国文化无可取之处。任何一个民族的文化都有精华和糟粕，在美国流行的文化中亦有许多向上、具有生命力的东西，可这并不意味着它可以成为其他民族文化的基础。如果是这样的话，全世界都使用一种语言，人人都认识那几位好莱坞明星，吃着麦克唐纳汉堡包和肯德基炸鸡，穿着统一服饰，势必失去本民族的特色。② 更何况美国文化中还有对其他国家和其他民族文化来说是十分有害的东西。我们再对比一下周围的世界：八月十五是中国人一个非常重要的传统节日，圣诞节是西方国家的一个重要的节日。但是，八月十五时，在我们的包括互联网在内的媒体上看到的有关这一节日的内容却不如圣诞节时关于圣诞节的内容丰富和精彩。反映在现实生活中，八月十五远远没有圣诞节的气氛那样热烈。本土节日比不过外来洋节，传统文化遭受重大挑战。因此，在西方强势文化占据主导地位的互联网上，如何使我国的民族传统文化发扬光大，成为一个十分迫切而又不容回避的问题。

三 社会主义意识形态遭受重大威胁

信息网络的最大特点在于它的极度自由，而这种自由是超越国界的。西方发达国家凭借其雄厚的技术和经济优势，利用信息网络带来的一切便

---

① 冯耀明：《信息技术革命对当代社会主义意识形态工作的影响》，《理论探索》2001年第1期，第27页。

② 李荫榕、陈玉霞、董嵩斌：《关于网络时代民族文化保护的思考》，《学术交流》1999年第4期，第157页。

利，大肆散布各种政治偏见，利用计算机技术制造、歪曲事实，而由于互联网络的结构及其技术的特殊性，国家和政府很难控制这种行为。与此同时，由于网络信息的跨国传递不受任何传统控制形式的约束，对意识形态的影响将超过至今为止任何一种传统媒体。在不平衡的信息流动中，信息输出大国通过在网上推行新的政治、文化的"殖民扩张"政策，加强对我国社会主义意识形态的渗透。一些别有用心的敌对国家，甚至在网上肆意诋毁和歪曲我国的社会主义政治经济制度和党的路线、方针、政策，对我国进行所谓"民主"、"人权"的讨伐，竭力标榜资本主义政治制度的合理性，意欲通过政治理念的渗透实现其对我国进行"西化"和"分化"的图谋。国内一些非法组织和敌对分子也利用信息网络发布危害国家安全的信息，如"法轮功"邪教组织就通过建立自己的网站和向众多民众发送电子邮件来诋毁社会主义的民主、党和国家领导人，甚至还通过其设在台湾地区的发射设备来干扰我国的"鑫诺卫星"等。由于我国政府长久以来对意识形态的控制力主要集中于传统媒体领域，对互联网这种意识形态斗争的新领域还缺乏足够的经验，使得我们在国际意识形态斗争中处于非常不利的地位。[①]

四　社会主义价值观念和道德规范遭受冲击

就一般意义来讲，社会主义价值观念是一种与资本主义价值取向相对立的、以实现共产主义为最高价值目标、以最广大人民群众的最大利益为价值标准、由一整套以集体主义为核心的价值规范体系构成、为社会主义国家广大群众身体力行的价值观念。社会主义的道德规范由忠于共产主义事业的集体主义道德原则，全心全意为人民服务、共产主义劳动态度、爱护公共财物、热爱科学和坚持真理、爱国主义和国际主义五条道德规范，义务、良心、荣誉、幸福四个道德范畴及婚姻家庭道德、职业道德、社会主义人道主义三个特殊领域的道德要求所构成。这是我国屹立于世界民族之林和进行社会主义现代化建设的精神支柱。但是，由于西方发达国家在

---

① 冯耀明：《信息技术革命对当代社会主义意识形态工作的影响》，《理论探索》2001年第1期，第26页。

信息网络世界占据着十分明显的优势，它们借助电影、电视节目、音乐、书籍、电脑游戏软件等通过互联网大肆传播本国的价值观念，个人主义、利己主义、功利主义、实用主义等不良思想泛滥成灾，种族主义、民族歧视、宗教仇恨、军国主义与法西斯思潮、侮辱性言论等不良信息在网上畅通无阻，从而会自觉或不自觉地渗透到我国某些网民的思想意识中，影响他们的价值取向，势必对社会主义价值观和思想道德观造成不容忽视的冲击。

胡锦涛总书记在中共中央政治局于 2007 年 1 月 23 日下午进行的第三十八次集体学习时指出，中国网络文化的快速发展，为传播信息、学习知识、宣传党的理论和方针政策发挥了积极作用，同时也给中国社会主义文化建设提出了新的课题。能否积极利用和有效管理互联网，能否真正使互联网成为传播社会主义先进文化的新途径、公共文化服务的新平台、人们健康精神文化生活的新空间，关系到社会主义文化事业和文化产业的健康发展，关系到国家文化信息安全和国家长治久安，关系到中国特色社会主义事业的全局。因此，必须加强网络文化建设和管理。胡锦涛总书记就加强网络文化建设和管理提出五项要求。一是要坚持社会主义先进文化的发展方向，唱响网上思想文化的主旋律，努力宣传科学真理、传播先进文化、倡导科学精神、塑造美好心灵、弘扬社会正气；二是要提高网络文化产品和服务的供给能力，提高网络文化产业的规模化、专业化水平，把博大精深的中华文化作为网络文化的重要源泉，推动我国优秀文化产品的数字化、网络化，加强高品位文化信息的传播，努力形成一批具有中国气派、体现时代精神、品位高雅的网络文化品牌，推动网络文化发挥滋润心灵、陶冶情操、愉悦身心的作用；三是要加强网上思想舆论阵地建设，掌握网上舆论主导权，提高网上引导水平，讲求引导艺术，积极运用新技术，加大正面宣传力度，形成积极向上的主流舆论；四是要倡导文明办网、文明上网，净化网络环境，努力营造文明健康、积极向上的网络文化氛围，营造共建共享的精神家园；五是要坚持依法管理、科学管理、有效管理，综合运用法律、行政、经济、技术、思想教育、行业自律等手段，加快形成依法监管、行业自律、社会监督、规范有序的互联网信息传播秩序，切实维护国家文化信息安全。我们应该认真贯彻落实这些指示精神，努力开创我国网络文化建设的新局面。[①]

第四节 信息安全是国家军事安全的重要保障

所谓军事安全，是指国家运用军事力量捍卫国家安全，维护国家主权完整和长治久安，保卫人民生命财产，为国家发展和人民生活提供一个相对稳定的内部和外部环境，是国家安全中的首要因素。信息技术革命的迅猛发展引起了军事领域的巨大变革，军事安全面临着许多新的问题和挑战。信息技术革命的蓬勃发展和信息网络的广泛应用，把军事活动扩展到整个世界乃至宇宙的同时，也消除了诸如海洋、大山、距离等国家的安全屏障。先进的互联网系统已把军队和整个社会连接在一起。军队和社会机体的各个部分的组合运转，都要依靠互联网。军用设备和民用设施联系紧密，相互兼容。在网络世界里，每个芯片都是一种潜在的武器，每台计算机都有可能成为一个有效的作战单元，一位平民百姓可能编制出实施信息战的计划，并付诸实施。在这种情形下，军事领域面临史无前例的挑战，军事安全的责任日益繁重，信息安全已成为军事安全的重要保障。

一 "信息威慑"对军事安全的影响不容忽视

"威慑"是指以综合实力为依托，通过力量、决心和可信度的展示，造成一种战略上的对敌高压态势，使敌方因虑及难以承受的后果而放弃对抗的斗争策略。它是人类社会普遍存在的一种斗争形式，存在于政治、经济、军事、外交、文化等领域中，以军事威慑最为典型。有效的威慑，可以最小的代价获得胜利，因此古往今来的政治家和军事家都十分重视发挥威慑的作用。随着人类向信息时代迈进，信息网络已遍布全球每个角落，渗透于包括军事领域在内的各个领域。由于网络的攻击手段多、破坏性大、效费比高，所以"信息威慑"已引起各国高度重视。"信息威慑"是以信息技术及其设施为物质载体，以敌方的作战意志，特别是决策层和指挥层的决策、指挥意志为作用对象，凭借强大的信息作战能力，影响对方

---

① 新华社北京1月24日电：《以创新的精神加强网络文化建设和管理 满足人民群众日益增长的精神文化需要》，《光明日报》，2007年1月25日。

的指挥与控制，从而达到"不战而屈人之兵"或"小战而屈人之兵"的目的。"信息威慑"的形式主要有：通过新闻媒体、军事演习等宣扬高技术信息兵器的技术效能和杀伤威力，以震慑敌方心理，征服其意志；通过先进电子侦察手段，全方位掌控"电磁频谱权"，使战场对一方单向透明，另一方则不了解战场动态，从而在心理上放弃抵抗；在国际社会中展开全方位的宣传，宣扬己方进行战争的正义性，使对手陷入失道寡助、众叛亲离或群起攻之的绝地，从而主动放弃战争等。美国在战争中，多次运用信息威慑。在2003年的伊拉克战争中，美军成功地运用了"信息威慑"的力量。在战争发起前几周内，美国利用网络给伊军高级军事指挥官的私人信箱发电子邮件，给他们的私人手机打电话，敦促他们推翻萨达姆。战斗打响后，美军又播放了很多先头部队快速挺进、攻城略地的场面，并频频发布萨达姆可能在首轮轰炸中被炸死的报道。美国还利用飞机作为它的"幽灵"电台，发出强烈无线电波，干扰伊拉克国家广播电台，并占用该台频率，进行早已准备好的阿拉伯语广播。美英联军通过一系列特殊形式的信息攻势，达到了造"势"、造"假"、造"谣"和煽"情"的目的，淡化了战争带来的负面影响，鼓舞了己方士气，以确定和不确定的"新闻"施以强烈的刺激和影响，造成敌军心理哗变的态势，将战役的主动权牢牢掌握在己方手里，给伊军造成强烈的心理震慑。

目前，许多国家都承受着"信息威慑"的巨大压力。在近年来世界发生的几场局部战争中，以美英为代表的西方国家大肆宣扬高技术信息兵器巨大的作战效能，使武器装备各种优良性能透明化，以此产生威慑效果；进行各种军事演习，展示高技术武器装备的作战威力，极度宣扬高技术兵器不可战胜的神话，并且利用太空和新概念武器优势等，对作战对象国家的人民实施心理恐吓；宣传情报侦察能力和计算机网络技术所形成的综合信息优势在战争中的作用，威胁对方指挥控制系统，直接影响指挥者的信念，力争实现"不战而屈人之兵"。这一切同样会对我国军队官兵产生一定的影响，个别人对我军能否"打得赢"产生了怀疑。这已经引起了国家领导人的重视，前军委主席江泽民同志在十届人大二次会议解放军代表团全体会议上强调：反制"信息威慑"，我们必须保持清醒的头脑，站在国家安危大局的高度，以强烈的危机感、使命感和责任感，大力推进对"信息威慑"的研究，争取攻克信息化战争的制高点，完成时代赋予我军的使命。

二　神秘莫测的"网络信息战"，威胁国家军事安全

信息战有多种形式，主要有网络战、电子战、心理战三种，其中网络战是信息战的主体，简称"网络信息战"。广义上，"网络信息战"涉及政治、经济、军事等国家生活的各个领域，既包括平时也包括战时。这里所说的"网络信息战"是指战时军事领域或与战争有关的网络战，即指敌对双方通过民用或军用网络，主要利用计算机技术侦察、获取、干扰、破坏对方指挥系统、武器系统及人事、组织、后勤等系统中的重要信息，从而达到影响、加速甚至决定战争进程的行为。网络信息战直接威胁到交战双方的安全，关系到战争的胜负，是战争在网络信息空间的延伸和表现，是战争行为的一部分。"网络信息战"主要通过以下手段实现：窃取国家最高决策层或军事要害部门的机密文件、敏感数据、网络口令等，获取可靠情报；直接侵入保密信息的存放地址，销毁或修改网络上的机密信息资源，达到破坏信息资源和扰乱指挥系统的目的；阻塞敌方信息流，使敌方指挥系统无法收集信息，无法下达军令，中枢控制系统"耳、目"闭塞；污染敌方信息流，释放欺敌信息，使敌方指挥系统收到的信息真假难辨，无法决策，或作出错误决策；集中攻击敌方信息系统关键节点，撕裂、肢解敌方统一的信息网，破坏敌方的信息集成；深入敌方网络内部，安置木马、病毒、逻辑炸弹，或通过电子间谍源源不断地向一方提供对方的信息情报，或在战机成熟时引爆病毒，使敌方指挥控制中心瘫痪。

"网络信息战"在海湾战争中第一次被成功运用，随后在阿富汗战争、科索沃战争和伊拉克战争中大显身手。例如，在海湾战争爆发前夕，美国中央情报局获悉，伊拉克从法国采购了供防空系统使用的新型打印机，准备通过约旦首都安曼偷运到巴格达，随即派特工在机场偷偷用一块固化病毒芯片（一种"逻辑炸弹"）与打印机中的同类芯片调了包。美军在战略空袭发起前，以遥控手段激活病毒，使其从打印机窜入主机，造成伊拉克防空指挥中心主计算机系统程序发生错乱、工作失灵，致使防空系统中的预警和 C31 系统瘫痪，为美军顺利实施空袭创造了有利条件，伊拉克军队则遭受重创。在 1999 年的科索沃战争中，南联盟使用多种计算机病毒，实施网络攻击，使北约军队的一些网站被垃圾信息阻塞，北约的

一些计算机网络系统曾一度瘫痪。北约一方面强化网络防护措施；另一方面实施了网络反击战。美国中央情报局利用互联网彻底干扰了南联盟的军、警和秘密警察通信网，南联盟的指挥系统一片紊乱，米洛舍维奇在紧要关头无法有效地指挥军警；中央情报局还精心设计了一种被称为"AF－99"的计算机病毒，由塞浦路斯进入贝尔格莱德，直接侵入米洛舍维奇的电脑系统，修改相关数据使之完全瘫痪；① 北约还将大量病毒和欺骗性信息注入南联盟军队计算机网络系统，致使南联盟军队防空系统陷于瘫痪。在战争结束后，一件有趣的事发生了，美国声称只损失了 2 架战斗机，而荣升大将的南联盟军队总参谋长奥伊达尼奇则公开表示，南军共击落 61 架战斗机、7 架无人驾驶飞机、7 架直升机，拦截了 238 枚巡航导弹。双方都各执一词，那究竟南联盟打下了几架美国战斗机呢？美国国防部的评估专家曾拿出了一份科索沃战争绝密报告，绝密报告指出，在科索沃战争期间，美军共出动飞机 3500 架次，其中仅有两架飞机——一架 F－117A 隐形战斗机和一架 F－16 战斗机被击落。这是因为在战争期间，美军成功地用假目标迷惑了南联盟防空部队的雷达识别系统。南联盟发射的导弹大多命中了目标，但这些所谓"目标"不过都是假目标而已，原因在于美国的电子专家侵入了南联盟防空体系的计算机系统。当南联盟军官在雷达屏幕上发现有敌机目标时，天空中事实上却什么也没有。所以除了几架无人驾驶侦察机之外，南联盟实际上只打下了两架美国战机。

三 黑客攻击与军事泄密，危及军事安全

随着信息网络深入到社会生活的方方面面，军用网络和民用网络的界限越来越模糊，且相互依赖，这给了"黑客"以更大的发挥作用的空间。在平时，"黑客"不仅攻击、瘫痪民用系统，破坏国民经济，而且还通过民用系统对军事系统进行致命的打击。美国国防部国防信息系统局认为，目前美军 95% 的军用通信要依赖民用通信系统。这表明，破坏其军队的数字化通信网络，既可通过军用通信网络直接实施，也可借助民用通信网络间接实施。打击力量会来自敌对国家的武装力量、有组织的非武装力量、非政府组织和个人。事实正是如此，以至于五角大楼的高级专家曾呼

---

① 胡键：《信息霸权与国际安全》，《华东师范大学学报》2003 年第 4 期，第 36 页。

吁：请电脑"黑客"停止向五角大楼的恶意攻击。大量"黑客"无休止的攻击给美国的军事安全带来了巨大危害。据统计，1999年美国国防部的网站共遭到22144次"黑客"的攻击，而1998年只遭到5844次"黑客"的攻击。仅2000年上半年，"黑客"已经攻击了国防部13998次。"黑客"攻击包括对网站的入侵、扫描、植入病毒及破坏。要在技术上完全拦截"黑客"的攻击，几乎不可能，谁也不能保证自己的网络系统不存在任何安全漏洞，正所谓"道高一尺，魔高一丈"。实际上最保密、保护措施最完备的系统也可能遭到"黑客"的攻击。一个典型的案例是，1995—1996年，一个在阿根廷的"黑客"利用国际网络进入了美国一所大学的计算机系统，并由此进入了美国海军研究实验室及其他国防设施、宇航局和洛斯阿拉莫斯国家实验室的计算机网络。这些计算机系统中有飞机设计、雷达技术、卫星工程、核武器研制等敏感研究信息。海军无法确定哪些信息被泄露以及损失究竟有多大。1999年，美国一名16岁少年，因为入侵美国宇航局维持国际太空站的电脑被判坐牢6个月。这名少年还承认他曾经非法侵入五角大楼的电脑系统，截取了3300份电子邮件并窃取密码。[①] 2006年6月6日，美国退伍军人事务部长吉姆·尼科尔森说，退伍军人事务部上月失窃的资料中，涉及约110万所有军种现役军人（即美军约80%现役人员）和约43万国民警卫队现役人员及约64.5万预备役人员的个人信息。[②] 2006年2月，日本各大媒体纷纷报道，日本海上自卫队"朝雪"号驱逐舰的机密情报在网上先后被曝光，情报甚至包括"朝雪"驱逐舰使用的呼叫信号、密码使用表、紧急呼救电话，甚至包括"朝雪"舰艇人员的年龄、身高等细节。此次情报泄露被军事专家称为"日本防卫史上最大的泄密灾难"，其数量之大、细节之全、机密之高在日本史无前例，甚至引起首相小泉的"震怒"。防卫厅经过调查发现，情报泄露的源头是防卫厅工作人员私人电脑上的共享软件"Winny"，被"黑客"攻击窃取。[③] 美国和日本作为世界上科技最发达的国家和军事强

---

① 钱放：《防范"黑客"：军事上的一个紧迫任务》，《军事沙龙》，http：//www. chinamil. com. cn/sitel/jsslpdjs/2004—11/26/content_ 75379. html.

② 《美百万现役军人信息被盗》，《海峡都市报》2006年6月8日。

③ 《日海岛作战计划曝光，美航母战时部署随之暴露》，《国际先驱导报》2006年3月3日。

国，都不能幸免，更何况其他国家呢？

在战时，"黑客"出于自己的政治信仰、良心、爱国主义情感或其他原因，往往会对战争中的某方发动比平时更为猛烈的攻击。他们虽然不能决定战争的最终胜负，但足可以在一定的时空范围内给敌方造成很大的损失，其作用不容低估。在科索沃战争中，北约计算机系统频频遭到"黑客"攻击，损失惨重：1999 年 3 月 29 日，俄罗斯"黑客"入侵美国白宫网站，造成该网站无法工作；这一天，英国和西班牙的多处官方网站也遭到破坏，北约轰炸行动中最依赖的英国气象局网站损失惨重；3 月 31 日，北约的互联网址和电子邮件系统遭到南联盟"黑客"的袭击，其电子邮件服务器被阻塞；4 月 4 日，在南联盟"黑客"的攻击下，"爸爸"、"梅利莎"、"疯牛"等病毒使北约的通信系统陷入瘫痪，美国海军陆战队所有作战单元的电子邮件均被病毒阻塞。① 在伊拉克战争中，半岛电视台独家播放了美军战俘片段，大量报道了伊拉克人民的伤亡情况，成为世界许多国家了解战争状况和伊拉克人民心声的重要渠道。但半岛电视台推出的英文网站，在第二天就被美国"黑客"侵入，并给其造成了重大损失。

四 "制信息权"对战争胜负意义重大

古往今来，战争各方总是希望在占有充分、完备信息的情况下进行决策，"知己知彼，百战不殆"是对这种思想的经典概括。可见，信息对战争进程和结局具有重大影响，谁具有信息优势，谁就能在军事对抗中占据有利地位。在信息技术广泛应用于军事领域的情况下，信息的重要性更加突出，"信息对于军队就像血液对于人体一样重要"。② 可以说，战争的结果已不再主要取决于战争各方投入的资源和人力的多少，而是主要取决于谁在整个战争中对信息掌握得更多、更准确，谁对信息利用得更好，即取决于"制信息权"在谁手里。所谓"制信息权"，就是能够收集、处理和分发不间断的信息流，同时剥夺对方精确获取、处理、传递信息的能力。夺取"制信息权"，就是夺取信息的获取权、控制权和使用权。能否夺取

---

① 郭永斌：《由科索沃危机中的网络战看中国未来的信息安全》，《解放军外国语学院学报》1999 年第 9 期，第 109 页。

② 崔国平、冯利民、杨茂龙：《兵不血刃信息战》，石家庄：河北科学技术出版社 2001 年版，第 15 页。

"制信息权"，将成为战争胜败的关键。"制信息权"在战争中的作用表现在：一是通过夺取并保持信息优势，能为指挥员提供准确、实时的战场信息，使指挥控制与战场实际相融合；能使己方的信息在战场上大量和及时流通，极大地促进各种作战力量的纵向和横向联系；能使战场各种物质和能量在信息的支配下，得到合理配置和有效利用，以释放出最大的作战效能。二是通过对敌方进行信息压制，使敌方丧失战场主动权，加速敌方失败。

在科索沃战争和伊拉克战争中，美国始终掌握着"制信息权"，这是美国能速战速决的重要原因。在科索沃战争中，南联盟在卫星监控、精确制导、电子压制和电子干扰面前，几乎完全丧失了对信息的控制权。以美国为首的北约所起飞的大量飞机中，有相当一部分并不实施轰炸，其实际任务是进行空中侦察和电磁干扰，掌握信息控制权。而南联盟由于雷达无法开机，通信联络不畅，时常面临导弹无法发射、飞机无法升空的被动局面。在阿富汗战争中，美军实现了信息系统与作战系统的高度一体化。为实现在信息获取系统和空中打击系统的信息实时传输，美军专门在沙特的苏丹王子空军基地建立了一个新型联合空战中心。联合空战中心配备了最新型的 C41SR 系统，综合分析、处理、分发由美军各种战场侦察系统所获取的战场信息数据，并将处理过的战场信息数据实时传输到轰炸机、战斗机等各种作战平台。在伊拉克战争中，美英联军在空间部署了数十颗军用卫星，并征用了多颗商业卫星，还在空中部署了"全球鹰"、"捕食者"等多种无人侦察机、E-3 和 E-8 预警机，从而形成了空天一体的信息优势。其卫星上的高分辨率合成孔径雷达能克服各种自然条件的限制，实现全天候、全天时的侦察。美英联军通过这些军用设施能辨识到伊拉克地面 15 厘米的物品，可将伊拉克军队的布防、调动、配属状况一览无余，再通过全球定位系统精确探明位置，随后利用互联网将信息送往地面美军指挥部，并引导精密炸弹对伊军进行精确轰炸。反观伊拉克军队，在美英联军的打击下，只能靠骑马或骑自行车的士兵传递信息。伊拉克指挥部不要说对美英联军的进展难以了解，甚至对本方军队的情况也无法把握，还在给已遭美英联军击溃、建制已不存在的军队下达命令。

　　可以预见，在未来的日子里，霸气十足的信息技术强国一定会在战争中更多地运用各种信息技术手段和设施来掌控"制信息权"，从而更容易地掌握制陆权、制海权和制空权，进而掌握战争的主动权。这必须引起我们的高度警惕，重视对"制信息权"的争夺。

第三章　全球信息战的新形势对我国信息安全的威胁和挑战

信息技术革命的蓬勃发展和互联网的广泛使用，促进了全球信息化和经济社会的发展，同时也带来了激烈的信息战，严重威胁着信息安全。近几年来，全球信息战的新形势可概括为日趋频繁、日趋激烈，对信息安全乃至国家安全的威胁越来越严重，信息威慑已经取代核威慑成为国家安全战略和军事战略的基础，信息安全战略已经成为国家安全战略的基石和核心。我国在加速发展信息化的同时，对信息安全的重视程度不断提高。但是，我国的信息安全保障工作还处在起步阶段，存在许多亟待解决的难题，信息安全问题越来越突出。信息战的新形势给我国信息安全带来了种种严重威胁和挑战，形势日趋严峻。我们应该保持高度警惕，认真应对。

第一节　全球信息战的新形势

全球信息战的新形势可以概括为信息战攻击日趋频繁，日趋激烈，具体表现为：形形色色的病毒层出不穷，花样各异，防不胜防；网络黑客为所欲为，日益猖獗，破坏力越来越大；有组织入侵，攻势凶猛，难以抵挡；网络恐怖主义对国家安全的威胁越来越严重……信息威慑已经取代核威慑成为国家安全战略和军事战略的基础，信息安全战略已经成为国家安全战略的基石和核心。

一　形形色色的病毒层出不穷，花样各异，防不胜防

计算机病毒是信息战的重要武器，是计算机的杀手，是信息安全的巨大威胁。目前，形形色色的病毒层出不穷，花样各异，防不胜防，其发展

趋势是新病毒越来越多，感染速度越来越快，扩散面越来越广，传播形式越来越复杂多变，破坏性越来越大。2001 年以来病毒发展轨迹充分说明了这些特点。

（一）2001 年，大规模病毒感染

根据 ICSA Labs 的调查，2001 年全球遭受病毒攻击比 2000 年增加 1 倍，因清理被感染的计算机、恢复破坏所造成的费用就达 132 亿美元。在 2000 年年末，全球受蠕虫病毒感染的互联网宿主的数量只有 5000 台。在 2001 年第一季度，就有 5500 台互联网被宿主蠕虫感染；到第二季度增长到 33 万台；第三季度达到 52.5 万台；第四季度超过 60 万台。

2001 年出现的新蠕虫主要有两种。一种是新型的恶意代码病毒，即红色代码病毒，其感染速度和破坏性极大。2001 年 7 月的某天，在红色代码首次爆发的短短 9 个小时内，这一小小蠕虫以迅雷不及掩耳之势迅速感染了 250000 台服务器。最初发现的红色代码蠕虫还只是篡改英文站点的主页，但是随后便如同洪水般在互联网上泛滥，发动 DoS（拒绝服务）攻击以及格式化目标系统硬盘，并会在每月 20—28 日对白宫的 WWW 站点的 IP 地址发动 DoS 攻击，使白宫的 WWW 站点不得不全部更改自己的 IP 地址。2001 年出现的另一种病毒是尼姆达（Nimda），它明显地比红病毒感染速度更快、更具有摧毁功能，半小时之内就传遍了整个世界。随后在全球各地侵袭了 83 万部电脑，总共造成将近 10 亿美元的经济损失。

（二）2002 年，"伪造发件人"蠕虫出现

2002 年，一种新的"伪造发件人"蠕虫出现了，它借用了垃圾邮件发送者所采取的战术。这些蠕虫会用一个从被感染的计算机的电子邮件地址本中随机选出一个地址用恶意代码替换真正发送人的地址。结果，无辜的用户向客户、供应商和同事发送了蠕虫病毒。这类蠕虫中最常见的是 Kiez 及其变体，在 2002 年一直感染着用户计算机。

Klez 系列病毒利用了 Microsoft Outlook 自动运行可执行附件的缺陷。所有 Klez 变体都是混合型病毒，能够执行多种任务，如用蠕虫的多个复制感染网络，向其他计算机发送蠕虫的复制，给被感染的计算机开后门。

（三）2003 年，独特病毒快速传播

2003 年出现的新病毒非常独特，其传播速度之快，传染力之强，破坏力之大，令人惊讶，造成损失达 100 亿美元。

2003 年年初，一种新的威胁计算机安全的病毒出现了，称为 SQL Slammer 蠕虫。这种病毒非常独特，因为它有独特的传播途径和不寻常的传播速度。Slammer 被认为是目前传播得最快的蠕虫，在爆发初期，它感染了约 90% 的存在漏洞的宿主，不到 15 分钟便感染约 75000 台服务器，造成了 9.5 亿—12 亿美元的损失，使 Slammer 成为记录中第 9 个造成重大破坏的恶意代码攻击。

2003 年 8 月初，捕获到攻击 Windows RPC 服务漏洞的病毒"流言"。有某种安全漏洞的 Windows 计算机用户多数遭到了"流言"病毒的攻击。还有一种病毒"别惹我"（Worm. Roron. 55. f）是一种恶性蠕虫病毒，具有非常多的病毒特性，用了几乎所有的传播方法，而且几乎不可能进行手工清除。之后，"大无极变种 F"病毒肆虐，使超过 90% 以上的电子邮箱收到带毒邮件。"大无极变种 F"病毒传播速度极快，受感染的电脑 1 分钟就可以发送多达 300 封的病毒邮件，导致网络带宽被迅速占用，严重影响一些公司及个人正常的网络应用。

（四）2004 年，新病毒变种蔓延全球互联网

据安全软件制造商 Sophos 报告，2004 年共检测到新病毒（主要是蠕虫病毒和木马病毒）10724 个，比 2003 年增加 51.8%，蔓延全球互联网，造成损失数百亿美元。其中 Netsky – P（网络天空—P）占 22.6%，为 2004 年第一大病毒；Zafi – B 排名第二，占 19%；而"震荡波"病毒以 14% 的占有率跻身病毒排行榜第三位。德国人 Sven Jaschan 承认自己就是"网络天空"病毒和"震荡波"病毒的制造者。他目前已经被德国警方拘捕，并已在 2005 年初接受审判。但他所编写的病毒却依然在兴风作浪，根据 Sophos 的数据，Sven Jaschan 的病毒占 2004 年所有病毒的 50%。

AOL 与美国国家网络安全联盟的调查显示，2004 年 80% 以上的计算机被病毒感染。企业因病毒感染损失 175 亿美元，比 2003 年增加损失 34.62%。其中有一位可怜的受害者，其计算机上竟感染了 92 种病毒；另一位竟感染了 1059 种间谍件和广告件，简直难以置信。英国在 2004 年发生了许多起病毒感染事件。Banker – AJ 特洛伊木马病毒瞄准英国多家银行的网上客户，等待用户访问其网上银行网站，然后捕获密码并对操作进行快照。这些信息被传递给发送该病毒的"黑客"，"黑客"便会利用这些数据盗取用户存款，造成数亿英镑损失。2004 年 3 月，英国儿童局的

电脑网络系统出现问题，导致英国收入最少的 9.5 万名单身父母的补助一年少了 4500 万英镑。11 月 22 日，英国"就业和养老金部"的 8 万台电脑遭病毒感染，全国 1000 多所办公室的 80% 的台式机暂时停止工作或完全陷入瘫痪，受影响的 8 万多公职人员只能"望屏兴叹"。德国、法国、日本、俄罗斯、印度等国也都发生许多病毒感染事件……

（五）2005 年和 2006 年，反病毒斗争成效明显

进入 2005 年后，病毒继续泛滥。安全厂商 Mcafee 公司旗下的 Avert 部门曾经预言，2005 年病毒作者攻击的主要手段仍然是 bot 和能够大量发送电子邮件的恶意代码。广告件和通过电子邮件传输的"不速之客型"内容将继续增长，恶意代码将越来越复杂。不出其所料，2005 年第一季度出现了"病毒婴儿潮"，趋势科技共侦测到 7598 个新病毒，占所有感染通报的 64%，较上一季度增长 200%，较去年同期增长近 300%，首次新病毒突破 7000 种，是历年来新病毒增长最快的一季。其中，对信息安全威胁最大的是木马病毒、复合病毒、反微软木马病毒和手机病毒四种。① 进入第二季度后，这四种病毒继续传播，且危害日趋严重。

病毒的泛滥像瘟疫一样殃及世界，不仅阻碍着人类社会信息化的健康发展，败坏着互联网的名声，而且给全球带来了社会性灾难。因此，各国政府都从立法、行政监管、技术防范等各方面加强治理。病毒的肆虐磨炼了一批批反病毒英雄。这些英雄用自己的智慧、技术和产品，抵抗着日益疯狂的病毒，为人类的互联网筑起了免疫的防线，反病毒斗争取得了明显成效。2005 年计算机病毒感染率首次出现下降，和 2004 年比较，全球平均下降 6%，其中中国下降 8%。2006 年，全球计算机病毒感染率又比 2005 年下降 5%，其中中国下降 6%。② 2007 年我国湖北省公安厅在浙江、山东、广西、天津等地公安机关的配合下，一举侦破了震惊中外的制作传播"熊猫烧香"病毒案，抓获李俊等 8 名犯罪嫌疑人，取得了反病毒斗争的一大胜利。经查，"熊猫烧香"病毒的制作者为湖北省武汉市李俊，他于 2006 年 10 月 16 日编写了"熊猫烧香"病毒并在网上广泛传播，并

---

① 趋势科技 TrendLabs：《全球病毒实验室警告：第一季度病毒四大威胁》，《新浪网》2005 年 4 月 7 日。

② 公安部公共信息网络安全监察局：《2006 年全国信息网络安全状况》，《信息网络安全》2006 年第 9 期，第 20 页。

且还以自己出售和由他人代卖的方式，在网络上将该病毒销售给 120 余人，非法获利 10 万余元。经病毒购买者进一步传播，导致该病毒的各种变种在网上大面积扩散，对 100 多万互联网用户计算机安全造成了严重破坏。早在 2003 年李俊就编写了"武汉男生"病毒，2005 年又编写"武汉男生 2005"病毒及"QQ 尾巴"病毒。①

战斗正未有穷期。互联网上的病毒与反病毒的斗争，将一直是道高一尺，魔高一丈。互联网乃至整个信息化建设将在这种斗争中发展，网民们将在这种斗争中经受锻炼和提高。

二　网络黑客为所欲为，日益猖獗，破坏力越来越大

网络黑客是发动信息战的罪魁祸首，是信息安全的巨大威胁。随着互联网的发展，黑客程序广为传播。掌握黑客技术的人越来越多，过去只是那些"网络高手"才能掌握的手段，现在初学者也能很好掌握。登上国际互联网，任何人都可以找到现成的黑客程序。当前流行广泛、危险性和严重性较大的就有 4 种 13 个版本，而且还在不断增加，黑客网站有 3 万多个。全球信息战新形势的另一个特点就是网络黑客为所欲为，日益猖獗，破坏力越来越大，侵袭计算机网络的事件触目惊心。1994 年，2 名"黑客"渗透到美国战略空军司令部纽约控制中心设施达 150 次，控制了整个实验室网络，最后导致 33 个分网络停机脱网达数天之久。据美国总审计署报告，1995 年，"黑客"企图渗透美国军事计算机网络高达 25 万次，其中 65% 获得成功。1998 年 7 月，"黑客"Cult of the Dead Cow（CDC）推出的强大后门制造工具 Back Orifice（或称 BO）使庞大的网络系统轻而易举地陷入了瘫痪之中。2000 年 2 月 8 日起，"黑客"接连 3 天攻击了美国的至少 7 家大网站，迫使声称从来没有出现问题的 Yahoo 网站关闭数小时。2 月 12 日，欧洲最受欢迎的欧洲卫星电视台网站遭受"黑客"攻击，网站瘫痪 3 个多小时。在南美洲，从哥伦比亚的新闻网站到秘鲁的政府竞选网站，无一幸免。后来，我国及拉丁美洲的一些网站也受到攻击。在 2 月 18 日，"黑客"甚至闯入了美国一家生物技术公司的网

---

① 夏菲等：《"熊猫烧香"拉响网络安全管理警报》，《光明日报》2007 年 2 月 18 日第 2 期。

站，在网页上宣告假合并的消息，股民纷纷买进有关两家公司股票，结果大蚀血本；一名俄罗斯"黑客"通过安装在地下室的简单设备入侵层层设防的美国花旗银行，使其损失 1600 万美元现金；"黑客"入侵美国中央情报局主页，将中央情报局更名为"中央笨蛋局"；"黑客"入侵美国司法部主页，增加纳粹标记等。以上事件均造成重大影响。据美国著名的研究和咨询公司扬基集团报告，这次黑客事件给美国造成的经济损失在12 亿美元以上。

据权威机构分析测算，进入 21 世纪后，黑客攻击日趋频繁，日趋激烈。平均每个宽频用户每天会遭受 10 个以上"黑客"的攻击，不但增长率和激烈程度不断上升，而且"黑客"的年龄也不断下降。在 21 世纪的第一春，在全球知名网站雅虎第一个宣告因为遭受黑客的分布式拒绝服务攻击（DDoS）而完全崩溃后，紧接着 Amazon. com、CNN、E＊Trade、ZDNet、Buy. com、Excite 和 eBay 等其他 7 大知名网站也几乎在同一时间完全崩溃。这无疑又一次敲响了互联网的警钟。在这以前人们其实已经接触过来自数以百计的"黑客"的 flood 攻击，但是像攻击雅虎这样如此大规模的攻击却从未目击过甚至想象过。年仅 21 岁的波特兰（美国俄勒冈州最大城市）格雷高里·阿伦·赫恩斯因入侵美国国家航空航天局宇宙飞行中心计算机系统而被判 6 年的牢狱生活。据赫恩斯本人称，他入侵美国国家航空航天局的计算机只是想找块空间来存储他下载下来的大量电影。赫恩斯对其罪行供认不讳并对美国国家航空航天局道了歉。他还为此交付了 20 万美元的罚金。

2002 年 3 月底，美国华盛顿著名艺术家 Gloria Geary 在 eBay 拍卖网站的账户，被"黑客"利用来拍卖 Intel Pentium 芯片。由于"黑客"已经更改了账户密码，使得真正的账户主人 Gloria Geary 在察觉被"黑客"入侵后，反而无法进入自己的账户，更别提紧急删除这起造假拍卖事件了。2003 年，许多网络"黑客"利用旗帜广告在欧洲发起了广泛的攻击，将旗帜广告中的链接更换为恶意代码网站的链接，这些广告在数以百计的网站上播出，因此受害者人数众多。旗帜广告是恶意代码大规模传播的理想工具，因为它们能同时将代码传送到很多网站。点击广告的用户会发现计算机被 Bofra 蠕虫传染了，它此前被视为 MyDoom 的变种。Bofra 是在微软 IE 6.0 软件发布的 iFrame 漏洞后五天出现的。Bofra 含有多种攻击技术，如垃圾邮件、病毒感染、特洛伊木马、社会工程。2003 年，全球仅黑客攻击 1 项就造成损失高达上百亿美元。

据电脑安全业内团体 CSIA 测算，2004 年"黑客"对信息网络的攻击给美国造成经济损失达数十亿美元。据此，美国决定"通过跟踪黑客之间交换的信息以及黑客组织的活动动向"，"预测网络风险"，采取果断措施，维护网络安全。英国首相布莱尔正准备给一些科学家发电子邮件，邀请这些科学家到唐宁街十号首相府参加一个学术论坛，但没想到网络"黑客"抢在了前面，一些"黑客"窃取信息后盗用首相府的网站给科学家们发了一个色情邮件。邮件称，布莱尔首相将邀请各位专家到唐宁街十号首相府参加"赤裸裸的性色情表演"活动，"让专家们大开眼界"。科学家们收到色情邮件后，都很生气，要求布莱尔首相亲自道歉，搞得布莱尔极为尴尬。

进入 2005 年后，黑客攻击事件有增无减。据测算，在互联网上每 20 秒钟就会发生一起黑客攻击事件。由于黑客攻击，许多国家的电子政务和电子商务经常遭到破坏。2005 年上半年，全球针对政府部门、金融及工业领域的信息战攻击增加了 50%，共 23700 起。其中政府部门位列"靶首"，共 5400 万起，其次是工业部门 3600 万起，卫生部门 1700 万起。信息战攻击的目的主要是为了窃取重要资料、身份证明或金钱。[1] 一流的在线安全公司 Symantec 指出，最多的威胁是"黑客"利用"僵尸网络"攻击互联网。"僵尸网络"即 Botnet，是由"黑客"和犯罪集团远程控制的执行有针对性地拒绝服务攻击、传播病毒或者蠕虫、发送垃圾邮件以及从事网络钓鱼活动。Botnet 还滥用在线广告程序、安装密码监控软件以窃取用户名和密码、嗅探数据以窃取其他绝密信息。反病毒软件商赛门铁克公司 2006 年 9 月 26 日公布的《第 10 期互联网安全威胁报告》称，根据今年上半年监测的数据，中国拥有的"僵尸电脑"数目最多——全世界共有 470 万台，而中国就占到了近 20%。中国已经成为继美国之后互联网受攻击次数第二多的地方。在赛门铁克公司全球监测到的、正在发动攻击的 IP 地址中，中国占 10%。[2] 美国总统信息技术咨询委员会发表的一份报告称，目前这种威胁明显在增长，就威胁的次数、影响、范围和数码安

---

[1] 驻葡萄牙使馆经商处消息：《全球电子网络攻击案例增加》，《国际商报》2005 年 8 月 15 日。

[2] 比恩·佩雷斯：《"僵尸网络"威胁互联网安全》，《参考消息》2006 年 9 月 29 日第 7 期。

全事故的代价进行的调查表明，攻击的水平和花样都不断增加。

值得警惕的是，越来越多的"黑客"不但频繁发动日趋激烈的信息战攻击，而且采用许多先进技术，在实施攻击后，不留任何蛛丝马迹，成功地逃匿各种特别是 IDS 的检测，进而逃避追踪和被抓。已被专业"黑客"广泛采用的逃匿检测的技术主要有：多变代码、Antiforensics、隐蔽通道、内核级后门（Kernel - Level Root Kits）、嗅探式后门（Sniffion Backdoors）、反射式/跳跃式攻击等。针对网络"黑客"的诡秘攻击和逃匿检测技术，世界各国都在制定和实施多种措施应对，但成效甚微。许多信息网络用户在遭受"黑客"猛烈攻击并产生巨大损失后，检测不到"黑客"是谁，来自何方，更谈不到兴师问罪了！

需要特别指出的是，美国是黑客大本营，中国是最大受害国。据美国网络安全企业——赛门铁克公司 2007 年 3 月发布的一份报告指出，美国是全球网络黑客的大本营，其每年产生的恶意电脑攻击行为远高于其他国家，占全球网络黑客攻击行为总数的约 31%。在受网络黑客攻击的国家中，中国是最大的受害国。2006 年下半年，全球平均每年有 6.4 万台电脑受"蝇蛆网络"影响，而其中有 26% 的电脑在中国，这一比例高于其他国家。①

预测未来，黑客的攻击将更加猖獗，破坏性将更大，其发展趋势主要有以下几个特点：（1）组织越来越扩大化。早期的"黑客"虽然也有些是有组织的，但规模不大。现在跨地区、跨国界的大型黑客组织已经出现。在互联网上还有许多黑客的专题讨论组，其组织有不断扩大之势。（2）行动越来越公开化。包括召开会议，举办竞赛，编写教材等。例如，最近来自世界各国的 2000 名国际"黑客"云集纽约，举行了迄今为止规模最大的全球"黑客"大会。在此次"黑客"大会上，"黑客"们公布的一项计划引起了全球瞩目，那就是众"黑客"以不满网络安全检查为由宣布将对全球 20 多个进行网络检查的国家开战。（3）案件越来越频繁化。权威机构调查显示，计算机黑客攻击事件将以年均 64% 的速度增加，案件越来越频繁，危害性越来越大。（4）情况越来越复杂化。"黑客"的

---

① 高原：《全球网络报告：美国是黑客大本营　中国是最大受害国》，《光明日报》2007 年 3 月 23 日第 8 期。

成分、背景日益复杂，行为动机各有不同，这是客观事实。对此已经不是用"好人、好事"还是"坏人、坏事"所能简单概括。正义、非正义，侵入、反侵入的斗争错综复杂，种种迹象表明，有朝一日在网上爆发一场世界"黑客"大战并非天方夜谭。（5）同时发生计算机网络攻击和恐怖袭击。这可以说是一场双重噩梦：一场大规模的网络黑客攻击使数百万的系统不能正常使用，紧接着，恐怖分子袭击一个或者更多城市，例如一次类似"9·11"的恐怖爆炸事件或者一次生化袭击。这种灾难一旦发生，后果将是惨重的。（6）个人电脑被攻击的概率大增。"9·11事件"后，各国政府部门和企业为了防止"黑客"罪犯和恐怖分子攻击电脑系统，纷纷采取综合配套措施加强信息安全的保障工作。这就迫使某些"黑客"转变攻击目标——容易下手和成功的个人电脑。因此，个人电脑被黑客攻击的概率将大增。

三　有组织入侵，攻势凶猛，难以抵挡

有组织入侵，也称网络犯罪，是信息战攻击的高级形式，是信息安全的最严重威胁。信息技术革命和信息网络的发展，在促进经济社会发展和进步的同时，也使信息领域的犯罪成为越来越普遍的现象。从1966年美国查处的第一起计算机犯罪案算起，世界范围内的计算机网络犯罪以惊人的速度增长。有资料表明，目前计算机犯罪的年增长率高达30%，其中发达国家和一些高技术地区的增长率还要更高，如法国高达200%，美国硅谷地区高达400%。计算机网络犯罪已经渗透到各个领域，涉及国家政治危机及国家安全，涉及经济领域犯罪更是普遍，在社会、文化方面更是广泛。与传统的犯罪相比，计算机网络犯罪造成的损失要严重得多，例如美国的统计资料表明：平均每起计算机犯罪造成的损失高达45万美元，而传统的银行欺诈与侵占案平均损失只有1.9万美元，银行抢劫案的平均损失不过4900美元。①

英国伦敦的加里·麦金农从2001年3月至2002年3月一共入侵了美国92个计算机系统，共造成损失90万美元。他不仅在珍珠港、康涅狄格等几处军事基地盗取密码、删除文件、监视访问、关闭计算机网络，还入

---

① 杨成卫：《浅谈防范网络犯罪的技术对策》，《信息网络安全》2006年第6期，第51页。

侵了 NASA、田纳西大学、宾夕法尼亚的一家图书馆和几家私有企业。入侵后，他用名为"Remotely Anywhere"的软件监视网络访问并删除文件。他下载了数百个用户密码，还破坏了几个关键文件使计算机无法工作。有一次，他使华盛顿地区 2000 名军方用户三天无法上网。还有一次，他使美国海军在新泽西的军事基地蒙受了 29 万美元的损失。2002 年 11 月 27日，美国联邦调查局透露，该局在纽约摧毁了一个偷窃信用卡信息的犯罪团伙，并逮捕了涉案的 3 个犯罪嫌疑人。据悉，这三人的行为使 3 万多个受害者损失了总计达 270 万美元的资金。这是美国迄今最严重的一起偷窃信用卡信息案件。

据英国打击高技术犯罪机构的调查，2003 年网络犯罪给英国大公司造成了巨大的经济损失。接受调查的 201 家英国大公司中，有83%的公司表示在 2003 年遭受过某种形式的网络犯罪侵害，造成停工、生产效率低下、品牌和股票信誉受损，由此带来的损失达 1.95 亿英镑。金融机构则是网络犯罪的主要目标。通过网络进行诈骗是危害英国民众的一种主要网络犯罪。据官方的阶段性统计，由于各种所谓网络投资的欺诈，英国人近几年来已损失了 3.5 亿英镑。①

Symantec 公司最近发表的一份互联网安全报告指出，目前网络安全领域一个令人不安的发展趋势是，出于获得经济利益的需要而进行有组织入侵的数量在增加。发动这类入侵攻击的人是资金雄厚的、有组织的犯罪组织。这些组织为获得自己的利益，利用 bots（执行重复任务的程度）网络获得财务信息。报告说："攻击不再只是脚本小子（的所作所为了）。"bots 被安装在存在安全漏洞的 PC 机上，可以进行遥控。"bots 网络是有组织犯罪集团收集财务数据喜爱采用的机制。"报告指出，与 bots 网络相关的 IP 地址的数据大幅增加，从 2003 年 6 月到 12 月的每天平均 2000 个，增加到 2004 年的每天平均 3.4 万个，并且最高达到了每天 7.5 万个的高峰。Symantec 的报告还说，成为入侵攻击者重点目标的行业已经发生变化。针对电子商务业的攻击增加了 400%，而针对小企业的攻击增长了 3倍。"这种增加证实了以经济收益为目的的攻击数量增加的趋势。"针对

---

① 禾木：《英国政府加大力度遏制网上犯罪》，《信息网络安全》2004 年第 9 期，第 37—38页。

小企业的攻击的数量增加尤其令人不安，因为小企业缺少部署防病毒软件的资金，更不要提防火墙或管理安全服务了。

电脑安全业内团体 CSIA 最近发布的一份调查报告称，日益增加的有组织入侵使 2004 年美国经济遭受损失超过 100 亿美元。为此，根据总统的网络安全计划，CSIA 提出了 12 项联邦政府机构加强信息安全措施的建议。微软 IE 浏览器在 2004 年漏洞频发，"火狐狸"侵入，狠狠"咬了微软一口"，使 IE 浏览器市场占有率下降了 10% 以上。一群巴西网络银行"黑客"为了金钱彻夜不眠地入侵、入侵、再入侵，从银行窃取了大约 2758 万美元（人均 100 万美元）。2004 年 5 月，一些恶意分子侵入了俄罗斯的 Cisco 的内部网络并盗取了至少 800MB 的源代码，而且盗取后不久在 IRC 上公布了 2.5MB 的概览。①

2005 年 5 月底，以色列发生历史上最大的商业间谍案。罪犯利用计算机网络以非法手段窃取数十家公司的商业机密，这些商业机密的市场价值高达数亿美元。某家受害公司总裁 5 月 30 日在接受当地媒体采访时表示，公司对商业机密的保护可谓无所不用其极，除了洗手间外，其他所有地方都在摄像头监控之下，目的是防止有人进入公司窃取或偷存储有商业机密的计算机。这位总裁还说，他们甚至不允许公司员工随便丢弃垃圾，因为曾发现有罪犯打垃圾箱的主意。他自以为已经做到了万无一失，但是没想到商业间谍无孔不入，利用"黑客"手段窃取商业情报……这只是在詹姆斯·邦德 007 系列间谍片中才能见到的情节，没想到就在身边发生了。以色列警方还透露，有证据显示，以色列商业间谍的手还伸向欧洲的大公司以及其他一些国际化的大公司，但是警方拒绝透露公司的名字。②

进入 2006 年后，全球网络犯罪特别是网络经济犯罪和传播淫秽色情犯罪更加猖獗。一个名为"塞巴网络恐怖分子"的国际电脑匪帮，专门设置"逻辑炸弹"。他们通过破坏各网络公司的电脑系统来实施勒索。这伙国际电脑匪帮近年来先后作案 40 多起，共勒索各电脑公司 6 亿多美元。

---

① 中国信息协会信息安全专业委员会：《2004·网络安全圈》，《中国计算机安全》2005 年 1 月 11 日。

② 刘立伟：《"特洛伊木马"案震惊以色列》，《参考消息》2005 年 6 月 20 日第 11 期。

2006 年 2 月，俄罗斯网上诈骗者从法国银行窃取 100 万欧元。随着计算机和互联网络的普及，许多国家和地区网吧如雨后春笋般出现，利用网络向青少年传播淫秽色情的活动也急剧增加。2006 年全世界约有色情网络 600 万家，比 2004 年的 420 万家增加 180 万家，而且青少年网民占网民总数的 50% 左右。色情网站不仅毒害了广大青少年，而且危害了整个社会。据报道，在全世界进入色情网站最多的 10 个城市中，有 5 个在土耳其。如何防止淫秽色情内容通过网络传播侵害青少年的身心健康，已成为许多国家特别是土耳其警方和全社会亟待解决的问题。[①]

有组织入侵，实施网络犯罪的发展趋势主要表现为以下几个特点：（1）有组织入侵的自动化程度日益提高。有组织入侵对网络实施攻击的自动化程度日益提高，信息安全面临的威胁越来越大。由于计算机的功率越来越强，主频越来越快，因此采用计算机实施强制穷尽猜试攻击，试图破译口令和密码的犯罪活动愈来愈普遍。自动攻击已逐步代替人工攻击。装置了自动扫描软件的攻击计算机可以自动对网络和活跃端口进行扫描，并和预先设置的特洛伊木马病毒程序配合，一旦发现可攻击目标就展开自动攻击。由于自动化的程度愈来愈高，发现敌方软件漏洞的时间愈来愈短，攻击频率愈来愈快。（2）混合型攻击威胁越来越大。过去，信息安全面临的巨大威胁主要是病毒、网络黑客和有组织入侵，其发展趋势是三者结合实施混合型攻击。现在，有组织入侵者正在利用病毒和黑客入侵技术实施犯罪活动，并且攻击的手段不断更新。最近，美国基础设施保护中心（NIPC）做了一个统计，近几年平均每个月出现 10 个以上的新的攻击手段，向用户的信息安全防范能力不断发起挑战。（3）跨国有组织网络犯罪活动日益猖獗。国际互联网的发展和广泛应用，在给人类带来方便和利益的同时，也为犯罪分子实施跨国网络犯罪提供了方便条件。许多有组织入侵的犯罪不再仅仅是一种国内现象，而且变成了一种跨国性现象。有组织入侵者通常总是从一个安全的基地开始运作，然后在两国、多国甚至全球范围内"开拓市场"，从事犯罪活动。他们利用网络技术提高犯罪集团的组织管理能力和运作效率，能够在更远的距离以更少的投入实施更安全、灵活和规模更大的犯罪活动，其中跨国经济网络犯罪泛滥最迅速并呈

---

① 李玉东：《土耳其重拳打击网络犯罪》，《光明日报》2006 年 12 月 20 日第 12 期。

现出无边界、高科技、难监测的新特点。利用互联网进行非法资本转移和洗钱是跨国经济网络犯罪的突出表现。据国际货币基金组织估算，跨国有组织网络犯罪集团，现在仅通过电汇每年的洗钱数至少有 2000 亿美元；如果再加上其他有组织网络犯罪、洗钱和非法转移的资金，那么这些资金总额占世界经济总量的 6%—8%[①]。同时，有组织网络欺诈犯罪、互联网赌博、盗版与盗窃知识产权等跨国有组织犯罪活动也日益猖獗……

面对日趋严重的有组织入侵威胁，各有关当局被迫行动起来进行反击。它们购买设备，培训专业人才并制定了一些规章制度（尤其是在互联网的加密技术方面）。但这将是一场艰难的战斗。有组织入侵的罪犯也在想尽千方百计保护自己。有的竟"通过入侵警察局的通信网络系统，来搜集警察的行动信息，并破坏他们的指挥和控制网络，从而对警察的调查乃至破案造成了严重的破坏"，犯罪分子的"技术手段远远超过了各国的警察"，而且各国政府在这方面是"越来越落后了"。[②]

四　网络恐怖主义对国家安全的威胁日趋严重

在全世界反对恐怖主义斗争日趋深入的形势下，许多恐怖分子利用互联网进行有组织、有预谋的恐怖活动，产生了网络恐怖主义。网络恐怖主义是非政府组织、秘密组织或个人，利用信息技术有组织地攻击互联网中的信息、计算机系统、计算机程序和数据等，实施有预谋、有政治或社会目的的破坏，最终导致严重的暴力侵害。国际互联网的蓬勃发展和广泛应用，为网络恐怖主义的泛滥和活动提供了良好的手段和空间，恐怖主义集团利用互联网能够迅速而广泛地传播信息、相互联系和协调行动，进行跨国有组织网络犯罪，严重威胁着世界信息安全及各国国家安全。"基地"组织和伊斯兰恐怖运动正将互联网作为自己大部分活动的重要武器，它们使用网络招兵买马、募集资金、协调行动、宣传思想并在网上开展心理战。美国华盛顿和平研究所研究员加布里埃尔·魏曼说："在传统网站的讨论和论坛区都能发现'基地'组织分子。"据美国信息服务部门统计，

---

① Louise I Shelley. Crime and Corruption in the Digital Age [J]. *Journal of International Affairs*, New York, spring 2004.

② John T. Picarelli & Phil Williams. Information Technologies and Transnational Organized Crime [J]. in David S. Alberts Daniel S. Papp ed. *Information Age Anthology*, VOL. 2, 2000.

"基地"组织在网上有大约 4000 个站点。2005 年年初，美国联邦调查局提出，要警惕恐怖组织从网上招募工程师。2005 年 7 月巴基斯坦当局逮捕了"基地"组织电脑专家穆罕默德·纳伊姆·努尔汗，努尔汗负责为"基地"组织发送密码电子邮件和管理可以快速建立和消失的网站；有些网站每月只出现两次，介绍如何绑架、藏匿人质以及怎样和政府当局谈判。在这些网站上还可以看到炸弹制造方法以及引爆汽车和杀害人质的手法。① 因此，网络恐怖主义引起了各国政府特别是对网络依存度高的国家的重视。美国政府公布的一份国家安全报告认为："21 世纪对美国国家安全威胁最严重的是网络恐怖主义。"② 小布什政府最近制定的国土安全战略，核心之一就是打击网络恐怖主义。网络恐怖主义开始成为国际政治关注的焦点。"网络反恐"已成当务之急。

（一）网络恐怖主义的特点

1. 利用互联网进行恐怖活动。

互联网特别是国际互联网的发展和普遍应用，把各个独立的个体连接在一起，形成了一个相互联系、相互依存的网络空间。互联网在大大提高工作效率和生产力水平的同时，为犯罪分子实施犯罪创造了新领域，并成为恐怖组织或个人实施恐怖活动的新平台。利用互联网进行恐怖活动是网络恐怖主义的最明显特点。

互联网是网络恐怖分子进行舆论宣传、招募新手和筹集资金的首选媒介。恐怖分子通过互联网可以直接控制信息的发布，进行观念管理和图像处理，并能自由地通过特技手段进行欺骗宣传。这些宣传可以针对某个具体的人，也可以针对全球网上冲浪者。电子邮件可使恐怖分子与基地的联系，恐怖组织内部的联系，甚至与目标观众的直接联系更安全、更快速。网站和电子通信栏可以传播宣传材料，吸引支持者，并可用来完善招募新兵的技术，发展恐怖组织。正因为如此，现在几乎所有恐怖集团都有网站，有的同时经营好几个网站，每个网站有一个特殊的目的。甚至小型恐怖集团现在也利用互联网发布它们的信息。被美国指定为活跃的恐怖分子

---

① ［墨西哥］埃里克·莱赛：《"网络反恐"已成当务之急》，《参考消息》2005 年 8 月 9 日第 1 期。

② http：//www.ncie.gov.cn/ncse/ncse - 2 - sy.htm.

团体的 40 个机构现在拥有超过 4300 个网站。①

　　恐怖分子和黑客活动分子还利用互联网教唆系统攻击犯罪。他们发布电子刊物，建立关于软件工具和黑客技术信息的网站，其中包括流行系统的缺陷细节（例如微软公司的视窗系统），以及如何利用这些缺陷，还包括破译密码、软件包、用来书写电脑病毒的程序和破坏或闯入电脑系统和网站的脚本。《纽约时报》曾有一篇文章写道，估计有 1900 家网站提供黑客技巧和工具，出版 30 种黑客刊物。

　　2. 破坏的直接目标主要是信息网络设施。

　　信息技术在全球的传播和整合非常有效地把许多国家的资产移到了电脑网络这个虚拟世界，或者说在虚拟世界内部创造了新的资产。各个国家的许多基础设施部门都程度不同地存在着易受攻击的缺陷。这一切都已经成为恐怖分子的袭击目标。在信息世界，国际互联网上的一个节点可以瞬间访问任何其他节点。网络恐怖主义分子利用这种访问方式就能袭击上万公里之外的目标而不需要离开操作室。这种攻击可以严重到彻底破坏通信系统，可以狡猾到改变或偷窃传输中的信息，也可以相对"好心"到仅仅复制通信服务。其他攻击目标可以包括一切与公共通信网相联系的资产，例如环境控制系统，金融交易和档案储存系统，医疗和教育网络，运输系统，公共事业监督控制系统，以及政府计算机系统。恐怖分子群体的多样性使上述每一种基础设施都可能成为某个集团或个人的攻击目标。例如，实施堕胎手术的医院的医疗系统就可能受到反对堕胎者的威胁；公共网络也许会引起环境恐怖分子的兴趣；政府系统——如果政府是非宗教性质的，或者受另一种宗教控制的话——就可能受到宗教恐怖分子、无政府主义者或外国政府的威胁；所有系统也许都是虚无主义恐怖组织的攻击对象。

　　3. 攻击具有隐蔽性和机动性。

　　对恐怖分子而言，网络恐怖主义相对于传统恐怖行为来说具有某种优势。它可以远距离匿名进行，而且也便宜，不需要炸药或自杀性行为。这就使网络攻击具有很强的隐蔽性和机动性。由于网络恐怖分子不必亲临攻击现场，所以身份鉴定将非常困难。甚至互联网上经常使用的虚拟身份也是一种欺骗形式。攻击者可能具有多种电子身份，也可能盗用他人身份。

---

　　① 史先涛：《互联网成恐怖分子重要工具》，《参考消息》2006 年 5 月 12 日第 3 期。

许多老资格的电脑入侵者如今能够侵入系统制造破坏而不留下任何关于身份的蛛丝马迹。寻找这些人的踪迹已经对执法人员提出了重大挑战。只要恐怖分子非常小心地掩盖其踪迹，每次攻击后都改变行为模式，消灭电脑上与他们有关的任何证据，他们就能控制住行为的匿名度和可见度。如果他们这样做了，他们就能够在任何地方悄悄地实施恐怖行为。手提电脑和笔记本电脑的发展和普遍使用，为网络恐怖分子实施隐蔽而机动灵活的攻击提供了物质技术保证。网络恐怖分子利用手提电脑或笔记本电脑可以选择任何他们认为合适的时间和地点实施恐怖攻击。美国在2002年7月举行的"数字珍珠港"演习中，就设想5名"黑客"坐在地中海上空的豪华航班上利用笔记本电脑发动使美国全部基础设施瘫痪的网络攻击。尽管最终的评估认为这种方式要想彻底瘫痪美国的全部基础设施是"相当不可能的"，但是，今天不可能，明天还不可能吗？不能使攻击目标全部瘫痪，还不能使其部分瘫痪吗？①

4. 成本低廉，破坏性大。

与传统的恐怖主义攻击相比，网络恐怖主义行动具有低风险和低成本的特性，同时也使手段发生了质的变化。它不同于爆炸、谋杀和化学武器等工业时代的传统方式，恐怖主义组织或个人不需要冒牺牲生命的危险，就可以极少的资源和代价对拥有极大资源的对手发起进攻并造成极大破坏。恐怖主义组织或个人只要掌握高超的信息技术，就可使自己变得强大起来，就可以对其选定的攻击目标发动隐蔽而有效的攻击。正如美国著名专家温·施瓦图所警告的："当恐怖主义者向我们发起进攻时，……他们轻轻地敲一下键盘，恐怖就可能降临到数百万计的人们的身上"，"一场电子战的珍珠港事件时时刻刻可能发生"。②

实践证明，网络恐怖主义潜在的巨大破坏力已经初露端倪。信息技术水平最高、信息化最先进的美国就遭遇过若干次带有恐怖性的网络攻击。20世纪末的一天，通用电气公司、国家广播公司和其他美国公司曾遭受到重大的网络安全破坏。一连几个小时，这些公司的网络陷于混乱之中，

---

① "数字珍珠港"演习表明美国网络相当脆弱，http：//www.chinabyte.com/20020814/1625181.shtml.

② 杨成卫：《浅谈防范网络犯罪的技术对策》，《信息网络安全》2006年第6期，第51页。

管理员忙于修复入侵者造成的损害。攻击者还发布了一个声明。他们自称是"互联网解放阵线",他们指责这些公司把互联网变成了"贪欲污水坑",并宣布要进行"信息战"。① 2000年2月,"拒绝服务攻击"用大量数据阻塞了Yahoo、eBay、CNN及ZDNet的网络,致使用户无法正常访问长达两三小时之久。同年5月,"爱虫"黑客袭击了全球许多公司的邮件服务器,使公司管理混乱,损失严重。2001年9月,尼姆达病毒在服务器、网络中疯狂泛滥,使金融业遭受了严重的损失。2003年4月横行网络的"美莉莎"利用电子邮件病毒在3天内袭击了数百万台电脑主机,导致大批政府机构和高技术企业被迫关闭其网络门户。以上这些只是网络恐怖分子们的初级操作,其中也不乏恶作剧的成分。……如果攻击目标选择了国家大型基础性设施,其后果就更难以想象。

(二) 网络恐怖主义的发展趋势

关于网络恐怖主义的发展趋势问题,国外有关专家曾进行过精心研究,成果较多。我国解放军国际关系学院反恐怖研究中心刘强教授、上海社会科学院政策与战略研究中心张新华研究员等我国知名专家教授也进行了专门研究,发表了许多颇有水平的成果。综合国内外专家的研究成果,加以精练和发展,网络恐怖主义主要有以下发展趋势。

1. 技术趋完善,行动更隐蔽。

从技术上讲,据有关专家估算,网络恐怖主义从"简单元组织"水平到"高级有组织"水平需要2—4年,达到"综合协同"水平需要6—10年时间。② 但是,这也只是理论数据,而实际发展速度有时会超越人们的想象。因为恐怖组织结构在不断地变化,"恐怖组织不受国家机构发展惰性的束缚,它们能以更快的速度用最先进的信息技术装备自己"。③因此,在一定的条件下,恐怖组织在信息网络领域的发展也是无可限量的,甚至会走到各个国家的前列。在新技术的支持下,恐怖组织会将自己

---

① Power, Currentand Future Danger, p. 9.

② Dorothy E. Dennion. CYBERTERRORISM, Testimony before the Special OversightPanel on Terrorism Committee on Armed Services U. S. House of Representatives. http://www. cs. Georgetown. edu/~demung.

③ [俄] 对外情报总局,联邦安全总局等著,杨晖总译审:《信息恐怖主义——国际安全的新威胁》,北京:军事译文出版社2002年版,第123页。

隐藏得更深,它们藏匿在虚拟世界,行踪难测,能够随时发起攻击。同时,有理由相信,随着纳米技术以及微电子科技的发展将会使笔记本电脑拥有与大型计算机接近的功效。这样,网络恐怖主义在实施网络攻击上的机动性将大大增强。

2. 黑客变恐怖,防范更困难。

由于互联网降低了非法活动的门槛,所以愿意并能够进行恐怖活动的黑客数就会较快上升。目前,网络黑客组织几乎存在于世界所有国家。伦敦研究数字风险的专业机构 Mi2g 估计,全球大约有 6000 个黑客组织,其中 300 个左右每个月都有活动。其中部分黑客的攻击已经带有恐怖主义的色彩。例如,"9·11 事件"后,一些伊斯兰黑客组织像"穆斯林游击战士"为报复美国黑客的攻击,攻击了美国国家海洋及大气局网站,并在其网页上留下恐吓字句,威胁称:如果美不停止打击阿富汗以及"基地"组织,他们会把手上的美国政府机密材料交给"基地"组织。他们还攻击美国国家卫生研究所全国人类基因组机构的服务器,涂改了网页,贴上了沙特阿拉伯国旗并留下两条乌都尔文标语"真主伟大至极"和"美国人准备受死吧"。① 因此,社会价值感的扭曲以及无政府主义思想的膨胀,将导致黑客实施国家规模或国际规模的恐怖袭击,从而蜕变成网络恐怖主义者。对其攻击的防范和化解,将更困难。

3. 实施集团化,攻击更有效。

由于防范技术的不断进步,仅靠个人的能力已经显得力不从心,集体"攻关"有利于提高攻击的成功概率。同时,互联网络也给恐怖组织带来了组织网络化、散而不分的功效,恐怖组织可以利用网络作为通联工具,将分散的个体连成整体,它们在进行网络恐怖袭击时,能够运用网络的快捷、隐蔽特点协调行动。高层次的网络恐怖主义一般都是"综合协同"的,只有这样才能达到其既定袭击效果。所以,集团化的综合协同将成为未来大规模网络恐怖袭击的一大趋势。目前,综合协同的网络恐怖主义集团正在中东地区出现。这种恐怖主义集团,采用松散而灵活的网络结构,实行统一的战略指导方针,制定和实施体现共同价值观的横向协调机制,

---

① 俞晓秋:《全球信息网络安全动向与特点》,http://www.chinasociology.com/rzgd/rzgd065.html.

其成员之间的交流相当灵活。臭名昭著的本·拉登恐怖主义集团，就建立了复杂的网络组织。本·拉登总部配备有现代化的电脑和通信设备，依靠互联网来协调成员分散的集团行动。网络恐怖主义集团像黑客，大部分攻击都在信息世界进行；他们又像恐怖分子，专门应用瓦解性和破坏性手段攻击目标，以期贯彻实施他们的政治或宗教纲领。

4. 目标大型化，后果更可怕。

恐怖主义组织实施网络攻击的目的在于通过袭击引起物理侵害或巨大的经济损失，从而引起巨大的社会反响，给袭击对象国以物质和精神上的双重打击。所以，今后网络恐怖主义的袭击目标除现在一般性目标外，会主要锁定那些对一个国家国民经济或人民生活有着巨大影响的大型基础性设施，例如语音通话系统、金融行业、电力设施、供水系统、油气能源、机场指挥中心、铁路调度、军事装备等。用于造福人类的计算机在恐怖组织乃至黑客手中将蜕变成信息时代的大规模杀伤性武器，"明天的恐怖主义者也许会用键盘干出比用炸弹更加危险的事"。[①]"如果这种新恐怖主义致力于信息战，那么它的破坏力将远远超过它过去运用的任何手段的破坏力——甚至比生物和化学武器还厉害。"[②] 试想，如果恐怖组织运用网络恐怖主义手段，袭击重要的基础设施或是金融、核电站等重要目标，使其瘫痪或受到控制，其灾难将会怎样。因此，美国总统网络安全顾问理查德·克拉克一上任就指出："我不认为过去的任何经验可以预测未来可能发生的情况。当越来越多的公司把愈加重要的数据放在网上的时候，个人或团体在美国可怜的安全面前吃亏只是迟早的事。"[③]

网络恐怖主义已经不是危言耸听的神话，它就在眼前，网络恐怖攻击随时有可能发生，其造成的损失将是灾难性的。未来的网络恐怖主义技术将更完善，行动将更隐蔽。部分黑客可能会蜕变成网络恐怖主义分子，部

---

①　National Research Council. Computers at Risk. National Academy Press, 1991. Mark M. Pollitt. CYBERTERRORISM ~ Fact or Fancy? . FBI Laboratory, 935 Pennsylvania Ave. NW Washington, D. C. 20535. http: //www, \ . cs. georgetown. Edu/ ~ denning/infosec/pollitt html.

②　Walter Laqueur. Postmodem Terrorism. Foreign Affairs, 1996 ~ 09/10: 35；胡联合：《第三只眼看恐怖主义》，北京：世界知识出版社 2002 年版，第 231—232 页。

③　《网络恐怖主义真那么恐怖?》，http: //www. people. com. cn/GB/1U306/1985/2430/20011126/613175. html.

分黑客与恐怖主义组织相结合共同实施网络恐怖主义的可能性在增加。实施"综合协同"的集团化攻击，而且攻击目标大型化，后果更可怕。它将与传统工业时代的恐怖主义手段相合，成为对国际安全的一种新的巨大威胁，必须予以高度重视。人们与网络恐怖主义的较量将是长期和艰苦的，需要有足够的思想和物质准备。正如全球著名电脑安全公司网络联盟（Network Associates）亚太区总裁洪铭文所说："对付网络恐怖主义，人们必须拿出更大的耐力和精神，才能战胜对手。"①

五 垃圾信息日益增多，让人头昏眼花，无所适从

全球互联网上垃圾邮件泛滥成灾，垃圾信息日益增加，让网民头昏眼花，无所适从，垃圾邮件与反垃圾邮件之间的斗争愈演愈烈，也是全球信息战新形势的重要特征之一。目前，全世界约80%的电子邮件是垃圾邮件，垃圾邮件每年给世界经济造成的损失高达250亿美元。为了应对垃圾邮件的泛滥，世界许多国家都在积极努力。

通过发送垃圾邮件进行阻塞性攻击，是垃圾信息侵入的主要途径。攻击者通过发送大量垃圾邮件，污染信息社会，消耗受害者的宽带和存储器资源，使之难以接收正常的电子邮件，从而大大降低工作效率。家住美国底特律的阿伦·拉尔斯就是臭名昭著的"垃圾邮件之王"，他通过家中设置的数台服务器，每小时可发65万条信息，一天可发垃圾邮件10亿封。随着计算机功率的提高，垃圾邮件的数量还可成倍增加，对信息安全的威胁越来越严重。

据 MessageLabs（全球著名的信息安全软件供应商）所作的调查表明，从1998年到2003年，全球垃圾邮件的数量日益增长，对信息安全的威胁越来越严重。2002年垃圾邮件的数量是2001年的10倍；2000年的16倍；1998年的60倍。2003年，全球垃圾邮件又比2002年增加8倍，大大超过正常电子邮件的增长率；而且就每封垃圾邮件的平均容量来说，也比正常电子邮件大得多。这就大大增加了成功阻击或过滤清除垃圾邮件的工作量和难度，对信息安全构成了巨大威胁。在所有邮件服务器崩溃案例中的20%都是由于垃圾邮件大量注入引起的。在被调查的管理人员中有

---

① 张小中：《当心网络恐怖分子》，http：//it. Zaohao. Com/pages4/virus010802. html.

超过一半的人表示，在他们网络中的电子邮件中有 30% 是垃圾邮件。在每天接收 50 封或更多的电子邮件的管理人员中，有 45% 的人在 1 小时内的工作中要花 10 分钟的时间来过滤垃圾邮件。

在 MessageLabs 发表的 2004 年度报告中显示，钓鱼式攻击电子邮件的数量已经由 1 月份的 337050 封增长到了 11 月份的 450 万封，其中 6 月、7 月间的增长幅度最大——由 264254 封增长到了 250 万封。MessageLabs 的安全总监马克·桑纳说，在持续性和猛烈程度方面，电子邮件的攻击一直势头不减。2004 年的重要发展无疑是钓鱼式攻击的出现。在短短 12 个月的时间中，它就成了对任何在网上开展业务的个人或组织的威胁。他表示，我们认为，这表明钓鱼式攻击已经由随机的方式转换到有目标的方式。MessageLabs 的报告还显示，自 2003 年以来，通过互联网发送的垃圾邮件和携带病毒的电子邮件数量也一直在增长。2004 年每 16 封电子邮件中就有一封电子邮件感染有病毒，而在 2003 年时的这一数字是 33 封。2004 年，垃圾邮件的数量增长了 73%。在防病毒、垃圾邮件以及 IT 咨询领域有很高知名度的英国索福斯公司（SOPHOS），使用一种"钓鱼"技术，也就是故意使电脑防护薄弱来吸引垃圾邮件发送者，然后扫描所收到垃圾邮件的来源，进而写出一份研究报告，最近发表的这份研究报告说，美国是世界上最大的垃圾邮件发送者，2004 年全球的信息垃圾邮件中有 42.11% 是它发出的。据该研究报告分析，垃圾邮件发送者利欲熏心，为了在最短的时间里发出最多的邮件，可能借助宽带连接侵入普通家庭用户的电脑，这样普通用户会在不知不觉中也发送出垃圾邮件。因此，宽带联网普及率最高的韩国，一直是发送垃圾邮件的第二大国。

前不久，国际电信联盟发表公报说，目前全世界约 80% 的电子邮件是垃圾邮件。在这些垃圾邮件当中，有 21% 是产品广告；16% 是有关投资理财的信息；14% 是诈骗或者不实的信息；14% 包含色情内容；其他 35% 为各种各样的无益信息。垃圾邮件让人感到厌烦，每年给世界经济造成的损失高达 250 亿美元。每一天都有 100 多亿封的电子垃圾邮件不分国界地传播到世界的每一个角落，堆积在人们的电子邮箱当中，给邮箱的主人造成恐慌，也给互联网造成了沉重的负担。① 从整个互联网的资源利用

---

① 徐秉君：《如何摆脱信息垃圾的困扰》，《光明日报》2006 年 4 月 25 日第 6 期。

来看，垃圾邮件里的信息几乎没有什么价值，每天发送上百万，甚至上亿份，占用大量的网络资源，严重时甚至拥塞整个互联网链路，中断互联网部分线路的运营。垃圾邮件正以爆炸性的速度增长。如果不能尽快遏制病毒和垃圾邮件，全球互联网系统有可能不堪重负而在两年内崩溃。① 垃圾邮件损害了用户的利益。据测算，每年一家 10000 名员工的公司因为垃圾邮件问题而造成的生产力损失要超过 1300 万美元。欧盟的一项调查表明，垃圾邮件每年为欧洲造成超过 60 亿欧元的经济损失。②

据一家全球网络安全公司 4 月份发布的一份报告显示，2006 年第一季度，亚洲是发送垃圾邮件最多的大陆，这里发送的垃圾邮件占全世界范围内的垃圾邮件总量的 42.8%。此外，中国现在在发送垃圾邮件方面仅次于美国，它发送的垃圾邮件占世界总量的 22%。③

网民及各界人士对垃圾邮件造成的问题和威胁日益关注，网络服务商和邮件运营商们纷纷提出了自己的反垃圾邮件技术方案并不断升级换代：雅虎的"DomainKeys"，它利用公/私钥加密技术为每个电子邮件地址生成一个唯一的签名，实现对邮件发送者的身份验证；微软的"电子邮票"有偿发送邮件方案；AOL 正在试验一名为"Sender permitted From"（SPF）的新电子邮件协议，禁止通过修改域名系统（DNS）伪造电子邮件地址……垃圾邮件发送者并不是坐以待毙，而是主动出击，对反垃圾邮件网站进行拒绝服务攻击。道高一尺，魔高一丈，世界永远在此消彼长中发展。2003 年，反垃圾邮件市场波澜不惊，到了 2004 年年底，反垃圾邮件厂商已经比 2003 年增加了 16 倍。2005 年反垃圾邮件市场活跃，产品丰富。2006 年，许多国家政府开始用法律手段控制电子邮件的泛滥，打击垃圾邮件的发送者。反垃圾邮件与垃圾邮件之间的斗争愈演愈烈。

第二节　我国信息安全面临种种严重威胁和挑战

我国在加速发展信息化的同时，对信息安全的重视程度不断提高，采

---

① 陈庆修：《下大力气制止垃圾邮件泛滥》，《光明日报》2005 年 3 月 15 日。
② 同上。
③ 费雷德·斯特克尔贝克：《中国对垃圾电邮开战》，《参考消息》2006 年 7 月 5 日第 15 期。

取一系列措施维护信息安全。但是，我国信息安全保障工作还处于起步阶段，存在许多亟待解决而又很难解决的问题。随着信息化的发展，经济社会对信息网络的依赖程度越来越高，信息安全问题越来越突出。日趋激烈的信息战的新形势给我国信息安全带来了种种严重威胁和挑战，形势日趋严峻。计算机病毒、网络黑客、垃圾信息的攻击日趋频繁而激烈，网络犯罪活动日趋猖獗，对我国信息安全和国家安全的破坏性越来越大。美国等某些西方国家极力推行信息霸权主义，境内外敌对势力对我国进行反动渗透、煽动性宣传和政治动员，网络政治颠覆活动防不胜防。我们应该高度警惕，采取有效措施，保障信息安全，维护国家安全。

一　信息安全形势日趋严峻

我国在刚刚进行信息化建设时，计算机用户还很少，经济社会对互联网的依赖程度很低，因而信息安全面临的威胁是局部的，有限的。随着信息化建设的发展和"以信息化带动工业化"战略的实施，计算机用户爆炸式增长，上网人数急剧增加，经济社会和人民生活对互联网的依赖程度越来越大，信息战越来越激烈，信息安全形势日趋严峻。

进入 21 世纪后，我国信息安全面临的国际环境发生了巨大变化：信息空间作为企业、经济、社会、政治和战争的运作环境而出现；数字融合使信息能以任何形式和方式进行组合、改变和再利用；全球全面互联使计算机系统日益控制关键的社会基础设施。在这个环境中，所有国家、团体和个人都生活在一个每一天都在加强相互联系和全面联系的世界中。这种状况不仅为我国提供了极好的机遇，也带来了非常危险的威胁，特别是加入 WTO 以后，我国面临着更加严峻的全球信息战攻击的威胁。据英国简氏战略报告和其他网络组织对各国信息防护能力的评估，我国被列入防护能力最弱国家行列，不仅大大低于美国、俄罗斯、以色列等信息安全强国，而且还在印度、韩国之下。① 2000 年公布的《国家信息安全报告》显示，在信息安全度的 9 个级别中，我国仅为 5.5 级，处于"相对安全与轻度不安全"之间。报告还显示，我国有高达 73% 的计算机曾遭受过病毒感染，而且多次感染现象非常严重。另据某市信息网络安全协调办公室

---

① 何德全、吴世忠：《2000 年国内外信息安全概况》，http：//www.cnnic.net.cn.

的统计，在 2001 年 8 月、9 月、10 月三个月内，该市共遭到近 40 万次黑客攻击，3.6 万多次病毒入侵，收到 2400 多封反动或其他不利电子邮件，信息系统瘫痪 78 次。该市某公司的镜像网站在 10 月一个月内，就遭到从外部 100 多个 IP 地址发起的恶意攻击，共计 29.5 万次，平均每天 26818 次。①

进入 21 世纪后，我国接连不断地出现程度不同的信息系统安全事故，首都机场因电脑系统故障，6000 多人滞留机场，150 多架飞机延误；南京火车站电脑售票系统突然发生死机故障，整个车站售票处于瘫痪状态；广东省工行因系统故障，全线停业一个半小时；深交所证券交易系统宕机事件等等。这些事故不仅仅是简单的信息系统瘫痪的问题，其直接后果是导致巨大的经济损失，还造成了不良的社会影响，信息战对国家安全的威胁越来越大。据国际权威机构 2003 年测评排序，我国信息网络安全排在等级最低的"第四类"，与某些非洲国家同类。经济秘密被偷窃成为信息安全的新焦点，网络黑客的猖獗与众多病毒的传播对信息安全构成了严重威胁。据调查测算，80% 的经济部门、企业互联网用户经常出现信息泄密、信息被篡改或窃取等问题；75% 左右的计算机和 95% 左右的网络管理中心遭受过信息战攻击，90% 的企业因遭受信息战攻击而遭受过损失。

2004 年 4 月 26 日至 5 月 26 日，公安部公共信息网络安全监察局和中国计算机学会计算机安全专业委员会在全国范围内组织开展了首届全国信息网络安全状况和第四届全国计算机病毒疫情调查活动，对 7072 家政府、金融证券、教育科研、电信、广电、能源交通、国防和商贸企业等部门的重要信息网络、信息系统使用单位安全状况及 8400 余家计算机用户计算机病毒感染情况进行了调查。调查表明，从 2003 年 5 月至 2004 年 5 月，被调查单位发生网络安全事件比例为 58%。其中，发生 1 次的占总数的 22%；2 次的占 13%；3 次以上的占 23%。发生网络安全事件中，计算机病毒、蠕虫和木马程序造成的安全事件占发生安全事件单位总数的 79%，拒绝服务、端口扫描和篡改网页等网络攻击事件占 43%，大规模垃圾邮件传播造成的安全事件占 36%。造成网络安全事件的主要原因是安全管理制度不落实和安全防范意识薄弱，其中因未修补、防范软件漏洞等原因

① 张新华：《信息安全：威胁与战略》，上海：上海人民出版社 2003 年版，第 421 页。

造成的安全事件占总数的66％。① 同时，调查表明信息网络使用单位对安全管理工作的重视程度、落实安全管理措施和采用安全专用技术产品等方面均有所提高和加强，但是用户安全观念薄弱、安全管理人员缺乏培训，以及缺乏有效的安全信息通报渠道、安全服务行业发展不能满足社会需要等问题仍然比较突出。调查表明，我国计算机用户计算机病毒的感染率为87.9％，比去年增加了2％。2003年5月至2004年5月，我国感染率最高的计算机病毒是网络蠕虫病毒和针对浏览器的病毒或者恶意代码，如"震荡波"、"网络天空"、"尼姆达"、"SQL蠕虫"等。计算机病毒针对网络的破坏呈明显上升趋势，特别是一些盗取计算机用户账号、密码等敏感信息的计算机病毒隐蔽性强、危害性大。

　　金山毒霸反病毒中心根据2003年1月至2004年10月病毒分析数据，共统计了22个月累计的各种病毒报告统计结果，最后总结出《2004年中国互联网病毒危害报告》。这一报告通过金山毒霸全球病毒监测网络、金山毒霸运营部门、反病毒客户服务部门在二年时间内联合严密监测而来。报告指出：新一轮互联网安全威胁主要来自以下五个方面；网络间谍软件、木马病毒、网络钓鱼陷阱、互联网邮件病毒、浏览网页恶意程序。从2003年至今木马病毒增加了一倍之多，80％以上的病毒都是通过互联网进行传播与破坏。最值得注意的是，间谍软件在2004年年初至今增长非常迅猛，占到了整个互联网破坏的23％，已开始成为影响用户互联网使用的最大"恶魔"。从2003年第一季度开始统计，目前针对互联网间谍软件数量与同期相比平均增加了2.5倍左右。金山反病毒专家分析，正是因为中国宽带网络建设的飞速发展，基于宽带娱乐、在线购物、互动聊天等应用快速普及，各种网络病毒、黑客攻击、木马程序、间谍软件、网络钓鱼陷阱等已经成为进行互联网病毒传播破坏、偷取网络游戏账号、骗取网上银行资金、推广恶意广告的重要方式。据《联合早报》2005年4月6日报道，进入2005年后，我国的信息安全形势更加严峻，在第一季度新发现的针对IM和点对点网络安全威胁超过100个，比去年同期增长400％多，由此引发的安全事故比去年同期增长271％。

---

① 公安部公共信息网络安全监察局等：《2004年全国信息网络安全状况调查分析报告》，《信息网络安全》2004年第10期，第8—9页。

2005 年，公安部公共信息网络安全监察局举办了全国年度网络安全状况与计算机病毒疫情调查活动。此次调查活动共对 12019 家政府部门（占 1%）、互联网和信息技术单位（占 16%）、金融证券（占 10%）、教育科研（占 11%）等重要信息网络、信息系统使用单位的安全管理情况进行了调查。调查结果说明，有 49% 的被调查单位发生过信息网络安全事件。在发生过安全事件的单位中，有 83% 的单位感染了计算机病毒、蠕虫和木马程序，36% 的单位受到垃圾电子邮件干扰和影响；59% 的单位发生网络端口扫描、拒绝服务攻击和网页篡改等安全事件，且与 2004 年同比上升 16%。调查表明，信息网络使用单位未及时修补或防范软件漏洞、采用弱口令设置、缺少访问控制以及攻击者利用默认设置进行攻击，是导致安全事件发生的主要原因。被调查单位信息网络用户缺乏安全防范意识和防范知识、安全管理人员缺少培训、缺少安全预警信息和保障经费不足是安全管理中存在的主要问题。①

公安部信息网络安全监察局发布的《2006 年全国信息网络安全状况与计算机病毒疫情调查分析报告》显示：2006 年共收集有效调查问卷 13824 份，比 2005 年增加 15%。被调查单位主要集中在互联网和信息技术单位（25%）、政府部门（22%）、教育科研（10%）和金融证券（6%）等。54% 的被调查单位发生过信息网络安全事件，比去年上升 5%；其中发生过 3 次以上的占 22%，比去年上升 7%。感染计算机病毒、蠕虫和木马程序仍然是最突出的网络安全情况，占发生安全事件总数的 84%；"遭到端口扫描或网络攻击"（36%）和"垃圾邮件"（35%）次之。金融证券行业发生网络安全事件的比例最低，商业贸易、制造业、广电和新闻、教育科研、互联网和信息技术等行业发生网络安全事件的比例最高。调查表明，一些单位信息安全事件处置方法和手段单一，防范措施不完善，网络安全管理人员不足、专业素质有待提高，被调查单位信息安全管理水平整体上仍滞后于信息化发展要求。调查表明，我国计算机病毒本土化制作、传播的趋势更加明显。②

---

① 公安部公共信息网络安全监察局：《2005 年全国信息网络安全状况与计算机病毒疫情调查分析报告》，《信息网络安全》2005 年第 11 期，第 16—19 页。

② 同上书，第 19—20 页。

二　计算机病毒、网络黑客、垃圾邮件等的进攻日趋频繁和激烈

近年来，计算机病毒、网络黑客、垃圾邮件等的攻击日趋频繁，日趋激烈，对我国信息安全的威胁日趋严重，大大影响了经济和社会效益。其中，计算机病毒每年攻击次数年均递增 20% 以上，产生新病毒数年均增加 2 倍以上；网络黑客攻击次数年均递增 10% 以上，接近西方发达国家的水平；接收垃圾邮件数年均递增 50% 以上，2006 年高达 80%。攻击的激烈程度也日趋激烈，造成的损失越来越严重。

（一）计算机病毒和黑客攻击频繁而激烈

据公安部公共信息网络安全监察局主办、国家计算机病毒应急处理中心和计算机病毒防治产品检验中心具体承办的《2004 年全国计算机病毒疫情调查分析报告》显示：我国计算机病毒感染率自 2001 年以来一直处于较高水平。2001 年，感染过计算机病毒的用户数量占被调查总数的73%；2002 年为 83.98%；2003 年增长到 85.57%；2004 年高达87.93%。在受病毒感染的用户中，2001 年感染病毒 3 次以上的用户为59%。2002 年，多次感染病毒的数量略有下降，而首次感染病毒的数量有所增加。2003 年，遭受病毒感染的所有用户都多次遭受病毒感染，而且感染病毒 3 次以上的用户数量增长到 83.67%。2004 年，3 次以上感染病毒的用户数量下降到 57.07%。从这组调查数据看，目前我国计算机病毒感染率居高不下，但多次感染的用户数量回落较大，表明受过病毒感染用户的防范能力有所提高。2001 年 5 月、2001 年 10 月至 11 月和 2002 年2 月至 4 月，我国出现了病毒感染的 3 次高峰。在这 3 个时间段中恰好是"欢乐时光"病毒、"尼姆达"病毒、"求职信"病毒和 GOP 等病毒的高发期。进入 2003 年以来，计算机病毒呈现更加活跃的趋势。1 月 25 日，全球爆发"蠕虫风暴"病毒（SQL1434）；3 月 25 日，又爆发了"口令蠕虫"病毒（DYldr32）；5 月份出现了"大无极"病毒变种；8 月份全球计算机网络遭受了"冲击波"病毒的袭击。2003 年国内电脑主要受到木马/黑客病毒、脚本病毒、蠕虫病毒的攻击，这 3 类病毒攻击占全部病毒攻击的 68%。2004 年 2 月，计算机病毒呈现出异常活跃的态势，"网络天空"（Worm NetSky）和"贝格热"（Worm. Bbeagle）及 Mydoom 变种相继出现。这些病毒的编制者将互联网作为互相攻击的战场。病毒编制者利用计

算机病毒相互进行攻击，造成这些病毒及其变种在互联网中大肆传播，严重威胁计算机网络的安全。这3个病毒的变种将近30个，它们采用的手段惊人地相似。通过邮件进行大规模传播，开启后门破坏网络安全。2004年5月，又出现了"震荡波"病毒。从病毒时间分布图看，每年第二季度是重大病毒高发期，应特别加强防范。①

国内知名信息安全厂商瑞星公司发布《2004年度中国大陆地区计算机病毒、黑客疫情报告及发展趋势分析》（以下简称《瑞星报告》）。该报告显示，2004年中国大陆地区计算机被病毒感染数量呈上升趋势，"网络天空"病毒排在年度十大恶性病毒之首。根据瑞星全球病毒监测网（国内部分）、瑞星客户服务中心、全国反病毒服务网以及"在线查毒和杀毒"等多个部门联合监测统计，2004年对用户造成破坏最大的十大病毒排行分别如下：（1）网络天空（Worm. Netsky）；（2）爱情后门（Worm. Lovgate）；（3）SCO炸弹（Worm. Novarg）；（4）小邮差（Worm. Mimail）；（5）垃圾桶（Worm. Lentin. m）；（6）恶鹰（Worm. BBeagle）；（7）求职信（Worm. Klez）；（8）高波（Worm. Agobot. 3）；（9）震荡波（Worm. Sasser）；（10）瑞波（Backdoor. Rbot）。从中可以看出，排在前面的9种病毒均为蠕虫病毒，也就是说，在2004年，对用户造成影响的以蠕虫病毒居多。

《瑞星报告》指出，2004年度计算机病毒和黑客攻击呈现出四大发展趋势，以骗取电脑用户网络虚拟财产、信用卡、证券资料等赤裸裸的利益诉求为目的的病毒和黑客攻击愈演愈烈。瑞星反病毒专家将这些趋势归纳为：（1）变种病毒数量翻番，防不胜防；（2）漏洞被发现和漏洞病毒出现的时间间隔越来越短；（3）国产木马、后门程序成为主流，目标指向网民真实财产；（4）"网络钓鱼"形式的诈骗活动增多。

浙江省金华市一个网络黑客集团，从2004年11月至2005年4月，利用"病毒生成器"生产病毒，并且挖空心思地盗取游戏机"装备"的"金钥匙"。他们成功制成了可以破解《传奇》游戏账号和密码的病毒程序。之后他们用这个病毒盗取游戏玩家们的"装备"，获取非法收益。据

---

① 国家计算机病毒应急处理中心等：《2004年全国计算机病毒疫情调查分析报告》，《信息网络安全》2004年第10期，第10页。

统计，自 2004 年 11 月以来，金华市先后有 30% 的网吧被这种病毒感染，造成损失上千万元。最严重的一次，兰溪市几乎所有网吧的电脑一夜之间全部被感染。在这些网吧上网玩游戏《传奇》的玩家们，网上账号和密码全部被盗。这个晴天霹雳，让玩家们非常气愤，纷纷报案。经过金华警方的积极努力，于 2005 年 1 月破案。共抓获犯罪嫌疑人 14 人，缴获电脑 21 台、用于作案的汽车一辆。据介绍，其中仅仅一个犯罪分子所使用的一台电脑中就拥有 6 万多个《传奇》账号、密码和"装备"，也就是说起码有 6 万多个玩家分别中了木马病毒，导致他们的"装备"被盗。侦查员通过检查涉案人员银行账户内的来往资金发现，这个团伙通过卖盗取来的《传奇》"装备"，至少非法获利上百万元。浙江省公安厅网监总队负责人介绍，像这样有组织、系列性、大规模地盗取这么多游戏"装备"的案件在全国还是首例。如果对于这样的团伙不及时予以打击，一旦形成气候，就会严重扰乱网络秩序，严重影响网络游戏的健康发展。①

由公安部公共信息网络安全监察局负责调研的《2005 年全国信息网络安全状况与计算机病毒疫情调查分析报告》显示：2001 年，开展计算机病毒疫情调查以来，病毒感染率自此一直逐年上升，今年首次出现下降情况，为 80%，较去年下降了约 8%；多次感染病毒的比率为 54.7%，计算机病毒感染比例相对比较高的时期集中在 3 月和 5 月。从感染计算机病毒的类型分析，网络蠕虫已经明显高于其他类型，占 74%；木马程序日益突出，占据第二位，为 48%；脚本病毒或者网页病毒也占到 41%。2005 年，病毒发作破坏造成损失的比例为 51.3%。系统无法使用、网络无法使用、浏览器配置被修改、使用受限和数据部分丢失仍然是病毒的主要破坏方式。目前，病毒技术逐步被应用到"网络钓鱼"活动和"僵尸网络"中，今年调查期间出现的蠕虫病毒都具有"僵尸网络"的特点。调查结果显示，针对网络游戏和即时通信的木马程序感染率很高。这些木马程序主要盗取用户账号、密码等。同时，利用系统的漏洞进行攻击破坏的病毒也位居前列。具有"僵尸网络"特征的病毒 Gaobot 和 Back-Door. Rbot 的感染率也很高。而曾经流传很广的老的病毒，如 Redlof 和

---

① 楼启军：《网络黑客团伙覆灭记》，《光明日报》2005 年 5 月 31 日第 9 期。

Lovegate 等依然在前十位。[①]

公安部公共信息网络安全监察局负责调研的《2006 年全国信息网络安全状况与计算机病毒疫情调查分析报告》指出，2006 年计算机病毒感染率为 74%，继续呈下降趋势；多次感染病毒的比率为 52%，比去年减少 9%。这说明我国计算机用户的计算机病毒防范意识和防范能力在增强。比较突出的问题是，5 月 6 月份出现了"敲诈者"木马等盗取网上用户密码的计算机病毒。计算机病毒制造、传播者利用病毒盗取 QQ 账号、网络游戏账号和网络游戏装备，网上贩卖计算机病毒，非法牟利的活动增多。调查结果显示，计算机病毒发作造成损失的比例为 62%。浏览器配置被修改、数据受损或丢失、系统使用受限、网络无法使用、密码被盗是计算机病毒造成的主要破坏后果。通过对用户上报的计算机病毒防治软件查杀日志文件分析发现，"木马代理"和"下载助手"是传播最广的两种计算机病毒。这两种计算机病毒可以从指定的网址自动下载木马或恶意代码，运行后盗取用户的账号、密码等信息发送到指定的信箱或网页，"传奇木马"和"QQ 木马"能够窃取用户的游戏账号和密码。"灰鸽子"和"德芙"具有后门功能。SDbot 病毒使计算机系统一旦感染后就会成为"僵尸"计算机，受"黑客"的远程控制。"爱之门"病毒主要通过邮件和系统漏洞传播。StartPage 会导致浏览器自动访问指定的或含有恶意代码的网站。当前我国网络流行病毒的本土化趋势更加明显，很多病毒主要是针对国内一些应用程序专门制作的。[②]

（二）垃圾邮件激增，危害既普遍又严重

中国互联网协会的调查统计说明，中国互联网的垃圾邮件以年均 50% 以上的速度激增，而且垃圾邮件中夹杂了大量病毒。有些新病毒攻击计算机后产生垃圾邮件，然后大肆蔓延，危害越来越普遍，越来越严重。2003 年，国内的邮件服务器共收到 1500 亿封垃圾邮件，尽管其中 60% 到 80% 被服务器过滤掉，但至少还有 470 亿封最终流入用户的信箱。这就意味着中国网民人均每天会收到 1.85 封垃圾邮件，全国网民每年为处理这

---

① 公安部公共信息网络安全监察局：《2005 年全国信息网络安全状况与计算机病毒疫情调查分析报告》，《信息网络安全》2005 年第 11 期，第 16—19 页。

② 同上书，第 19—20 页。

些垃圾邮件，会浪费掉 15 亿小时的时间。① 国内拥有邮件服务器的企业普遍受到垃圾邮件的侵扰，给企业造成了沉重的负担，有时企业每周收到上万封垃圾邮件，每年为应付垃圾邮件损失上百万元。

2004 年，垃圾邮件又增长 73%，网民平均每周收到正常电子邮件 5.8 封，垃圾邮件 7.9 封。其中，淫秽和色情电子邮件占所有垃圾邮件的 15%；赌博电子邮件占 11%；欺诈电子邮件占 18%；迷信、伪科学、邪教等电子邮件占 10%；产品广告占 30%……不仅给信息安全造成极大威胁，而且给网络用户造成了极大损失；不仅严重败坏社会风气，污染社会环境，而且腐蚀了未成年人的心灵，对未成年人的人生观、世界观和价值观产生巨大冲击，对未成年人的道德品质带来了不可忽视的负面影响，引发了诸多违法犯罪等社会问题。网上信息无奇不有，对未成年人有着极大的吸引力。青少年好奇心强、接受新事物快，但是缺乏分辨和自控能力，很容易对网络极度迷恋，无节制地花费时间和精力，最终导致上网成瘾，不仅给他们的身心健康成长带来严重危害，而且也严重影响了他们的学习和生活。互联网上淫秽色情等不良信息的泛滥，已经成为一种新的社会公害。据有关部门调查，全世界约有色情网站 420 万家，含色情网页 3.72 亿页，占总网页数的 12%。而目前网民中 18 岁至 24 岁的年轻人约占 34%；18 岁以下的占 19% 左右；25 岁至 30 岁的约占 17%；网民结构正呈现低龄化趋势。② 黄色网站不仅毒害了广大青少年，就是对成年人也是一个危害，可以说对整个社会都是一个危害。2004 年 7 月至 10 月，在中宣部、公安部等 14 家单位组织的打击淫秽色情网站专项行动中，依法查处并关闭的境内淫秽色情网站就达 1442 个，赌博或诈骗网站 365 个；在百度、中国搜索、搜狐和 3721 等搜索引擎上删除违法信息 10 万多条。截至 11 月 9 日，全国公安机关共立淫秽色情网站方面的刑事案件 247 起，已破获 244 起，抓获犯罪嫌疑人 428 名。③

垃圾邮件的泛滥和危害，迫使人们对其宣战。早在 2002 年 11 月，中国互联网协会即成立了"反垃圾邮件协调小组"，提出了《中国互联网协

---

① 丹娜：《让网友一起反垃圾邮件》，《光明日报》2004 年 8 月 11 日。

② 程斌：《色情网站的末日》，《信息网络安全》2004 年第 8 期，第 10 页。

③ 罗旭：《中宣部、公安部等十四家单位通报打击黄色网站情况》，《光明日报》2004 年 11 月 11 日。

会反垃圾邮件规范》，以行业自律的方式开展反垃圾邮件工作，国内 20 多家邮件服务商首批参加了该协调小组，由此打响了中国有组织反垃圾邮件的第一枪。之后，逐步掀起了群众性反垃圾邮件的热潮。2004 年新春伊始，公安部、教育部、信息产业部及国务院新闻办公室联合发出了《关于开展垃圾邮件专项治理工作的通知》（以下简称《通知》），全国各地公安、教育、信息产业、新闻等单位认真贯彻《通知》精神，展开了严肃认真的垃圾邮件治理工作。2004 年 6 月，有关部门主办的互联网"违法和不良信息举报中心"正式成立。一年多时间，举报中心就接到各类公众举报 143000 多件次，其中举报境内外淫秽色情网站占 67.5%；举报宣扬邪教占 4.4%；举报网上欺诈行为占 3.4%；举报网上赌博占 1.9%；举报侵犯知识产权占 1.6%。根据公众举报，举报中心核查，向国家有关部门转交公众举报 1878 件，其中涉及淫秽色情网站 1264 个，赌博网站 307 个。400 余名违法犯罪分子受到法律的制裁。举报中心同时大力推动行业自律，依据《互联网新闻信息服务自律公约》《互联网站禁止传播淫秽、色情等不良信息自律规范》和《互联网搜索引擎服务商抵制淫秽、色情等违法和不良信息自律规范》，督促网站删除各类违法和不良信息 10 万多条次，包括 3 万多个有悖社会公德的网页和 14000 多张对青少年明显有害的图片。中国互联网协会互联网新闻信息服务工作委员会主任刘正荣表示："当前网上形势依然不容乐观。公众对少数网站和企业以色情信息为诱饵，利用手机、固定电话、小灵通、点卡、银行卡等获取不义之财表示强烈愤慨。依法净化网络环境的任务仍十分艰巨"。①

正如刘正荣主任所说，垃圾邮件继续泛滥，危害互联网和社会，净化网络环境的任务仍十分艰巨。2005 年我国网民共收到 1000 多亿封垃圾邮件，造成经济损失超过 48 亿元。垃圾邮件已成为病毒之后的网络第二大公害。② 因此，党和政府及广大人民群众都很重视，想尽千方百计与垃圾邮件作斗争。针对日益严重的互联网垃圾邮件问题，信息产业部在长期跟踪和开展相关工作的基础上，为进一步依法加强治理，保护用户的合法权益，维护互联网的和谐健康发展，于 2006 年 2 月 20 日颁布出台了《互联

① 钟晓军：《打击淫秽色情网络见成效》，《光明日报》2005 年 6 月 21 日。
② 吴允波：《垃圾邮件泛滥成公害》，《大众日报》2006 年 7 月 24 日第 6 期。

网电子邮件服务管理办法》（信息产业部第 38 号令），自 2006 年 3 月 30
日起正式实施。该办法的出台，标志着我国反垃圾邮件斗争进入了一个新
阶段，上升到一个新高度。为保障《互联网电子邮件服务管理办法》的
有效贯彻和执行，中国互联网协会联合运营商和服务商，于 2006 年 6 月
2 日建立"反垃圾邮件综合处理平台"，目的是为反垃圾邮件的规范管理
提供基础数据保障，打造有效治理垃圾邮件的反垃圾邮件综合体系。中国
网络通信集团公司作为宽带及主机托管的总赞助为"反垃圾邮件综合处
理平台"提供长期的支持服务。平台的功能包括垃圾邮件 IP 地址实时黑
名单数据库、邮件服务器 IP 地址白名单数据库、邮件服务器 IP 地址备案
库、国内动态 IP 地址库；可以及时、方便地接收互联网用户对垃圾邮件
的举报，并对原始举报邮件的数据挖掘分析，从而提炼出适合中国本地以
及亚太地区的双字节中文关键字过滤规则，建立邮件服务器身份识别及认
证体系，并提供国际垃圾邮件信息共享接口功能等。全国网民遵循《互
联网电子邮件服务管理办法》，依靠《反垃圾邮件综合处理平台》积极研
究反垃圾邮件斗争，取得了一个又一个胜利。

　　需要特别指出的是，从 2004 年起，国际上专业的垃圾邮件发送者将业
务向我国转移，利用我们的邮件服务器发出大量垃圾邮件，使原本是世界
垃圾邮件受害者的我国，也成为世界垃圾邮件输出国之一，严重损害了我
国在国际互联网界的形象和地位。例如，美国是全世界最大的色情网站分
布地，我国台湾地区是中文色情内容最大的集散地，但是其网站服务器大
多不在本地，而放在美国。由于网络的无国界性，不管色情网站设在哪里，
都不会影响人们的访问。美国等西方垃圾邮件制造和发送者将某些业务转
移到我国，利用我们的邮件服务器发送垃圾邮件，特别是色情邮件，这是
我国色情邮件泛滥成灾的重要原因之一。另据电子邮件安全公司 Mes-
sageLabs 的调查，许多互联网用户正面临新折磨——宗教性的垃圾电子邮
件。调查报告指出："那些烦扰上帝的人正在使用 21 世纪的技术。这是宗
教性的垃圾电子邮件，几乎全部都是基督教内容。"宗教性垃圾电子邮件的
发送者追求的是精神需求而不是金钱。典型的例子之一，收件人被警告道：
永远是很长的时间。"如果你和你身边的人还没有接受上帝，今天就请接受
吧"，随后是祷文，"让我摆脱我所有罪恶的习惯。让我获得自由吧！"这些
祈祷文似乎大多数出自生活在美国、以英语为母语的人之手。"他们很善于

隐藏自己的所在。其中许多电子邮件都是通过中国转送的。"

三　网络犯罪活动日趋猖獗

网络犯罪是随着互联网的产生和广泛使用而产生的，而且随着网络空间的扩展而不断更新其面貌、特征、规模和危害。我国于 1986 年首次发现计算机犯罪，截至 1990 年，就发现并破获计算机犯罪 130 起。进入 90 年代后，随着计算机应用普及，计算机网络犯罪呈现迅猛增长态势。例如，1993 年到 1994 年，全国的计算机网络犯罪发案数就达到 1200 多例。据不完全统计，目前，我国已经发现的计算机网络犯罪案件至少上万起，作案涉及银行、证券、保险、外贸、工业企业及国防、科研等各部门，也涉及社会、文化领域。据 CNCERT/CC 的陈明奇博士介绍，互联网经济虽然得到了快速发展，但与此有关的产业及信息网络安全相关的法律法规尚待健全，犯罪分子和投机分子正是抓住了这一特殊时期，在短短十多年间形成了庞大的黑色产业链。"由于该群体的组成者不同于一般的地下经济群落，他们中的核心骨干大多数受过良好的高等教育，拥有较高的技术水准和普通地下经营经济从业者所不具有的某些特质，使得该群落的社会危害日渐为人们所关注。"陈博士说，"据我们初步的非常保守的估计，黑色网络安全产业链产值超过 2.38 亿元，而造成的损失则超过了 76 亿元，已经形成了不可忽视的地下经济力量。在黑客培训、信息窃取、恶意广告、垃圾邮件、敲诈勒索、网络仿冒等方面均形成了庞大的黑色产业链，并体现出集团化、专门化、目标化的特征，亟须专门整治并加强监管"。因此，打击日益频发的网络犯罪，保障互联网产业的健康发展，对于我国信息产业以及国民经济的健康发展，具有重要意义。①

（一）网络金融犯罪日趋严重

金融全球化和网络化、信息化的发展，在给我国金融业带来良好发展机遇的同时，也带来了日趋严重的金融风险和挑战。主要表现在四个方面：一是金融信息化的加速和信息网络化的推进，使得金融行业在国民经济中的地位进一步提高。因此，其他行业对金融业的依赖性也进一步加

---

①　褚德坤：《黑客攻击频发，严重影响产业创新》，《信息网络安全》2007 年第 2 期，第 8 页。

强，但是越来越多的信息电子化，将使金融信息系统内部采集、存储、传输、处理的信息量越来越大，信息的重要程度也越来越高。而如何确保这些关系到国计民生的金融数据的安全采集、安全存储、安全传输和安全处理，将是金融信息系统建设面临的重要挑战。二是随着金融网上业务的拓展，诸如信用卡号失窃、电子欺骗等金融犯罪活动将逐年增加。作为开展网上交易活动的基础设施——金融信息系统，应该具备对此类活动的事前监控预警、事中保护反击、事后审计分析的能力。三是金融信息化的加速，必然会使金融信息系统与国内外公共互联网进行互联，那么，来自公共互联网的各类攻击、病毒及入侵将对金融信息系统的可用性带来巨大威胁。四是随着金融信息化的加速，将使金融信息系统的规模逐步扩大，同时金融信息资产的数量也将急剧增加，如何对这些大量的信息资产进行有效的管理，使不同程度的信息资产都能得到不同级别的安全保护，将是金融信息系统安全管理面临的巨大挑战。①

由于以上几方面的挑战，加上我国金融网络系统技术上的高度脆弱性，金融系统网络成为犯罪分子攻击的主要目标，我国金融系统发生的计算机犯罪呈上升趋势，给银行造成的损失越来越大。到 2000 年，我国已发生了 180 多起利用计算机网络进行电子商务金融犯罪的案件。② 1999年，公安系统立案侦查的盗用他人账号以非法牟利等攻击金融网络系统的犯罪共 900 余起。③ 进入 21 世纪以来，网上金融犯罪案件不断发生，"网银大盗"横行，"网络钓鱼"迅速泛滥。据调查测算，从 2001 年起，我国金融机构网络系统遭犯罪分子攻击的案件以年均 25% 的幅度递增，到2006 年 12 月金融犯罪案件已累计发生 5832 起，造成经济损失上百亿元。网络金融犯罪的模式主要有三种：（1）造假通知。一些不法分子克隆某银行网站，在网站上制造假通知，声称该银行系统升级，要求客户将自己的网银账号及口令密码送至不法分子建造的信箱里，以骗取客户上网的账号和口令。（2）网上"钓鱼"。所谓网上"钓鱼"就是利用人们视觉的马虎，将某些数字或字符去代换真网站名，制造假网址。（3）病毒程序。

---

① 天融信：《2004 年我国金融信息化建设与安全攻略》，《信息网络安全》2004 年第 7 期，第 60 页。

② 书缘工作室：《电子商务安全》，北京：人民邮电出版社 2001 年版，第 2—3 页。

③ 何德全、吴世忠：《2000 年国内外信息安全概况》，http://www.cnnic.net.cn.

常用的黑客病毒程序有"特洛伊木马"、"快乐耳朵"等。不法之徒常将这些病毒程序置于网银服务器里,以定时扫描、抓取此时登录网银服务器的客户口令及账号,自动地转发到黑客自己的邮箱里;或是引诱客户下载不明软件,置木马程序于浏览器中,窃取客户上网的口令和账号进行网上欺诈和盗窃。① 请看下面典型案例:

2002 年 3 月,我国湛江市公安局破获了一起盗用某上网储值卡大案。经审查,年仅 21 岁的罪犯杨某利用黑客工具入侵广东某研究开发中心的服务器,获取大量储值卡账号和密码,盗取现金人民币 500 多万元。某银行重庆分行信息技术部职员胡昕明,2002 年 4 月下旬发现该行电脑主机及所辖计算机局域网络的漏洞,与社会上的另一犯罪嫌疑人霍浩合谋勾结,由霍浩通过伪造的身份证,办理 6 张银行信用卡。胡昕明则利用在该行信息技术部值班之机,使用所掌握电脑用户名和密码进入主机,用 VB 软件自编两个程序装入值班电脑,利用掌握的用户密码,在电脑主机上修改储蓄账户主文件记录,虚增霍浩通过伪造身份证办理的 6 张某银行信用卡账户存款共计 55.2 万元。其作案手段之高超,设计之严密,实为近年来少见。②

原甘肃省会宁县邮政局职工张少强利用维护邮政储蓄电脑网络之便,从 2003 年 5 月至 10 月 28 日,利用计算机非法登录临洮、榆中、永登及兰州市区等地的多个邮政储蓄所微机网络,并秘密窃取上述储蓄网点的相关密码,盗取巨额储蓄资金(1000 多万元人民币)。11 月 14 日,张少强在家中被公安机关抓获,涉案存款和现金全部冻结并追回。2004 年 6 月 3 日,甘肃省临洮县人民法院召开公审大会,判处张少强无期徒刑,剥夺其政治权利终身。

2004 年,某银行重庆永川支行下街子分理处主办会计张云,利用自己熟练的微机操作技术,伪造收款凭证,在该行的微机磁盘中虚增联行资金占用额,并将虚增部分划入自提账户,套现贪污 93 万元。对其作案转走的联行资金缺口,张云利用其主办会计的身份及微机和计算机网络业务管理授权,在月末与支行核对联行资金往来账时,采取一人只

---

① 关振胜:《加强网上银行的安全防范》,《信息网络安全》2006 年第 12 期,第 27 页。

② 吴爱生、杨爱莲:《解析四类银行网络犯罪》,《信息网络安全》2005 年第 6 期,第 19—20 页。

勾对未达账总额，不勾对明细发生额，在微机上输入虚增资金数据作未达账项，并将虚增资金后的分理处月末未达账余额表私自盖章送交支行核对签收等手段，掩盖转走联行资金的缺口，作案手段极为专业化和智能化。[①]

2004年，重庆市某银行计算机网络软件工程师在对该行的计算机网络结算软件进行日常管理维护的工作中，发现银行利息计算编程软件中对客户计息利率和积数金额只计算到元以后小数点两位，而对客户计息利率和积数金额元以后的小数点的第三位采取四舍五入的方法处理。于是，该工程师自己设计并编制一套银行的利息计算编程软件安装在计算机结算网络上，运行程序后将客户计息利率和积数金额元以后小数点的第三位部分，转入到自己另设的专门账户中，在短短半年时间内，该工程师就在银行现有微机和计算机网络平台上累计侵吞国家资金20余万元。某市一基层金融储蓄所业务员杨泽洪，利用其储蓄管理员身份和精通微机熟悉结算辖区内计算机网络的特点，趁无人之机，调出前台（营业室储蓄台）微机内已销户的"整存整取定期储蓄存单"，将其伪造的"整存整取定期储蓄存单"输入前台微机内，并将伪造输入的存单状态由"B"（已清户）改为"A"（尚存金额）。同时，再从微机中选出与伪造输入的存单金额相同，且尚未到期的客户存单，将其直接改为，"B状态"（销户），使结算辖区内计算机网络上的微机账面资金达到平衡。随后，用同样手段修改了计算机网络上事后监督微机的原始记录，并利用伪造的身份证在结算辖区内的不同网点先后6次取出公款共24.6万元。

（二）网络赌博，触目惊心

网络赌博是随着互联网的发展而出现和逐渐兴起的一种违法犯罪活动，已在中国出现并呈蔓延之势。它与麻将、牌九、扑克、骰子等现实赌博一样，都是以金钱为赌资，以营利为目的。所不同的只是在赌具上，它所使用的是计算机，并使其赌技从原始趋向智能化。现实赌博搬到网上后，使赌博活动更加猖狂。1998年，武汉市的赌博犯罪集团借租该市都市花园饭店，利用国际卫星通信、邮电通信及计算机网络进行巨额赌博。

---

① 吴爱生、杨爱莲：《解析四类银行网络犯罪》，《信息网络安全》2005年第6期，第19—20页。

经查实，赌场内设计算机 5 台，组成一个计算机电话赌博系统，并接通国际互联网。其赌博方式是利用国际卫星通信设备接收从境外赌博现场传来的赌博画面和在国内建立的计算机电脑赌博系统，由赌户通过电话下注，国内赌场的计算机电话赌博系统自动判断输赢。从 7 月 25 日至 10 月 11 日期间，赌资额高达 356 万余元。从现场查到的资料发现，全国其他城市还有 7 个参赌点。①

进入 21 世纪后，网络赌博活动愈演愈烈，触目惊心，公安机关对其打击的力度也越来越大。截至 2005 年 1 月底，全国各地公安机关已成功查破网络赌博案件 249 起，抓捕犯罪嫌疑人 760 多名，其中上海、江苏、浙江、福建四省市破获的网络赌博特大案件 4 起就涉赌资金 26 亿元。2004 年 12 月底云南省曲靖市公安局成功破获一起网络赌博专案，抓获违法犯罪嫌疑人 9 人，查明涉嫌赌资 1400 余万元；山东省聊城市 2005 年 1 月 11 日捣毁一"推牌九"特大赌博窝点，抓获参赌人员 59 名，缴获赌资 110 余万元；湖南破获李革辉特大赌博案，抓获 21 名涉赌人员，当场缴获赌资 32 万元；浙江温岭市龙湾分局破获以李铭君、李宗权为首的特大赌博团伙，抓获违法犯罪嫌疑人 11 名，初步审查涉案金额近 4000 余万元。②

从 2005 年 2 月起，全国集中打击赌博违法犯罪专项活动全面展开。仅半年多时间，公安机关就破获赌博案件 16.3 万起，抓获涉案人员 70.2 万名，收缴赌资折合人民币 23.3 亿元，收缴用于赌博的电脑、电子游戏机 7.7 万台。在这次专项行动中，公安机关会同有关部门依法取缔境内涉赌网站 1617 个，成功打掉了境外"宝盈"等赌博公司在北京、广东、辽宁、广西等 10 多个省、自治区、直辖市设立的代理机构，摧毁了其组织网络。目前，已发现的境内涉赌网站全部被关闭。公安部门还破获六合彩赌博案件 1.8 万余起，广东潮阳、江西修水、湖南岳阳、福建龙岩等地区六合彩赌博活动一度泛滥的情况得以改观。③ 进入 2006 年后，网络赌博案件仍不断发生，公安部门对

---

①　夏锦尧：《计算机犯罪问题的调查分析与防范》，北京：中国人民公安大学出版社 2001 年版，第 25 页。

②　丁震：《我国打击网络赌博取得初步成果》，《信息网络安全》2005 年第 3 期，第 62 页。

③　石国胜：《1600 多名干部因赌被查》，《人民日报》2005 年 7 月 15 日第 10 期。

其进行了严厉打击。

现选登公安部公共信息网络安全监察局和相关部门公布的网络赌博类典型案例来说明问题的严重性。

案例1 成都市破获"天福"博彩公司网络赌博案。2005年3月7日至9日,四川省成都市公安局破获"天福"博彩公司网络赌博案,抓获涉案人员罗登贵、严怀春、钟玉蓉、韩旭、王冬、郑翼等22人。"天福"博彩公司自建网站从事网络赌球活动,下设"银利来"、"银河投注集团"等5个赌博网站,接受投注金额3亿元,非法获利280余万元。

案例2 青岛市破获"博易通运动网"网络赌博案。2005年3月26日,山东省青岛市公安局破获"博易通运动网"网络赌博案,当场抓获张磊、赵洪钟等主要犯罪嫌疑人及参赌人员18人,收缴赌资及用于赌博的电脑、车辆共计价值100余万元,并缴获手枪等护赌工具。经查,自去年11月至今年2月,该团伙接受投注额达1.3亿余元,非法获利2000余万元。

案例3 厦门市破获利用网站提供赌博信息案。2005年3月17日,福建省厦门市公安局破获陈毅伟开设网站提供"六合彩"赌博信息案,抓获违法犯罪嫌疑人陈毅伟,缴获用于赌博的电脑1台、手机8部、IC卡6张及大量存折、银行卡等。经查,自2004年12月份以来,陈毅伟伙同他人开设6个"六合彩"网站,专门提供"六合彩"特码等赌博信息,发展会员百余人,遍布广东、江西、浙江等8个省,涉案赌资达120万元。

案例4 北京市破获世界杯赌球案。在2006年6月世界杯足球赛期间,10名犯罪嫌疑人聚集在一起从事网络赌球。公安人员将正在进行下注的嫌疑人抓获。在嫌疑人用的电脑里,民警发现里面有大量关于世界杯赌球和六合彩的信息,同时在嫌疑人所住的房间里还发现了十几万元现金和十几张银行卡,其中一部手机的短消息显示:尽快把14万块钱打过来。

案例5 成都市破获网络赌球案。2006年7月初,成都市公安局网监处摧毁一个地下室网络赌球公司——"金利国际娱乐有限公司",抓获涉案人员20余人,缴获用于赌博的大量物品及赌资。据不完全统计,2005年7月至今,"金利国际娱乐有限公司"赌球网站总共下注金额达10亿元人民币。

（三）淫秽色情案件危害严重

随着互联网络的广泛使用，淫秽色情案件不断发生。一些犯罪分子建立淫秽色情网站，传播淫秽色情信息，不但严重毒害青少年，而且败坏了社会风气，引发了诸多社会问题。为了净化网络空间，打击淫秽色情犯罪，党和政府采取了一系列防范和打击措施，取得了很大成效。

据了解，2004 年 6 月 10 日开通的"违法和不良信息举报中心"网站引起了社会各界的强烈反响，日访问量高达 400 万，95% 以上是针对淫秽色情网站的。我国网民 72.1% 是 30 岁以下的青少年；14.9% 是 18 岁以下的未成年人。而网络色情对青少年，特别是对未成年人的影响和毒害最大。2004 年 7 月 16 日，全国打击淫秽色情网站专项行动电视电话会议召开，之后在全国范围内迅速组织开展了打击淫秽色情网站专项行动。2005年 9 月，公安部、国务院新闻办、信息产业部又在全国联合组织开展打击利用互联网视频聊天等从事淫秽色情活动专项行动。两次全国性的专项打击行动都取得了很大的成效。①

2004 年下半年，全国公安机关对色情网站进行了专项打击，国内色情网站一度销声匿迹。但是，警方在调查中发现一个叫"九九情色论坛"的网站，却在此间活动频繁，注册人数和点击数剧增。据警方统计，至2004 年 11 月份，"九九情色论坛"点击率达 4 亿次之多，在线人数每 10分钟达 15000 人。经过公安部门和新闻出版部门的认定，网站内的淫秽色情视频文件多达 6000 多件、图片 10 多万张、淫秽色情文章 2 万多篇。此外，网站还有一个名为"买春堂"的板块，专门介绍我国各地所谓卖淫场所的详细信息。"九九情色论坛"通过互联网对外大量传播淫秽物品的同时，通过注册会员，收取会员费的方式牟利。普通会员要交纳 30 元的注册费，使用权限相对较低。如果想看电影就必须注册为 VIP 会员，3 个月 VIP 费用是 200 元，半年是 300 元，一年是 500 元。面对"九九情色论坛"如此猖獗的传播淫秽色情信息，公安部门下决心要将这个毒瘤铲除。在公安部的指导协调下，安徽省公安厅成功破获了这一大案："九九情色论坛"案。这起案件是迄今为止国内公安机关破获的注册人数最多、抓

---

① 李粤川：《"中国淫秽色情网络第一大案"侦破评析》，《信息网络安全》2006 年第 9 期，第 65—67 页。

获的网络管理维护人员最多、危害最严重的一起淫秽色情网络案，也是我
国破获的第一例境内外相互勾结的淫秽色情网络案，因此也被称为"色
情网络第一案"。①

2005 年 8 月底，徐州市公安局网监处根据群众举报，一举将在美国
租用网络服务空间开办"都市夜航船"和"情迷百合"淫秽色情网站的
徐州居民张某、常州居民钱某等 10 名犯罪嫌疑人抓获，目前张某、钱某
等 5 名犯罪嫌疑人已被依法逮捕并判刑。据张某等犯罪嫌疑人交代，自
2005 年 3 月以来他们在美国租用网络服务空间开办"都市夜航船"和
"情迷百合"网站，在境内进行维护管理并招募会员。经查，"都市夜航
船"网站分为 6 个板块，52 个子栏目，已有注册会员 5.5 万多人，发布
淫秽色情帖子 26 万多篇，内容涉及淫秽图片、淫秽电影、淫秽小说等色
情信息。"情迷百合"分为 6 个板块，31 个子栏目，已有注册会员 3.5 万
人，发布淫秽色情帖子 12 万多篇，内有淫秽电影 700 余部，淫秽图片
3000 余张以及其他淫秽色情信息。②

2006 年 4 月，湖北荆州警方获知有人在互联网上进行淫秽视频表演。
经过侦查后警方发现，被举报的这家网站的注册方式相当隐蔽，必须要熟
人推荐才行。经过一名网友的引领，侦查员在通过网上银行支付了 380 元
的会员费后，进入这家神秘的网站。经过一番侦查，警方发现这个网站正
在进行淫秽视频表演，网站几乎每隔一小时一场，每天大约有 10 场左右、
每一场表演观看者可多达一两百人，甚至时常出现聊天室里观看者爆满的
情况。这些表演者在一家网站表演结束后，会立即离开，到其他网站接着
表演。根据这一特点，荆州警方很快发现了其他几家淫秽视频表演网站：
BOSS 俱乐部、快活林、天使 V99 等。因为案件牵涉全国多个省市，并且
网站之间表演者相互客串，组织者在网上也互相联络，这给警方的侦破带
来了一定的难度。2006 年 5 月 25 日，公安部在四川成都召开了协调会，
就此案进行部署，决定在 2006 年 5 月 29 日晚上 8 点实施抓捕行动，湖
北、四川、山东、江苏、浙江、江西、黑龙江、陕西 8 省市涉案地的警方

---

① 李粤川：《"中国淫秽色情网络第一大案"侦破评析》，《信息网络安全》2006 年第 9 期，
第 65—67 页。

② 公安部打击淫秽网络视频聊天专项行动协调小组办公室：《长效机制——打击形形色色
的网络淫秽色情》，《信息网络安全》2005 年第 11 期，第 64 页。

统一行动。5 月 29 日晚，多个色情网站的站长及相关人员在警方的统一行动中落网。①

我国打击形形色色的网络淫秽色情违法案件取得了阶段性胜利。但由于互联网技术自身的特点，淫秽色情活动仍然有其生存的空间和土壤，境外的一些人也在网上从事各种违法犯罪行动。然而，人民群众对网络淫秽色情活动是深恶痛绝的，公安机关对其打击的态度是坚决的，行为是果断的，机制是长效的，措施是得力的。从事网络淫秽色情违法犯罪活动是没有好下场的。

（四）其他网络犯罪时有发生

据公安部门透露，除网络金融犯罪和网络赌博犯罪外，其他网络犯罪案件也时有发生，2001 年至 2006 年 12 月共查获 900 多起。下面是几个典型案例。

当年 27 岁的林其灿系厦门大学计算机系毕业的硕士研究生，任职于福建省厦门市工商银行。2000 年 12 月 26 日中午 12 时许，林其灿利用午间休息时间，使用单位办公室的互联网登录设备，对昆明市的云南信息电信网站进行破坏性攻击，删除了该网站几乎全部的用户数据。之后，林其灿为了掩盖罪行，欲嫁祸台湾地区"黑客"，故意用一幅写有分裂国家英文字样的图片替换了被攻击网站的主页。林其灿的行为致使云南信息电信网被迫关闭。后经有关部门认证，造成的直接经济损失为 4300 元。侦破机关根据林其灿所使用的网络 IP 地址将其查获。昆明市五华区法院受理此案，于 2001 年 10 月 23 日依法作出一审判决。林其灿被依法判处有期徒刑 2 年，并赔偿附带民事诉讼原告人直接经济损失人民币 4300 元。

2002 年 3 月，根据河北省公安厅公共信息网络安全监察处提供的线索，桂林市公安网监干警经过耐心细致的调查，成功查获了一起网上大量出售含有不健康内容光盘的案件。将犯罪嫌疑人徐某、成某缉拿归案，并从二人住处缴获台式计算机、手提式计算机、刻录机等一批作案工具，以及非法光盘母盘 82 张、已制作好的此类光盘 248 张。截至 2002 年 2 月，二人通过互联网共向全国各地售出光盘 1 万多张，非法收入达 54 万多元。此案销售范围之广，非法获利之巨在全国同类案件中实属罕见。徐、成二

---

① 马华：《2006 十大焦点案件》，《信息网络安全》2006 年第 12 期，第 69—72 页。

人现已被追究刑事责任。①

从教育部获悉：2004 年度全国研究生入学考试"考题泄密"案件 2004 年 2 月份告破，周某、杜某、戴某等 7 名涉案人员均已被公安机关抓获。从调查和犯罪嫌疑人的交代说明，为网络欺诈案件。他们在 2004 年全国研究生入学统一考试前的一段时间，在互联网上发布出售考题的信息，实施诈骗活动，从中获利近 8 万元，其中周某获 1.4 万元。

据《光明日报》2005 年 2 月 6 日讯（通讯员肇幸）：1 月 21 日晚 6 时，电子商务网站 www.8848.com 与 www.8848.net 遭到了分布式拒绝服务攻击陷入瘫痪而无法访问。雅虎中国区总裁周鸿伟认为，该攻击方式"没有一点技术含量"，并表示，"8848 遭攻击案"绝对是国内互联网领域发生的最为恶性的事件，开了一个恶劣的先例。如果此类事件不能得到彻查并严惩肇事者的话，中国互联网必将陷入恶性攻击的混乱局面……

据《光明日报》北京 2007 年 3 月 13 日电（记者：蔺玉红）：北京市一盗取 ADSL 账号案日前有了终审结果。记者了解到，北京市西城区人民法院对倒卖北京网通公司 ADSL 账号的被告人已作出终审判决：以盗窃罪判处罗东标有期徒刑 12 年，剥夺政治权利 2 年，并处罚金 1.2 万元，随案移送赃物分别予以退赔、发还及没收。这是迄今为止国内侦破的网络犯罪案件中比较典型的新案例。经查，罗东标自 2001 年 5 月至 2005 年 12 月间，在北京某公司工作期间，利用为北京网通提供服务的机会，盗取了北京网通的 ADSL 账号，并于 2005 年 4 月至 5 月间，通过互联网发布信息，以 200 元以上不等的价格，共出售 700 余个 ADSL 账号，获利 10 万元，造成北京网通经济损失 60 多万元。

四　信息网络政治颠覆活动防不胜防

随着信息传播全球化的发展，穿越各国国境的信息流正深刻地影响和改变着世界政治过程和国际关系。某些西方国家，特别是美国，依靠其强大的经济实力和高科技的垄断地位，努力创建覆盖全球的信息传播体系，极力推行信息霸权主义，向全世界全方位、全时空、全天候地推销其价值观、意识形态甚至社会制度，对我国进行"渗透"、"和平演变"和"信

---

① 杨力平：《确保网上一方平安》，《信息网络安全》2004 年第 1 期，第 16 页。

息殖民扩张"。境内外敌对势力利用互联网络对我国进行反党、反社会主义的煽动和政治动员，网络不法分子进行政治颠覆宣传，威胁和破坏我国的政治安全和社会稳定。我们必须高度警惕，采取有效措施应对。

（一）信息霸权主义严重威胁着我国的政治安全

推行霸权主义和强权政治是美国等西方国家全球战略的重要组成部分，是西方国家对社会主义国家"遏制"战略的重要组成部分，是对我国"渗透"和"和平演变"的重要途径。在信息技术革命蓬勃发展和信息传播全球化的新形势下，美国等西方国家极力推行信息霸权主义。美国在科技特别是高科领域占居垄断地位，在技术上、经济上，甚至在文化上统治着信息网络，是信息霸权主义的典型代表。信息霸权主义的本质，就是通过信息网络在全球范围内推行资本主义文化、意识形态、价值观和制度，使全球资本主义化、"美国化"，从而独霸全球。国际互联网协会主席唐·西斯说道，"如果美国政府想要拿出一项计划在全球传播美国式资本主义和政治自由主义的话，那么互联网就是它最好的传播方式"。① 这句话画出了美国试图推行信息霸权主义的嘴脸。信息霸权主义严重威胁着发展中国家特别是我们中国的政治安全。

为了推行信息霸权主义，西方国家努力创建覆盖全球的信息传播体系，初步形成了以对象国当地的中波和调频电台转播，以无线电视、有线电视和卫星直播电视及互联网上传播相结合的立体化电子信息传播网络。广播、电视、互联网"三位一体"，优势互补、形成合力，大大增强了覆盖全球的整体实力和传播效果。西方传媒不约而同地将视点对准960万平方公里的中国以及生活在这块土地上的13亿电台听众、电视观众、网络受众。亚洲的上空游弋着十几颗西方发射的地球同步通信卫星，近百套境外卫视节目覆盖了中国的辽阔版图。尽管在政策上中国的天空没有开放，但在技术上已无险可守，因为"信息海关"至今尚难设立。对西方电视广播的卫星飘在空中的信号"从天而降"、国际互联网穿境而入的险势，值得我们高度警惕。

1. 四面包抄的国际广播。

在国际舆论斗争中，仅就广播而言，美、英、德、法等西方国家在中国

---

① Steve Lohr. "Welcome to the Internet, the First Clobal Colony," [N]. *The New York Times*, 2000 - 01 - 09 (4).

周边的 10 个国家部署了 26 个广播发射基地，形成一个对中国四面包抄的广播发射网，其目的就是要"使整个中国大陆听到西方世界民主自由的声音"。

2. 咄咄逼人的卫星电视国际化传播。

俄罗斯《环球回声》月刊一篇题为《无国界电视》的文章认为，卫星电视是强国争霸的工具。因为"卫星电视如同核武器一样，正在成为强国的标志，并将在争夺世界霸权的斗争中起决定性作用"。现在，全世界的卫星电视节目共有 300 多套，其中有一半以上来自美国。全世界共有 137 个国家接收美国的 CNN 昼夜新闻节目。美国国际卫星电视的规模和影响，均居世界首位。它的节目可传送到 138 个国家的 490 个城市。世界电视网通过卫星把节目传送给世界各地的无线电视台，各国电视观众通过当地电视网的转播收看美国节目。这对我国的政治安全形成了严重威胁。

3. 加速信息传播全球化的国际互联网。

世界各国都在积极发展和利用国际互联网。美国在推行全球信息基础设施计划；日本制订了"曼达罗计划"，准备投入 45 万亿日元，到 2015 年使日本成为第一流的信息大国；欧盟计划 10 年投资 1200 亿美元实现"神经网络计划"；新加坡有"智能岛"计划；德、英、法等国也都推出各自的信息高速公路计划。西方发达国家的信息传播业无论在数量、覆盖面、信息量，还是社会影响等方面，均居主导地位。现在互联网上占主导地位的文种是英文，占到 80% 以上，中文只占 3.7%。有资料表明，世界上有 2/3 的消息来源于只占世界人口 1/7 的西方发达国家。世界上每天传播的国际新闻大约 80% 来自西方大通讯社。西方发达国家流向发展中国家的信息量，是发展中国家流向发达国家的 100 倍。这对发展中的我国也是一个严重的威胁。西方国家通过互联网向我国传播资本主义的生产关系和意识形态，进行渗透和"和平演变"。我国网民及各家媒体可以绕过新华社，直接上网，看到和翻译国外信息，不通过"主渠道"即能获得新闻。而那些直接从网络进来的西方新闻，则掺杂着别有用心的揣测、无中生有的谣传和对我国社会制度的诽谤。因此，互联网已成为意识形态领域斗争的一个新阵地，国内外的敌对势力正竭力利用它同我们党和政府争夺群众，争夺青年。我们要研究其特点，采取有力措施，应对其挑战。

（二）利用互联网进行政治"渗透"和"信息殖民"扩张

国家安全离不开政治安全。信息网络世界的政治安全主要指防范和抵制信息网络政治"渗透"、信息网络政治颠覆、"信息殖民"扩张等。通过网络进行的反政府、反社会活动，破坏社会稳定的言行，煽动民族仇恨和恐怖主义的网络活动等等，都属于信息政治安全的范畴，也是威胁国家安全的一种信息战攻击。而这一切又都是在一体化的全球信息空间内主要通过互联网进行的，因而政治安全问题又都是跨国界的、具有强烈的国际性，从而使形势更趋严峻。

"冷战"结束后，中国成为世界上为数不多的社会主义国家，而且是影响力最大的社会主义国家。美国等国际敌对势力把中国视为"眼中钉"、"肉中刺"，想尽千方百计进行政治"渗透"和"信息殖民"扩张，妄图颠覆我国的社会主义政权。美国某些人曾不止一次地猖狂叫嚣：美国 21 世纪最主要的战略挑战莫过于如何对付中国的崛起。2005 年 3 月 1 日美国总统布什批准了美国第一个国家反谍报战略，其核心是将"先发制人"战略引入美国反间谍系统，提出美国情报机构可对那些被认为威胁国家情报安全的外国谍报机构和恐怖组织采取"先发制人"的打击。其中，美国还恶毒地指责中国，把中国列为主要打击目标。[①] 美国和某些西方国家中那些敌对势力利用国际互联网进行反动"渗透"和煽动性宣传，肆意诋毁和歪曲我国的社会主义政治制度和党的路线、方针、政策，对我国进行所谓"民主"、"人权"的讨伐，肆意歪曲、任意夸大、恶意炒作我国政治建设中存在的一些问题，煽动一些不明真相的人故意闹事，并竭力标榜西方资本主义政治制度的合理性，意欲通过政治观念、意识形态的渗透，实施其"西化"、"分化"社会主义中国的图谋。他们在互联网络上举办各种政治性论坛，发表大量对我国共产党和政府不满的言论，转帖反党、反社会主义的文章并散布谣言，诽谤和恶毒攻击党和国家领导人。有的还在互联网上对我国进行"妖魔化"宣传，用卑鄙手段进行煽动。

在信息技术革命蓬勃发展的进程中，以美国为首的西方发达国家凭借其雄厚的经济实力和信息技术，利用互联网向全世界宣传其意识形态和文化理念，通过信息网络推行"信息殖民"扩张，妄图打一场"信息战争"，掀起一场争夺网络空间、抢占信息网络制高点的"网络风暴"。他们把自己标榜为"手中拿着计算机而非枪支的新殖民主义者"，声称"不

---

① 赵景劳：《美国缘何提出"先发制人"的反谍报战略》，《光明日报》2005 年 3 月 25 日第 9 期。

使用枪炮，便在发展中国家扩张了势力，占领殖民地"。美国 1998 年 12 月推出的《新世纪国家安全战略》，就毫不隐讳地声称，美国的目标是"领导整个世界"，"21 世纪将是美国的世纪"。而互联网就是美国进行信息殖民扩张的有力工具。如今的网络媒体中，英语内容约占超过 80%，网络软件 80% 是美国生产的，世界性大型数据库 70% 设在美国，中央处理器 92% 产在美国。① "英语文化" 在网络上取得了最高文化霸权地位，使世界面临着 "单一文化的威胁" 和 "信息殖民主义"，面临着 "网络文化帝国主义" 入侵和威胁。它们企图通过信息网络向全世界全方位、全天候地推销自己，对发展中国家进行 "软" 征服。它们将其意识形态、价值观念、文化理念强加于人，试图使处于弱势的发展中国家的群体，渐渐产生亲近感、信任感，最后认同、依赖，对自己民族的自信心、自豪感产生动摇，意识形态发生动摇嬗变，精神支柱锈蚀乃至坍塌，从根本上损害国家独立和主权安全的思想根基，最终不打自垮，成为美国的信息殖民地。信息网络的开放性和信息的渗透性、扩散性，使我们对限制某些丑恶的消极的东西的蔓延、抑制其影响增加了难度。网络的无主管性和隐蔽性，使一些不法分子无法无天，在网上制作和散布反政府、反人民的言论和黄、赌、毒等有害信息。互联网的特性，为美国等西方敌对势力通过互联网传送其腐蚀生活方式、颓废生活观念和充满低级趣味的不健康的东西提供了方便，使少数意志不坚强的人甚至领导干部身陷其中而不能自拔，久而久之，使他们的世界观、人生观和价值观发生扭曲和错位，奉拜金主义、享乐主义、极端个人主义为自己的价值取向和人生目标，从而变得意志消沉，道德观念冷漠，精神萎靡不振，从而失去理想信念，逐步成为信息殖民主义的俘虏。

（三）利用互联网网络国内外反对力量，进行颠覆性宣传

千方百计地对不同社会制度的国家政府，特别是对弱小国家的政府进行颠覆活动，一直是美国和某些资本主义国家国际政治战略的重要组成部分。"冷战" 结束后，常用的颠覆手段仍然是传统的 "军援"、"经援"、秘密情报战、代理人政变和直接军事干预。然而，随着信息技术革命的蓬勃发展，以计算机和通信技术为基础的互联网络迅猛发展和广泛使用，使

---

① 　王守光：《信息网络化与党的领导》，《理论学习》2003 年第 12 期，第 30 页。

美国等国家获得了干涉别国政治、进行颠覆活动的新的手段，这就是代表软权力的、覆盖全球的信息网络。以互联网为主体的运用新技术的信息媒体体系，已成为超越时空限制的、全新的信息传播工具。美国著名战略专家奈就曾提醒美国政府："信息优势将和美国外交、美国的软实力——美国民主和自由市场的吸引力一样，成为美国重要的力量放大器。信息机构不要拘泥于冷战陈规，而应作为一种比先前更强大、更高效、更灵活的工具来发挥作用。"[①] 这些话的实质就是：为了推进其价值目标，美国和某些国家会运用信息网络，通过信息空间在目标国家组织政治动员，进行颠覆性宣传。我国的信息化和政治发展就面临着这种严重威胁。这是我国各级领导和每个公民都必须关注的严峻现实。

一个典型的案例是，美军在海地进行的一场初级信息战，用政治手段击垮了海地的军人政权。那期间，美国向海地空投了数以千计的无线电设备，然后通过广播宣传，向士兵打匿名电话，呼吁他们投降，瓦解军人集团的斗志。美陆军第四心理作战群根据调查，把海地居民分成 20 个区域，向他们投下数十万张亲阿里斯蒂德的传单，影响民心民意。他们还向拥有个人计算机的领导集团成员，发送预兆不祥的电子邮件。同时，利用电视透露入侵部队的规模，从海空同时开进的情况，并宣告投降条件。通过全方位的信息战，最终使军人政权垮台，达到了"不战而屈人之兵"的目的。中国虽然不同于海地，但国内外敌对势力利用互联网从信息空间对我发动政治进攻的序幕已经揭开，而且日趋频繁和激烈。例如，在美国的支持下，邪教"法轮功"在互联网上设立网站和宣传主页 100 多个，猖狂地进行反党、反人民、反社会主义的宣传。美国还操纵国际人权组织利用匿名网络，攻击我国的人权制度。再如，在美国反华势力的支持下，刊登所谓有关中国民主和经济发展状况文章的《VIP 参考》的编辑就曾对我国进行颠覆性宣传。他们从华盛顿把电子时事通信直接用电子邮件发给我国大陆的地址。电子邮件每天从不同的地址出发，从而躲开了我国对电子邮件的检查和封锁。此外，还随意发给从商业和公众名单上搞来的其他地址，收件人否认是自己有意预订的。到某年 1 月份为止，我国约有 25 万

---

① 转引自张新华：《信息安全：威胁与战略》，上海：上海人民出版社 2003 年版，第 405页。

人收到了这份颠覆性电子刊物，包括并不想获得它的政府内部人士。在这个利用互联网搞颠覆性宣传活动的案例中，上海的林海（译音）将3万个电子邮件地址卖给了《VIP参考》。① 由此可见，互联网上的政治斗争是何等的复杂和严重啊！

总之，全球信息战的新形势给我国信息安全带来了种种严重威胁和挑战，我们必须高度警惕，制定科学合理的战略和策略，采取有效措施，保障信息安全，维护国家安全。同时，我国信息安全面临的威胁和挑战又是局部的、有限的和不确定的，不必心惊害怕，要坚信我国一定能够抓住机遇，迎接挑战，趋利避害，保障信息安全，维护国家安全。

第三节　我国信息安全形势日趋严峻的原因探析

信息战是人才、技术、管理、产业等多种因素的综合较量。信息安全是在信息战的综合较量中体现出来的，因而决定信息安全的因素也是多种多样的。我国信息安全形势日趋严峻的原因是多方面的，主要有信息安全意识淡薄、关键技术水平不高、管理落后、产业可持续发展能力低、人才缺乏等。

一　信息安全意识淡薄

面对日趋激烈的全球信息战的挑战和我国信息安全的严峻形势，党和国家政府对信息安全的重视程度日益提高，出台了一系列有关信息安全的政策法规和措施。但总体来看，我国的信息安全保障还处于起步阶段，信息网络对我国公民来说还是新生事物，绝大多数人是"机盲"、"网盲"，许多人仅仅了解一些皮毛，一些人仅仅忙于学习和使用计算机网络，而对于信息安全，意识相当淡薄。网络经营者和计算机用户注重和追求的是网络应用效应，而不是安全。在他们眼里，安全"不是目的"，"应用效应才是目的"，"安全只是保障应用效应的一种手段"，因而不重视安全。所

---

① Maggie Farley, A Dissidents Hack Holes in China = s New Wall, @ *Los Angeles Times*, January 4, 1999; Adrian Oosthuizen, A Dissidents to Continre E – Mail Activity Despite Court Verdict, @ *South China Moming Post*, February 2, 1999.

以，绝大多数人对信息安全知识知之甚少，缺乏起码的认识和警惕性，或麻木不仁，或不以为然，甚至感到好奇、好玩。特别应引起重视的是，一些计算机用户和联网单位，安全意识很低，缺乏应有的信息安全防范措施，防御信息战攻击的能力很弱。2006 年 3 月至 5 月，我们对山东省 100 家企业、事业单位的信息安全进行了调查研究，其中 64 个单位计算机网络基本处于不设防状态。有 8 个单位的计算机系统遭到非法入侵和黑客攻击，造成了较大损失，但为了名誉和保证客户对其信任，不敢公布案件真相和自己的损失，更不敢追究"黑客"的法律责任。这种"姑息养奸"的做法会助长"黑客"网络罪犯的嚣张气焰，招致更严重的案件，遭受更大的损失。因此，我们要大声疾呼：在我国信息化建设蓬勃发展的高潮中，不要陶醉于信息化带来的成绩和喜悦，而应认识和考虑安全问题，并采取有效措施，维护信息安全！

二 信息安全关键技术整体水平不高

一个国家能否维护好信息安全，信息安全技术起着非常重要的作用。目前，信息战攻击的手段不断推陈出新，要求维护信息安全的技术水平不断提高。而我国维护信息安全的技术特别是关键技术整体水平不高，而且提高缓慢。总部设在日内瓦的世界经济论坛 2007 年 3 月 28 日公布的《2006—2007 年全球信息技术报告》，根据"网络就绪指数"对信息技术水平的排名，美欧国家继续占据领先位置，中国位列第 59 位，比上年下滑 9 位。造成这种状况的主要原因是我国应用在各个领域，特别是政治、经济和军事领域的核心信息技术，主要引进于西方发达国家，至今仍没有形成具有自主知识产权的核心技术。我国计算机网络所使用的网管设备和软件基本上是美国公司的产品，绝大部分 TCP/IP 协议、微机芯片都是 Intel 的 P 系列，软件基本上是 Windows 和 NT。我国计算机网络的关键技术和安全产品几乎被国外垄断，这种受制于人的客观现实不仅使国外生产经营者获得了高额利润，而且给我国的信息安全带来了严重威胁。例如，美国一方面将我国政府部门、军队以及高科技研究机构列入高强度密码产品的"禁运黑名单"；另一方面，支持厂商采用配套、试用、赠送、合作等手段和技术兼容、接口专用、处理速度等借口将强度降低了的密码设备变相销售给我国，使我国信息网络处于被窃听、干扰、监视、欺骗等多种信息安全威胁之中。更有甚者，美国国家安全局研制的固化病毒芯片含有"逻辑炸弹"，用在出口设备中，可通过互联网将其激活"爆炸"，制造重大安全事故。我们应该正视这一现实，采取有效措施解决问题，否则后果不堪设想。正如有些专家所说："从根本上说，只要芯片和操作系统都是别人的，那就相当于在沙滩上建高楼，毫无安全可言。"① 面对这种局面，有识之士纷纷指出"我们又一次到了最危险的时候"。② 这并不是危言耸听。"21 世纪的今天，这种网络信息的不安全已渗透到军事、政治、经济、科技、文化、信息、生态环境、社会生活等诸多领域，而且正在影响着社会和国家的安全。由于信息安全是国民经济信息化中不可或缺的重要组成部分，我国在起步迈入国际互联网之际，必须更加认真、严肃地思考这个问题，因为没有安全保护的信息系统是一个不完备的信息系统，从某种意义上说，甚至是一个危险的系统。"③

三　管理落后

维护信息安全，不仅靠技术，而且靠管理。我国在信息安全管理方面做了大量工作，取得了一定成效。但总的来看，管理落后，不适应信息化发展的需要，不适应信息安全形势的需要，不适应广大信息网络用户的需要。一是没有建立健全国家信息安全战略体系。美国、德国、日本等先进国家，都制定和实施了信息安全战略体系。而我国至今还没有制定国家层面的信息安全战略，宏观调控乏力，难以为社会创造健康、有序的信息化网络环境。多数省市也没有从实际出发，在加快信息化建设的同时，制定和实施科学的信息安全战略，投入信息产业发展的多，投入信息安全建设的少。二是没有建立健全完善的信息安全行政管理体系。美国和俄罗斯都设有国家信息安全委员会，由总统亲自挂帅。"9·11 事件"后，美国政府很快就成立了"总统关键基础设施保护办公室"，特设"总统网络安全顾问"一职。我们国家有级别很高的信息化领导小组和国家信息安全协调小组。公安部早在 1983 年就设立了计算机管理监察司，负责监督、检

---

① 陈细木：《中国黑客内幕》，北京：民主与建设出版社 2001 年版，第 175—176 页。

② 同上。

③ 张新华：《信息安全：威胁与战略》，上海：上海人民出版社 2003 年版，第 423 页。

查、指导计算机信息系统安全保护工作。但由于管理信息安全工作的职能部门和机构还不健全，现有的执法队伍不仅规模小、队伍分散，而且技术手段落后，如网络与信息系统安全评估能力不足，信息安全测评认证水平低等，加上行业、部门间协同不力，多头管理与统一执法的矛盾，执法水平不高问题十分突出，很难应对日益繁重的信息安全任务。三是信息网络系统安全管理滞后。我国信息网络发展迅猛，计算机用户日益增加，但安全管理滞后。在我国一些大型网络系统中，很多人包括个别负责人不了解信息安全最基本的原则，不知道信息系统资源安全管理的内容，更不清楚信息资源的分级分类管理。对自己系统上所注册的合法用户究竟有哪些，他们各自的权限有多大都不清楚，对用户的管理很不规范。对网上发生的安全事件甚至犯罪案件，不能及时发现，发现后也不能及时正确处理或打击。四是单位内部管理不规范。许多单位信息安全管理制度不健全，不按信息安全内在要求办事，信息安全保密措施不力，因而信息风险预警能力、隐患发现能力、安全防护能力、网络应急反应能力等很低，信息安全面临严峻的考验。五是法制建设滞后。依法规范信息网络行为主体的行为，依法打击网络犯罪是信息网络安全的保障。自 1994 年我国颁布《中华人民共和国计算机系统安全保障条例》以来，我国信息安全领域的法制建设成效显著。但是，随着信息技术的发展和信息网络的广泛应用，随着信息安全形势的日渐严峻，我国信息安全法制建设的滞后也日益明显，其主要表现为：理论研究滞后，缺乏总体思路；认识不统一，监管多元化；法律法规不完善，重防范性的处罚措施，缺乏促进发展的法规；有法不依，执法不严等等。

四 信息安全产业可持续发展能力低

信息安全产业是既有产品生产，又有贸易经营，还有资本运作的一个新兴产业。在一般情况下，信息战的对抗主要是信息安全产业之间的对抗，是信息安全企业之间的对抗。因此，信息安全产业的可持续发展是保障信息安全的基础。近年来，我国信息安全产业发展速度迅猛，但还很幼稚，整个产品结构一直保持着以商用密码、防火墙、防病毒、入侵检测、身份识别、网络隔离、可信服务、防信息泄露和备份恢复等格局，产业可持续发展能力很低。我国信息安全产业存在的最大问题是 OEM 成风，许多信息安全设备厂商把国外先进产品的"核心技术"拿过来，生产产品，贴上自己的品牌投入市场，为我国的信息安全留下了隐患。许多企业没有自己的核心技术产品，无力与国外的信息安全厂商竞争，因而在我国信息安全产品市场上，高端市场仍由外国产品主宰。在中低端市场，由于厂商众多，加之竞争环境尚不规范，导致国内厂商杀价竞争。以低端设备为例，在防火墙、入侵检测设备中，有的厂商标价还不到万元，不仅难有利润，甚至连持续的服务都难以维系。我国信息安全产业存在的另一个问题是"政策不明婆婆多"。信息安全产品种类繁多，几乎每一类信息安全产品都有不同的上级主管部门管理，多头管理，政出多门的问题非常严重。在某些领域，各主管部门互不买账，各自操作管辖的企业参与市场竞争，利用手中只有"一纸证书"的职权大搞"垄断"和非正常竞争，严重阻碍了我国信息安全产业的发展。政府对信息安全产业的发展战略思想不明确，总体思路不清晰，信息安全厂商在缺乏总体框架引导的情况下，方向不明，盲目发展。某些行业或地方受利益驱动，纷纷投资信息安全产业，重复投资问题严重。某些用户大搞"形象工程"、"政绩工程"，而没有认真进行信息安全保障体系的建设。……所有这些，都严重制约着我国信息安全产业的可持续发展，必须引起高度重视。

五　信息安全专门人才缺乏

人才是信息安全保障之本，是决定信息战胜败的第一要素。在当今世界，信息战攻击的手段不断推陈出新，信息安全的形势日趋严峻。这就迫切需要培养造就一批批政治品质好、技术水平高、开拓创新精神强，敢于面对风险，善于应付挑战的信息安全专业工作人才。我国正在创建信息安全本科、研究生、硕士、博士人才培养体系，上海交通大学信息安全工程学院于 2000 年 4 月成立，招收本科生、研究生和工程硕士，西安电子科技大学、解放军信息工程学院、北京邮电大学已拥有密码学博士点和硕士点。另外，2001 年武汉大学创建信息安全本科专业，2002 年又有四川大学、北京大学等 18 所高等学校建立了信息安全本科专业，但随着信息化进程的加快和计算机的广泛应用，信息安全问题日益突出。同时，新兴的电子商务、电子政务和电子金融的发展，也对信息安全专门人才的培养提出了更高要求。目前，我国信息安全人才培养还远远不能满足需要，信息安全专门人才短缺的问题日益突出。我国政府系统电子政务发展迅猛，但信息安全人才极度匮乏，缺口 10 万人以上。据我们对山东省 100 个政府机关、企业、事业单位的调查，60 多个单位没有信息安全专门人才。据信息战和信息安全大师沈伟光透露，我国有一个怪现象，一方面是信息安全人才的极度匮乏；另一方面又是信息安全人才严重流失。北京大学计算机系成立以来，本科毕业生 30%—40% 流向国外，硕士以上研究生超过 60% 流向国外或被国内的外企挖走。① 对信息安全人才的培养、使用、保留和管理等问题，许多国家已非常重视，印度几年前就启动了遏制信息技术人才外流的举措，而我们至今仍缺乏这样的认识，更没有制定和执行科学的政策和机制，保证培养好、使用好、管理好信息安全人才，遏制其外流。这是我国信息安全人才严重短缺的根本原因，必须认真解决。

---

① 沈伟光：《解密信息安全》，北京：新华出版社 2003 年版，第 83 页。

第四章　世界典型国家和地区信息安全战略模式评介

面对全球信息战的威胁和挑战，许多国家和地区都从自身实际出发，制定和实施信息安全战略。我们应该认真研究世界典型国家和地区信息安全战略模式，找出其共性和个性，吸取可供学习借鉴的精华。通过对美国、日本、欧盟、俄罗斯等国家和地区实施信息安全战略模式的分析比较，我们可以看到：美国实施的是"扩张型"信息安全战略，强调在保障本国安全的同时，向全世界进行"信息殖民扩张"，推行"信息霸权主义"；日本实施的是"保障型"信息安全战略，强调"信息安全保障是日本综合安全保障体系的核心"；欧盟实施的是"集聚型"信息安全战略，强调"集聚地区优势、集团实力与外部竞争和抗衡，各成员协调一致，共同保障整体及各成员的信息安全"；俄罗斯实施的是"综合型"信息安全战略，强调"以维护信息安全为重点，维护国家的综合安全"。

第一节　美国的"扩张型"信息安全战略

美国是世界上最早制定和实施信息安全战略的国家。其信息安全战略，随着形势的发展和时代的前进而不断丰富和发展。体现称霸全球的战略目标，美国的信息安全战略具有极强的扩张性，属"扩张型"信息安全战略。为实现扩张性战略目标，美国已经组建全球最强大的"世界信息战略指挥中心"，构建了《网络中心战》和覆盖全球的信息网络，正在培训全球最强大的信息化军队，精心研究开发信息战高新技术，研究探索信息战的规律并制定"扩张型"信息战战略战术。美国的"扩张型"信息安全战略的实施，给发展中国家带来了严峻的挑战，必须引起高度警惕。

一　美国信息安全战略的演变

美国是世界信息技术革命的发源地和信息化水平最高的国家。美国拥有全球最多的互联网资源和核心技术，其计算机总量和总能力均超过全球总和的 2/3，信息技术水平及计算机普及率居世界之最。美国的巨额无形资产都转化为难以想象和计算的数据信息储存在各种计算机系统；美国的金融保险、邮电通信、交通运输、商务运行、资源管理等都实行信息化管理，无数信息资源也都储存在各种计算机系统内。这些信息资源价值昂贵，具有极大的诱惑力，是信息战攻击特别是网络黑客和蓄意入侵者攻击的首选目标。美国的信息网络基础设施缺陷多，漏洞多，规模大，难以全面治理，难以进行安全防范和管理。所以，攻击者敢于向美国发起信息战攻击，并且容易获得成功。再加上美国推行强权政治和霸权主义，不断干涉别国内政，妄图用美国模式改造别的国家，进而独霸世界，这就激起了许多国家和地区的仇视。某些仇视美国的国家和地区，慑于美国军事打击的威胁，暂时不愿意与美国公开对抗。但各国民众、民间组织和各种势力，可以利用互联网向美国进行信息战攻击，并且容易取得胜利。因此，美国也是世界上受信息战攻击最多、信息安全发案率最多的国家。

面对日趋频繁和激烈的信息战攻击，美国最早制定和实施了信息安全战略，并随着形势的发展不断丰富和发展其内容。20 世纪 80 年代初，美国联邦政府就采取措施，维护信息安全。它们成立了"美国国家保密通信和信息系统安全委员会"（NSTISSC）。参照传统的国家安全战略，从制定法律法规和规章制度入手，制定信息安全的对策，保护信息及信息系统的安全。到 90 年代初，已经形成了以维护信息的安全与保密性为核心的信息安全战略。20 世纪 90 年代中后期，发展为维护信息的保密性、完整性、可用性、可控性和可靠性（也叫不可否认性）的信息安全战略。1998 年 5 月 22 日，美国政府颁发了《保护美国关键基础设施》的总统令（PDD－63）。第一次就美国信息安全战略的完整概念、意义、长期与短期目标等作了明确说明，对由国防部提出的"信息保障"作了新的解释，并对下一步的信息安全工作作了指示。此后，围绕"信息保障"成立了多个组织，其中包括："全国信息保障委员会"、"全国信息保障同盟"、"关键基础设施保障办公室"、"首席信息官委员会"、"联邦计算机事件响

应能动组"等 10 多个全国性机构。1998 年年底,美国国家安全局制定了
《信息保障技术框架》(IATF),提出了"深度防御战略",确定了包括网
络与基础设施防御、区域边界防御、计算环境防御和支撑性基础设施的深
度防御目标。总统令的颁发,信息保障组织的成立和《信息保障技术框
架》的制定,标志着美国政府的信息安全战略模式有了重大转变,由原
来的信息安全与保密模式转向了信息保障模式。信息保障战略模式在继承
原有战略模式精华内容的基础上,有了许多创新和发展,其战略目标发展
为:通过确保信息和信息系统的可用性、完整性、可验证性、保密性和可
靠性来保护信息内容和信息运行系统的安全和正常运行。这种保护既是全
方位的,又是动态的,主要包括综合利用保护、检测和反应能力以及恢复
系统的动态保护。

在美国贯彻实施保障型信息安全战略的进程中,2001 年 9 月 11 日,爆
发了震惊世界的"9·11 事件",迫使美国对信息安全战略的认识产生了质
的飞跃。美国政府认识到:信息在国家安全中居首要地位,秘密或关键信
息的获得、利用和保护,对维护国家安全起着首要的核心作用。如果美国
适时获取恐怖分子劫持飞机的信息及真正目的,提前采取果断措施,"9·
11 事件"就可能避免。而信息的获取、保密、传递、保护和利用实质上是
"制信息权"问题,是信息战争夺的焦点,是信息安全的核心内容。因此,
信息安全是关系到众多领域的最基本、最核心的国家安全问题。信息安全
是巩固国家政权,保持国家长治久安的坚实基础;是保证和促进生产力发
展,保障国民经济健康、有序、持续发展的重要条件;是巩固国防、搞好
军队建设,赢得军事斗争胜利的保障;是实现、维护和发展国家、企业及
人民大众利益的重要途径。没有信息安全,就没有真正意义上的国家安全。
所以,必须从国家总体安全的角度,审视和调整信息安全战略,把信息安
全战略置于国家总体安全战略的核心,切实抓紧、抓好、抓落实。

在提高认识的基础上,美国政府对原来的国家安全战略进行了重大调
整。它们把信息安全战略置于国家总体安全战略的核心地位,并采取一系
列战略措施贯彻实施信息安全战略:(1)总统签署命令,成立专门机构,
加强对信息安全的组织领导。成立的专门机构主要是:"本土安全委员
会"、"信息网络安全协调中心"、"全国信息安全保障委员会"、"关键基
础设施安全保障办公室"、"国防部信息战联席指挥中心"、"联合参谋部

信息战局"、"信息系统安全中心"、"网络战联合功能构成司令部"等。
（2）调整充实网络安全计划，并认真组织实施。2002 年 7 月 16 日，美国
总统布什公布了有史以来第一份反击恐怖主义袭击的全国战略计划——
《国土安全国家战略计划》，明确指出国土安全部将承担整合和协调美国
联邦基础设施保护职责的责任，并要求国土安全部把保护计算机基础设施
放在最高的优先级别，从而再次强调维护网络安全的重要性。2003 年 2
月，又发布了新的《网络空间安全国家战略计划》，要求动员全美力量用
广泛的措施来保护国家和全球的信息安全。2005 年 3 月 28 日，公布"首
次反谍报战略计划"，命令美国国家情报机构，对外国和恐怖威胁发布联
合攻势。（3）建立预警机制，加强网络安全监测和预警能力。（4）完善
信息安全防范机制，科学防范和化解信息战的威胁；完善信息安全管理机
制，加强对信息安全的管理。（5）把反恐和国际经济安全问题纳入信息
安全战略。"9·11 事件"后，美国适时调整国家安全战略，把恐怖主义
作为重要打击目标，并且不失时机地把反恐活动纳入信息战的范畴，把反
对"网络恐怖主义"作为信息安全战略的主要内容，制定和实施了一系
列反对网络恐怖主义的战略对策。2002 年 7 月，美众议院通过《加强计
算机安全法案》，规定"黑客"可被判终身监禁。美国国防部也宣布正式
实施一项新禁令，以确保政府计算机系统安全，防范网络恐怖袭击。2003
年 2 月，美国总统布什签发的《网络空间安全国家战略计划》，重申打击
网络恐怖主义是国家信息安全战略乃至国家总体安全战略的一项重要任
务。（6）强化对信息安全问题的研究，大幅度增加对信息安全关键技术
和核心技术研发的投入。（7）完善信息安全法规和标准化体系，加强执
法力度，依法保障信息安全。（8）加强培养信息安全人才，依靠人才实
施信息安全战略。

二 美国信息安全战略的扩张性本质

不少专家学者认为，美国的信息安全战略属防御性战略，主要目标是
保护本国的信息安全，维护国家安全。的确，美国的信息安全战略，最初
以保护本国的信息安全为重点，但也有一定的扩张性。正如信息战和信息
安全战略的大师沈伟光教授所说："美国的战略意图是趁其他国家的信息
化尚处于一片空白之时，跑马圈地，扩张美国的信息疆域……一举将各国

纳入美国规划的信息化版图。"① 这几句话，揭示了美国信息安全战略的扩张性本质。事实上，美国在信息化初期，就把信息战作为向外扩张、征服世界的重要武器之一。美国里根政府的主要信息政策制定者黛安娜·拉迪·唐珊（Diana Lady DonSan）就明确表明过："我们知道在现代世界上，对信息的处理和控制是实行征服的最重要武器之一。"② 一语暴露了美国进行信息扩张，妄图征服世界的丑恶嘴脸和狼子野心。"9·11事件"后，美国信息安全战略的扩张性越来越强，迅速发展为以"先发制人"、"向全球扩张"为主要特点的"扩张型"信息安全战略。主要表现在以下几方面。

（一）已经组成全球最强大的"世界信息战指挥中心"

实施"扩张型"信息安全战略，向全球扩张，必须有世界性信息战指挥中心。经过多年努力，美国已经组建全球最强大的"世界信息战指挥中心"。

美国五角大楼原名陆军部，1947年改称国防部，成为联邦政府主要行政机构之一，是世界警察"总署"、美国国防部、战略指挥中心所在地。因其建筑是五角形的，由五幢五层的楼房联结而得名。它位于华盛顿郊外风景秀丽的彼托马克河畔，是一系列战争的策划地、指挥所、指挥控制中心。它既为美国创造过"草原烈火"、"沙漠风暴"等的成功和辉煌，但也留下了陷入越南人民战争汪洋大海之中的泥潭的失败。成功和失败，都给这座神奇的五角大楼蒙上一层战争阴影。这幢战略指挥机构现已成为全球最强大的"世界信息战指挥中心"，下设联合参谋部指挥与控制中心、联合参谋部信息战局、信息系统安全中心、国家保密局信息战处、国防大学信息资源管理学院等机构，管辖美国本土约900个主要军事设施和海外约400个设施，文职人员超过100万人。这是美国最高军事机密所在地，将逐渐取代核弹、导弹及隐形战机等在机密程度上的领先地位，信息战秘密居于首位！

五角大楼的办公区内部楼道宽敞，门窗高大，三楼主要是海军办公

---

① 沈伟光：《信息战：对思想和精神的攻击》[EB/OL]，http：//www. pladaily. com. cn/gb/defence/2004/06/01.

② 张新华：《信息安全：威胁与战略》，上海：上海人民出版社2003年版。

区，二楼主要是海军陆战队办公区，这两个军兵种办公区各占楼层数百米长。五角大楼内"参联会"办公区即"国防军事指挥中心"所在地，也就是美国总统与国防部长设在参联会的基本指挥所。战时，总统和国防部长的命令从这里发往各作战司令部；情况紧急时可把命令直接发往一线部队。美国五角大楼国防军事指挥中心值班室，执行昼夜值班任务，室内布满了一台台运行的计算机，其系统可显示（美国）总统、副总统、国务卿、国防部长、国家安全顾问、参联会主席、中央情报局长、军种主官等30多位军政要员的所在位置，主要是保证值班员能随时与他们联系，实质是一个电脑中心。如果有人想了解某位领导现在何处，那么只要操作人员在键盘上轻轻一敲，肯定地能显出其准确位置。据说，这个电脑中心成立已近20年，以前主要任务是保护军方电脑系统，对付黑客闯进捣乱，波斯湾战争时首次执行作战任务，破坏伊拉克国防电脑系统，直至最近两年才正式扩展成为美军全球信息战的秘密指挥机构，可能是世界上唯一以博士为士兵的军事机构，他们在北约空袭南斯拉夫之战中，曾一显身手，现在正在寻找新的攻击目标。美国军事电脑系统常被一些不知天高地厚的无名小子入侵大肆扰乱，五角大楼的电脑战士便大量收集这些来客的资料，集其大成，炮制出最恶毒的病毒，专门损坏敌方军事电脑硬件，横扫电脑内的文件，足以令敌方军事电脑系统天翻地覆，导弹发射基地不灵，空防系统、通信、电力、运输、粮食和燃料供应等，都会在极短时间内瘫痪，致使政府和军方一筹莫展。美国电脑特工在科索沃战争中略施小计，就能自始至终控制战场。最引人注目的是，美国军事黑客闯入南斯拉夫总统府电脑系统横行，又入侵南总统在俄罗斯、希腊、塞浦路斯、瑞士和巴林等地的秘密银行账户，提走一些钱，使其损失严重。

C41SR 是指挥、控制、通信、计算机、情报、监视与侦察的指挥链的英文单词的缩写。该系统是美国五角大楼"世界信息战指挥中心"的"神经中枢"。在指挥中心，美国总统兼武装部队总司令利用指挥链逐级向第一线作战部队下达命令，最快只需 3 分钟至 6 分钟；若直接向核部队下达命令，最快只需 1 分钟至 3 分钟时间；只需 40 秒钟便可实现与主要司令部的电话联系。指挥中心是美国军事当局分析判断局势，下定决心，下达命令的中心，是 C41SR 系统的核心。该中心现有 3 台霍尼韦尔 6000 系列大型计算机作为主机，用于处理各种军事数据。有 6 个大型屏幕显示器，用于在紧急会议室显示敌我力量信息及其他情报。[①] 它拥有先进的通信联络设备如参谋长联席会议警报网、自动电话会议系统、紧急文电传输系统等终端设备。美国白宫人士称，只要有了这种系统，总统和国防部长坐在办公室的计算机终端前，即可实时观察到战场士兵、坦克、直升机的作战行动。只要按动一下鼠标，屏幕上就会立即把有关作战的最新情报数据、他们所关心的任何战场态势呈现到眼前。他们据此可以直接指挥前线的作战行动。

除国防部外，美国还组建了许多信息战指挥机构。美国国家安全委员会和安全局建立了 40 多个信息网络机构，其中有 20 多个高层次的信息战争机构。最关键的是国家保密政策委员会和信息系统安全保密委员会，前者负责制定军事安全保密政策和数字化战场设计方案，后者专门负责军事信息高速公路和数字化战场上秘密信息和敏感信息的安全保密管理。美国国家情报局还组建了"新窃密组织"。该组织不仅进行网络情报战，窃取其他国家的经济、科技、政治、军事情报，而且利用信息战的其他种种手段，来破坏敌对军队的行动。

（二）构建覆盖全球的信息网络，预谋实施"网络中心战"

为了实施"扩张型"信息安全战略，用美国模式改造世界，美国努力创建覆盖全球的信息传播体系，初步形成了以对象国当地的中波和调频电台转播，以无线电视、有线电视和卫星直播电视及互联网上传播相结合的立体化电子信息传播网络。广播、电视、互联网"三位一体"，优势互补，形成合力，大大增强了覆盖全球的整体实力和传播效果。仅在美国国防部拥有的庞大的信息基础设施中，就包括 210 多万台计算机，1 万多个局域网、100 多个广域网、200 个指挥中心和 16 个中央计算机巨型中心（Mega Center）；国防部系统的计算机用户有 200 多万，另外还有 200 万与国防部有业务往来的非国防部的用户。[②] 因为美国的军事单位遍布全世界，美国国防部的信息网络系统也遍布全世界。为了实施"扩张型"信息安全战略，美国大力发展新型军用网络。美国国防部制订了一系列庞大而复杂的方案，计划花费 340 亿美元用于建设网络基础设施，拟在 2011

---

① 魏岳江：《闻名世界的世界信息战中心》，《中国公众科技网》2004 年 10 月 2 日。

② 黄志澄：《美军的"网络中心战"和全球信息网络》，《中国信息导报》2003 年第 3 期。

年前建成一个真正包罗万象的全球信息栅格（GIG）。GIG 建成后，将是全球覆盖最广、最复杂的信息技术网络，将为美国军队提供一个类似互联网的信息网络，使其能在需要时真正使用全球任何地区的资料。为真正实现信息实时共享，下一代卫星安装了激光交联设备，采用通用射频技术，可以用先前无法想象的速度来传送大量数据。这将实现全面协同决策，做到更加名副其实的联合指挥。平台和武器系统都可各自独立编址，全球每个地方都有自己的网际协议（IP）地址，这样可以对各个平台和单支部队进行实时跟踪。对于部署在全球各地的部队和机动部队用户而言，转型卫星通信（TSAT）计划将使互联网式的通信成为可能。TSAT 计划被称作"迄今所建立的最具发展前途、最昂贵、最复杂的空间系统"之一。耗资逾 160 亿美元的这项计划将使 GIG 扩展到全球的移动用户，同时继续保持高度的保护性和安全性。①

为了更有效地在一个计算机普遍网络化的世界中运作，更有效地向世界各国扩张，美国的国防信息系统迅速从一个孤立的、功能独特的信息系统向全球一体化的信息基础结构过渡。在这一个过程中，它已把本系统中的成千上万台计算机与众多商业通信线路和公用网络相连，其中包括与互联网相连。在当今美国，地方政府、州政府和联邦政府的网络与商用网互联，而商用网又与军事网、金融网、电力分配网等网络互联，形成类似蜘蛛网状的巨大网络。这个巨大网络又和国际互联网联为一体，从而建成了覆盖全球的信息网络。利用覆盖全球的信息网络，美国不但可以向其他国家发动军事攻击，而且可以发动经济、政治、科技、文化的攻击，为其称霸全球的战略目标服务。

美国依托覆盖全球的信息网络，预谋实施"网络中心战"。早在 2001年 7 月 29 日，美国国防部就向国会提交了长达 1000 页的《网络中心战》报告，首次提出并论证了网络中心战的内涵、特点、巨大威力等问题。美国的网络中心战，主要是指将军队的所有情报、侦察、监视系统及通信、指挥与控制系统和武器系统组成一个以计算机为中心的无缝隙连接信息网络体系，各级作战人员利用该网络体系了解战场态势、交流作战信息、指挥

---

① ［英］简式防务周刊：《美大力发展新型军用网络》，《参考消息》2006 年 11 月 9 日第 5期。

与实施作战行动的作战模式。把所有战略、战役和战术级传感器连为一体的 ISR 网络，能迅速提供"战场空间态势图"，使各主要武器系统组成打击网络。而通信、指挥和控制网络对前两者起支撑作用，是它们的神经中枢。通过战场各作战单元的网络化，可以加速信息的快速流动和使用，使各分散配置的部队共享战场信息，把信息优势变为作战行动优势，从而协调行动，最大限度地发挥作战效能。"网络中心战"将成为美国军队未来的主要作战模式。美国妄图利用"网络中心战"，征服世界，独霸全球。

《网络中心战》报告获国会批准后，便进入准备实施阶段。"网络中心战"计划，通过在阿富汗的反恐战争得到了充实和完善。在 2003 年伊拉克战争的准备阶段，美军于 2002 年 12 月在海湾地区举行了代号为"内窥 03"的军事演习，再次对"网络中心战"进行了演练，摸索其在沙漠地区针对伊拉克的战法，使"网络中心战"的作战模式趋于成熟。美军在 2003 年的伊拉克战争中，运用以共享"通用相关作战图"为基础的"网络中心战"作战方式，是使指挥控制、侦察监视、综合通信、火力协调、防空指挥、电子对抗、后勤支援等分系统构成一个完整的体系，确保通信装备、战位终端设备、导航定位设备及战位信息综合处理系统的相辅相成，连成一体，从而取得较好的军事效果。2006 年 2 月 6 日至 10 日，美国国土安全部（DHS）国家网络安全局举行了迄今为止美国历史上也是世界历史上最大规模的"网络中心战"演习——"网络风暴"。此网络战演习，是由政府主导的最大规模、最复杂的多国跨部门网络战演习。来自 5 个国家、60 多个地区的 100 多个公共及私营机构、协会和公司参加了演练。在危机响应中，它们在操作层面、政策层面以及公共事务层面相互协作、共同努力。演习模仿了一个大规模的网络战：[①] 对手发起重大网络攻击，而且，在特定情况下，攻击还包括配合的物理演示和针对能源、运输、IT/通信部门的干扰。这些攻击试图破坏基础设施的关键元素，迅速在美国及其他参与国家的国民经济、社会和政府结构方面导致连锁式影响。对手同时向联邦政府、州政府和其他国家政府基础设施发动网络攻击，破坏政府运行能力，阻碍政府对重要基础设施供给做出相应反应的能

---

① 陈明奇、姜明：《透视美国"网络风暴"》，《信息网络安全》2006 年第 12 期，第 13—16 页。

力，相应地损害公众对政府的信心。美国的信息化部队进行卓有成效的反击，粉碎了对手的阴谋，很快修复了破坏的基础设施。

美国通过实践"网络中心战"，牵引和促进了作为网络信息战基础设施的信息栅网、战场感知网和交战网建设，改变了传统的军队战斗力生成方式和构建方式，极大地提升了指挥决策的速度、部队的快速反应能力和精确打击能力。美国政府认为，在未来的"网络中心战"中，所有参战人员（包括军人和平民）都与一个全球通信网络实行无线连接，成为一个统一的情报和通信系统的一部分，"战争迷雾"将不复存在，美国在所有战斗中都将占有优势。

（三）培训全球最强大的信息化军队

为了适应信息战发展的新形势，在维护本国信息安全的同时向外进行信息战扩张，1995 年以来，美国陆、海、空三军相继成立专门负责信息战的信息战中心。空军信息战中心（AFIWC）已具备了计算机紧急响应能力，并执行与国防信息系统局类似的功能。海军的舰队信息战中心（FIWC）和陆军的信息战中心（LIWA）也已具备类似的能力。

向外进行信息战扩张，必须依靠强大的信息化军队。因此，美国在组建陆、海、空三军信息战中心的同时，非常重视对军队的信息战训练，目标是培训全球最强大的信息化军队。他们一方面不断加强对全军指战员在信息化条件下作战的训练；另一方面还组建了专门的信息战军队。美国第一支信息战部队是 1995 年 10 月由美国空军组建的，任务是保护战区内执行空中作战任务的军用计算机通信系统，制订空袭和渗透敌计算机及通信系统的作战计划。今后每个战区都将拥有一支这样的部队。为了提高网络情报战能力，美国空军的情报局又成立了第 92 信息战入侵队。该入侵队不仅进行计算机战，获取其他国家的政治、经济、军事情报，还利用信息战的其他种种工具，如电子作战装置，来破坏敌对部队的行动。美国空军在致力于夺取战场制空权的同时，目前正在采取措施夺取未来冲突中的信息控制权。为此，美国空军建立了一支归属于空军第九军的信息战中队。其任务是制定一套战略和战术，保护己方的指挥、控制和通信（3C）资源，遏制敌方利用它的信息系统。这支新式信息战中队能够对试图"钻入"军队3C 系统的敌人设立第一道防线，同时也具有一定的进攻能力。2006 年 10月，美国空军又作出调整，把实施网络战当作其在空中及太空执行使命一样重要的作战任务。为此，他们决定组建网络战司令部，隶属战略司令部，负责选拔"实施网络战"的人才，组织、培训和装备美国空军网络战"士兵"。美国海军组建了计算机应急反应分队，该分队隶属于"舰队信息战中心"（FIWC）。该分队研制的自动安全事故检测系统能够改进信息系统的监控能力，并且成为美国海军在安全机构中集成监视、侦察和反应能力的基础。FIWC 将同联合指挥与控制战中心一起工作，并与空军情报局联机。预计它还将与陆军合作。美国海军还在国家保密局所在地马里兰州米德堡成立了一个海军信息战机构，其任务是从战略和政策的角度处理有关信息战的问题。FIWC 是把信息战部署到船上，而海军信息战机构是要获得海上信息战能力。美国陆军也建立了专门的信息战部队，其职责是与自动系统安全应急支援分队一起维护各陆军基地的信息系统安全，但其重点是对付战术层次的计算机威胁。美国陆军训练与条令司令部（TRADOC）空间及信息战负责人戴维·哈特曼上校说："信息部队负责搜集敌人在战争中使用什么武器系统，目前应当培训指挥员确定这些系统如何使用。"拟定的信息战新指南将收录在训练与条令司令部的《FM100-6信息战》手册中。信息技术（包括计算机、传感器及数字化武器）的迅速发展，加快了陆军编制新条令的工作。新条令要说明指挥员如何利用传感器系统预测敌人的行动。信息处理器使指挥员能够将整个战场传来的各种信息综合起来，利用这些信息判断敌人的动向，以制定战略战术。自 20 世纪 90 年代以来，美军经常到"黑客"市场重金"招兵买马"。目前美国军队已经建成了当今世界最为强大的"战略黑客部队"，这是一个耗资数百万美元的绝密级武装项目，美军的"黑客"可以随时向敌方网络发动信息战攻击。2006 年年底，美国国防部组建了一支全新的部队——网络媒体战部队。这支新军将会全天候24小时鏖战互联网，"力争纠正错误信息"，使美军对抗"不准确"新闻、引导利己报道的能力大大增强。这是美军继战略"黑客"部队之后组建的又一支网络战部队。

美国历来十分重视军事院校在军队建设中的作用。在培训全球最强大的信息化军队中，美国更是把军事院校作为"先驱"和信息化人才的培训基地，并从多方面大力扶植。1993 年年底，美国国防大学率先成立了信息资源管理学院，学员是从各军兵种的武装部队中特别挑选出来的，主要任务是学会用键盘瘫痪敌人的通信系统、操纵敌人的媒体、破坏敌人的各种资源。西点军校广泛开展信息战培训班，已经为军队培训了上万名网络信息战优秀人才。其他院校也已开始了这方面的研究和探索，且取得明显效果。为军队培养了一批又一批信息战指挥员和"计算机勇士"。

为了培训全球最强大的信息化军队，美国非常重视对军队特别是信息战部队的信息化培训，着重抓了以下两方面：（1）强调转变观念，树立信息忧患和信息战意识。许多部队和院校把培训指导思想的基点放在扭转传统观念的束缚上，着重引导指战员超越条令、部门和狭隘的军兵种界限，用新观念、新思维去探讨信息战的地位、作用及影响。教官尽可能地向学员描绘未来战争的蓝图，使他们确信信息世界的每一个芯片、每一部计算机都是强有力的武器，从而树立起新的国家安全观和军事战略思想。（2）把技术训练和加强信息战能力作为人才培养的基础性内容。为使官兵了解信息技术的最新发展情况并加以有效利用，美国不少部队和院校建立了非常先进的教学设施，有的部队和院校还拥有国际最先进的计算机通信设施，包括演习模拟室、电视电话会议室、可与国际网络联网的通信网络、全球军事指挥与控制系统等，笔记本电脑是学员的基本学习工具。在安排培训或教学内容时，学员要接受反黑客攻击、反有组织入侵、反计算机病毒袭击、利用虚拟现实技术进行模拟战斗和指挥等技术性很强的培训。美国陆军军事学院还提出了重点培养学员八种特殊素质：即从容指挥在三维空间中同时发生的多种相关战斗和战役、指挥高层次部队、使用大量信息资料、对新的信息环境作出快速反应、迅速调整指挥和控制部队、良好的身体和心理素质、亲自操作计算机、熟悉 21 世纪部队发展规律等。

（四）精心研发信息战高新技术

实施"扩张型"信息安全战略，必须拥有发动信息战的高新技术。因此，美国特别是美军组织精干力量，研究开发信息战高新技术，积极为发动大规模的信息战作技术准备。"9·11 事件"后，技术准备成为美军信息战准备的基础和核心。他们着重抓了三个方面，即加速实现 C4I（指挥、控制、通信、计算机与情报）一体化，进一步发展远程精确打击武器系统和信息战武器装备，进行使用高新技术的信息战演习。

1. 加速实现 G4I 一体化。

由于以前美军的 C4I 装备及性能大多是相互独立的，互通性和共用性问题突出，因而实现 C4I 一体化成了美军信息战技术准备的重中之重。其主要措施和进展是：一是制订战略性技术准备计划，大力推进 C4I 系统的开发。美军方以国家的"全国信息基础设施计划"为基础，推出了"国防信息基础设施"（DII）计划。该计划强调以迅速发展的"信息高速公路"为基础，建立一种有较强保护性和互通性且成本较低的通信传递系统，以提高计算机通信和信息技术管理能力，大幅度减轻作战和专业人员的信息技术负担。为实现上述计划，美国决定首先将各军种和国防机构的独立网络并入国防信息系统网，即将海军网、空军网、后勤网、信息互联网、巡航导弹网、医疗网等 170 多个独立网络并入该网。其次，大幅度淘汰三军的早期指挥控制系统，建立一个全球指挥和控制系统，从而减少各军种指挥与控制系统的重复，使三军通信系统转变成单一指挥控制系统。他们还计划统一美军繁杂的信息技术标准，将普遍采用民用标准。二是制定和实验未来 C4I 一体化计划。该计划大体分为两步：首先将各军种现在的"烟囱"式系统改造为可相互横向操作与联合的全球军用通信网；尔后在该网络的基础上建立一个连通前线信息战士、武器系统、各种数据库及各级指挥所的高速通信网，从而可在任何时间、任意地点接收真实的战场空间图像，以及纵向发布命令、横向响应协调等。三是实施综合信息管理。美国国防部已经推出的综合信息管理计划是迄今为止制订的全球最完整的信息计划，其主要内容包括重新设计国防部工作程序、提高国防部工作效率、实现数据标准化，以便各军种和国防部范围内的数据共享等。C4I 一体化实现后，美军传统的指挥、控制、通信、计算机和情报将扩展到更大的领域——反情报、信息共管和信息战，从而比以往有一个质的飞跃。

2. 进一步发展远程高精度武器系统和信息战武器装备。

美军信息战技术准备的第二个重点就是发展远程高精度武器系统和信息战武器装备。美军认为，未来战争将是以"信息加火力"的全方位、大纵深，以摧毁敌人信息网络和战争能力为主的作战，能否打赢未来战争仍将在很大程度上取决于远程高精度打击武器系统和信息战武器装备同步、协调地发展。为此，美军一方面明显加大了发展尖端武器装备和利用信息技术成果改造现有武器系统的力度；另一方面也加快了研究开发信息战武器装备的步伐，如毁灭性的计算机病毒、定向能武器和电子生物武器等，以尽快拥有实用高效的信息打击手段。

3. 进行使用高新技术的信息战演习。

为了顺利研究开发信息战高新技术,每一次重大研究成果问世后,美军都进行信息战演习,以验证、改进和完善研究成果的质量和水平,进而广泛推广应用。例如,从 1995 年 5 月起,美军就开始研究开发先进信息处理设备和 GPS 卫星定位系统。研发成功,并推出第一批产品后,美军在堪萨斯州的利文思举行了一场演习。美国一个 2 万人的步兵师,装备了先进信息处理设备和 GPS 卫星定位系统,与人数 3 倍于它的假想敌展开了阵地战。由于计算机能快速传达作战命令,GPS 可随时发现并监测战场上的敌人动向,该高技术步兵师轻而易举地打垮了假想敌。美国国防部准备在 2010 年之前,使全军都配上这种装备。

(五)研究探索信息战理论和战略战术

众所周知,震慑和遏制是美国自第二次世界大战以来坚持了逾半个世纪的国家安全政策。震惊世界的"9·11 事件"改变了美国决策者的思维和安全观。正如 2001 年 9 月 20 日美国政府向国会递交的《国家安全政策报告》所说:美国目前面临着恐怖主义和大规模杀伤性武器扩散等的威胁,为战胜这些威胁美国必须保持其军事优势地位,必要时可"单独行动,先发制人"。由震慑和遏制转变为在震慑和遏制的同时"先发制人",是美国国家安全战略的重大调整。"先发制人"突出表现了美国新安全战略的扩张性。作为美国总体安全战略重要组成部分的信息安全战略,更具有震慑、遏制和"先发制人"的扩张性。

为了实施震慑、遏制和"先发制人"的扩张性信息安全战略,美国不断强化对信息战的研究,组织精干专家研究探索信息战的理论和战略战术,决心抓住以信息技术为核心的军事革命的机遇,建立其在 21 世纪的信息战优势,推行"信息霸权主义",进行"信息殖民"扩张。目前,美国虽然还没有形成全面系统的信息战理论,但已初步形成了信息战理论框架的雏形,信息战的战略战术高居世界各国首位。

1. 界定信息战的内涵、特点和发展趋势。

美国组织若干课题组研究信息战的内涵、特点和发展趋势。赋予信息战以特定的内涵:信息战既是以电子战为核心的指挥控制战,又是利用计算机技术进行网络攻击的信息攻击战,还是在经济、政治、科技、教育、文化、生活等领域为夺取信息优势而进行的对抗。"信息战就是 C4I(指挥、控制、通信、计算机与情报）与 C4I 对抗，情报系统保密与保密对抗，以及情报的集大成和一体化。"可见，美国赋予的信息战的内涵主要是指挥、控制、攻击、夺取优势、对抗的集大成和一体化，具有明显的扩张性。美国从战略的高度，不同的角度区分信息战的类型。现已提出了国家信息战和国防信息战，战略信息战与战术信息战，进攻性信息战与防御性信息战等类型的划分。

美国还探讨信息战的特点及其在现代高技术战争中的作用。美国防部认为，信息战的特点在于设法利用、瘫痪和破坏敌方的信息系统，同时保证己方信息系统的完好，免遭敌方利用、瘫痪和破坏，以取得信息优势。美国国防部还认为，信息战是一种新的作战模式，现代高技术战争正朝着以争夺制信息权为主的方向发展，它"通过更加有效地利用各种资源"，为"造就一支信息占有量更丰富、作战更富实效性与精确性的部队提供服务"，即以最佳的情报系统所创造的良好的组织协调条件，去满足美军快速反应、纵深打击、精确打击和部队高度机动等作战行动所提出的非常严格的信息要求，保证以最小的伤亡去赢得战争的胜利。

美国认为，信息战的发展趋势是：信息战攻击日趋频繁，日趋激烈，自动化程度日趋提高，震慑力越来越大，对信息安全乃至国家安全的威胁日趋严重，信息战将发展成为未来战争的核心，美国决心运用信息战征服未来世界。

2. 创立了霸权主义的网络战理论。

网络战理论是美国军队转型办公室主任、海军中将阿瑟·采布罗夫斯基提出的一种新型战争理论。该理论正由美军在伊拉克和阿富汗的战事中加以实践，并在各类演习及模拟战争中进行测试。该理论的创建者坚信，在不久的将来，这种理论"即便不会完全取代传统的战争理论，也会使后者发生重大的、不可逆转的变化"。[①]

网络战理论当中的关键概念是"网络"一词。其内涵是，整个理论模式的主要组成部分是"信息交换"，亦即最大限度地加强信息的生产、获取、传播及反馈。

---

① 〔俄〕亚历山大·杜金：《美国网络战理论不仅涉及军事》，《参考信息》2005 年 12 月 4 日第 3 期。

在信息时代的这一新型战争理论指导下进行的军事改革，其目的就是要建立一个强大的、无所不包的网络。这一网络将完全取代过去的军事战略模式和观念，并将其整合到一个统一的系统之中。建立这样一个网络便是美国武装力量军事改革的实质所在。

网络战理论的核心内容是建立敌我双方与中立方在和平时期、战争期间和危急时刻的行为机制。这就等于对未来战争的所有参与者进行全面监督，并在所有情况下（战争时期、和平时期和临战时期）操纵其行为。这意味着剥夺了各个国家、各民族及其军队和政府的主权及独立性，将其纳入一种严格控制的、预先设定程序的机制当中。这种直截了当的全球控制是一种新型世界霸权，受到操控的不是某个主体，而是这个主体的内容、动机、行为和意愿等等。无论是敌方，还是中立方，都将受制于我，不能自主行事。这就是不战而胜。

网络战争的目的就是在世界范围内对历史进程的所有参与者实施绝对监控。这里并不一定需要出兵实施军事占领。网络是一种更加灵活的武器，只有在极端情况下才需动用武力。主要目的通过对信息、社会等诸多领域施加影响便可达到。

对美国来说，实施网络战争的目标就是要向所有人灌输一种不愿与美国进行军事竞争、认为与美国竞争毫无意义的思想。网络战争由美国主导，针对的是所有其他国家和民族，这其中既包括美国的敌人，也包括盟友和中立国。对他国实施外部监控其实是一种奴役，只不过在后现代社会，这种奴役换了一种方式。

3. 提出了信息战的扩张性战略战术。

围绕"单独行动、先发制人"的国家安全战略，美国精心研究信息战的战略战术。2005 年 3 月，美国总统布什批准的美国首项"先发制人"的反谍报战略，就提出了实施信息战扩张的新战略战术。其内容主要包括：强调联合作战中的信息战准备，特别重视建立横向联系；强调信息战特别是其中电子战的进攻性，认为信息战一般是从电磁波攻击开始；强调打击敌指挥中枢，即在作战指导思想上把攻击敌指挥控制系统作为信息战的首选目标，摒弃注重硬件摧毁和人员杀伤数量的传统观念；强调重点破坏敌人的耳目，保护自己的耳目畅通有效；强调确保及时或超前提供所需信息及快速处理信息；强调通过使用多节点、多路径、多频率的网络系统及利用信息欺骗、伪装等手段，确保生存。

三　美国实施信息战扩张面临的困难和问题

虽然美国的信息安全战略具有很强的扩张性并极力进行信息战扩张，但也存在一些困难和问题，致使美国实施信息战扩张的目标难以在短期内全面实现。

（一）美国的信息战防御漏洞多，问题难以全面解决

理论和实践都说明，信息战防御比进攻更困难。美国的信息战防御系统存在许多漏洞，消除这些漏洞，不仅需要巨额资金投入，而且需要很高的信息技术水平，许多技术难题，是短期内难以解决的。从目前情况看，美国的信息网络系统极容易遭受信息战的攻击。只要有一台高档的 PC 机和几个精干的专业人员，就能找到进入美军网络的方法，就可以开展针对美军的网络战，从而产生与高性能常规武器同样的破坏力。军事弱国甚至民用机构或个人都有可能以电子手段对美国实施信息战攻击，而且所需技术和设备并不十分复杂，也不需花多少钱。因而，美国很可能在对别国进行信息战攻击的同时，会受到更猛烈的信息战反击。

（二）美国对信息网络的过分依赖增加了其信息战网络的脆弱性

美国是当前世界上信息化水平最高，信息技术最发达的国家。互联网上 80% 的信息来自美国，而且世界范围内 80% 的数据处理是在美国进行的。美国高度发达的经济离不开覆盖全球的信息网络。随着信息网络的不断扩大深入，美国经济对全球的依赖性愈来愈强，美国的文化和经济与世界各国的联系就会越发紧密。这样，美国不仅将能向世界各地随心所欲地伸出"触角"，同时通过"计算机接口"也将自己更全面地暴露于世界，更易于成为众矢之的。美国国防部的报告指出，目前，美国国防部所属系统共拥有计算机 210 万台，多数具有极重要的用途，而这些计算机每年要受到大约 25 万次的进攻和骚扰，其中的 65% 取得成功，而被发现的不足 5%。这种网络的脆弱性表明，美国一旦遭到信息战进攻，后果将非常严重，有可能导致整个网络系统的破坏和瘫痪。此外，还有一些具体难题，如信息打击效果难以收集和评估，军队现行编制体制与结构难以充分适应打信息战的要求，信息防御手段虽是发展重点但无力以很高的投入去开发，现行的某些法律使军地信息网络系统难以统筹保护，以及管理上的若

干困难等，特别是未来实战中可能遇到的困难，美军迄今尚未找到全面、有效的解决办法。

总之，美国组建了全球最强大的"世界信息战指挥中心"，正在培训世界最强大的信息化军队，精心研究开发信息战理论、战略战术和信息战高新技术，其信息安全战略具有很大的扩张性，而且目前已经基本具备了在机械化战争形态下打有一定信息含量的信息战能力（伊拉克战争已经证明了这一点）。据此，美国的"扩张型"信息安全战略对世界所有国家提出了严峻的挑战。但是，美国面临着许多难以克服的困难和问题，短期内还不具备打全面信息化战争的能力，所以世界各国在对美国保持高度警惕的同时不必过分恐慌。

第二节　日本的"保障型"信息安全战略

随着信息化的飞速发展，信息安全问题日益成为各国关注的重要议题，许多国家都从自身的实际情况出发，积极制定与本国国情和最大利益相适应的信息安全战略。在此大环境下，日本凭借其经济强国的实力和发达的科技水平制定了符合本国国情的信息安全政策和法规。通过对其所实施的信息安全法令、措施的分析，我们可以看出：日本实施的是"保障型"信息安全战略，强调"信息安全保障是日本综合保障体系的核心"。

一　日本"保障型"信息安全战略的确立

随着信息技术的迅猛发展，以网络为主要媒介的新技术不断涌现并日益融入普通人的日常生活。各种以字母"e"开头的新名词层出不穷。作为世界科技强国之一，日本已充分认识到信息技术对经济和社会产生的深远影响，相信它"将带来与产业革命相匹敌的巨大历史性变革"。为此，日本政府于 2000 年 7 月设立了"IT 战略本部"，并随后制定了"IT 基本战略"，通过了"IT 基本法"。2001 年又先后制定了"电子日本"（e－Japan）战略和"电子日本"（e－Japan）重点计划，以加速建设高水平的信息通信网络，全面走向高度信息化的社会，打造"电子国家"。经过数年发展，日本推行的"电子日本"政策取得巨大成就。（1）宽带用户不断增加。截至 2004 年 2 月底，日本宽带网用户数为 1495 万户，其中 DSL

为 1120 万，通过有线电视上网的为 258 万，光纤到户用户为 114 万，无线上宽带网的（FWA）用户为 3 万。目前，宽带用户数目，日本居世界第三。宽带网普及率，日本居世界第九。（2）宽带网网速提高迅速。日本运营商提供的宽带网网速从 38Mbps 提升到 142Mbps。此外，日本宽带上网的资费世界最低。以 100Mbps 为单位的资费计，日本为 0.009 美元，在全球最低。（3）日本移动上网的人数在世界最多。日本移动电话的用户数目截至 2004 年 3 月底时为 8152 万，而通过移动电话上网的用户数为 6973 万，移动上网的比例为 89.5%，使其跃居世界领先地位，之后一直保持这一领先地位。（4）不同年龄段的互联网普及率不同。13 岁至 19 岁年龄段的比率最高，为 91.6%。60 岁以上者中互联网的普及率为 21.6%。而 2003 年 3 月底时，低于 20 岁的互联网普及率为 90.5%，60 岁以上的普及率为 20.2%，高龄者的上网人数相对增长较快。2005 年 12 月 8 日，日本 E 战略本部讨论并通过了最新的信息化国家战略《IT 新改革战略》，并于 2006 年 1 月 18 日正式向公众发布了该战略。《IT 新改革战略》是日本政府在完成了《e – Japan 战略 Ⅱ》建设目标后提出的最新信息化建设计划，是日本政府 2006—2010 年间信息化建设的基本纲领。

在日本信息化建设飞速发展的同时，其面临的信息安全问题也接踵而来。网络犯罪、垃圾邮件、病毒和黑客攻击等不断考验着日本的信息安全。2003 年日本两位嫌犯以东京为中心、利用一个名为 "KeyLogger" 的特殊软件在 100 多家网吧非法窃取了他人的网络银行 ID 和密码，并涉嫌通过非法访问美国著名的 "花旗银行"，以虚假身份将大约 1600 万日元划入了自己的账户。"1600 万日元突然从自己的账户中不翼而飞" 的网络银行案件给网络银行的使用者提了醒——网络银行的安全问题并不如想象中那样简单和容易解决。2003 年 10 月 1 日，日本警视厅在山口县下关市逮捕了一名乱发电子邮件的韩国人。这名韩国人利用在网络公司工作之便，匿名发送了 300 万封广告宣传邮件。这些邮件不仅给用户造成了干扰，而且由于发信地址不详，其中 20 万封被退回邮件服务器，公司为删除这些退回的邮件就用了两天时间。2004 年，世界范围垃圾邮件分布中，日本就占了 2.57%。2005 年，日本几座核电站的机密信息经由一台个人电脑上的病毒被泄露到互联网上，其中包括这些工厂的内部照片、定期检查及修缮工作的细节及部分员工的名字。2005 年 6 月，受万事达信用卡泄密的影响，日本大约有 4.6 万名维萨卡和 2.1 万名万事达卡用户的信息可能已经泄露，还有大约 31 名日本信息卡公司 JCB 的持卡者信息被窃。据相关媒体报道，日本持卡者投诉有高达 3000 万日元（约合 27.5 万美元）的欺诈性消费。2005 年 7 月，日本 e－bank、JAPAN NET BANK 网络银行、瑞穗银行（MIZUHO）等多家银行网络交易系统遭"黑客"入侵，在客户不知情的情况下，存款被盗汇、盗领。据日本媒体报道，仅瑞穗银行已发生两起类似案件，遭受 500 万日元的损失。日本警视厅分析，此类案件多是由于被害人的计算机感染间谍软件，以致网络交易密码被窃，"黑客"才能伪装成被害人上网汇款、领款。2006 年以来，日本政府机构和自卫队相继发生多起泄密事件。2 月下旬，海上自卫队护卫舰相关密码信息流失到国际互联网上；3 月份，陆上自卫队和航空自卫队的业务信息、冈山县和爱媛县警方的搜查信息泄露。其他的流失信息还包括医院的患者个人信息、银行的票据处理记录、学校的学生成绩表等。据了解，这是一种名叫 winny 的点对点网络文件交换软件引起的，装有这种软件的电脑一旦感染某些病毒，就会导致电脑内存储的秘密信息在不知不觉中流失。目前，日本各方面都在采取紧急措施，以求堵上信息安全的这扇"天窗"。2006 年，日本不断受到境外"黑客"发起的网络攻击。据统计，日本警察厅、自卫队、防卫厅和外务省等部门的网站都遭受到不同程度的黑客攻击。一些被认为支持日本右翼势力的公司和靖国神社的网站同样屡次遭袭，对靖国神社的袭击更是达到每秒 1.5 万次。面对日益严峻的信息安全问题，日本政府立足于国情，提出了"保障型"信息安全战略的构想，强调"信息安全保障是日本综合安全保障体系的核心"。

二　日本实施"保障型"信息安全战略的举措

为了实施"保障型"信息安全战略，维护国家信息安全，日本在 20 世纪末制定和实施了《IT 安全政策指南》。进入 21 世纪后，又制定和实施了《信息通信网络安全可靠性基准》《信息安全测评认证制度》《反黑客对等行动计划》等。近两三年，又制定了如下措施，来保障国家信息安全。

（一）颁布新信息战略计划

为了应对日益严峻的信息安全问题，2004 年 12 月，日本内阁会议颁布新防卫大纲，确定以最尖端的信息技术提高防卫能力。2005 年 3 月，日本防卫厅根据防卫大纲制订了信息战略计划。新颁布的防卫大纲，将国际和平合作活动定位为自卫队的主要活动。其目的是构筑覆盖从中东到东亚这条"不稳定弧"全境的影像通信系统，并推进自卫队和美军的信息共享。由于司令部级别的数据共享可能得到进一步的加强，人们对日本与美军进行武力一体化的担心日益强烈。

在卫星通信方面，目前虽然有日本自卫队专用的线路，但使用的是以传输声音为中心的低速、小容量卫星，使用范围也仅限于日本周边地区。日本防卫厅新引进的通信系统，是传送卫星电视等所使用的大容量商业卫星，它可以实时将自卫队在海外的活动影像传回日本，使用范围也基本上可覆盖被美国国防部看作是恐怖主义温床、并命名为"不稳定弧"的地带。卫星的观测范围将大大超越远东，就连中东和非洲的一部分也包括在内。"9.11 事件"后，日本向伊拉克和波斯湾派遣了自卫队，增加卫星通信的力度则更加印证了日本准备让自卫队今后在这个地区展开活动的意图。

关于与美军的信息共享问题，日本进一步扩充海上自卫队的"宙斯盾"护卫舰与美国舰船之间进行信息交换的数据传输系统，同时推进航空自卫队和陆上自卫队的信息共享。就陆海空自卫队的综合运用问题，日本正在推进完善防卫厅、陆上自卫队各方面总监部、航空自卫队的航空总队司令部和海上自卫队的舰队司令部之间的影像和数据共享的专用线路。①

（二）成立信息安全组织机构

1. 成立信息安全监查协会。

2003 年 10 月 16 日，日本安全监查协会（JASA）成立。该协会由担任经济产业省"信息安全监查制度"监查人的企业和团体为中心组成，主要负责支援运营信息安全监查制度，现已有 77 家会员企业和 12 个后援团体。信息安全监查制度主要由注册为监查人的企业和团体来监查本公司的安全管理体系。通过监查人提出的建议，对公司管理体系进行部分改善，最终目标是帮助企业通过 ISMS（信息安全管理系统）适应性评价制

---

① 《日新信息战略计划将覆盖东亚与中东》，《参考消息》2005 年 3 月 14 日。

度等的认证。除此以外，日本还在 2005 年建立监查人认证制度。日本经济产业省也与 JASA 紧密合作并支援以提高信息安全监查制度的水平。①

2. 建立官方信息安全分析机构。

为了防御计算机病毒和降低对信息安全的危害，日本经济产业省于 2004 年 1 月 5 日新建了一家独立的信息安全分析机构。该机构主要检测和分析计算机操作系统和软件是否有安全缺陷。此外，该机构还受理用户的投诉和内部举报，要求发现有信息安全缺陷的厂商限期改进等。对于不按要求进行改进的厂商，将来会公布这些企业的名称。新设的信息安全分析机构隶属于独立的行政法人——日本信息处理推进机构（IPA）中的"安全中心"，对外的名称为"信息安全缺陷分析中心"（该机构的前身是"信息处理振兴协会"）。日本总务省在 2004 年 1 月也建立了通信基础设施安全研究机构。日本这些官方机构将通过与国际上的研究机构合作，防止计算机病毒的攻击和阻止其危害的扩大。② 2005 年 4 月，为了应对政府网站频繁遭受黑客攻击的情况，日本成立了"国家信息安全中心"，隶属于信息技术安全局。日本政府内负责反黑客的技术专家也从 18 人增加到 26 人。据日本一官员称："这一改革是政府对最近网络攻击激增所作出的反应之一。不仅如此，日本还将成立一个专门机构从整体上为政府监控信息安全问题。"

3. 克服条块分割建立信息产业省。

2004 年 1 月 16 日，在日本政府经济财政咨询会议上，日本首相小泉纯一郎作出决定，责成有关部门立即研究组建信息产业省（相当于我国的信息产业部）。该省合并了原总务省和经济产业省有关的信息技术的政府部门，组成一个统一的政府机构，专职促进日本信息技术的国际竞争能力的提高。日本政府设立了专门的管理信息技术的政府机构后，促进了相关技术的开发和加速新的管理规程的制定。这大大有利于加快信息技术政策的确定。通过合并制定政策的部门和监督部门，破除块条分割的弊病，有利于日本政府检查信息技术政策的落实情况和平衡各方面的利益。

---

① 《日本信息安全监查制度运营团体"JASA"成立》，日经 BP 社 2003 年 10 月 20 日。

② 吴康迪：《日本官方建立信息安全分析机构》，http：// www. eisc. com. cn/subject/ShowArticle. asp? ArticleID = 6526，2004 - 01 - 07。

（三）提出典型的海关网络系统的安全解决方案

海关系统的行业性质是跟国家利益紧密联系的，所涉及信息可以说都带有机密性，所以其信息安全问题，如敏感信息的泄露、"黑客"的侵扰、网络资源的非法使用以及计算机病毒等，都将对海关机构信息安全构成威胁。为保证海关网络系统的安全，日本在全国150个海关提出了典型的海关网络系统的安全解决方案。其核心目标：建立起覆盖日本海关关区范围的高速 IP 主干网络系统；实现全国海关互联，链路备份保障网络可靠性；通过 IPsec VPN 保障全网安全；建立易用、实用的网管系统。海关网络系统特点：全国海关网络互联采用安奈特 700 系列、400 系列和 300系列路由器，通过强大的安全加密功能，实现硬件加密加速，保障网络高速、稳定、安全地运行；网络设备之间的链接全部采用独具特色的负载均衡和链路容错设计，充分保证任一链路的可靠性并发挥其最大的作用；提供虚拟网功能（VLAN）和 IPsec VPN 功能，充分保证接入用户对服务的灵活性、安全性的要求。①

（四）推出病毒防御设备

2004 年，日本趋势科技开发了面向金融机构 ATM（自动取款机）等的病毒防御设备"MVP Appliance（暂称）"，以满足安装 Windows XP Embedded 等 OS 的 ATM 增长的需求，该设备最多可同时连接 4 台 ATM 等设备。2004 年 7 月 9 日，该设备在东京 BigSight 会展中心举办的第一届信息安全 EXPO 上展出，并于 2005 年年初大批量生产。此前已经出现过安装Windows 的 ATM 感染病毒的情况（2003 年 8 月美国的多台 ATM 机感染上"Nachi〈Welchia〉"后停止工作）。一般 ATM 并不直接连接互联网线路，但可能会从通过管理用的个人电脑间接连接的公司内部 LAN、维修时带入的笔记本电脑感染上病毒。趋势科技表示，虽然像 Windows XP Embedded 这样的嵌入 OS 中成为安全漏洞根源的后台进程并不多，但 OS 的基本部分与普通个人电脑一样，因此对于自我复制型的带有执行程序的病毒的薄弱程度与个人电脑相同。MVP Appliance 通过以太网缆线与 ATM 连接，可随时监视 ATM 收发的数据包，检测到与记有各种病毒特征的文件（签

---

① 《日本全国150个海关的互联网络安全解决方案》，http：//www.ccw.com.cn/cio/solu-tion/htm2004/20040909_ 10370. asp，2004 – 09 – 09.

字文件）样式一致的数据后，可自动向管理员发送警告邮件，管理员可通过管理画面使感染的终端与网络断开。

（五）出台政府机关信息安全指导

由于"黑客"对计算机系统的干扰越来越严重，计算机病毒在世界范围内的传播以及利用计算机和网络进行的犯罪活动愈演愈烈。日本政府决定，在政府内部尽快研制在安全方面有高可靠性的政府计算机系统，建立、加强监视和应急体系，研究综合性和系统性的信息安全对策，培养和确保高级信息技术人才。为此，日本出台政府机关信息安全指导方针：（1）明确了组织结构和责任人。该指导方针要求各政府机构必须制定出适合本单位特点的《信息安全基本方针》以及《信息安全对策基准》。同时，要求各单位必须明确政策制定和实施中的相关人员的责任与义务。其中，最重要的是设置由有关部门领导组成的信息安全委员会，该委员会具体负责信息系统的筹划，包括人事、会计及宣传等。为保证有关政策的顺利实施，各部门应任命一位最高信息安全执行官（CISO），在该 CISO 下面设立一专门委员会具体负责日常工作。（2）强化人员管理。《信息安全对策基准》中明确规定，各部门应加强工作人员的日常教育和岗位培训，坚决杜绝内部泄密事件的发生。各部门应强化临时人员管理，使他们充分了解信息安全的有关规定，并要求他们签订安全协议书。同时，还规定了系统故障及缺陷的报告制度。（3）制定严密的安全缺陷对策。鉴于政府网站屡次被非法篡改的直接原因为系统安全缺陷的存在，因此各部门必须制定相应的防范对策。比如，当发生重大非法破坏时应授予系统管理人员以检查各职员电子邮件的权力等。由于非法入侵手段的日益翻新，因此系统安全策略也应及时评估并随时更新。

自日本《IT 基本法》颁布以来，在根据该法制订的每一年重点发展计划中，对电子政府以及与电子政务相关具体的内容都作出了规定。为了达到这个目标，互联网电子政务的信息安全问题就显得尤为重要。因此，日本政府制定了电子政务互联网信息安全方面的规则，并提出对建立电子政府关于计算机信息安全方面的基本构想，即：（1）政府各个部委基于对电子政府的安全问题，要求结合本单位、本部门的具体的特点，考虑制定相应的规则、办法。例如：在金融系统、国防、海关等各个部委有着区别于其他部委的自身特点，公开与不能公开的资料信息库的访问权限，以及对文件的管理等方面的安全措施的具体要求，在程度上是有很大不同的。（2）政府各个部委对自己所管辖的范围，应当采取积极促进的态度，不断提高计算机信息安全方面的水平。（3）作为日本政府总理府的办公厅，是计算机信息安全方面的工作统一领导、协调机构。负责各部委之间、政府整体的计算机信息安全方面的工作，同时负责计算机系统遭到非法入侵的紧急事态的对应；计算机病毒的侵害；对计算机安全方面人才的培养；对各个部委提出相关的课题进行研究等几个方面的领导和协调工作。（4）政府的各个部委应当依法加强对计算机信息安全的管理与控制，防止利用政府的计算机系统对其他的计算机系统进行恶意攻击事件的发生。（5）为了进一步提高日本的计算机信息安全水平，政府应当不断加强与民间团体、企业的研究机关之间的信息交换，建立官民紧密协作、联动的合作体制。（6）政府的各个部委应当定期对本单位计算机信息安全规则进行评价，如有必要，应当在规则制定一年之后进行调研，以确定是否要对现行的规则进行修正。[①] 在基本构想的指导下，日本政府提出了以下七项保证日本政务安全的措施：（1）由内阁官房组织各省厅制定行之有效的信息安全政策；（2）由总务省和经产省共同推进密码的标准化；（3）以内阁官房为中心建立信息系统安全监控机制；（4）由内阁官房组织建立"国家紧急救援队"，完善信息安全应急响应机制；（5）加强对公务员的信息安全知识和技术培训；（6）开展对电子政务所需的安全软件的研究与开发；（7）推行国际化的安全管理（BS7799）和测评认证（ISO15408）标准，要求各省厅在安全技术的采用上加强协调，确保互联互通。随着日本电子政府信息完全措施的进一步丰富和完善，相信在面临信息安全威胁时，日本政府能够作出及时、准确的反应。

（六）打击网络犯罪

1. 加强对非法生产电磁记录和网络黑客及网络欺诈的打击。

面对日益猖獗的网络犯罪，日本政府加强对网络犯罪的打击力度，并取得相当大的成绩。据资料显示，日本政府对计算机网络犯罪的逮捕率逐年增加，1997 年为 83 例，2000 年增加到 484 例，2002 年更是达到 958

[①] 李柯：《日本电子政府网络信息安全对策体制介评》，http：//www. echinagov. com/echi-nagov/yanjiu/2006 - 12 - 6/10095. shtml，2006 - 16 - 06.

例，2004 年超过 1660 例，比 1997 年增加了 20 倍多。2005 年因网络欺诈
和网络相关犯罪而遭逮捕的人数比 2004 年激增了近 52%，达到破纪录的
3161 人。同时，日本加强对网络金融安全的治理，明确规定"严禁提供
其他人的、与访问控制相关的账号 ID，否则处以 300000 日元罚款"。对
于妨碍商务事务，为计算机系统生产非法的电磁记录，使用非法生产的电
磁记录者，处以不高于 5 年的劳动教养或不超过 500000 日元的罚款，如
记录与政府机关或政府机关办事人员有关，则处罚更为严重。对于通过计
算机错误的信息以及命令获得非法盈利等，处以不高于 10 年的劳动教养。
2000 年 2 月 13 日，日本开始实施《反黑客法》，规定擅自使用他人身份
及密码侵入电脑网络的行为都将被视为违法犯罪行为，最高可判处 10 年
监禁。2001 年 1 月，日本制订了反黑客对策行动计划，以防止黑客袭击，
并于 2001 年 2 月正式实施了《关于禁止不正当存取行为的法律》，加强
了对黑客的处罚力度。日本通产省和邮政省 2000 年为此拨款 24 亿日元；
日本防卫厅 2000 年度拨款 13 亿日元，并派人到美国接受反黑客培训，以
建立自己的反黑客队伍。目前已建立了一支精干的反黑客队伍，在打击网
络犯罪中发挥了重要作用。

2. 酝酿实施禁止 LAN 窃听法案。

无线 LAN 虽然能够给用户提供方便，但由于电磁信号辐射到户外，
所以存在很大的安全问题，而且许多用户甚至连"WEP"（无线对等加
密）这一基本的信号加密方式也不使用。2003 年 7 月在日本东京都千代
田区进行的一项调查中，在企业和政府机构使用的 400 多套无线 LAN 系
统中，约 4 成都处于毫无加密的状态。为了保护无线通信安全，2003 年
日本总务省宣布以立法的形式禁止用户擅自接收无线 LAN 的通信数据、
破解其加密信号，并在现行《电波法》中增加了有关对此类行为的处罚
条款。那些擅自窃听加密通信用户的通信，并对加密信号进行破解的行为
将会受到法律的制裁。"无线 LAN 的使用中，自己的终端也能收到别人的
通信，在对别人的通信方式进行判断后，才能选择自己的通信方式。仅仅
是通过监听电磁波还难以区分是否属于非法窃听"，所以法律将只保护对
信号加密的用户。但在电子通信经营者提供的无线 LAN 登录服务中，即
便是没有加密，如果擅自阅读通信内容的话也将触犯法律。在现行的
《电子通信经营法》中，界定"通信秘密"第 4 条内容规定了电子通信经

营者正在处理的通信内容是不可侵犯的。对于此次的法律修订案，是针对
2001 年 11 月签署的"防止网络犯罪国际公约"而进行法律修订的一
环。原计划在 2005 年前修订完毕，但"由于政府将推进 e – Japan 重点计划，
所以决定提前进行"。① 在加强法律治理的同时，日本还推出防止电磁波
造成的信息泄露的安全产品，这在加强电磁安全方面取得相当好的效果。

　　3. 打击网络色情犯罪，净化网络空间。

　　上网，特别是手机上网，是日本少年儿童的时尚。在获得大量有用信
息的同时，也有不少人因为好奇而在使用交友类网站时上当受骗，成为
"援助交际"的牺牲品。据日本 2003 年青少年白皮书披露，2002 年因错
用交友类网站受害的未成年人达 1317 人，比 2001 年多 1.2 倍，受害者中
97% 是少女，犯罪种类涉及违反儿童卖淫、儿童色情禁止法和青少年保护
育成条例等。为了打击日益猖獗的网络色情犯罪，让未成年人有一个更健
康的成长环境，日本从 2003 年 9 月 13 日开始实施了交友类网站限制法。
法律规定，利用交友网站进行以金钱为目的，与未成年人发生性行为的
"援助交际"是一种犯罪行为。任何人使用交友网站发表希望"援助交
际"的信息，都将被处以 100 万日元以下的罚款。未成年人发布这样的
信息，将被送到关押少年犯的家庭裁判所。法律还规定，交友类网站在做
广告宣传时，要采取明示禁止儿童使用的措施，如果儿童使用时要向儿童
传达禁止使用的信息。如果这种情况下仍有儿童使用，要有确认措施：通
过电话从声音上判断使用者是不是儿童，并让使用者提供照片，根据照片
判断年龄；还可让使用者提供身份证明，如驾照和信用卡等；如果发现使
用者是儿童，网站要拒绝服务。违反上述规定开设交友网站的业主要被判
刑最高 6 个月，罚款 100 万日元。家长是未成年人的监护人，法律规定家
长必须采取防止儿童使用交友网站的措施，如可使用软件过滤儿童不宜的
内容，为孩子提供安全的网络空间等。

　　日本警察部门对于网络安全采取了一系列措施。警察厅少年课少年有
害环境研究会 2003 年 2 月提出了防止交友网站对儿童实施犯罪的对策，
包括禁止使用交友网站引诱儿童，防止儿童使用交友网站等。每个都道府
县的警察部门都公布了防止使用交友网站对少年实施犯罪的举报电话。一

---

　　① 野泽哲生：《日总务省酝酿实施禁止 LAN 窃听法案》，日经 BP 社 2003 年 8 月 1 日。

接到电话，警方就会立即采取行动。

日本还注意网络管理和上网指导。在一些管理较好的网站，管理人员会全天候监视。一旦在网站上出现有人发布容易联想到"援助交际"和"杀人"的信息，马上予以删除。长崎一位六年级女生因网上聊天引起冲突杀死同班同学的事件出现以后，日本政府号召各学校对学生上网进行指导。很多学校都对学生如何上网进行了正确的引导，让学生对具有挑衅性语言要有忍耐力，对充满诱惑的邮件提高识别力和免疫能力。①

（七）加强对垃圾邮件的治理

随着互联网的发展和普及应用，电子邮件逐渐成为人们日常通信的重要工具。电子邮件具有方便、快捷的特点，给人们生活带来了诸多便利，但与此同时，它也被少数人利用发送垃圾广告、进行网络欺诈、传播反动色情信息、散布谣言、传播计算机病毒等，不仅占用了大量的网络传输带宽，影响了网民的正常网络通信，也对社会治安、网络安全乃至国家安全构成了直接威胁。

为了治理垃圾邮件，避免本国成为垃圾邮件发送者的"避风港"，并为进行反垃圾邮件执法方面的国际合作奠定基础。2002 年 4 月 17 日，日本颁布了《特定电子邮件法》。特定电子邮件是指为了自己或他人营利的目的、没有事先征得接收方同意就发送的电子邮件。法律规定，特定电子邮件必须在标题上标明用意，发送邮件者要注明姓名、住址和发送地址；如果邮件遭到用户拒绝，禁止再次发送；违背上述规定将被视为妨碍电子邮件通信，有关部门可采取必要的措施；用户对特定电子邮件有意见时，有关机构必须认真对待；为了防止特定电子邮件妨碍通信，进行电子邮件服务的通信机构有义务开发和引进新技术，拒绝为利用虚假网址向众多用户发送的邮件提供服务。2002 年 7 月，日本又实施了《反垃圾邮件法》，规定商业广告邮件必须在题目中标明"未经允许的广告"字样，以便不愿接受广告信息的用户可以立即删除，违反上述法律的邮件发送者将受到严厉惩处。日本总务省还成立了"垃圾邮件对应方法研究会"，在全国开展"扑灭"垃圾邮件运动。通信部门则经常在自己的主页上公布防止垃圾邮件的技术。2003 年 10 月 6 日，以庆应大学的国领二郎为首的日本信

---

① 何德功：《各国如何打击网络色情犯罪》，《中国青年报》2004 年 8 月 6 日。

息技术专家与有关行政部门负责人成立了"日本在线交流协会",以探讨防止电子邮件虚假信息和污秽内容的最佳途径。① 协会成立后对日本政府治理垃圾邮件起到很大的作用,并丰富了日本反垃圾邮件的手段。

三　日本实施"保障型"信息安全战略面临的问题

(一) 安全意识淡薄是日本网络安全的瓶颈

目前,在网络安全问题上还存在不少认知盲区和制约因素。网络是新生事物,许多人一接触就忙着用于学习、工作和娱乐等,对网络信息的安全性无暇顾及,安全意识相当淡薄,对网络信息不安全的事实视而不见。与此同时,网络经营者和机构用户注重的是网络效应,对安全领域的投入和管理远远不能满足安全防范的要求。总体上看,网络信息安全处于被动的封堵漏洞状态,从上到下普遍存在侥幸心理,没有形成主动防范、积极应对的全民意识,更无法从根本上提高网络监测、防护、响应、恢复和抗击能力。近年来,日本在信息安全方面已做了大量努力,但就范围、影响和效果来讲,迄今所采取的信息安全保护措施和有关计划还不能从根本上解决目前的被动局面,整个信息安全系统在迅速反应、快速行动和预警防范等主要方面,缺少方向感、敏感度和应对能力。根据"日本信息系统用户协会"(JUAS) 对日本 790 名雇员超过 100 名公司所做的一份调查显示,超过 50% 的日本公司没有信息安全部门,而其中 30% 的公司在它们的网络中没有设置防火墙。JUAS 安全部门的总裁 Yasuto Nagata 曾说:"用户实际上不愿意在不能直接产生利润的事情上花钱。"美国公司与日本公司在风险意识和安全管理方面的做法截然不同。美国公司在安全策略方面有着悠久的历史,而对日本公司来说,这些事务完全是新的。他认为,日本公司很难认识到安全策略的重要性。Nagata 强调"在日本,要为安全策略制定规则总是要遇到很多问题。制定规则的负责人无法说服高层管理人员在不能产生利润的事务上花钱,而最终用户不愿意做那些诸如记住和输入识别密码等烦人的事"。

(二) 信息安全管理薄弱致使信息安全隐患多

信息安全"三分技术,七分管理",安全管理是企业信息安全的核

---

① 何德功:《外国垃圾邮件的治理:日本依法治理垃圾邮件》,http://www.xinhuanet.com/,2003 - 11 - 03.

心。只有建立科学合理的安全管理体系，安全技术才能充分发挥它应有的作用。但日本不少企业并没有从制度上建立相应的安全防范机制，在整个运行过程中，缺乏行之有效的安全检查和应对保护制度。不完善的制度滋长了网络管理者和内部人士自身的违法行为。许多网络犯罪行为（尤其是非法操作）都是因为内部联网电脑和系统管理制度疏于管理而得逞的。安全管理首先要建立一个健全、务实、有效的安全组织架构，明确架构成员的安全职责，这是安全管理得以实施、推广的基础；其次，必须建立完善、可操作性强的安全管理制度，并严格执行。责权不明，管理混乱，安全管理制度不健全及缺乏可操作性等都可能引起安全管理的风险。如一些员工或管理员随便让一些非本地员工甚至外来人员进入机房重地，或者员工有意无意泄露他们所知道的一些重要信息，而管理上却没有相应制度来约束。再次，在信息资源管理和安全的监管方面职责明确；最后，出台加强重要信息基础设施保护、防范不良信息入侵等关键性的专门法律。2005年的核电站泄密事件、信用卡泄密案，2006年的政府机构和自卫队泄密事件等都充分说明了日本信息安全管理薄弱的现状。

第三节 欧盟的"集聚型"信息安全战略

由于欧盟是由 25 个加盟国组成，因而其制定的信息安全战略与其他国家相比既有其共性又有其独特性。通过对欧盟及所属各国所实施的信息安全法令、措施的分析，我们可以看出：欧盟实施的是"集聚型"信息安全战略，强调"集聚地区优势、集团实力与外部竞争和抗衡，各成员协调一致，共同保障整体及各成员国的信息安全"。

一 欧盟"集聚型"信息安全战略的确立

由于多方面的原因，欧盟各国在信息化发展的总体水平上长期落后于美国和日本，数字鸿沟现象日益显现。为此，居危思变的欧盟决定大力发展最具竞争力的信息产业，并以电信业为突破口，力争在移动通信领域超越美国，推进"电子欧洲"计划。

2000 年 3 月，在里斯本召开的新世纪第一次欧盟首脑会议上，欧盟提出了未来 10 年发展的新战略，主要对发展信息产业、改善投资环境、

加强科研与教育等方面进行了规划。2000 年 6 月，欧盟发布了面向 2002
年的"数字欧洲计划"，把"消除数字鸿沟，构建信息社会"作为优先目
标。在此基础上，欧盟先后制定推出了关于构建新型科技信息社会的一整
套政策，如《有关实施对电信管制一揽子计划的第五份报告》《电子通信
服务的新框架》《电子欧洲——一个面向全体欧洲人的信息社会》等政策
性文件；还有《关于聚焦电信、媒体、信息技术内容及相关规范的绿皮
书》《欧洲共同体委员会信息社会的版权和有关权利的绿皮书》等对信息
化产生重大影响的规范性文件。此外，欧盟还同时出台了《促进 21 世纪
的信息产业的长期社会发展规划》及相应的行动计划。这些政策性文件
涉及互联网、电信、推行开放的通信网络、关于 ISDN 的数字网集成服
务、卫星通信、广播频率、通信和信息服务市场、许可证制度、信息保
护、税赋及电子商务等各个方面的内容。得益于强有力的政策支持，欧盟
成为一个在技术、市场、资本、政策法律等方面具有集合优势的新的联盟
体，与美国站在同一条起跑线上，成为全球信息服务的一支领军团队。

　　欧盟及其成员国在大力发展信息产业，积极推动信息化建设的同时，
也十分重视信息安全的工作。"9·11 事件"以后，欧盟在防范恐怖袭击和
网络犯罪、保护信息基础设施安全等方面采取了进一步的措施。2002 年 1
月，欧盟公布了《关于网络和信息安全领域通用方法和特殊行动的决议》，
对欧盟所有成员国提出 8 项具体要求。2002 年 2 月，英国正式实施《反恐
怖主义法案》，第一次提出"网络恐怖主义"概念，并把黑客入侵视为"恐
怖行为"。德国在"9·11 事件"后，着手组建专门的网络安全机构，以专
门应对网上危机。同时，欧盟提出网络与信息安全的八项新要求：一是强
化信息安全教育，提高信息安全意识；二是在中小企业中推广 BS7799 安全
管理措施；三是将信息安全纳入计算机教育与培训之中；四是加强各国在
信息安全应急响应上的协调；五是推广依据 CC（ISO – 15408）标准的测评
认证；六是采用能够互操作的、标准的安全技术方案，利用电子签名验证
网络服务；七是在政府应用中采用电子身份认证系统；八是加强共同体内
和国际安全事件的情报交流。2002 年 4 月，欧盟通过了《关于应对信息系
统攻击的委员会框架协议》，以确保有关部门在遭遇信息系统攻击相关的打
击犯罪领域能很好地合作。2002 年 4 月，欧盟制定了一项关于计算机犯罪
的法案。2002 年 6 月，欧盟发布了《电子欧洲 2005 行动计划》，提出了信

息安全方面的具体行动计划。同时，欧洲电信部长会议正式通过欧洲电子签名法令，要求所有欧盟成员国将电子签名视作与手写签名具有同等法律地位。2003 年，欧盟开始拟订 2005—2008 年的网络安全计划，旨在建立更安全的上网环境、推广新的在线技术和减少网上不良信息。欧盟采取的这些综合配套的措施，集聚地区优势、集团实力与外部竞争和抗衡，各成员国协调一致，共同保障整体及各成员国的信息安全，从而使欧盟在网络信息安全战略和策略上建立透明的协调机制；采用共同的测评认证准则，实现了一国测评多国互认的统一门槛；形成协调一致的打击网络犯罪的行动纲领和机制；在网络内容监管上实行相互协作，共同维护社会文明和人类尊严。据此可以看出，欧盟的信息安全战略属"集聚型"安全战略，强调"集聚地区优势、集团实力与外部竞争和抗衡，各成员协调一致，共同保障整体及各成员国的信息安全"。

二 欧盟实施"集聚型"安全战略的具体举措

（一）推动法制统一和协调，创造良好的信息安全法制环境

为实施"集聚型"信息安全战略，保障欧盟整体及各成员国的信息安全，欧盟充分发挥一体化的优势，陆续颁布了一系列旨在保障信息安全、规范信息化发展的法律、指令、法规等，初步形成了欧盟的信息安全法规体系。主要包括《因特网综合安全计划》《打击计算机犯罪公约（草案）》《关于数据库法律保护的指令》《关于内部市场中与电子商务有关的若干法律问题的指令》《协调信息社会中特定著作权和著作邻接权指令》《著作权/出租权指令》《远程消费保护指令》《电信部门的隐私和保护指令》《卫星广播指令》《软件保护指令》等等。其中，不同的法律、指令、法规都有不同的突出特点，例如，在欧盟《关于内部市场中与电子商务有关的若干法律问题的指令》中，明确表示："本指令的目的是保障内部市场的良好运行，重点在于保障信息服务得以在成员国之间自由流通。为实现这个目的，本指令致力于在如下一些领域使各成员国关于信息服务的国内立法趋于统一：内部市场制度、服务供应商的设立、商业信息传播、电子合同、服务中间商的责任、行业行为准则、争议的非诉讼解决、司法管辖和成员间的合作。本指令旨在补充完善欧洲共同体关于信息服务的各项立法，但并不降低包括有关内部市场运行在内的其他一切欧盟立法业

已确立的对公众健康和消费者的保护水平。"再如《电子签名统一框架指令》。电子商务的本质决定了电子商务相关的服务必须逐步显现国际化的趋势，与电子签名相关的电子认证服务也毫不例外。从长远的角度看，电子认证在国际范围内的统一和标准化是必然的趋势，在这一过程中，会产生不断的协调、相互渗透、竞争和兼并，这是电子商务自身的要求，也是市场竞争的要求和结果。针对这一趋势，该指令分别在第三条和第七条中对电子认证书服务的市场准入、电子认证服务管理的国际协调进行了规定。明确规定成员国不得为证书服务规定任何事先授权；认证服务管理应坚持客观透明、适当和非歧视的原则；成员国应保证在第三国设立的认证机构配发的资格证书能和在联盟内设立的认证机构颁发的证书一样在法律上被承认。

（二）成立统一的信息安全机构

2003 年，欧盟委员会制订一份计划，拟设立一个名为"欧洲网络与信息安全署"的专职机构，以负责协调欧盟各国之间以及它们与非欧盟国家在信息安全方面的合作事宜。该机构主要负责协调处理电子商务安全、电脑刑事犯罪等所有涉及信息安全的事务，为欧盟各成员国以及欧盟自身的机构服务，并负责协调与其他国家之间信息安全合作问题。按照欧盟委员会的设想，这个机构将向各成员国的信息紧急事务处理机构提供有力支持。"欧洲网络与信息安全署"现已成立。欧盟负责信息技术的委员埃尔基·利卡宁介绍说："通过改善各成员国之间在信息技术安全领域内的协调与合作，欧盟将获益匪浅。"他说，这样的合作对于整个欧洲的网络和信息系统安全具有"基础性的重要意义"。欧盟认为，随着网络的普及以及其他电子通信手段应用的增长，对于信息安全的要求也不断提高，这已经成为欧盟必须尽快解决的一个问题。但设立的"欧洲网络与信息安全署"不是一个执法、惩处的机构，而主要负责协调与咨询。

为了共同对付对电力、供水等公共基础设施进行电脑攻击的威胁，欧盟成立了"欧洲网络和信息安全局"，该局雇用了 30 名专家，一旦探测到危险，他们将负责在欧盟各成员国之间迅速交换信息。欧盟负责信息政策的专员埃立克表示，这一机构将扩展各国强化网络和信息安全的努力，提高欧盟各成员国和公共机构阻止网络和信息安全问题，并对这些问题作出迅速反应。欧洲网络和信息安全局已于 2004 年 1 月开始运作，在头 5

年内其预算高达 2400 万欧元。

(三) 加强对垃圾邮件的治理

垃圾电子邮件已成为互联网时代仅次于电脑病毒的第二大公害，绝大多数网民都受到过这些垃圾邮件的骚扰。据欧盟统计，2001 年 4 月，垃圾邮件仅占全部电子邮件的 7%，而到 2003 年 8 月，全球的电子邮件竟有一半是垃圾邮件。在欧盟各国，目前垃圾邮件所占比例为 46%。这些垃圾邮件不仅引起广大网民的不满，而且已成为管理邮件服务器的网络连接商及企业的巨大负担。据法国《费加罗杂志》报道，在法国乃至欧洲，发送一封电子邮件的费用仅约 0.0005 欧元（1 欧元约合 1.16 美元）。与利用传统媒体的庞大广告费相比，用电子邮件做广告的费用微不足道。一些专门收集邮件地址的公司因此应运而生。它们使用搜索软件在网上收集电子邮件地址，出售给广告商。许多广告商从不经过用户同意就向他们发送邮件。这种做法成了垃圾邮件扩散的主要原因。为这些每封 0.0005 欧元的垃圾邮件，法国和欧洲付出了不小代价。据欧盟的统计，法国网民每年因接收垃圾邮件而支付的网费高达数亿欧元，整个欧洲则达上百亿欧元。法国丘比特调查公司的调查报告说，如果不加遏制，到 2007 年，欧洲的垃圾邮件还将比现在增加 4.5 倍。治理垃圾邮件已成为从政府到个人都无法回避的问题。为了遏制垃圾信息，欧盟委员会在 2003 年 7 月专门向成员国发布了《关于通信的指令》，各成员国通过了决议，决定将上述指令提高到法律高度。从 2003 年 10 月底开始，欧盟各成员国执行统一的反垃圾电子邮件法律，并同美国、日本等国加紧协商，力争在全球范围内构筑防范垃圾电子邮件的网络。英国、意大利等 6 个欧盟成员已完成了实施这一新法律的相应的国内法律的调整。其他欧盟国家也在加紧修改国内相关法律条款，制定出相应的处罚条例，以配合这一法律的施行。根据这一新法律，企业在打算向消费者发送介绍商品信息的电子邮件时，应首先在本企业的网页上或者在报刊、电视上刊登相关的广告，只有当消费者向企业发邮件或电话通知需要了解这些信息时，方能向用户发送宣传商品的电子邮件，而未预先征得消费者同意，则禁止发送这类电子邮件。

作为欧盟清除垃圾邮件的法律环节中的一部分，英国的《反垃圾邮件法》于 2003 年 12 月 11 日生效。该法律规定，未经允许传送垃圾邮件被确定为犯罪活动。对于垃圾邮件发送者最高可处以 5000 英镑罚金。英国企业如果想发送大批量的电子邮件，首先必须获得接收者的许可。英国的《反垃圾邮件法》允许接收者对发送垃圾邮件的企业提出诉讼。但是，该法律没有也无法规定对其他国家的垃圾邮件发送者的罚则，这对于大量发送垃圾邮件的美国等国的人员没有约束力。据此，欧盟提倡在网络垃圾治理方面加强国际合作。2004 年 2 月，在日内瓦召开的关于信息技术会议上，欧盟提出了在国际范围内开展反垃圾电子邮件问题，得到与会各国的大力响应。① 2004 年 4 月，欧盟第二次要求包括瑞典、比利时、德国、希腊、法国、卢森堡、荷兰和葡萄牙在内的 8 个成员国立法禁止垃圾邮件。2005 年 2 月，欧盟 13 国签署协议，合作打击垃圾邮件。同月，欧盟与东南亚国家联盟签署了一项联合打击垃圾邮件的协议。

（四）打击网络色情犯罪，净化网络空间

欧盟十分重视信息化发展过程中信息服务内容的管制和净化。为净化互联网的内容，欧洲各国及欧盟多年来一直进行着努力的工作，并提出了"从家庭做起，给孩子创造洁净的空间"的口号，让网络垃圾没有市场。欧盟各国纷纷响应号召，其中，以法国的措施最具有代表性。

法国提出全力打击网上色情犯罪，政府、学校、家长各司其职。近年来，随着法国青少年上网率不断提高，法国政府广泛动员行政机构、网络服务商、中小学校及家长协会，利用法律手段、技术手段及民间监督等方式多管齐下，努力让未成年人免受网络犯罪的毒害。而让青少年远离网上"黄毒"，更成为这项工作的重点。调查显示，1/3 以上的法国青少年曾在网上"无意撞见"暴力、淫秽、色情、种族主义、仇外主义等"令人震惊的"内容。在各种毒害青少年的不良网络内容中，"黄毒"危害为甚。17% 的法国青少年网民曾遭遇过色情网站。面对日益泛滥的网络色情，法国在 1998 年 6 月对《未成年人保护法》中有关制作、贩卖、传播淫秽物品的定罪、量刑作了部分修改，从严、从重处罚利用网络手段腐蚀青少年的犯罪行为。根据修订后的法律，向未成年人展示淫秽物品者可判 5 年监禁和 7.5 万欧元罚款。如果上述行为发生在网上、面对的是身份不确定的未成年受众，量刑加重至 7 年监禁和 10 万欧元罚款。而以上述方式录制、

---

① 吴康迪：《欧美采取严格措施对付垃圾邮件泛滥》，《国际技术经济导报》2004 年 1 月 20 日。

传播未成年人色情图像者，分别可判 3 年监禁和 4.5 万欧元罚款、5 年监禁和 7.5 万欧元罚款。如果是长期以营利为目的进行此类违法活动，量刑加重至 10 年监禁和 75 万欧元罚款。为了动员全社会监督以未成年人为目标的色情犯罪，法国内政部、司法部在 2001 年 11 月建立了"互联网与未成年人"网站，欢迎民众举报非法色情网站，特别是具有娈童性质的网站和论坛。迄今法国已有 12000 多个网站被举报，司法机关已对其中 1500 多个展开调查，并与欧洲各国广泛开展该领域信息交流和司法合作。

在运用法律手段保护青少年安全上网的同时，法国也注重开发和应用网络安全技术，并向学校和家长推广网络安全服务。法国教育部向教育系统推荐使用含有内容过滤功能的服务器，免费提供内容过滤软件，并设有专门机构监控校园网日常浏览的网站。教育部还要求下属各机构自觉连接政府设立的两个"非法网站黑名单"：一是色情网站黑名单；二是种族主义、仇外主义与反犹主义网站黑名单。通过技术手段，教育部将这些列入两个黑名单的所有网站从校园网上屏蔽掉，保证学生不受其毒害。

为了帮助家长保护子女远离网络不良内容，法国"互联网与未成年人"网站上开设了家长辅导专栏，主要针对一些未成年人有意无意参与的网络犯罪，如在网上散布诽谤、煽动仇恨、种族主义等不负责任的言论、侵犯知识产权等。法国司法部、教育部还在多种宣传材料中提醒家长，未成年人犯法，其监护人要承担民事甚至刑事责任。①

（五）加强对网络欺诈、黑客等犯罪的打击

欧盟各国虽然都已经成立了专门机构，对付由互联网黑客和病毒传播造成的攻击，但缺乏中央合作机制。为此，欧盟协调了欧盟 15 个成员国打击电脑犯罪的立法活动，加强对黑客、病毒、网络欺诈等的打击力度。根据欧盟的法律，试图非法访问计算机系统和传播网络病毒者，根据情节情况最高可判 5 年监禁。2002 年 10 月，欧盟成立高科技犯罪中心，进一步加强了对网络犯罪的打击力度。在这方面，英国、德国表现得比较突出。

英国严防严打网络犯罪，立法执法步步升级。据有关资料统计，早在

① 刘芳：《全力打击网络色情犯罪政府学校家长各司其职》，《中国青年报》2004 年 8 月 6 日。

2000 年 4 月，英国境内已累计有 60% 的公司遭受了黑客袭击。在同月，英国中央政府拨款 2500 万英镑（1 英镑约合 1.8 美元），组建内政部所属的专门机构，负责跟踪、打击黑客攻击政府和公司网站、散布电脑病毒等犯罪行为。通过网络进行诈骗是危害英国民众的另一种网络犯罪。据英国官方的阶段性统计，由于各种所谓网络投资的欺诈，英国人近几年来已损失了 3.5 亿英镑。为了让公众对这种欺诈提高警惕，英国贸易和工业部在消费专家的协助下，开展"认识投资骗局运动"。英国贸工部在其网站上公布一些真实的案例，并详细说明各种欺诈所可能采取的手段、识别欺诈和寻求帮助的方法。英国内政部的网站上则列出了有关网络欺诈、安全购物和安全使用信用卡的各种信息。据英国打击高技术犯罪机构对 201 家英国大公司的调查显示，有 83% 的公司表示在 2003 年遭受过某种形式的网络犯罪侵害，造成停工、生产效率低下、品牌和股票信誉受损，由此带来的损失达 1.95 亿英镑。金融机构则是网络犯罪的主要目标。为应对这种犯罪，英国政府加强了针对电子通信的立法。2003 年 12 月 11 日，英国更新了对《通信管理条例》和《调查权法案》具有指导意义的《通信数据保护指导原则》，将法规适用范围从电话、传真扩展到电子邮件和其他信息服务形式。2004 年年初，英国政府出台了应对网络诈骗、网络色情、电脑病毒传播、黑客攻击等"电子犯罪"的战略，要求搜集、整理英国官方的多家犯罪调查、研究机构的信息，对现有法律进行评估，展望和研究未来电子犯罪的本质，为政府、执法部门和工商企业应对网络犯罪提供宏观指导。[①]

在打击网络犯罪策略上，德国注重"先发制人"，注重预防。德国联邦内政部认为，警方若要跟上技术飞速发展的步伐，具备应对各种形式网上犯罪行为的能力，必须调动法律、行政、人力、财力和组织机构等各方面力量，形成一套打击高技术犯罪的有效机制。德国联邦内政部重点防范的网上违法行为包括：传播和拥有儿童色情信息，传播极右等内容的言论，有关欺诈性商品和服务的宣传和不正当广告，信用卡诈骗，被禁止的赌博，软件盗版和侵犯版权，非法销售武器、麻醉品和药品，以及黑客犯罪和电脑病毒。德国联邦内政部调集专业人员和技术力量成立了"信息

---

① 曹利军：《严防网络犯罪立法逐步升级》，《中国青年报》2004 年 8 月 6 日。

和通信技术服务中心"，为警方通过网络展开调查和采取措施时提供技术支持。该中心还下设一个被形容为"网上巡警"的调查机构"ZARD"，具备特殊的调查权限。2006 年 8 月 23 日，德国内政部长朔伊布勒向德国《时代周刊》表示，互联网已经成为极端分子、恐怖主义分子用来匿名传播制造爆炸物方法、相互联络和散布极端言论的常用手段。鉴于德国面临严峻的恐怖主义威胁，有必要加强对互联网的控制力度，以预防和打击恐怖主义对德国的侵袭。2006 年 9 月，德国联邦政府通过了打击计算机犯罪的法案。该项法律规定，未经授权允许的第三者，采用"黑客"技术、电子邮件、网页等手段，获取他人非公开的电子信息属违法行为；破坏他人计算机信息处理系统将受到法律的惩罚；故意发送大量信息，导致他人服务器系统瘫痪的人也将绳之以法。该法律还明确规定，不仅"黑客"行为违法，而且制造、获取以及传播"黑客"工具软件也将受法律惩罚。对计算机的破坏行为，情节严重者可判处 10 年有期徒刑。德国决定，联邦内政部在未来 3 年内，将获得 1.32 亿欧元的专门预算，与其设在柏林的反恐中心共同建立网上监控机构。[①] 2007 年该机构已经正式投入使用。

德国联邦内政部还与社会各界展开合作，尤其促使互联网服务提供商加强自律和自控，以全面打击网络犯罪。该部门每年都邀请警方、司法界、经济界、科学界、经营管理层和政界等代表，举办以"信息和通信犯罪"为主题的座谈会。2004 年 3 月，德国警方先后在全国范围内展开两次大规模搜查行动。联邦刑侦局在掌握了某个音乐交换网站提供种族仇视内容的音乐供人下载的情况后，在多方协助下对 342 人展开了调查。警方还因某个论坛的成员涉嫌计算机破坏、篡改数据以及其他违法行为而展开了 132 次突击搜查。随后，警方又对遭黑客攻击的服务器所在的公司和机构展开了 337 次调查。

加强国际合作，也是德国打击网上犯罪活动的一贯策略。德国积极与欧盟、欧洲理事会以及八国集团开展合作。在八国集团范围内建立的网上常设联络机构以及"打击儿童色情数据库"建设方面，德国都发挥着积极而重要的作用。2003 年 5 月，德国联邦刑警局与美国联邦调查局、欧洲刑警组织等合作，确认了一个论坛部分成员的身份。联邦刑警局与法兰

---

① 王怀成：《德国加强对网络的监控》，《光明日报》2006 年 10 月 18 日第 12 期。

克福检察机关联合对 7 名从事儿童色情活动嫌疑人的地点和工作场所进行了搜查,抓捕了罪犯。与此同时,美国、英国、加拿大和挪威也进行了搜捕行动,合作行动收到了良好的效果。①

(六) 重视网络隐私权的保护

欧盟对于网络个人隐私的保护,主张订立严格的保护标准,并通过设立特别委员会,敦促各国以立法的形式来保护网络隐私权。

欧盟对于网络隐私权保护的框架文件有四个,即:为配合经合组织的《关于隐私和个人资料的跨国境流动的保护指引》制定的《关于在自动运行系统中个人资料保护公约》;《关于个人资料的运行和自由流动的保护指令》;欧委会个人资料保护工作组制定的《关于个人资料向第三国传递的第一个指导——评估充分性的可能方案》;部长会议关于互联网隐私保护指引备忘录中规定的《关于在信息高速公路上收集和传送个人资料的保护》。

欧盟网络隐私保护的特点在于该指令对于与欧盟有电子交易的他国的网络隐私保护情况提出要求,将欧盟所确立的网络隐私保护的标准提升为国际标准,这使得在国际范围内出现了大规模的网络隐私保护和立法活动。

三　欧盟实施"集聚型"安全战略面临的问题

随着信息化的飞速发展,欧盟在信息安全领域受到的威胁也日趋严重。过去,带来信息安全威胁的"黑客"们攻击网站或制造病毒只是为了炫耀其高超的技能;但现在很多信息安全威胁已经来自有组织的犯罪团伙,而且相当大比例的信息攻击是基于经济利益。然而,欧盟各国的政府、企业以及个人却仍然没有对信息安全给予足够的重视,以至于没有采取必要的防范措施,致使其经济、社会利益受到严重损坏。据调查,欧盟各国当前在信息化方面的投资中,只有 5%—13% 的资金用于信息安全方面,这一投资是远远不够的。在此背景下,欧盟制定了新的应对战略,以求对各国网络安全、信息安全所拟定的各种政策进行评估,加强各国政府之间的对话,寻找信息安全领域的最佳实践,提高终端用户的安全意识。

---

① 刘向:《先发制人严打网络犯罪》,《中国青年报》2004 年 8 月 6 日。

为了达到以上目标，欧盟在希腊的 Heraklion 成立了网络信息安全局，这一机构将开发适当的数据收集框架体系，用以处理各种信息安全事件、评估终端用户的信息安全意识等级，并且探讨建立全欧洲多语言信息安全共享及警告系统的可行性。值得一提的是，欧盟已经针对电子标签（RFID）在信息安全、隐私保护方面的应用工作展开调研，并已在 2006 年年底公布了第一次调研结果。其他领域（垃圾电子邮件、间谍程序、网络犯罪、关键通信设施的保护等）的调研也在稳步展开。但随着网络和系统日益增长和复杂，欧盟在信息安全方面的防卫与治理仍任重而道远。

第四节　俄罗斯的"综合型"信息安全战略

信息化是整个世界发展的必然趋势，任何国家都无法置身于这个潮流之外。面对全球信息化的迅猛发展，俄罗斯从自身的实际情况出发，积极制定与本国国情和最大利益相适应的信息化发展战略。同时，俄罗斯政府也逐渐意识到，在发展信息化的过程中存在着信息安全风险，并对本国利益带来严重威胁，因此积极制定符合本国国情的信息安全战略。通过对俄罗斯所实施的信息安全法令、措施的分析，我们可以看出：俄罗斯实施的是"综合型"信息安全战略，强调"以维护信息安全为重点，维护国家的综合安全"。

一　俄罗斯"综合型"信息安全战略的确立和完善

与国内其他产业相比，俄罗斯信息通信产业发展较快，但在实现信息化方面仍明显落后于西方发达国家。全国范围内的网络基础设施尚处建设、完善的过程中，通信网落后于西欧 10—15 年，社会应用程度尚未得到深化和大范围普及。在建设电子政府方面，1994 年开始正式建设俄罗斯联邦政府网（RGIN），目前联邦各权力机关、政府各部门，以及地方各共和国、州、市各级的政府机构基本都已上网，但俄罗斯的 89 个联邦主体中尚有近一半的地区还未能开设自己独立的官方服务器，电子政府的建设仍处在发展的初始阶段。

普京上台后提出了振兴俄罗斯的口号，并采取了一系列旨在强化中央权力和促进经济发展的政策和措施。2002 年 1 月，俄罗斯正式出台了

《2002—2010 年俄罗斯信息化建设目标纲要》。它的出台，标志着俄罗斯的信息化建设被正式提上日程。《2002—2010 年俄罗斯信息化建设目标纲要》作为俄罗斯信息化建设的纲领性文件，为信息化建设在俄罗斯的全面展开提供了政策上的依据。

在发展信息化的同时，俄罗斯也加快了信息安全战略建设的步伐。但是，由于长期以来俄罗斯信息安全工作全部由国家强力部门统辖，互联网出现后呈现出很大的不适应，加上国力尚处恢复阶段，信息基础设施尚不发达，信息的利用正处于发展之中；因此，俄罗斯对信息领域的国家利益的定位基本不越出国家范围。1995 年，俄罗斯颁布了《联邦信息、信息化和信息保护法》。法规强调了国家在建立信息资源和信息化中的责任是，"旨在为完成俄联邦社会和经济发展的战略、战役任务，提供高效率高质量的信息保障创造条件"。法规中明确规定了信息资源开放和保密的范畴，提出了保护信息的法律责任。1999 年 10 月，俄联邦安全会议通过了《国家安全构想》。《构想》强调"信息安全是重中之重"，并提出保障俄国家安全的主要原则是：遵守俄联邦宪法、立法和国际法准则；尊重人的权利和自由；在保障国家安全时优先采用政治和经济措施，同时以军事潜力为依托；保障俄罗斯的经济安全和利益是国家政策的主要内容。俄对外政策应该旨在：推行积极的外交方针；巩固关键性的国际政治与经济进程多边管理机制，首先是联合国安理会；为国家经济与社会发展提供有利条件，确保全球和地区稳定；确保俄罗斯作为享有充分权利的一员加入全球与地区经济与政治机构；谋求核武器监督领域的进步，维护战略稳定；在打击跨国犯罪与恐怖主义方面开展国际合作。确保军事安全是国家工作中最重要的内容，主要目标是在国防开支合理的情况下，确保有能力对 21 世纪可能出现的威胁作出相应反应；俄主张通过非军事途径防止战争和武装冲突，但必须拥有足够的防御能力，必要时可动用现有各种力量和手段包括核武器；在宪法制度、领土完整以及公民生命和健康受到威胁的情况下，严格按照联邦宪法和法律在国内使用武力。① 至此，俄罗斯"综合型"信息安全战略，即强调"以维护信息安全为重点，维护国家的综合安全"的信息安全战略的框架初步构建。

① 巨乃岐、欧仕金、王育勤：《网络世界的保护神》，北京：军事科学出版社 2003 年版。

进入 21 世纪后，面对日益严峻的信息安全问题，俄罗斯在原有信息安全战略框架的基础上进行了完善和补充，使它更适应时代要求。

（一）实施针对性信息安全保障政策

当前，安全使用信息、技术和法律资源问题已经成为世界各国竞相关注的焦点之一。俄罗斯信息安全政策的制定和实施具有极强的针对性，旨在确立政策制定者、行政人员、信息使用者和信息管理者的相互关系原则。其信息安全领域的研发工作均带有综合和行业间的特征，涉及信息保护政策、信息管理、信息计量和其他自动化系统安全政策，其中包括生产、贸易、信息交易过程的监控政策都是国家社会经济和法律政策的重要组成部分。因此，研发和完善、有效地使用信息搜集、保存、处理、传递和传播全过程的保护方法和手段，以及保障政治、社会、经济、对外贸易、国防和其他领域的信息安全，免受盗窃、破坏、复制等行为的威胁对于俄罗斯国民经济的发展至关重要。具体而言，俄罗斯针对性的信息安全保障政策在国家生活各领域中主要体现在以下几方面：（1）经济领域——保护重点是以下几个系统：国家统计系统；金融信贷系统；联邦执行权力机关中负责保障社会和国家经济活动部门的信息系统及统计系统；各种所有制企业、机关和组织搜集、处理、储存和传递有关金融、交易所、税收、海关和外贸信息的系统。（2）内政领域——保护重点是：俄罗斯联邦公民的宪法权利和自由；俄罗斯联邦的宪法制度、民族和睦、政权稳定、主权和领土完整；联邦执行权力机关和媒体的公开信息资源。（3）外交领域——保护重点是：负责实施俄罗斯联邦对外政策的联邦执行权力机关、俄罗斯联邦驻外代表机构和组织、俄罗斯联邦驻国际机构中的常设机构的信息资源；负责实践俄罗斯联邦对外政策的联邦执行权力机关设在各联邦主体境内的机构的信息资源；俄罗斯联邦企业和负责实施俄联邦对外政策的联邦执行权力机构的分支机构和组织的信息资源。（4）科学技术领域——保护重点是：对国家科学技术和社会经济发展有重要意义的基础性的、探索性的和应用性的科学研究成果，以及那些一旦丢失就会给俄罗斯联邦国家利益和声誉造成损害的信息；发明，以及那些尚未获得专利的技术、工业样品、有效模型和试制设备；复杂研究设备（核反应堆、基本粒子加速器、等离子发生器等）的控制系统。（5）精神生活领域——重点保护公民的宪法权利和自由，使其个性得到发展，并能自由地获得信息，充分利用精神道德遗产、历史传统和社会生活准则，保护俄罗斯联邦各民族的文化财富，落实宪法对公民权利和自由作出的规定，以维护和巩固社会的道德价值、爱国主义和人道主义传统，保护公民的健康，挖掘文化和科学潜力，保障国防和国家安全。（6）信息和通信系统领域——保护重点是：涉及国家机密的信息；搜集、处理、储存和传递非公开信息的信息设备与系统、程序、自动化控制系统及数据传输系统；安装在处理非公开信息设施内处理公开信息的技术设备和系统，以及处理保密信息的设施；用于举行秘密谈判的场所。（7）国防领域——保护重点是：俄罗斯联邦武装力量中央军事指挥机关、各军兵种、集团军和部队的指挥机关以及国防部所属科研机构的信息基础设施；承担国防订货任务或解决国防问题的军工企业和科研机构的信息；军队和武器自动化指挥与控制系统；其他军队和军事机构的信息资源、通信系统和信息基础设施。（8）执法和司法领域——保护重点是：行使执法职能的联邦执行权力机关、司法机关及与其工作信息，以及一些相关研究机构使用的专用信息、资料及设备；信息基础设施。[①]

俄罗斯所有出台的综合性计划、措施都是由相应的机构、经济主体来实施的。从维护国家的根本利益出发，为开发和推动其进入技术、工程和管理、创新市场创造一切有利条件。另外，信息安全保障政策作为实施俄联邦安全发展战略的重要组成部分，涉及信息保护方法和手段、信息安全保障系统等。信息安全保障的主体是俄联邦法律机构、政权执行机构、工程科学学会、教育和财政机构等。现阶段俄信息安全保障的目标是在科研、结构设计、工程科学和法律机构开展创新活动。2002 年 4 月 21 日，俄发布 368 号政府令，规定联邦办公自动化系统必须使用俄罗斯智能卡。2003 年，俄罗斯启动了《保障俄联邦主体信息安全的联邦政策框架》和《2001—2007 俄罗斯关于建立和发展国家行政机关专用通信系统的联邦专项计划》。同时，俄罗斯强化了俄联邦安全总局、政府通信与管理总局和对外情报总局在网络与信息安全管理方面的职能，根据新的形势加强了信息安全方面的立法，对信息安全产业实行严格的行业管理和认证认可制

　　[①]　李红枫、王富强：《俄罗斯联邦信息安全立法研究（上）》，《信息网络安全》2007 年第 1 期。

度，加强了信息安全产品的研制和监管，重点加强了对政府、银行等领域信息安全设备的采购、使用和管理，为政府和军事系统建立专用信息传输系统，确保其在技术上的独立性。2003 年 3 月 11 日，根据普京总统令，"法普西"被撤销，其密码与认证等大部分职能都转归到俄联邦安全局。到 2003 年年底，俄罗斯基本完成了从传统只重视密码设备和安防产品到传统与非传统安全并重的转变。2004 年，俄罗斯进一步明确了信息安全保障体系的优先发展方向：（1）发展信息安全保障系统、研究信息理论和实践；（2）改进并研制新的信息安全保障方法和手段；（3）改进并建立新的信息保护法律标准，制定防止破坏和威胁信息安全的措施；（4）改进信息安全机制，防止被盗、被毁和被篡改；（5）建立法律标准系统，预防信息犯罪和非法利用计算机网络进行犯罪；（6）建立信息安全风险分析模型和方法，评估信息保护等级和信息安全的完整性；（7）发展信息质量管理系统，改进监控方法和手段，避免信息安全受到威胁和破坏等。根据这一方向，俄罗斯的信息安全保障体系得到了进一步的完善与发展，这为俄罗斯的信息安全保障战略打下了坚实的基础。

（二）建立信息安全保障系统和法律平台

目前，俄罗斯广泛开展的主要工作是综合研究在自动化信息交换领域产生的法律保护和著作权问题。事实上，在整个科学技术领域，信息保护问题已经成为人们关注的焦点。一方面是研究部门林立；另一方面则是预演方案尚不全面，信息流失模型仍不完善，现代化设备供不应求，更为重要的是基本的法律调控措施还显得不够得力。

俄罗斯宪法虽然明文规定了"每一个公民都拥有合法自由搜索、获取、传递、制造和传播信息的权利"。但是，它并不包括商务、财政、生产工艺等涉及国家机密的信息。需要国家法律进行调整的有商务、服务和国家机密，国家管理系统使用的信息保护手段以及防止外国技术侦察的措施等。作为国家政权机构和其他经营部门职业机密的国家信息保护法律机制还亟待完善。为此，俄罗斯制定和颁布了《俄联邦信息安全法》《俄联邦信息、信息化和信息保护法》等信息安全法规及《信息安全标准体系和测评认证制度》等法规文件。

俄罗斯联邦制定和实施的维护信息安全的法律对在国家层面上保障信息安全起着至关重要的作用，与信息保护措施、方法有关的法律、标准的制定和改进，有效地促进并发展了国家信息产业，抑制了信息交换和著作权保护领域的垄断行为。目前，在俄罗斯正面临着国家信息资源废除垄断、国家信息网络集成化和信息交换非集中化过程。因此，发展和改进国家法律平台，有利于发展国家对于信息资源形成及使用过程的调控系统。

为了对相关问题进行法律调整，俄罗斯还制定了一系列与《俄联邦信息安全法》相适应的文件、标准和方法。另外，还将调整机制列入联邦条例序列之中，指定特派机构和制定专业技术规范。2003 年俄联邦实施的《技术调整法》涵盖了整个从产品制造、储藏、运输、使用在内的系统技术调整，其中还包括了安全性技术调整。对于知识产权和著作权在内的保护法规也都有翔实的说明。

为了推动信息产业化的发展，俄联邦政府批准了《2002—2010 年电子俄罗斯》专项纲要。一方面是为了适应世界信息技术发展的潮流；另一方面则是发展国内电子通信、电子政务、电子商务并尽快与国际接轨的需要。专项纲要为国家信息安全保障提供了完整的法律体系和适宜的调整机制，因而具有十分重要的意义。①

（三）提出《国家信息安全学说》

基于对国际政治局势和国内复杂形势的分析，俄罗斯从 1994 年就着手制定信息安全学说；但由于诸多原因，当时未能成功。到了 1997 年，俄有识之士重提建立"国家信息安全大厦"问题。自此，俄安全会议即正式开始着手起草国家信息安全学说草案。2000 年 6 月 23 日，俄罗斯总统普京主持联邦安全会议，讨论并通过了《国家信息安全学说》。这是继 1999 年出台的《国家安全构想》和 2000 年早些时候由普京批准的《军事学说》之后的另一部"非常及时且重要的纲领性文件"。《国家信息安全学说》主要包括四个方面的内容：（1）确保遵守宪法规定的公民的各项权利和自由；（2）发展信息通信工具，保证本国产品打入国际市场；（3）为信息和电视网络系统提供安全保障；（4）为国家的活动提供信息保障。同时，在《国家信息安全学说》的指导下，俄罗斯将信息安全政策与措施进行了系统的规定，将信息安全区划分为：经济领域、内政领

---

① 李力：《俄罗斯信息安全法律政策及启示》，《全球科学技术瞭望》2004 年第 9 期。

域、外交政策领域、科学技术领域、精神生活领域、国防领域、司法领域
等，并对每一领域的信息安全都作了具体的规定。《国家信息安全学说》
为俄"构筑未来国家信息政策大厦"奠定基础，为对抗外国向俄罗斯政
治、经济、军事等领域的信息情报渗透起到指导作用。

俄罗斯《国家信息安全学说》的产生有其一系列的背景：（1）国内
因素：俄罗斯的信息安全不容乐观，它与俄罗斯的国际地位和社会要求不
适应。目前，俄在信息通信方面主要依赖于外国的计算机和电视网络技术
设备生产厂家，国家一些部门的很大一部分机密信息完全靠西方国家的信
息技术收集、存储和发布。俄罗斯尚不能生产具有足够信息防护能力的设
备，"对国家战略信息缺乏全面的保障"。在军事上，信息战、网络战已
成为新的战争形式，制信息权将在一定程度上决定未来战争的结局。俄外
交部长伊·伊万诺夫指出，科索沃战争和车臣战争的实践证明，信息已被
作战对手积极地用作武器，其效能甚至超过空军和炮兵的威力。有鉴于
此，"发展军事信息基础，大大提高军事情报侦察手段，呼唤制定《国家
信息安全学说》"。（2）国外因素：俄出台《国家信息安全学说》的另一
深层原因是苏联解体以后，一批掌握国家政治、经济、科技机密的人才迫
于生活的压力和事业发展的受限，相继移居西方国家；一些曾在重要军事
设施和秘密指挥机关服过役的军官，以及苏联克格勃成员，也陆续到北约
阵营谋生，造成大量国家军事、经济机密外泄。不仅如此，西方国家还主
动利用俄的"内乱"，在不断东扩的同时，加紧对俄的谍报工作。他们有
时直接派遣大量特工潜入俄境内，有时通过收买独联体和东欧国家的情报
人员为其服务，以获取俄罗斯的各种机密。① 在此严峻形势下，俄出台
《国家信息安全学说》可谓亡羊补牢，为时未晚。

二　实施"综合型"信息安全战略的措施

（一）提出并实践"第六代战争"论

俄罗斯军方将网络信息战称为"第六代战争"。俄军认为在未来战争
中，要夺取并掌握制信息权和制电磁权，就必须打赢网络信息战。俄军对

---

① 梦溪：《普京执政又出重拳——俄首次制定〈国家信息安全学说〉》，《解放军报》2000
年8月9日。

网络信息战的理论研究起步较早，并且在实战中使一些理论得到了检验。例如，在 1999 年 12 月 10 日—20 日解放格罗兹尼的战斗中，俄军实施无线电干扰的电台官兵成功地破译了匪徒在车臣首府东南部的防御系统内发出的密码。在对监听到的情报进行分析之后，不仅及时确定了匪徒盘踞的据点和指挥系统的位置，而且弄清了匪徒的人数，从而取得了战争的完全胜利。俄军认为，在未来战争中，网络电子战"实际上已成为一种变相的突击战模式，起到了与火力突击效果相同的作用"，网络电子战器材已成为直接毁伤敌人的强大手段。众所周知的车臣分裂分子杜达耶夫被击毙就是俄军一次小小的网络信息战演练，从中可以看出他们打网络信息战的水平。

　　近几年来，俄报刊发表了一大批关于网络信息战的文章，对俄军的网络信息战研究起到了极大的推动作用。俄军方把防御网络信息战攻击视为保卫国家利益的重大问题，并针对俄的实际情况，研究和制定了一些行之有效的对策。（1）加强侦察。侦察的任务是不断跟踪拥有完善网络信息基础设施的国家发展网络信息武器和准备网络信息战的有关情况。具体地说，就是对主要国家的网络信息武器及其使用方法从质量和数量上做出可靠的评估。定期分析地缘战略局势，预测全球性和地区性含有网络信息战成分的矛盾和冲突，以此作为国家防止信息战威胁的基础。（2）开展理论研究。研究不仅对网络信息战本身，更重要的是对建立自己的网络信息防护范围等问题，展开系统的、有针对性的理论研究。（3）加强安全检查。在国家机关特别是军事机关中，俄军组织力量对进口的网络信息设备进行仔细的检查和改造，以找出并堵塞"安全漏洞"，发现并清除破坏性的病毒程序。支持国内网络信息安全技术开发者，保护国内市场，防止潜在的网络信息武器对国内市场的渗透。（4）研制自己的网络信息武器。这对于俄罗斯武装力量而言是特别优先的任务，作为军事技术不可分割的一部分，作为国家军事政治和战略潜力的组成部分，国家安全也要求在网络信息武器方面实现力量的平衡。这就要求详细研究外国各类网络信息武器的全部现有数据，及时掌握有关网络信息武器的性能和使用方法。（5）严格遵守网络信息安全法规。要求全体公民严格遵守国家制定的各项网络信息安全方面的政策和法规，任何破坏网络信息安全政策法规的行为都被视为严重的犯罪。①

（二）成立专门的信息安全机构

为了有效地保障信息化建设过程中的信息安全，俄罗斯指定安全会议中的跨部门信息安全委员会专门负责信息化建设过程中的信息安全。该委员会共有成员 25 人，主席由联邦安全会议副秘书长担任，副主席分别由直属于总统的联邦政府通信与信息总署署长及通信和信息化部部长担任，其他成员则由相关的政府各部副职担任。该委员会的任务是为安全会议能够较好地履行自己在信息安全领域内的职责提供保障，并向总统及其他国家机构提供有关信息安全的资料。该委员会每月至少举行一次例会，也可以根据需要临时召开会议。

（三）加强对网络黑客的打击

在俄罗斯，从事黑客活动也是违法的，这点同在美国一样，但两国的区别在于初期执法力度不一样。乌克兰计算机犯罪研究中心的萨伊塔尔列认为，在俄罗斯，进行黑客活动虽然从法律上来讲是不对的；但人们不会从道义上真正地谴责这种行为，有时黑客活动在人们心中就和违章停车被罚款了差不多，不会有人把它看作是严重的罪行。从政府方面来说，也存在着对计算机犯罪活动危害性认识不足的问题。毕竟，黑客犯罪活动不会流血，不会让街道变得不安全，政府更多的注意力因此还是放在了对付暴力犯罪上。另一方面，俄罗斯的"黑客"们似乎都比较"爱国"，他们很少将犯罪活动的目标指向本国的企业和组织，外国的企业和政府对他们来说似乎更有吸引力。有时，他们还在为保卫国家的安全而"贡献力量"。1999 年，俄罗斯的"黑客"们就曾一举突破了北约和美国的信息安全防线。这也使得俄罗斯政府对他们放松了警惕。

近几年，俄罗斯也受到了"黑客"等网络犯罪分子的严重威胁和挑战。据俄罗斯国家安全局统计，俄罗斯各政府机关的网站已经成为目前最受"黑客""青睐"的俄文网站。在整个 2004 年，俄罗斯的政府网站共遭受 60 万次网上攻击，其中，仅普京的总统网站便遭到了 6.9 万次攻击。2004 年，网络犯罪数量已从 1.1 万起增加到了 1.4 万起。俄内务部负责特别重大案件

---

① 余波：《网络战：海湾战争新战线——美军"帝国反击"选错目标》，《新传播资讯》2003 年 3 月 21 日。

调查的资深侦查员雅科夫列夫表示："俄罗斯黑客主要从事网络诈骗、为境外财政机构洗钱等非法活动，呈现出更加年轻化的趋势。就是 15 岁的孩子都有可能进入互联网，攻击某个服务器。对境外黑客来说，大规模网络攻击可能会表明其政治立场，网络上现在最流行的是反全球化主义。"面对国内国际的压力，俄罗斯政府改变了对待网络黑客的态度，通过国际合作加强了对网络黑客的打击力度，并出台和完善了相关法律法规来打击这种行为。据《俄联邦刑法典》第 28 章规定：不正当调取法律保护的计算机信息，即在机器载体上、在电子计算机上、在电子计算机系统或在其网络上的信息，如果这种行为导致信息的遗失、闭锁、变异或信息复制，电子计算机、电子计算机系统或电子计算机网络的工作遭到破坏的，处数额为最低劳动报酬 200 倍至 500 倍或被判刑人 2 个月至 5 个月的工资或其他收入的罚金，或处 6 个月以上 1 年以下的劳动改造，或处 2 年以下的剥夺自由；有预谋的团伙或是有组织的团伙实施，或利用自己的职务地位以及有可能进入计算机、计算机系统或其网络的人员实施上述行为的，处数额为最低劳动报酬 500 倍至 800 倍或被判刑人 5 个月至 8 个月的工资或其他收入的罚金，或处 1 年以上 2 年以下的劳动改造，或处 3 个月以上 6 个月以下的拘役，或处 5 年以下的剥夺自由；编制电子计算机程序或对现有程序进行修改，明知这些程序和修改会导致信息未经批准的遗失、变异或复制，导致电子计算机、计算机系统或计算机网络的工作破坏，以及使用或传播这些程序或带有这些程序的机器载体的，处 3 年以下的剥夺自由，并处数额为最低劳动报酬 200 倍至 500 倍或被判刑人 2 个月至 5 个月的工资或其他收入的罚金。情节严重的处 3 年以上 7 年以下的剥夺自由；有可能进入电子计算机、计算机系统或其网络的人违反计算机、计算机系统和计算机网络的使用规则，导致受法律保护的电子计算机信息的遗失、闭锁或变异，如果这种行为造成重大损害的，处 5 年以下剥夺担任一定职务或从事某种活动的权利，或处 180 小时或 240 小时的强制性工作，或处 2 年以下的限制自由，情节严重的处 4 年以下的剥夺自由。2002 年美俄联合打击网络黑客的行动就充分表明了俄罗斯加强打击网络黑客的决心。当时几十名"黑客"从世界各地同时对美国发起攻击，在几分钟之内，大量窃取了美国程序中心的大量数据。虽然美国和俄罗斯特工机关经过密切合作，逮捕了这些对美国发动互联网历史上最大规模网络攻击的俄罗斯"黑客"，但"黑客"们在互联网上公开出售窃取的源代码和仿造的信用卡，专家们至今未能统计出此次网络攻击带来的损失，据粗略估计，至少有数亿美元。俄经济领域有组织犯罪行为调查局局长舍夫利亚科夫表示，美国专家逮捕的对美国程序中心实施网络攻击的执行者，主要是被塞浦路斯极端分子雇用的俄罗斯人。俄调查人员表示，所有被捕的"黑客"都将面临较长时间的牢狱生活，许多人将被判处 10 年以上的监禁。[①]

（四）加强对网络色情打击力度

俄罗斯境内利用网络传播色情内容的现象近年来日益严重。据统计，俄目前共有 8 万多个色情网站，而且还有不断增长的势头。网络色情特别是网上传播的儿童色情图片，使一些俄青少年深受其害，青少年的性犯罪率不断升高。

俄罗斯有关部门也曾开展过打击网络色情传播的行动。俄内务部于 2000 年成立了打击高科技犯罪局。该局的一些专家在网上搜索到儿童色情图片后，会向网络警察通报，设法屏蔽这些网站。此外，专家还与电脑供应商合作，查找上网电脑的地址信息，追踪制作和传播色情图片的人，以便将其逮捕，并关闭色情网站。但是，相对于打击网络诈骗等经济犯罪行为，打击高科技犯罪局对网络色情传播关注得不够。该局在成立后的第一年，只受理了 5 起在网上传播儿童色情图片的案件。这 5 起案件最初都是西方国家在打击网络色情时发现并通知俄方的。

俄罗斯和美国等西方国家共同打击制作、传播儿童色情图片的合作仍在继续。但从总体上看，俄强力部门打击网络色情的力度还不够。俄专家认为，出现这种情况的主要原因是缺乏法律基础。按照目前的俄罗斯刑法，对于制作、传播淫秽制品者，最高可判处有期徒刑两年，而且还有可能通过交纳罚款等方式代替有期徒刑。此外，俄罗斯没有专门惩处制作、传播儿童色情图片者的法律条文。正因为有法律漏洞，俄方与西方国家共同查处的网络犯罪组织的俄罗斯成员往往能躲避法律的严厉制裁。一些被查处的网络儿童色情图片的制作、传播者很快就能重操旧业。其他国家的色情图片制作者也利用上述漏洞，向俄罗斯的互联网渗透。面对本国法律

---

① 固山：《美俄特工联手抓获对美实施攻击的俄网络黑客》，《中国新闻网》2005 年 5 月 25 日。

不能有效惩处网络色情传播者的局面，很多俄专家主张修改制定相关法律，对制作、传播儿童色情图片者加大惩罚力度，增加刑期，屏蔽网民访问外国色情网站的途径，以遏制网络色情的传播。[①] 俄联邦政府采纳了专家的建议和主张，正在采取措施，加强对网络色情的打击力度。

（五）加强对垃圾邮件的治理

国际电信联盟专家会议 2004 年 7 月发表的公报指出，网络垃圾邮件每年给世界经济造成的损失高达 250 亿美元，垃圾邮件不仅阻碍了信息产业的发展，而且损害了人们对于网络交流的信心。公报同时指出，目前约80% 的电子邮件是垃圾邮件，其中 99% 的垃圾邮件来自美国、中国、韩国、俄罗斯和巴西。俄罗斯作为全球 5 个最大垃圾邮件来源地之一，据有关专家估计，在俄国的互联网中 3/4 以上的电子邮件属于垃圾邮件，每个互联网的使用者每天浪费在清除垃圾邮件的时间在 15 分钟到 30 分钟之间，平均为 20 分钟。每年每个公司的每位员工消耗在清除垃圾邮件方面的资金在 50 美元到 200 美元之间，垃圾邮件对俄罗斯公司造成的损失每年高达 2 亿美元。

垃圾邮件的泛滥引起了俄电信部门和政界的高度关注。2004 年 6 月，俄罗斯最大的政党"统一俄罗斯"莫斯科分部针对垃圾邮件向国家杜马提交了关于修改俄联邦《广告法》《俄联邦刑法》和《行政法》的提案，旨在通过立法的形式来治理垃圾邮件在俄罗斯的蔓延。据俄媒体报道，在俄"统一俄罗斯"党的提案中允许个人和公司使用电话、传真、手机和互联网等通信工具发送广告信息，但必须遵守以下条件：（1）发送的信息条数不是大批量的。其标准是：在 24 小时内发送的信息不得超过 1000条或者 30 天内不得超过 10000 条、一年内不得超过 10 万条。（2）为了使发送的信息被用户认为只是广告，不需要用户直接阅读信息的内容，必须在《主题》栏中注明"广告"一词或用其他方法进行注释。（3）必须在信息中注明发送者的真实姓名、通信地址和电子邮件地址。（4）在信息内容中向用户提供以后拒绝接受的可能方案，一旦发送者被告知不再需要该类广告，将不得再发送。提案同时还对垃圾邮件的制造者规定了经济处罚额度和刑事责任范围：构成发送垃圾邮件罪名者将处以 50 万卢布的经

① 魏忠杰：《缺乏法律基础支撑打击网络色情无力》，《中国青年报》2004 年 8 月 6 日。

济处罚；公司或者法人因发送垃圾邮件将处以 1000 倍最低工资金额的罚款，责任人将处以 200 倍最低工资金额的罚款；情节严重者将被判处 2 年以上有期徒刑。俄"统一俄罗斯"党的提案受到了社会的普遍关注和人们的赞同，业内人士更是翘首等待国家杜马对这一提案的讨论结果。① 据有关方面透露，俄国家杜马已在 2005 年和 2006 年多次讨论这一提案，并根据这一提案对相关法规进行了修改，加大了打击垃圾邮件的力度，取得了较大的成绩。

（六）加强对信息安全人才的培养

为了保证、保护国家机密和信息安全方面人才培养的质量以及完善其培养体系，俄罗斯成立了俄罗斯联邦教育部保护国家机密和信息安全人才培养协调委员会（以下简称委员会）。其应履行的职能：（1）参与准备该教育领域的有关分析材料，对俄罗斯联邦安全会议、跨部委国家保密委员会、俄罗斯教育部关于保护国家机密和信息安全方面的教育发展战略的制定提出建议；（2）参与制定有关保护国家机密和信息安全方面的俄罗斯联邦法律、俄罗斯联邦政府令、俄罗斯联邦政府的决议和命令以及俄罗斯教育部和其他联邦权利执行机关的法令、法规草案的工作；（3）参与组织、兴办国际性和俄罗斯全国性的保护国家机密与信息安全方面的研讨会。其职权表现为：（1）受俄罗斯教育部委托，向联邦权力执行机关、联邦安全会议、跨部委国家保密委员会以及制定国家教育标准的联邦委员会就保护国家机密和信息安全方面人才培养的组织工作提出建议；（2）提议制定俄罗斯教育部法规性文件草案，以确定包含有构成国家机密内容的职业教育教学大纲的实施程序，并就所制定法规的适用以及相关法规性文件的修改等提出建议；（3）按照规定程序，向所有职业教育机构（无论其隶属关系和所有制形式如何）索取保护国家机密和信息安全方面人才培养和就业情况等信息；（4）吸收联邦权力执行机关（通过协商）、职业教育机构和其他组织的代表参加委员会的工作；（5）在委员会会议上听取职业教育机构代表关于落实委员会决议和建议情况的报告。为了实现其宗旨，委员会参与完成了以下任务：（1）根据有关联邦权力执行机关对保护国家机密和信息安全实

① 董映璧：《公司每年损失 2 亿美元俄对垃圾邮件说"不"》，《科技日报》2004 年 7 月 15 日。

施国家调控的要求，推行国家统一的人才培养政策；（2）组织制定法规文件草案，对中等、高等、大学后以及补充职业教育机构在保护国家机密和信息安全方面的职能作出规定；（3）确定实施含有国家机密内容的职业教育大纲及组织教学过程的程序和规则；（4）在俄罗斯教育部下达的任务和项目以及联邦权力执行机关、俄罗斯联邦安全会议、跨部委国家保密委员会所设立的项目框架内，组织和开展科研活动，以取得保护国家机密和信息安全教育方面的教学法成果。①

三　俄罗斯实施"综合型"信息安全战略面临的困难和问题

虽然俄罗斯的信息安全战略具有很强的综合性，但也存在一些困难和问题，致使俄罗斯实施综合性信息安全的目标难以在短期内全面实现。

（一）信息技术人才流失严重

俄罗斯计算机信息处理领域的人才非常优秀，其专业水平令欧美同行称道。例如，莫斯科大学数学系的领头人是俄科学院数学权威、负责软件数理分析的库多里采夫教授，在其门下有数名世界一流的年轻数学家，他们在世界上首创出一种可以转换成语音和文字的"读唇术程序"，不仅适用于情报活动，而且可以为盲人服务，具有巨大的市场潜力。再如，有世界75个国家参加的2004年"世界计算机程序设计大赛"上，圣彼得堡大学的学生战胜了哈佛大学、斯坦福大学和麻省理工学院等美国精英而夺冠。因此，俄罗斯被视为IT人才的宝库。美国人对他们的评价是：俄罗斯人才优秀，学历高、富有独创性的优势，但工资成本却非常低，俄科学院一级人才以月薪1500美元就可聘请到；他们只会埋头研究而远离意识形态和政治活动；可以利用他们所掌握的大学和研究机构里的先进设施，不必进行新投资等。英特尔公司发言人曾对《莫斯科时报》表示："对我们来说，俄罗斯拥有丰富的马上就可以投入使用的人才，俄罗斯是一个很重要的研发基地。"鉴于此，欧美国家、企业借助资金和技术的优势不断蚕食俄罗斯IT产业的核心部分，竞相对其人才进行争夺，致使俄IT人才大量外流，严重影响俄"综合型"信息安全战略的实施。

---

① 生建学：《俄罗斯联邦教育部保护国家机密和信息安全人才培养协调委员会章程》，《世界教育信息》2004年第1—2期。

（二）"橙色网络"威胁越来越严重

进入 21 世纪，随着美国信息战略的进一步发展，美国不断通过网络信息战来影响和控制其他国家和地区。美国实施网络战争的目标就是要向所有人灌输一种不愿与美国进行军事竞争、认为与美国竞争毫无意义的思想。网络战争由美国主导，针对的是所有其他国家和民族，这其中既包括美国的敌人，也包括盟友和中立国。对他国实施外部监控其实就是一种奴役。这种战争同样也针对俄罗斯。如今，亲美派专家、学者及分析人士对当局形成重重包围，他们直接为美国奔走游说，这些势力与为数众多的美国基金会构成了上述网络的重要环节。俄罗斯大资本和高层官僚的代表们已经融入西方世界，那里有他们的存款。大众传媒用依据美国标准炮制出来的信息，对广大读者和电视观众进行密集的视觉和心理轰炸。你不可能像在工业时代那样，将这些行为认定为"外国情报机关"的间谍活动。用工业时代传统的反间谍机制和方式是无法俘获信息时代的技术的。①

近年来，美国在伊拉克和阿富汗正是在实施这样的战争。这是网络战争的强硬模式。还有一种温和模式，这种模式在格鲁吉亚、乌克兰、摩尔多瓦以及独联体其他一些成员国通过了测试。发生在基辅的橙色革命便是其中的典型范例。西方干脆、彻底地完成了让乌克兰摆脱俄罗斯的任务，他们利用了诸多因素和手段，却没有使用传统的武力方式。这一事件中最重要的一个工具是"橙色网络"。而"橙色网络"正是依照网络战争的种种标准建立起来的。

在 2004 年秋天，乌克兰事件的每一个参与者都受到了操控，有的直接受控，有的间接受控；有的通过欧洲受控，有的通过俄罗斯受控；有的通过经济杠杆受控，有的通过宗教因素受控。

2008 年，俄罗斯也将面临同样的命运，这一点现在已毫无疑问。即便俄罗斯届时保持中立，甚至是以美国为友，这样的事情也会发生。到 2008 年，俄罗斯的危机将酝酿成熟。届时，俄罗斯的行为将被美国网络战争的设计师们所掌控。俄罗斯内部的各个相关环节将开始启动，美国将在社会、信息和心理认知领域对俄施加影响，所有人都将被赋予各自的角

---

① ［俄］亚历山大·杜金：《美国网络战理论不仅涉及军事》，《参考信息》2005 年 12 月 4 日第 3 期。

色，大家都将被迫各司其职……

　　俄罗斯要想从理论上作出有力的回应，唯一的出路是制定相应的网络战略，对国家各个方面——管理部门、基础科学领域和信息领域——进行均衡而迅速的升级，使其尽快向后现代社会迈进。俄罗斯国家机关应立即清除美国网络因素，组建相应的网络机构，以应对美国的挑战。为此，需要建立一个专门小组，其成员应包括高级官员、最优秀的情报人员、学者、工程师、政治理论家，爱国记者及文化界人士。其任务应当是设计欧亚网络模式，该模式应包括美国后现代信息社会所具备的基本元素。这就意味着必须使俄罗斯武装力量、情报机关、政治机构、信息体系和通信领域尽快实现"后现代化"。这是一个极其艰巨的任务，但如果不解决这一问题，俄罗斯在 2008 年（或许更早些）可能被"橙色网络"技术打败。只有利用网络手段才能赢得网络战争。

第五章　我国信息安全战略的总体设想

随着全球信息战的日趋频繁和激烈及我国信息安全形势的日趋严峻，信息安全战略不仅成为国家安全战略的基石和核心，而且将全方位地影响我国经济、社会、政治、科技、文化、军事、外交等各领域各方面的全局和长远发展。因此，制定和实施信息安全战略，必须以科学发展观统领全局，树立综合安全观，提高认识，更新观念，确立科学目标，遵循正确原则，开拓新思路，创建新机制，提出新举措；采用综合集成的方法，打破旧框框，加强领导，统筹兼顾，全民参与，对现有各部门、各地区、各领域、各层面的资源、策略、手段进行整合和创新，建立健全信息风险预警新机制、信息安全防范新机制、信息安全管理新机制；大胆探索加强信息安全关键技术和核心技术研发的新思路、促进信息安全产业健康持续发展的新思路、加强信息安全法制建设和标准化建设的新思路，积极参与和加强信息安全保障的国际协作，构建既符合国际通行规则又具有中国特色的信息安全保障新体系。

第一节　提高认识　更新观念

在信息技术革命蓬勃发展的当今世界，国家安全的诸多方面已经并将继续发生重大变化，我们应该与时俱进，不断提高认识，更新观念，摒弃旧的传统安全观，树立新的综合安全观，应该彻底纠正"信息安全无关大局"的片面观念，深刻认识信息安全的地位和作用，从基本国策的高度来认识信息安全，制定和实施信息安全战略，构建信息安全保障新体系。

一　科学认识和树立新安全观

(一) 联合国的新安全观

国家安全观是人们对国家安全的威胁的来源、国家安全的内涵和维护国家安全的手段及相关领域的基本认识。国家安全是一个相对和动态的概念，它随着形势的发展而不断丰富和发展。早期的国家安全主要指领土或主权不受外敌侵犯，军事威胁是安全威胁的核心。因此，各国都以强化军事实力为核心来维护自己的国家安全。随着形势的发展和时代的前进，国家安全的内涵和外延都不断扩大。"冷战"结束后，逐渐形成复杂而严密的国家安全体系：包括国家经济安全、政治安全、军事安全、文化安全、社会安全、信息安全等，安全防卫的重点从处理危机扩大到全面防范。人们把"冷战"前以军事安全为核心的安全观称之为传统安全观，把"冷战"后形成的安全观称之为综合安全观，简称新安全观。新安全观是对传统安全观的继承和发展，是对新形势下国家安全问题的根本态度和观点，是对客观的国家安全状态的综合反映，是整体的、全方位的安全观念，是系统化、理论化的国家安全观念。不同的国际组织、不同的国家乃至不同的专家学者对新安全观的解释也往往不同。其中联合国的解释最具有典型代表性。在1994年联合国开发计划署的《人类发展报告》和加利秘书长的《和平纲领》中，都明确提出了从传统安全概念向新安全概念转变的必要性，并阐述了新安全观的基本内容和特征。例如，《和平纲领》指出，"国际安全不限于其传统的意义，也包括未来时代所出现的新的安全含义"。《人类发展报告》强调，现在是从狭义安全概念转向"全包容型"（Allencompassing）安全概念的时候了。联合国的新安全观主要有以下几个主要特征。

1. 全球性。

新安全观是针对全球性威胁的全球安全观。与传统安全威胁不同，全球性威胁超越主权国家边界，其根源和影响是全球性的，许多安全问题的解决，不仅要靠各国（地区）各自的努力，而且需要国际上的相互配合和密切合作。安全的"链接性"不断增大，任何一个国家的安全都不可能与"国际安全"截然分开而孤立存在。

2. 人民性。

新安全观是针对每个人安全威胁的人民安全观。个人安全的提出主要是建立在对"冷战"后"新威胁"的充分考虑之上的，因为这些"新威胁"不再局限于国家所面临的外来入侵的威胁，更多是个人日常工作和"学习中所面临的威胁"。1994 年《人类发展报告》就列举了一系列"个人安全威胁"。联合国许多文件在涉及新安全概念时，多用"以人为中心的安全"。秘书长安南就曾强调："安全的概念一度等于捍卫领土，抵抗外来攻击，今天的安全则要求进而包括保护群体和个人免受内部暴力的侵害"，所以，"我们必须更要用以人为中心的态度对待安全问题"。①

3. 综合性。

联合国的新安全观强调安全内容的广义性、包容性，强调战争、冲突与经济和社会发展、善政、民主化等要素是"不可分割的"，相辅相成。例如安南在 1999 年关于《防止战争和灾难》的年度报告中说："人类安全、善政、均衡发展与尊重人权是相互依赖、相互补充的"，"如果鼓励追求其中某一方面，另一方面也就失去了意义"。②

4. 可预防性。

新安全问题是可以通过预防措施和非军事途径解决的。《人类发展报告》提出，传统安全与人类新安全的一大不同就是，传统安全需要军事来防卫和实现，而新安全则是可以预防的，可通过支持发展来取得。而且，新安全的实现需要包括社会发展、善政、民主化法制和尊重人权等安全的各个不同方面。

由于世界是丰富多彩、复杂多变的，不同国家和地区存在很大差异。因此，对联合国来说，创立一种"全包容型"的新安全观，把全球问题的方方面面都纳入其中是很难的，也是不现实的。同时，由于各国（地区）面临的安全问题不同，各自应从自身实际出发，在联合国新安全观的大框架下创建具有本国或本地区特色的新安全观。

（二）我国的新安全观

我国党和政府早在 20 世纪末就提出了新安全观。1999 年 3 月，江泽民同志在日内瓦裁军谈判会议上提出了以"普通安全"为主要内容的新

---

① 安南 2000 年千年报告：《我们人民——联合国在 21 世纪的角色和作用》，http：//www. un. org/chinese/aboutun/prinorgs/ga/millenniun/sg/report/ch4. html.

② Kofi A. Annan. 1999 Annual Report：Preventing War and Disaster；Agrowing Global Challenge. Un Department of Public Information，1999：（9）：14—15.

安全观，为构建我国新时代国家安全观勾画了基本框架。2002 年 9 月 13 日，在第 57 届联合国大会上，时任外交部部长的唐家璇向全世界阐述了中国的新安全观。同时，我国理论界对新安全观的研究也步步深入，出了许多名家名作。国防大学的国家安全战略专家林东博士指出："我们的国家安全观念必须有一个大的突破，必须突破以往那种以军队为主体、以军事安全为核心的现实主义传统安全观，建立一种以政府、企业、大众和军队为主体，包括政治安全、军事安全、经济安全、社会安全、科技安全、文化安全、信息安全等在内的综合安全观，这就是新国家安全观。"①

新国家安全观与传统安全观相比，具有自己独特的内容和特点。主要表现在以下方面。

1. 安全边界扩大化。

随着信息技术革命的发展和世界相互依赖程度的加深，国家的安全边界不再限定在一个国家的领土范围内，而是大大超越了这一范围。在这种情况下，国家的政治安全、经济安全、文化安全、军事安全、科技安全、资源生态安全等仅靠一国的努力，在国家领土范围内是很难得到有效保证的，民族国家需要通过更多的安全合作来维护自己的国家安全利益。

2. 安全主体多元化。

新安全观突破了安全就是国家安全的局限，出现了个体安全、人民安全、集体安全、地区安全、世界安全。这种安全主体多元化的趋势也说明：在信息时代，只有把个人、国家、地区乃至全球各个层次的安全结合、统一起来，国家才能获得真正的安全。

3. 安全要素多元化。

在信息时代，政治、经济、军事、文化、信息、科技、资源、环境等都已成为国家安全的重要因素。随着信息网络逐渐成为国家生活各个领域正常运行的基础，信息本身的安全无疑会成为国家安全的关键因素。

4. 安全手段复合化。

在信息时代，由于安全要素的多元化和它们之间的相互影响和渗透的复杂化，单凭军事手段已经难以维护国家安全。一个国家必须综合运用政

① 《大国间争斗未销，专家：中国须树"新国家安全观"》，《临江市政府网》，http：//www. linjiang gov. cn/list。asp？id =1130.

治、经济、外交、军事、文化、科技、资源等手段来维护国家安全。

5. 安全问题更加国际化。

在信息时代，一个国家的安全与整个国际社会的安全紧密相连。一个国家要想实现自己的安全，就必须考虑到与自己有关的其他国家和地区的安全及国际社会的整体安全。

6. 安全关系多边化。

信息技术革命的飞速发展，打破了时间和空间的限制，国家间的冲突不断向非军事领域扩展，安全要素日益多元化，安全问题国际化，在这种情况下，国际多边安全磋商与合作成为各国维护自身安全的一个强有力的手段。①

总之，我国的新安全观是一种包含"信息安全观"在内的"综合安全观"、"普遍安全观"、"合作安全观"。

二　从基本国策的高度认识信息安全战略

新安全观即综合安全观，内容广泛，涉及面广，主要包括政治安全、经济安全、社会安全、信息安全、文化安全、军事安全等。国际互联网的发展和广泛应用，使硕大的地球真正变成了地球村，进而使安全产生了全球性等特征。技术的强大能量和高渗透性，使信息成为最重要的战略资源，它既是增强国家凝聚力、巩固国家政权的力量，也是分解国家凝聚力、威胁和削弱国家政权的武器，信息战已成为威胁政治、经济、军事、社会乃至国民的精神、观念、心理等，直至动摇国家社会基础的战争。信息安全不仅是国家安全的基石和核心，而且是关系到国民经济能否全面可持续发展、社会能否稳定、国家政权能否巩固、民族兴衰和战争胜败的重大问题，是一个庞大的系统工程。如果信息安全得不到保障，将全方位地危及经济、社会、政治、军事、科技、文化、外交等各方面，使国家处于高度危险和严重威胁之中。据此，我们应把信息安全定为基本国策，从基本国策的高度来认识信息安全和信息安全战略，充分认识确立信息安全战略新思路的重大意义，站在复兴中华民族的历史高度来制定和实施信息安全新战略，构建信息安全保障新体系。

（一）从保障经济可持续发展的高度，充分认识信息安全战略的重大意义

---

①　杜永明：《信息时代中国国家安全战略》，《中共福建省委党校学报》2002 年第 8 期，第 6—7 页。

党中央要求我们用科学发展观审视一切，统领全局，而可持续发展又是科学发展观的核心，是 21 世纪经济发展的战略选择。信息安全和经济可持续发展关系密切。我国的信息化建设已进入全面推进和加快发展的重要时期。信息产业优先快速增长，以其强大的带动力、关联性、渗透性和扩散性，带动着产业结构的优化和整个国民经济的持续健康发展。信息技术以其极强的渗透性，犹如"水银泻地，无孔不入"，不仅渗透到工业、农业、交通运输业、商业、建筑业等经济领域，而且广泛影响到科技、教育、文化、金融、贸易、卫生、医疗、国防、国际关系等广大领域。信息技术及其产品在经济和社会各个领域得到广泛应用。工业、农业、服务业、金融、税收、电力、交通、文化、教育、科研、社会保障和社会治安等系统越来越依赖于信息网络，现代企业特别是跨国经营企业越来越离不开网络，各级政府的行政管理和公共服务越来越多地通过网络实现。信息已经成为经济发展的最宝贵的战略资源，信息网络系统已经成为能源、交通、金融等国家关键基础设施的神经中枢，是经济可持续发展的重要保障。信息和信息网络系统的安全有利于信息产业的健康发展，有利于国家关键基础设施的正常运转，从而有利于经济的可持续发展。随着我国信息化的发展，经济社会发展对信息和信息网络的依赖性会越来越强，信息安全保障工作会越来越重要。只有不断解放思想，更新观念，创新认识，制定和实施信息安全新战略，构建信息安全保障新体系，保障信息安全，才能推进信息化的进一步发展，以信息化带动工业化，提高国民经济运行效率和社会生产力水平，保障我国经济的可持续发展和全面建设小康社会宏伟目标的实现。

（二）从构建和谐社会的高度，充分认识信息安全战略的重大意义

党的十六届四中全会通过了《中共中央关于构建社会主义和谐社会若干重大问题的决定》。我们应该响应党的号召，坚持最广泛、最充分地调动一切积极因素，为构建和谐社会而努力。我们所构建的和谐社会，是全方位、多层次、跨时空的和谐社会，不仅指中国社会内部城乡之间、区域之间、行业之间、人与人之间、人与自然之间的和谐，还包括中国与其他国家、其他民族、其他文化的和谐；和谐社会不仅要体现鲜明的时代特征，而且要具有深厚的历史文化底蕴，要积极发掘传统文化的精髓，在新的时代背景下找到传统与现代的结合点。我们所构建的和谐社会，是"和谐中有不和谐，不和谐中求和谐"的社会过程或状态。和谐社会绝不

是没有矛盾、没有差别、缺乏活力、发展缓慢的社会，而是建立在高度物质文明、政治文明和精神文明基础上的，充满生机和活力的，能够保持社会的健康、快速发展，蕴含着强大的可持续发展潜力的现代社会。目前，我国正处在发展的关键时期和改革的攻坚阶段，社会生活中各种深层次矛盾不断显现，影响社会稳定的不安定因素增多。"要适应我国社会的深刻变化，把和谐社会建设摆在重要位置，注重激发社会活力，促进社会公平和公正，增强全社会的法律意识和诚信意识，维护社会安定团结。"① 近几年来，日趋激烈和频繁的信息战对我国信息安全的威胁日趋严重，对信息和信息系统的攻击和破坏活动大幅度增加，网络违法犯罪案件不断上升，信息网络环境很不和谐，严重威胁着社会的稳定和安定团结。对此，必须予以高度重视，从构建和谐社会的高度，充分认识信息安全战略的重大意义，把制定和实施信息安全新战略作为构建和谐健康的网络环境和和谐社会的重要工作，切实抓紧抓好。

（三）从保障国家安全的高度，充分认识信息安全战略的重大意义

"和平与发展仍是当今时代的主题。""但是，不公正不合理的国际政治经济旧秩序没有根本改变。影响和平与发展的不确定因素在增加。传统安全威胁和非传统安全威胁的因素相互交织，恐怖主义危害上升。霸权主义和强权政治有新的表现。""世界还很不安宁，人类面临着许多严峻挑战。"② 针对这种新情况，我们应该树立综合安全观。综合安全观，是整体的、全方位的安全观，是复杂而严密的国家安全体系，主要包括信息安全、政治安全、经济安全、文化安全、军事安全等。信息技术革命和国际互联网的蓬勃发展和广泛应用，使信息安全在国家安全体系中的地位和作用日益突出。从病毒传播、黑客攻击、蓄意入侵、有组织犯罪到泄密窃密、垃圾信息，再到基础设施破坏、运行故障等，还有境内外敌对势力利用网络和信息技术进行的反动宣传、渗透和颠覆活动，使信息安全问题成为信息化建设和经济社会发展面临的必须解决而又很难解决的经常性问题。它不仅严重阻碍着整个国家的信息化进程，而且严重威胁着整个国家

---

① 《中共中央关于加强和改进党的作风建设的决定》，《保持共产党先进性教育读本》，北京：党建读物出版社2004年版，第71页。

② 江泽民：《在中国共产党第十六次全国代表大会上的报告》，《人民日报》2002年11月18日。

的安全，还给国家与国家之间的关系带来了新的制约因素。信息安全已经成为国家安全的基石和核心，成为制约渗透、影响政治安全、经济安全、文化安全、军事安全等其他安全要素的关键。没有信息安全，就没有国家安全。因此，制定和实施信息安全战略，要用创新思维，探索新思路，敢于突破旧框框，要深入研究在信息安全领域中遇到的热点、难点、关键点和敏感点，从保障国家安全的高度寻求一个科学处理这些问题的正确思路，以便引导信息安全进入一个更理性、更科学、更实际、更符合中国特色的建设轨道。

（四）从加强社会主义精神文明建设的高度，充分认识信息安全战略的重大意义

党和国家非常重视社会主义精神文明建设，专门制定和实施了《关于加强社会主义精神文明建设的决定》。随着信息技术的迅速发展，互联网作为新的信息传播媒体，越来越成为传播世界先进科学文化成果，弘扬中华优秀传统文化的重要渠道，对于提高全民族思想道德和科学文化素质，加强社会主义精神文明建设，起到了积极作用。同时也应当看到，当前互联网上的信息十分庞杂，泥沙俱下，存在大量反动、迷信、暴力、黄色等有害内容，已经在社会上造成严重影响，危害了青少年身心健康。必须加强信息安全工作，建设网络文明，用正确、积极、健康的思想文化占领网络阵地。目前，应特别重视对未成年人的"网德教育"。未成年人正处于生长发育的重要时期，主体意识正在形成。他们在现实社会中往往处于被动的地位，一旦成为网络这个交互性、开放性和虚拟化媒体的主人，就很难经受住各种负面诱惑。例如，网上的色情、暴力信息，网络欺骗行为等，都能导致未成年人思想上的迷茫和价值观的倾斜。因此，必须对网络道德教育在促进未成年人思想道德建设中的重要作用予以充分的关注，使网络道德教育成为我国未成年人思想道德建设体系的重要组成部分。网络道德是传统社会道德在信息社会中的一种延伸。加强未成年人的网络道德教育，会促进现实社会的道德教育，从而推进精神文明建设。而为了加强未成年人的网络道德教育，引导广大未成年人合理使用网络，使网络在未成年人世界观、人生观和价值观的塑造中起到积极的作用，我们必须做好以下几项工作：一是制定相关的网络管理条例和法律法规，同时通过对网络的信息内容进行分级管理，过滤掉色情、暴力等不良信息。二是把

"网德"教育纳入学校德育的范畴，并尽快构筑起未成年人"网德"教育的社会支持系统，使政府、学校、社区、家庭在网络道德教育方面形成合力。三是实施"网络文明工程"。推出内容丰富、服务完善、健康文明的网站，吸引更多的未成年人视线；在内容上，针对未成年人的生理和心理特点，有的放矢地开辟一些栏目，融趣味性、知识性、互动性、教育性于一体，寓教于乐，在潜移默化中实现对未成年人的思想道德教育。

必须指出，为了适应全球信息战的新形势，制定和实施信息安全战略，构建信息安全保障新体系，应该与时俱进，更新观念，解放思想，不断产生新认识。解放思想，不能仅仅写在纸上，喊在嘴上，应当体现在政策中，渗透到工作中，落实到行动上。要大力倡导"敢闯敢试、敢为天下先"的精神，凡是符合"三个有利于"标准，符合"三个代表"重要思想，符合"科学发展观"的，就要大胆探索、大胆实践，埋头干、不张扬，激励开拓者，重用创新人才，宽容探索中的失误，善待改革中的挫折。各级党政组织和领导干部，应做解放思想的表率，为制定和实施信息安全战略和构建信息安全保障新体系，而积极支持创新、勇于承担风险和责任，在全国上下、方方面面形成不断解放思想，更新观念，提高认识，全面创新的生动活泼局面。

第二节　信息安全战略的基本框架

信息安全是一项极其复杂的系统工程，内涵丰富，涉及面广，但也有其自身的运行和发展规律。应遵循客观规律，学习借鉴国外成功经验，从我国国情出发，制定和实施既符合国际通行规则，又具有中国特色的信息安全战略，构建信息安全保障新体系。其基本框架可以是：以邓小平的国家安全理论为指导，以科学发展观统领全局，认真学习党和国家有关信息化和信息安全的指示精神，解放思想，更新观念，提高认识，确立积极可靠的战略目标，坚持科学合理的战略方针，遵循正确的战略原则；建立健全信息风险预警新机制，及时准确地发布风险预警；建立健全信息安全防范新机制，并从政策体制上加以保障；建立健全信息安全管理新机制，强化科学管理；探索加强信息安全关键技术和核心技术研发的新思路，开创以自主可控技术为主的新格局；探索促进信息安全产业健康持续发展的新思路，为保障信息安全奠定基础；加强信息安全法制建设和标准化建设，以法维护信息安全；加强领导，强化管理，全民参与；顺应全球化潮流，积极参与和加强信息安全保障的国际协作。

一　确立科学的战略目标、方针和原则

信息安全战略是一个庞大的系统。制定和实施信息安全战略，构建信息安全保障新体系，必须首先确立积极可靠的战略目标、科学合理的战略方针和正确的战略原则。

（一）确立积极可靠的战略目标

信息安全战略目标是指一个国家在某一时期内，在信息安全领域所需达到的目的、标准和水平。信息安全的战略目标既不能过高，又不能过低，应是积极可靠的，经过努力能够达到。2020 年前，我国国家信息安全的战略目标可以是：加强领导，全民动员，强化安全管理，发展安全技术，完善安全法规，逐步建立健全技术自主、结构合理、管理科学、反应敏捷的系统、完整、有效的国家信息安全战略体系和信息安全保障新体系；全面提高信息安全防范能力、控制能力、保护能力、应急处置恢复能力和侦查打击能力；保障基础信息网络和重要信息系统的安全，抵御和反击有关国家、地区、集团可能对我国实施"信息战"的严重威胁和攻击以及国内外的信息网络犯罪；创造安全健康和谐的网络环境，实现信息安全与信息化建设同步发展，维护国家安全、社会稳定和公众合法权益，促进经济社会可持续发展。针对我国信息安全关键技术相对落后和受制于人的现实，"十一五"期间，应通过对信息安全防护关键技术的重点攻关研究以及对急需的信息安全产品的研究与开发，为国家信息化建设的安全保障体系提供关键核心技术和平台，增强对国家信息基础设施和重点信息资源的安全保障能力，包括信息安全防护能力、隐患发现能力、应急响应与恢复能力和信息对抗能力等，基本满足党、政、军和国民经济建设主要部门的信息安全需求。建立和完善与信息安全相关的技术标准体系，形成具有我国自主产权的、结构合理、具有较强创新实力的信息安全科研与产业体系，以及信息安全人才教育与培训体系，使信息安全成为国内重要的产业之一，并能显著提高我国的信息综合保障能力，有力地推动我国信息化建设的全面开展。

（二）坚持科学合理的战略方针

信息安全是一个基于高技术、非对称、超常规的信息对抗过程，这个过程没有尽头。对抗的双方，主动攻击者在暗处，被动防御者在明处。少数人的主动攻击，会造成防御方很多人被动应付的局面。面对这种严重不对称现象，要扭转被动防御的局面，就必须制定和坚持"积极防御、综合防范"的方针，探索和把握信息化与信息安全的内在规律，全面提高信息安全发现预警、防范控制、保护评估、应急恢复、查处打击、对抗反制、监督检查等能力，构建立体防御体系，提高我国信息安全保障的整体水平，主动应对信息战的挑战，促进信息化与信息安全协调发展。积极防御，就是坚持用发展的思路解决信息安全问题，充分认识信息战的新形势及危害性，立足于安全保护、加强预警和应急处置，从更深层次和长远考虑，提高隐患发现、安全保护、应急反应、信息对抗等能力，实现对网络和信息系统的安全可控。综合防范，就是坚持预防、监控、应急处理和打击犯罪相结合，做好保护、检测、反应、恢复、预警、反制六个环节中的工作；从国家组织框架、监管、监控、打击犯罪、应急处置、法律、标准、人才、技术和产业发展等方面入手，采取综合配套的措施，调动一切积极因素，共同构筑国家信息安全保障新体系。

（三）遵循正确的战略原则

1. 坚持一手抓发展，一手抓安全。

党中央、国务院适应经济全球化和科技进步加快的国际环境，适应全面建设小康社会的新形势，及时作出大力发展信息产业等高新技术产业，以信息化带动工业化，推进国民经济和社会信息化的战略决策。2006年5月8日，中共中央办公厅、国务院办公厅印发了《二〇〇六—二〇二〇年国家信息化发展战略》。必须根据党和国家的战略决策、抓住当前难得的机遇，贯彻落实科学发展观，坚持以信息化带动工业化、以工业化促进信息化，坚持改革开放和科技创新为动力，大力推进信息化，充分发挥信息化在促进经济、政治、文化、社会和军事等领域发展的重要作用，不断提高国家信息化水平，走中国特色的信息化道路，促进我国经济社会又快又好地发展。"十一五"期间要积极将信息化融入我国各项经济建设和社会进步中去，切实解决经济结构不合理、资源消耗过大、企业国际竞争力不强和社会发展不均衡等问题，增强我国的国际竞争力，促进经济社会的跨越式发展。全面推进信息化，必须高度重视信息安全保障工作，正确处理好发展和安全的关系，坚持以安全保发展，在发展中求安全。要充分认识到，如果信息安全得不到保障，有价值的信息不能上网，可以利用网络处理的业务不能用网络来处理，就难以发挥信息化的巨大效益，信息化发展就会受到严重制约。同时，信息安全也要有利于促进和保障信息化发展，不能以牺牲信息化发展来换取信息安全。停滞不前或放慢开放步伐，采取不上网、不共享、不互联互通，或者片面强调建专网等封闭的方式保安全，不仅会严重影响信息化发展，而且也不可能从根本上解决信息安全问题。实践证明，只有大力发展信息化才能为解决信息安全问题提供物质和技术保障，有力推动我国信息安全保障工作；也只有高度重视和切实加强信息安全保障工作，才能促进信息化的健康发展，加快我国国民经济和社会信息化建设的进程，为全面建设小康社会创造物质技术基础。制定和实施信息安全战略，必须正视全球信息战新形势的考验与挑战，"有风浪也要出海"，"得虎子必先入虎穴"，这是加快信息化建设，步入世界强手之林的唯一正确选择。因此，我们必须采取主动，积极应对挑战而不是退避三舍。要在发展信息化的过程中，有计划、有步骤、积极稳妥地完善信息安全保障体系，防止个别部门、个别领导借机搞"形象工程"和"政绩工程"。信息化和信息安全建设要同时论证、同时设计、同时安排、同时进行，不能保证安全的某些项目应该缓建甚至不建，改变信息安全建设滞后于信息发展的现状，促进两者协调发展。在建设信息安全保障体系的过程中，要做到硬件建设与软件建设同步，研究开发与推广应用同步，网络安全与内容安全同步，完善管理与强化技术同步，以适应形势发展的需要。

2. 坚持以改革开放求安全。

党的十六届三中全会对深化改革完善社会主义市场经济体制作出了全面部署，也为信息安全保障工作指明了方向。应该肯定，经过多年的实践，我们在信息安全领域形成了一套行之有效的制度和机制，积累了一些宝贵经验。但是，信息安全是发展中出现的问题，并且随着形势的发展而变得日益突出。解决信息安全问题不存在一成不变的模式，不存在普遍适用的方案，不存在一劳永逸解决问题的措施，我们也确有一些思想观念、政策规定、管理机制和方法不适应形势发展的需要。因此，必须坚持深化改革，破除陈旧观念，开拓创新，与时俱进，用新思路、新机制、新办法解决信息安全问题，走出一条信息安全保障的新路子。要逐步建立坚强有力、运转灵活、工作高效的新体制，充分发挥市场机制在信息安全资源配置中的重要作用，有关部门要把管理职能转到主要运用法律法规监控市场、用经济手段调节市场、为市场主体服务和创造良好环境上来。要坚持政府引导与市场机制相结合，通过政策导向、政府采购、信息发布、市场准入等手段，鼓励和引导社会力量参与信息安全建设。各级政府必须加强对信息安全工作的领导，组织、协调信息安全监管职能部门及政府其他有关部门、企事业单位和个人共同维护信息安全。在发生信息安全重大事件，对国家安全、社会秩序和公共利益造成危害、威胁时，各级政府应当启动应急处置预案，组织协调有关部门、企事业单位和个人做好应急处置工作。各级政府应当支持信息安全技术的研究开发，鼓励培养信息安全专业人才，开展信息安全宣传教育。由于多种历史原因，许多部门都有自己的信息安全测评中心，各自制定信息安全标准，既浪费资源，也不利于信息安全保障工作的开展，要研究采用新的思路和办法予以协调和整合。与此同时，我们也必须适应经济全球化的新特点和我国加入 WTO 过渡期结束、对外开放进一步扩大的新形势，用开放的眼光和思路，解决信息安全保障问题。应该看到，信息化具有全球性，信息安全也具有全球性，自我封闭、拒绝开放，不仅会影响信息化发展，也不可能搞好信息安全保障工作。在关键安全技术研发方面，我们要坚持以我为主，实行集中攻关，开发有自主知识产权和自主可控的先进技术。但要清醒地看到，我国信息技术研发能力与发达国家相比还有相当大的差距。要通过技术引进并迅速消化吸收，站在别人的肩膀上，力求实现技术研发的高起点、高水平。同时，要在信息安全立法、标准制定、人才培养、情报共享、打击犯罪等方面，加强与国外的合作与交流，积极参与国际组织的活动，重视借鉴国外的先进经验和合理做法，充分利用国际资源，搞好我国信息安全保障工作。

3. 坚持管理与技术并重。

管理与技术是信息化发展的两个轮子，是经济腾飞的两只翅膀，也是信息安全的关键和核心。信息安全保障工作首先是高技术的对抗。在高技术条件下保障信息安全，必须具备一定的物质基础和技术手段，大力发展信息安全技术。我们要尊重客观规律，尊重知识，尊重人才，充分发挥科学技术和科技人员的作用，努力开发具有自主知识产权的核心技术和基础装备。特别需要强调的是，科学的管理是信息安全的关键，是信息安全技术转化为信息安全保障能力的必要条件，如果缺乏科学的管理，再好的技术和产品也难以发挥应有的作用。尤其是在目前我国关键设备和核心技术还相对落后的情况下，更应充分发挥我们的政治优势、制度优势，增强政治责任心，切实加强信息安全的科学管理。努力从预防、监控、应急处理和打击犯罪等环节和法律、管理、技术、人才等方面，采取多种技术和管理措施，全面提升信息安全保障能力。宜积极推行"谁主管、谁负责，谁经营、谁负责，谁建设、谁负责，谁使用、谁负责"的信息安全责任制。发挥网络使用和建设单位的职能作用，提高他们对安全工作重要性的认识，建立健全各项安全管理制度和技术防范措施，完善和落实信息安全责任制，维护自身信息安全。广大网络用户要增强法制意识和网络安全防范意识，自觉遵守信息安全法规，维护信息安全。信息网络和信息系统主管部门负责领导本系统的信息安全工作，承担和落实信息安全责任，组织运营、使用单位落实安全措施。信息网络和信息系统运营、使用单位应当落实安全组织、人员和安全管理制度、安全技术措施。提供信息安全产品和安全服务的单位，应当保证其提供的服务和产品的安全，维护国家安全、公共利益，保守国家秘密，保护公民、法人和其他组织的合法权益。公民、法人和其他组织在信息网络和信息系统应用中，应当遵守国家法律、法规的规定，承担法律法规规定的安全责任。公安机关、国家保密工作部门、国家密码管理机构等信息安全监管职能部门，依法监督、指导有关部门、企事业单位和个人履行信息安全职责、责任和义务，预防、制止和惩处危害信息安全的违法行为，维护国家安全、社会秩序和公共利益，保护公民、法人和其他组织的合法权益。

4. 坚持统筹兼顾，突出重点。

信息化发展的不同阶段和不同的信息系统，有着不同的安全需求，必须统筹兼顾，综合平衡安全风险和建设成本，科学配置和集成信息安全资源。要统筹信息化发展与信息安全保障，统筹信息安全技术与管理，统筹经济效益与社会效益，统筹当前和长远，统筹中央和地方。统筹兼顾并不等于各地区、各部门齐头并进，综合平衡绝不是平均使用力量。从实际出发，抓住决定信息安全的主要矛盾，找出影响全局的薄弱环节，恰如其分地突出重点，也是确立信息安全战略新思路必须遵循的重要原则。重点建设的成败，关系到全国人民的根本利益，关系到信息安全保障的成败，关系到信息化建设的前途。因此，在制定和实施信息安全战略的过程中必须分清轻重缓急，区别重点与一般，想尽千方百计，确保重点。我国的信息化发展很不平衡，各地区、各部门处于信息化发展的不同阶段，面临的信息安全形势和问题也有较大差别。必须从各自的实际出发，确定工作重点，进行信息安全建设和管理。要全面客观地认识和对待信息安全问题，既要看到信息安全风险不可能完全避免，又要看到大量的安全事故是可防可控的。要最大限度地控制和化解安全风险，重点保障基础信息网络和重要信息系统的安全，尽可能防止因信息安全问题造成重要信息系统的大面积停止运转、大量数据丢失、被盗和被篡改，避免给经济和社会造成巨大损失，避免给国家安全带来严重威胁和挑战。在制定和实施"十一五"信息安全战略中，重点要抓新思路的探索、关键技术的突破、新体制的创建、新举措的落实。

二　建立健全信息风险预警机制

信息战和信息安全的发展是有规律的。要保证信息安全，夺取信息战的胜利，就必须遵循客观规律，建立健全信息风险预警机制，进行预警性研究，及时准确地发布警示，提前采取措施，防患于未然，确保信息安全。在建立健全信息安全保障新体系中，首先应重视信息风险预警机制的建设与完善。预警机制是指由能灵敏准确地昭示风险前兆，并能及时提供警示的机构、制度、网络、举措等所构成的预警系统及其功能，其作用在于超前反馈，及时布置，防风险于未然，打信息安全的主动仗。建立健全信息风险预警机制需要开拓创新，勇于探索，着重从以下几个方面努力。

（一）建设和完善国际化的信息网络

风险预警的正确性主要来源于对全球信息网络和我国信息化建设及全面建设小康社会有关信息、资讯、数据的及时反馈和综合分析，从中发现风险存在和发生的可能性，将风险控制和消灭于萌芽之中。因此，风险预警首先应建设和完善能灵敏、及时、可靠、快捷、全面反映信息战及经济社会活动和变化的国际化信息网络，构建预警信息平台。

建设和完善布局广泛的信息网络。由于信息安全面对的是全球信息战的威胁和挑战，因此，中国信息网络建设也必须面向全球，利用多种渠道和方式，设立布局合理、覆盖宽泛的信息网络格局，重点要抓好主要合作伙伴（国家、地区）、具有经济带动意义和战略意义的地区及国际经济信息集散地区的网点设置。诸如在美国、日本、东南亚、欧盟等国家和地区要尽可能设立投资贸易信息反馈中心，在世界金融中心纽约、伦敦、东京、新加坡、中国香港、苏黎世等地，应尽可能建立金融信息反馈渠道，使信息、数据的收集汇总既有代表性，又有普遍性。

建立和完善类别多样的信息网络。全球信息战所带来的复杂性、多样性特点，要求网络反馈的信息类别要细化，内容要丰富，不仅要有关于全球信息战新形势新特点的信息，而且需要投融资市场信息，还需要国际贸易市场信息、投资环境信息以及各国各地区政局、政策变动信息等，为信息风险的分析、预测提供全面、清晰的第一手资料。

建设反应灵敏、流速快捷的信息网络。信息战的全球性和信息安全的国际性，使信息风险具有突发性、多发性等特点，这就要求我们的信息网络有合理的脉络和顺畅的通道，反应灵敏、传递快捷，对于来自各方面、各领域、各国家（地区）的信息能够迅速接纳和及时反馈。

中国的信息网络应该与国际信息网络全面对接，从而建立布局合理、覆盖全球的信息网络。这就要求我们在网络建设中，要与国外有关信息机构实行有机的联结，采取信息互换的方式，将中国网络融入国际性网络之中，以降低信息网络建设成本，迅速扩充网络容量。为此，我们要认真考察连通对象的网络建设状况、信息更新速度、信息的可用性以及信用程度等，在此基础上建立起良好的信息合作关系。

（二）建设和完善信息安全监控体系和风险评估制度

信息安全监控是及时发现和发布信息风险警示，处置信息战攻击，防止有害信息传播，对网络和系统实施保护的重要手段。要采取综合配套的措施，建设和完善信息安全监控体系。国家网络与信息安全领导小组负责建立信息安全工作领导机制、协调机制和通报机制，加强对信息安全的综合、分析、研判和通报预警工作。公安、国家安全、保密、通信管理、广播电视等部门要在国家网络与信息安全领导小组的统一领导下，建立和完善信息安全监控系统，为加强信息内容安全管理、防范网络攻击、防止病毒入侵和查处违法犯罪提供技术支持。基础信息网络的运营单位和各重要信息系统的主管部门或运营单位要根据实际情况建立和完善信息安全监控系统，提高对网络攻击、病毒入侵、网络失窃及上传下载有害信息的防范能力，防止有害信息传播。

风险评估制度是整个国家信息安全保障体系的重要组成部分。应建立健全国家信息安全评估认证体系，负责指导、管理、监督、协调全国的信息安全评估工作。近期内，应遵循国际通用评估准则 CC，进一步完善信息安全标准化体系，稳步推进网络信息体系与公共密钥基础设施 PKI 建设，尽快健全信息安全产品认证认可体系，实现信息安全产品测评和认证的标准、流程、收费和标志的"四统一"。遵循适当、公正、客观、可重复和可再现、结果可靠等原则，定期和不定期地对关键信息基础设施、关键信息系统进行风险评估。着重对信息网络与信息系统安全的潜在威胁、薄弱环节、防护措施等进行分析评估，综合考虑网络与信息系统的重要性、涉密程度和面临的信息安全风险等因素，进行相应等级的安全建设和管理。对涉及国家秘密的信息系统，要按照党和国家有关保密的规定进行保护。

（三）培育信息风险分析和预警专业人才队伍

信息的收集与反馈仅是风险预警的初级阶段，真正发挥其提醒和警示的作用还需进行信息的深加工，即在对信息资料分析研究的基础上去粗取精、去伪存真、由表及里地寻找风险发生的潜在因素与可能性，以提出具有前瞻性与预见性的科学结论。这就要求建立信息风险预警机制，必须有一批具有风险分析和预警专长的人力资源，培育知识渊博、精明强干、敢于面对风险、善于应付挑战的风险分析和预警专业人才队伍。

信息风险和预警分析专业人才应有的基本素质：一是具有较高的政治素质。只有具备较高的政治素质，才能在信息风险分析工作中坚定正确的方向，做到头脑清醒，思想纯洁，品质高尚，作风严谨，勤政廉洁。二是具有战略头脑和开阔的眼界。信息安全的风险和威胁来源于全球信息战的攻击，因此信息风险分析和预警专业人才必须立足本职，眼观全球，面向世界，面向未来，用战略头脑敏锐地分析信息战的新形势新特点及给信息安全带来的风险。三是全面掌握信息化知识。信息风险和预警分析专业人才，必须全面掌握信息化知识，不仅掌握信息风险分析和预警专业知识，而且掌握信息战和信息安全的知识；不仅善于风险分析，而且善于信息安全管理，还能驾驭信息技术。四是具有灵活运用所掌握知识分析研究问题的能力。必须具有对风险的敏锐感应力和准确的分析与洞察力，能够依据收集的信息、资料、数据、现象等素材进行思考与综合分析，以把握其中所深含的规律性的东西以及这些规律性的外在表现，并善于利用国外对风险先导因素进行分析的多种方法，如信号分析法、回归分析法及多样本概率模型等方法，运用其中的合理内核来分析我国的有关指标数据，确定适合本地区信息风险预警指标的阈值水平，并以此为基础，揭示风险发生的必然性和规律性，及时准确地预警。

风险分析和预警专业人才，既是专才又是全才，含金量与稀缺度比一般专业人才要高，因而成为世界各国（地区）人才争夺战中的首要目标。为此，我国培育信息风险分析和预警专业队伍，关键是建立健全科学、灵活、完善的人事体制，搞好人才的培养、引进和使用，保证人才引得进、留得住、用得活。

（四）设计信息风险预警指标体系

准确、快速地预报信息风险，要以一定的指标参数为依据，选择那些对于风险预报中最具先导性、敏感性、典型性的指标组成风险指标体系，以此为分析预测基础。

指标遴选的原则：一要具有先导性。这是指标选择的首要原则。风险预警的目的就在于能提前预见风险并及时防范，所以要求指标必须能在风险发生之前发出提醒信号，并能通过阈值水平的变化显示风险存在的可能。二要具有多样性。风险的发生是由多种因素促成的，信息战的全球性使得这种风险促成因素更为复杂化，因而风险发生的前兆很可能从多个方面反映出来，这就决定了信息风险的反馈指标也应是多样的，使指标体系能从多个侧面传递风险信号。三要具有代表性。指标选择强调多样性，但不是面面俱到，面面俱到会加大分析监测的工作量，延缓预报时间。因此，还要注重指标的代表性，尽可能选择那些典型的、敏感的、能集中反映问题的指标，使指标设置既综合又精练，可以较少的指标，全面、系统地反映信息风险的实际情况。四要具有相对独立性。即每项指标必须相对独立，不应存在大同小异的现象，应互不重叠，互不替代。五是要具有可测性。即指标的数据易得易测，收集方便且便于计算，使用简便。还具可比性，既便于纵向比较，又便于横向比较。

指标体系的构成要素：因为信息风险来源于全球信息战的威胁和挑战，所以风险预警指标体系应包括国际性指标；因为信息风险主要指我国信息网络和信息内容的风险，所以风险预警指标体系应包括国内指标；因为计算机病毒、网络黑客、网络犯罪、垃圾信息等严重威胁着我国的信息安全，是产生信息风险的根源，所以信息风险预警指标体系应包括反映计算机病毒感染和传播、黑客攻击、网络犯罪、垃圾信息入侵等的指标……

同时，还应设计测算风险的模型，利用量化的指标对信息风险进行测算，为及时准确的预警奠定基础。

（五）建立健全信息风险分析和预警机制

信息风险分析和预警机制应包括国家宏观机制、地区中观机制和网络用户（主要是机关、企事业单位用户）微观机制三个层次。宏观机制是主导，中观机制是中心，微观机制是基础。目前，党中央和国务院非常重视信息风险分析和预警宏观机制的建设，地方特别是省市党委政府也非常重视中观机制的建设，但是许多网络用户却不重视微观机制的建设，所以下面专门论述微观机制的建设。

网络用户特别是企业和党政机关、企事业单位是信息化的主要行为主体，是信息化长链上的基本环节。信息风险无论是国际性的，还是国内性的、地区性的，对网络用户的影响和危害都是最直接最深重的。因此，必须重视网络用户风险预警机制的营造，修筑网络用户坚固的风险屏障。对于内部风险，能及时察觉、控制，从细微之处斩断苗头；对于外部风险，能有效弱化冲击力，尽可能降低风险损失，夯实信息风险防护网络的基座。在机关、企事业单位网络用户中，企业用户最具代表性，因此我们以企业为例论述建立健全信息风险和预警微观机制需要做的工作。

1. 要增强网络用户抗风险意识。加入 WTO 后，企业经营国际化的发展越来越迅猛，中国企业无论大小都将无一例外地被卷入经济全球化潮流中。这就要求我国企业尽早树立风险意识，未雨绸缪，接受中外一些企业因漠视风险而招致失败的教训，抓好企业内部风险教育，不仅要重视决策层、管理层的风险教育，还要重视员工层的风险教育，树立广泛而深入的风险意识，形成风险监视的强大阵容。

2. 要利用计算机技术和设施，建立企业风险预警网络，针对企业财物指标的可预测强度，设计能迅速传导企业经营风险、信用风险、信息风险等信息的企业指标体系，并给予密切关注和及时分析，增强微观基础的信息风险快速反应力。

3. 实现企业网络与地区、国家网络的连通与互用。由于力量所限，企业网络不可能多方布点，全球监测，且其微观基础的地位也决定了其不可能以更高的角度面对更宽的视野。对国际信息化发展的大环境、大形势变化的数据信息收集相对困难，因此需借助国家与地区网络的信息传递，实现政府、企业信息网络一体化，建立宏观、中观、微观有机联结，互通互用的风险分析和预警格局，及时准确地预警，防风险于未然，打好信息安全主动仗。

三　建立健全信息风险防范机制

在预警机制发出危机可能发生的警示信号后，接下来就是危机的有效防范与控制。危机的防范与控制应根据风险的类型与成因，建立相应的防范机制，并从政策、体制上加以保障，从而降低或避免风险，最终达到保证信息安全之目的。信息安全防范机制是一个庞大的系统，包括物理防范机制、技术防范机制、管理防范机制、犯罪防范机制、精神（也称心理）防范机制等，其中技术防范机制是核心，管理防范机制是关键，违法犯罪防范机制是保证，精神防范机制是前提。我们必须建立健全风险防范新机制，构建风险防范的信息安全钢铁长城。

（一）技术防范机制

信息风险防范机制的核心是技术防范机制。没有技术防范机制，信息安全只能是纸上谈兵。所谓信息安全技术防范机制，就是在计算机和网络技术的开发与创新中，运用先进的信息安全技术建造一道道安全屏障阻隔敌方或竞争对手的入侵，化解信息战的威胁，确保信息的安全。信息安全技术主要包括密码技术、安全控制技术、安全防护技术等。

1. 密码技术。

密码技术由明文、密文、算法和密钥组成，即利用该技术将原始的明文信息按照设定算法的变换法则转换成必须由密钥方能解析的密文信息，以避免信息的失窃或被篡改。这一技术的关键在于密钥设置的强度和层次，技术强度越高，密钥设层越多，信息破译的难度越大。

2. 安全控制技术，主要包括访问控制、口令控制等。

访问控制是确定用户的合法性和对计算机系统资源享有哪些访问权，并通过特定的技术设置访问路径，防止非法用户进入系统以及合法用户对系统资源的非法使用；口令控制技术是运用口令设置技术来判断用户的身份和用户享有使用资源的权限，防止"黑客"随意入侵。

3. 安全防护技术，主要包括防火墙、病毒防治、信息泄露防护、薄弱环节检测等技术。

防火墙是设置在被保护网络和外部网之间的一道安全保护屏障。它通过监测、限制、更改跨越防火墙的数据流，尽可能对外封锁网络的信息、结构及运作状况，以保护网络信息不遭破坏和干扰。它的主要技术有数据包过滤技术、应用网关技术和代理服务技术。病毒防治技术主要是通过对软硬件实体的完善和缺陷的修补来防止非系统程序对网络薄弱环节的攻击和网络资源的破坏，主要包括工作站防护技术、服务器防护技术等。信息防泄露技术，即防止信息在传导发射和辐射发射过程中泄露的技术，主要采取包容与抑源两种方法，通过屏蔽、隔离、接地和滤波等，将有用信息限制在安全区内流动。安全薄弱环节检测技术，即能对系统中异常现象及时准确测出的有关技术，以防止"黑客"设置特洛伊木马或冒充其他用户或突破系统安全防线。

信息安全技术种类多，层次高，要有所突破和创新较为困难。要提高我国网络信息的安全系数，必须加大上述技术研究的智力与财力投入。一方面，建立健全多渠道、多领域、多层次、多方位的筹资机制，形成政府、社会、企业、个人积极投资格局，不断加大资金投入；另一方面，要鼓励国内优秀的计算机人才和高新技术企业在网络安全关键技术和核心技术的研发上下功夫，组织优秀的、具有实力的反黑队伍，争取多出中国自主创新的成果，以独到的技术结织"黑客"难以破解进入的安全网；根据"黑客工具"的特点，围绕有针对性的反黑技术集中攻关，争取及时应对，快出成果；关注国际信息安全技术的最新研究动态，并积极借鉴合理成分，提高中国技术开发起点，使信息安全技术既能超前又有中国特色。2000 年 8 月 21 日青岛海信集团向社会推出自行研制的网络安全产品——"8341 防火墙"，并且在北京开展"8341 防火墙诚邀全球黑客高手检测"，以50万元悬赏鼓励"黑客"高手攻击防火墙以检验产品的先进性和可靠性。来自北美洲、欧洲、亚洲、非洲、澳洲等世界各地的网络高手在10天内对"8341防火墙"发起200多万次攻击，防火墙安然无恙。对于这一举动虽然众说纷纭，褒贬不一，但此事无可辩驳地证明："8341防火墙"弥补了前代防火墙的种种缺陷和隐患，达到和超过了世界先进水平，为伟大的中华人民共和国争了光。

（二）管理防范机制

信息风险防范机制的关键是管理防范机制。只有技术防范机制，没有管理防范机制，风险防范就失去保证。所谓信息安全管理防范机制，就是通过场地管理、设备管理、数据管理、行政管理、人事管理等，建造防范信息风险的安全屏障，阻隔敌方或竞争对手的信息战攻击和威胁，确保信息安全。我们必须采取有效措施，建立健全信息风险管理防范机制。近期内着重建立健全国家和企业管理防范机制。

1. 建立健全国家风险管理防范机制。防范信息风险，企业固然应首当其冲，但整体性、统筹性的国家风险防范机制也非常重要。因为有时风险波及、冲击的不是单个企业，而是全国范围的。再者，企业风险防范层次低，视野受限，而且仅能就企业个体行为进行调整和约束，对于涉及全国信息化整体发展及具有共性、辐射面广泛的风险防范，就需要宏观手段来调控监管，以达信息化健康发展、安全运行之目的。国家风险管理防范机制的功能主要是：协调信息传播部门间的关系，稳定全国信息化发展秩序；收集、分析国际先进的信息安全系统的运作模式与特点，探究其优长及可鉴性；监测国际上"黑客"入侵的最新技术与手段，提出反黑思路与对策；跟踪国际上最新信息安全技术，并及时向生产企业反馈；积极扶持和推进国家信息安全产品的开发与应用等。通过信息安全管理防范机制的建立与完善及作用的发挥，使信息风险的防范能与信息化建设同步发展。

2. 建立健全企业风险管理防范机制。企业风险管理防范机制是国家信息安全的另一道阀门，是风险防范的最基层，只要企业经营有生机、有活力，信息化管理井然有序，防范滴水不漏，就能有效地化解内部风险，抵御外部风险，保证企业健康、持续运作。建立健全企业风险管理防范机制首先应健全和完善企业决策风险管理机制。企业决策方向的正确与否，关系到企业所承受的信息风险的大与小，一个明智的决策会带给企业新的生机；反之，一个失误的决策则会导致企业陷入困境。因此，建立企业风险管理防范机制，首先要把住决策这一关口，搞好企业决策风险评价机制。在企业领导集体决策的基础上，设置决策最终评价环节，借助企业内部、外部风险评析力量，为企业信息安全的重大战略与发展目标进行把脉确诊，以弥补不足，稳健决策，增强决策的正确性、远见性。同时，应搞好企业信息化运营风险管理防范。企业在确立信息化运营模式的过程中，要注重模式的风险性评估，尤其在借鉴西方模式时，要根据企业实际与特点，保留模式的先进成分、可借鉴成分，剔除其不适用成分，降低模式自身的风险性；在信息化运营操作中，要注重监测管理机制的运作效果及目标偏离度，及时修正或转轨，保证管理的约束与激励功能的充分发挥。开展电子商务的企业，更应搞好风险防范，确保电子商务的安全进行。

（三）违法犯罪防范机制

防范信息风险，保障信息安全，还应以执法职能部门为主体，动员社会各方力量，运用网络技术手段在信息网络领域建立系统、完整、有机衔接的预防、控制、侦查、惩处信息网络违法犯罪的机制。信息网络违法犯罪防范打击机制主要包括以下四方面机制：一是全社会防范控制机制。由于信息网络违法犯罪蔓延、传播快，难以控制，因此需要建立全社会的防范控制机制，利用国家建立的监管体系、监控体系、报警处置系统，形成打击信息网络违法犯罪的全社会联动。二是统一指挥、快速反应的侦查机制。在公安机关的统一指挥下，利用对犯罪证据的快速识别、提取等技术，构成快速反应的技术手段和机制。三是有关部门、单位的支持、配合机制。利用基础网络单位、重要信息系统主管部门、重要企业建立的监控体系和国家信息安全监管机关的监控体系，加强各有关部门、单位的密切合作，形成与公检法司法机关有机的配合机制。四是公检法三机关的协调、协作机制。加强公检法三机关的协调、协作，统一认识，完善办案机制，规范诉讼程序，形成公检法三机关的协调、协作机制，使信息网络违法犯罪得到应有的惩罚和打击。

（四）精神防范机制

打心理战，实施精神攻击是信息战的重要内容之一。与此相适应，信息风险精神防范机制也是信息风险防范机制的重要组成部分。我们应该建立健全精神防范机制，在全民中构筑防范信息风险的心理屏障。采取有效措施，对全民进行信息战和信息安全教育，进行爱国主义教育，让公民明确信息安全关系国家安全和自身利益，树立高尚的爱国情操，搞好民众的心理健康，增强自觉维护信息安全的民族意识。最重要的是加强传媒建设，在建立和完善有关信息领域法律和道德规范准则的基础上，加强正面舆论宣传引导，在拓展信息获取空间和辐射自身信息的同时，筛选和梳理所获得信息，剔除和拒绝破坏型及垃圾信息，弘扬国家和民族思想文化，确保自身最大限度地利用有效信息，维护国家独立和民族特色。在特定的地点、时间、环境和情况下，为了维护国家利益，使传媒有利于己方，应对媒体加以控制，防止传媒的滥用，避免造成混乱和被敌方利用。应建立传媒监督机制，包括完善新闻工作者的行为准则，监督其遵守情况，审查上传媒体原始材料，执法机构应惩罚违规者。每个公民也应该有选择地摄取信息，抵御具有危害性的信息侵蚀，确保健康的思想意识。从每个人到整个国家，必须增强信息国防意识，树立保卫国家信息疆域和信息边界的观念，自觉地筑起无形的精神防线，维护国家信息主权，确保国家安全。

四　建立健全信息安全管理机制

安全管理是信息安全的关键。只抓技术不抓管理，信息安全就不可能搞好。权威机构统计表明：70% 以上的信息安全问题是由管理方面的原因造成的，而这些安全问题中的绝大多数是可以通过科学的信息安全管理来避免或解决的。[①] 早在 2001 年，我国信息产业部分管信息安全的副部长张春江先生就指出："网络信息安全的工作是三分技术、七分管理。就纯技术而言，攻和防之间大体上是平衡的；但是，国家有了好的总体构想，从宏观和微观上把管理工作做到位，天平就会倾向我们一边，我们就可以构筑安全的国家网络空间。只有这样，我们的繁荣发展才能得到保证。网络空间有了安全的保证，这样的网络才会是真正自由的网络。"[②] 因此，我们必须从战略的高度重视和搞好信息安全管理。要搞好安全管理，就必须深化改革，全面创新，建立健全新的信息安全管理机制。新的信息安全管理机制，就是根据信息网络的性质、运行规律、业务需求和国家有关规

---

① 周学广、刘艺：《信息安全学》，北京：机械工业出版社 2003 年版，第 10 页。
② 转引自陈细木《中国黑客内幕》，北京：民主与建设出版社 2001 年版，第 190 页。

定，以一定的制度为基础，由相应的管理机构组织、协调、保障信息安全的活动。企业信息安全管理机制是信息安全管理机制的基础和细胞，只有企业安全管理井然有序，防范滴水不漏，才能有效地化解内部风险，抵御外部入侵，确保网络信息的安全。国家信息安全管理机制是信息安全管理机制的主导，只有国家信息安全管理井然有序，才能为整个国家的信息化建设创造良好的安全环境，才能为企业信息安全管理指明方向，规范行为。这就要求我们统筹规划，全面安排，兼顾宏观和微观，从各个方面、各个层次、各个环节上进行开创性工作，逐步建立健全信息安全管理新机制。近期内有主要从以下几方面努力。

（一）在改革中建立健全信息安全领导和管理体制

国家信息安全保障的关键在于组织领导，国家应有一个能够协调各个有关职能部门的高层权威性机构来统一领导信息安全保障工作。各个职能部门要形成一个分工明确、责任落实、相互衔接、有机配合的组织管理体系。我国现行的信息安全领导和管理体制是从中央到地方垂直归口和分层管理相结合的模式。这种模式至少存在两大缺陷。其一，由于信息安全问题的多面性，许多灰色区域、中间区域、新起区域与原国家体系不对应，出现了许多现有部门无法管理或不能管理的区域。与此同时，又存在大量重叠、重复，甚至相冲突的管理，大大影响了管理效率和效能。其二，各平行部门中选择信息产业部和公安部作为统帅部门，缺乏权威性，当与其他平行部门产生分歧或纠纷时，难以合理处理。简言之，我国还没有健全科学合理、完整配套的领导和管理体制，管理空白、误区、越位、错位的问题依然存在。据此，应深化改革，在改革过程中建立健全统一、高效、灵活的权威性信息安全领导和管理体制，负责领导、协调所有部委、机构及全国的信息安全管理工作。其最高权力机构可以定名为国家信息安全委员会，作为国务院信息化领导小组的常设委员会，其常设办事机构（国家信息安全办公室）负责日常工作和落实执行。其他各部委和相关机构必须在国家信息安全委员会的领导下按照已定职责执行自己的使命。国家信息安全委员会的主要职责是建立相应的机制来培养和加强主要的信息安全管理功能，帮助建立执行这些关键功能的机构、机制和体系，指导和协调整个体系的运作，代表国家发布重要的信息指令和政策、法规。各部委、各省市分别成立相应的国家信息安全委员会及专职信息安全管理机构，建立健全分工明确、责任落实、协调一致，运转高效的，对信息网络和信息系统以及有关单位和个人的信息安全进行监督、检查、指导的管理系统。上下左右、方方面面的领导和管理机构互相联系、互相依存，形成完整的信息安全领导和管理体系。

（二）建立健全信息安全管理标准和制度

缺乏信息安全标准不但会造成管理上的混乱，而且也会使攻击者容易得手。因此，必须建立健全信息安全标准体系。信息安全标准体系是指在社会发展信息化的环境下，规范信息安全技术的研究、发展与应用以及规范信息安全管理、监督、检查和指导工作的准则和规范体系。信息安全标准体系包括技术标准和管理标准。管理标准是政府对信息安全进行宏观管理和监督、指导的重要依据，也是在法律法规体系之外调整信息安全权利及义务关系、规范信息安全行为，维护国家安全、促进信息安全产业发展的一种重要手段。信息安全管理标准主要包括信息系统安全等级保护管理标准、信息安全产品认证认可质量管理标准、信息安全工程管理标准、密码管理标准以及其他信息安全管理标准。我国已遵循信息安全评价国际通用准则 CC 和信息安全管理国际标准 BS7799 制定和实施了我国的信息安全管理标准。但是，我国的标准还很不完善，应该学习借鉴国际先进经验尽快健全既符合国际通行准则，又符合我国国情的信息安全管理标准体系。依据科学的标准，运用信息安全管理模型，不断进行测评，找出差距，制定对策，进行科学管理。

制度是搞好管理的依据，应制定科学合理的信息安全管理制度。每个系统每个单位都应根据自身的工作性质为网络或网络的各个部分划分安全等级，制定具体的安全目标。同时，根据本系统的实际情况，结合国家的有关规定，建立安全管理的具体规章制度，作为日常安全工作应遵循的行为规范。制定信息保护策略，确定需要保护的数据的范畴、密级或保护等级，根据需要和客观条件确定存取控制方法和加密手段。建立灾难备份系统，确保灾难发生后，关键数据不丢失，关键业务不中断，遭破坏的系统在短时间内恢复。还要依据管理制度搞好其他方面的管理，例如加强计算机系统的安全警卫；定期检查安全技术设备状况；对保存敏感信息介质的管理及废弃的这类介质的处理；根据计算机提供的审计数据进行安全审计，以便及时发现非法活动等。

（三）以人为本，强化管理

人是信息安全的主体，也是信息战的主体。搞好信息安全管理主要靠人，管理的关键在于管好人。因为，在改革中建立健全信息安全领导和管理体制靠人，制定和实施信息安全管理标准和制度靠人；但是，发动信息战攻击威胁信息安全的也是人，有相当多的威胁和挑战信息安全的行为出自内部人员。所以，必须以人为本，强化管理。首先应培养造就一支会管理、善经营、懂技术，敢于面对风险，善于应对挑战的信息安全管理队伍，依靠他们强化管理。着重强化对人的教育和管理，全面提高信息网络技术人员、管理人员，特别是安全机构人员的素质。对这些人员，除了技术层次的要求（如学历、技能、经验等）外，还应有安全性要求，保证从事网络信息工作的人员都有良好的品质和可靠的工作动机，不能有任何犯罪记录和不良嗜好。对其管理要有严密而完整的管理措施，主要包括：（1）制定科学的用人政策，筛选录用德才兼备的优秀人才。（2）实行多人负责制，重要业务工作由两人或多人相互配合，互相制约。（3）坚持职责分解和隔离原则，对于关键岗位，必须强行职责分解，不能由一人承担，任何人都不得打听、了解或参与本人职责以外的与安全有关的活动。（4）坚持轮岗原则。定期或不定期实行岗位轮换，接替者可对前任的工作进行审查，预防员工违法犯罪。（5）坚持离职控制原则，制定并严格执行人员离职后不得侵入原单位网络中之规定，若违犯除依法追究刑事责任外，还将追缴高额民事损害赔偿金。（6）坚持可审核原则。为了信息安全，对所有的相关操作必须记录。重要的活动如更新信息系统、更改信息资源等必须按层级权限申报，获得批准后方可实施。没有日期、没有内容、没有人签署因而无法追查的活动，违反了可审核原则，必须坚决禁止。（7）定期和不定期地进行安全教育培训和考核，经常进行安全检查。

（四）加强信息安全应急处理工作

创造和加强对安全攻击进行应急响应、应急救援的能力，构筑一个对非常情况进行处理、维护，并能有效地重建和恢复系统的管理和运作平台，是保障信息安全的必备条件。正因为如此，许多国家都成立了网络和计算机安全"紧急响应梯队"，并与其他主要的信息安全机构协同工作，形成了咨询、服务、救援互相协调的综合功能，起着积极预防、及时发现、快速响应、应急救援和确保恢复的作用。学习借鉴国外先进经验，我国各级政府和社会各方面、国民经济各部门都应高度重视信息安全应急处理工作。要进一步完善国家信息安全应急处理协调机制，建立健全指挥调度机制和信息安全通报制度，加强信息安全事件的应急处置工作。各基础信息网络和重要信息系统建设要充分考虑抗毁性与灾难恢复，制定并不断完善信息安全应急处置预案。灾难备份建设要从实际出发，提倡资源共享、互为备份。要加强信息安全应急支援服务队伍建设，鼓励社会力量参与灾难备份设施建设和提供技术服务，提高信息安全应急响应能力。上下左右、方方面面齐努力，建立健全信息安全服务网络，实现快速、灵活、高效信息安全应急联动。一旦发生突发事件，各部门、各方面就可协调一致，启动应对措施，迅速而科学地处理，把损害降至最低，迅速重建或恢复受损系统，确保正常健康运行。

五　加强信息安全关键技术和核心技术的研究开发

信息安全技术是保障信息安全的有力武器。没有技术保证，信息安全只能是纸上谈兵。在庞大而复杂的信息安全技术中，关键技术特别是核心技术起决定作用。有关键技术，才有信息安全。要从根本上把握信息安全保障的主动权，必须拥有自主知识产权的信息安全关键技术。我国在信息安全技术研究开发中取得了显著成绩，但有自主知识产权的核心技术还很少很少，关键领域核心技术受制于人的问题依然严重存在。因此，我们的信息安全技术研究开发工作要坚持自主创新、重点跨越、支撑发展、引领未来的指导方针，坚持把提高自主创新能力摆在全部科技工作的核心位置，大力加强原始性创新、集成创新和在引进先进技术基础上的消化、吸收、创新，努力在若干重要领域掌握一批核心技术，拥有一批自主知识产权，造就一批具有国际竞争力的企业和品牌，为我国信息安全和信息化建设提供强大的技术支撑。加强信息安全关键技术特别是核心技术的研究开发，必须采取有效措施，建立健全坚强有力、运转灵活、工作高效的新体制，能够全方位地正确指导信息安全关键技术的规划、研发、成果转化，以及消化、吸收国外先进技术的关键性工作。采取积极措施，组织和动员各方面力量，积极跟踪、研究和掌握国际信息安全领域的先进理论、前瞻技术和发展动态，抓紧开展对信息技术产品漏洞、后门的发现研究，掌握核心安全技术，提高关键设备装备能力，促进我国信息安全技术和产业的自主发展，实现关键领域核心技术的自主可控，彻底摆脱核心技术和产品依赖进口受制于人的被动局面，逐步形成基础信息网络、重要信息系统以自主可控技术为主的新格局。

信息安全技术，从不同的角度可分为不同的类别。ISO7498 - 2 把其分为八大类，即加密、数据签名、访问控制、数据完整性、鉴别交换、业务填充、路由控制、公证技术。① 我们可以把信息安全技术归纳为信息安全基础设施技术、信息安全积极防御技术、信息安全监管技术以及重要应用技术四大类，每大类又分为许多小类。对信息安全技术中的密码开发、安全隔离与审计、病毒防范、网络监控、检测与应急处理、信息安全测试与评估取证等信息安全的关键技术和核心技术，要进行统一规划部署，组织重点企业、高等院校、科研单位联合攻关。要组织精干力量，研究解决新技术、新业务应用可能带来的信息安全问题，加强对信息技术产品的安全可控技术研究。还应对新的、正在出现的信息攻击方式进行深入分析，以便在新的攻击方式广泛使用之前，能够制订出防范应对计划，并研究开发出相应的新技术。"十一五"期间信息安全关键技术的研究开发应主要围绕增强国家信息安全防护能力、安全监管能力、应急响应能力、信息对抗能力、测试评估能力、信任保障能力等进行。

探索加强信息安全关键技术研究开发的新路子，创建以自主可控技术为主的新格局，近期内宜主要抓好以下三个方面。

（一）尽快纠正重引进技术，轻自主研发的倾向

多年来，我国一些企业、科研单位和某些政府部门领导缺乏自主创新意识，把搞好信息安全的宝押在引进上，热衷于引进国外技术，而对于自主研发却很不重视。例如在软件领域，虽然国产应用软件已有较多的应用，但在基础软件方面我们几乎都依赖进口外国软件，包括操作系统、数据库、中间件和一些共性的重大应用软件，操作系统又是其中最突出的。目前，我们的信息系统必须依赖外国公司发布的补丁才能正常运行，这显然不是长久之计。还应注意，微软一直提前向美国军方和部分政府部门提供安全补丁供其测试，有些补丁"提前期"达一年之多。我们引进外国"过期"的安全补丁怎能维护信息安全呢。有些人认为，自主研发花钱

---

① 周学广、刘艺：《信息安全学》，北京：机械工业出版社 2003 年版，第 7 页。

多，引进外国技术花钱少，节约经费；引进外国技术，以"市场换技术"是最佳选择。这种认识是十分片面的。道理很简单，关键技术特别是核心技术是保障信息安全的根本，是外国厂商的竞争优势所在，他们是不会出卖的。我们花钱买不到核心技术，只能买到一般技术甚至过时技术。例如，2004 年年底和 2005 年年初，我国联想集团出资并购美国 IBM 的 PC业务，花了 17.5 亿美元，但连技术含量较高的服务器部分也没有买到，只买到了 PC 制造这样的一般技术。美国政府还在批准过程中，施加压力，要求 IBM 公司的计算机研究部门和人员，跟合并公司安全分开。[①] 这一事实足以证明，核心技术拿钱是买不到的，只有自主研发，自主创新，才能创出核心技术，实现跨越式发展，确保信息安全。因此，必须采取多种有效措施，尽快纠正重引进技术，轻自主研发的倾向，培养和树立自主创新的理念，重视并切实搞好自主研发。

（二）加大对科研的投入，提高自主研发的经费比例

自主研发，技术创新，需要投入较大数额的资金。研究开发投入少，资金短缺是我国自主研发关键技术面临的重大难题。首先，我国国家财政对科学研究与试验发展（R&D）的投入很少，2006 年仅投入 2943 亿元，占国内生产总值（GDP）的 1.41%。[②] 其中对信息安全技术研究开发的投入少得可怜，"十五"期间仅投入 3.5 亿元，这在信息技术领域也是最少的。[③]其次，企业 R&D 投入占销售额的比例低，平均 1% 左右，难以提取较多资金从事信息安全技术研究开发。金融部门对信息安全技术自主研究的支持也不够，贷款很少。因此，必须建立健全资金筹措机制，多层次、多渠道、多方式筹措资金，不断增加对科研的投入，尽快提高信息安全关键技术自主研发经费的比例。政府逐步增加对信息安全关键技术研究开发的财政拨款，增加幅度应高于国内生产总值的增长幅度；各级各类银行，实行优惠政策，不断增加对信息安全关键技术研发的贷款；企业提取高于销售收入 2% 的技术研发资金，重点用于研究开发信息安全关键技术；努力开拓社会

---

① 倪光南：《有核心技术才有信息安全》，《信息安全与通信保密》2005 年第 4 期，第 1页。

② 国家统计局：《中华人民共和国 2006 年国民经济和社会发展统计公报》，《人民日报》2005年 3 月 1 日。

③ 崔光耀：《863 信息安全主题纵横谈》，《信息安全与通信保密》2005 年第 4 期，第 27 页。

融资渠道，争取越来越多的社会资金投向信息安全关键技术的研究开发……筹集到的资金在"十一五"计划期间，重点投入信息安全核心技术的研究开发，特别是对芯片、高性能计算机、高速宽带网络交换机等硬件产品，以及操作系统、网络软件和数据库管理系统等软件产品的研制开发的支持，从而形成我国自主可控的关键、核心信息安全技术体系。

（三）建立健全新的信息安全科研机制

加强信息安全关键技术研究开发，必须建立健全新的信息安全科研机制。最重要的是：（1）建立健全多层次、和谐协调的研究体系。信息安全是关系全国上下左右、方方面面的重大战略性问题。因此，信息安全关键技术的研究开发，不仅国家政府应重视，企业和人民群众都应重视。我国国家层次已经建立专门的信息安全技术研究机构，正在从事信息安全关键技术和核心技术的研究开发。多数省市自治区也成立了信息安全专职研究机构。但是，企业包括从事信息安全产品生产经营的企业，成立信息安全关键技术研究开发机构的还很少很少。建议国家出台优惠政策，引导和支持企业成立专门的信息安全研发机构，引导和支持高等院校、民间研究学会（协会）及个人参与信息安全研究乃至成立专门的信息安全研究机构，逐步形成国家、地方、企业、民间学术团体、个人五个层次相互联系、相互支持、相互补充的和谐协调研究体系，调动一切积极因素从事自主可控的信息安全技术的研究开发。在搞好一般信息安全技术研究的同时，重点从事关键技术和核心技术的研究开发，在基础软件等核心技术研究领域开拓创新，填补空白，实现跨越式发展。（2）建立健全新的研究开发机制。一方面，立足国内，充分调动广大科研人员的积极性、主动性和创造精神，自力更生，艰苦奋斗，自主创新，创造有自主知识产权的关键技术和核心技术，推广应用。另一方面，根据需要和可能，有计划、有选择地引进国外先进技术，想尽千方百计引进关键技术和核心技术，加以消化、吸收、创新、推广应用。最重要的是，把自主研发和国外引进有机结合起来，建立健全包括研究、创新、引进、消化、吸收、创新、推广、应用相互结合、相互促进的新机制。同时，建立产学研三结合的领导、联系和协调机制。当务之急，是集中必要人力、财力、物力，建立健全中间实验、成果推广、技术产品销售、咨询服务等中间机构，促进科研成果向企业的转移，真正发挥科学技术是第一生产力的作用。（3）营造有利于自主创新的氛围。近年来，我国信息安全研究界普遍存在"急功近利"问题，这对开展系统而深入的研究工作极为不利，因而有显示度的创新成果便不容易产生，这就是我国具有自主知识产权的信息安全关键技术和核心技术少的主要原因。其次，研究界的合作与交流不理想，造成"科研设备重复引进或利用率不高"，"百花齐放、百家争鸣"的繁荣局面难以形成。最后，知识产权意识不强，知识产权保护制度执行不严，创新成果很难受到保护而不愿公开，这对成果的推广不利，也影响学术交流，最终影响了自主创新。因此，信息安全科技界的同仁都应严格自律，从我做起，共同努力，创造有利于自主创新的氛围，不断提高自主创新能力，为创造自主可控的信息安全关键技术和核心技术而积极努力。

六 促进信息安全产业的健康持续发展

信息安全保障能力是 21 世纪综合国力、经济竞争实力和生存能力的特征，是未来国际竞争的"杀手锏"。信息安全产品是技术安全防护的物质基础和主要手段，是建立安全信息系统必不可少的环节，没有信息系统安全产品，就不可能建立安全信息系统。信息安全产业落后、不能自主生产所需的安全产品，将直接威胁国家、民族的安危。我国对发展信息安全产业的重视程度不断提高，信息安全产业发展迅速。信息安全产品销售收入，2002 年比 2000 年增长 57%；2003 年比 2002 年增长 52%，达到 125 亿元；2004 年又比 2003 年增长 35%，达到 168.8 亿元；2006 年，突破 200 亿元。然而，由于我国信息安全产业起步晚（1998 年才开始启动），总规模仍小得可怜，占信息产业的比重仅 1% 左右，离信息安全保障对信息产品的需求相差太远。而且存在许多急需解决又很难解决的重大问题：一是核心技术与知识产权拥有量少，产品安全质量令人担忧，关键芯片和基础软件仍然受制于人；二是现有产品过度集中在网络周边防护和密码设备方面，身份识别和信息审汇等前端产品少；三是企业创新能力不强，难以研发具有自主知识产权的产品，研发技术和产品主要跟踪国外商业趋势；四是产业内企业间恶性竞争、相互拆台的问题严重，影响了产业整体竞争力的提高；五是重复建设严重，产品结构雷同，厂商之间自我封闭、相互封锁，缺乏合作精神，影响了产品的升级换代和产业结构的优化；六是营销与管理手段落后，甚至过分炒作，导致信誉丧失，严重地影响了整个产业的声誉和发展前景。

　　总的来看，我国信息安全产业发展仍处于起步阶段，处于西方国家的威胁之中。但是，我国信息安全产业发展也面临良好的机遇，正处于很好的历史发展时期。国家从总体上为信息安全产业的发展创造了良好的政策法规环境和市场服务体系，信息化发展对安全产品的强劲需求，为我国信息安全产业的发展带来了难得的发展机遇。我国的信息安全生产经营企业已有一定的物质技术基础，且具有天时地利人和的优势，也是我国发展信息安全产业的基础和有利条件。我们一定要抓住机遇，迎接挑战，以创新、合作、发展为主线，以和谐和可持续发展的科学发展观审视和调整原有的信息安全产业发展战略和策略，探索促进信息安全产业健康持续发展的新思路。

　　我国信息安全产业发展的战略目标可以是：经过积极努力，在涉及国家安全、政府办公自动化、金融、财税、通信、教育等关键领域，采用自主知识产权的安全设备和系统，基本满足不同等级的安全保障要求；在此基础上逐步实现信息安全产业规模化生产，形成解决各种复杂系统安全问题的能力，做实、做大、做强信息安全产业，为保障国家信息安全提供设备和系统；最终形成一批具有国际一流水平的产品，使信息安全产业在信息产业中处于核心主导地位，使我国的信息安全就绪情况达到世界先进水平。在"十一五"计划时期，国家宜首先制定切实可行、高瞻远瞩的信息安全产业发展规划，包括发展目标、重点领域、关键技术、主要产业化项目、政策措施、组织管理等内容。在此规划的指引下，增加对信息安全产业发展的资金投入，创造良好的融资环境和产业发展环境，稳定、吸引和培养高素质的信息安全人才；在技术政策上，鼓励和强化高技术领域的独立创新能力，解决科研支撑体系问题；在具体操作上，重点攻克关键产品，标本兼治，资源共享，全国协作，集中力量，开发出中国自己的CPU 芯片、操作系统和数据库、网络管理软件产品和其他具有自主知识产权的关键产品，开创中国信息安全产业发展的新局面。

　　促进信息安全产业健康持续发展，实现上述战略目标，宜主要采取以下战略措施。

　　（一）加强领导，搞好宏观调控

　　信息安全产业具有高投入、高风险、高效益之特点，需要各级政府加强领导，搞好宏观调控，充分发挥市场机制的作用，促进其健康持续发展。根据我国《二〇〇六一二〇二〇年国家信息化发展战略》，加强领导，搞好信息安全产业发展的宏观调控，主要应做好：一是优化政策，引导企业资产重组，跨国并购，推动产业联盟，加快培育和发展具有核心能力的大公司和拥有技术专长的中小企业，提高信息安全产业的竞争力。二是尽快建立健全扶持信息安全产业发展的优惠政策，在投融资、税收、技术产品、人才等方面提供良好的发展环境，在政府主导下，发挥研发单位和企业的积极性促进信息安全产业发展。三是尽快建立健全保护和支持信息安全产业发展的法规体系，依法保障信息安全产业的健康持续发展。以法规形式明确和拓宽信息安全产品使用范围和采购政策，鼓励优先使用国产信息安全产品。推动信息安全技术向其他信息产业的渗透与结合，狠抓发展网络通信和电子商务的安全产品，激励开发各行各业信息系统安全产品，以安全需求驱动信息安全产品发展。四是建立健全我国的信息安全标准体系，建立国家信息安全检测评估体系和信息安全产业、产品认证认可体系，确保信息安全产品研究、开发的规范标准，提高产品的可靠性、可用性和适用性。

（二）培育信息安全强势企业和知名品牌

企业是产业的细胞，产业是企业的集合。促进信息安全产业健康持续发展，必须搞好信息安全企业。我国信息安全企业数量不少，增长速度快，但真正的强势企业很少。我们应该采取综合配套的措施，积极培育我国信息安全强势企业。培育强势企业，既需要创新，又需要整合，二者相互依存、相互补充、相互促进，共同培育和提高企业的竞争优势。创新，应全面创新，重点抓企业的体制、管理、技术、产品和市场创新。通过创新，培育信息安全强势企业。整合，一方面，要对企业的构成要素进行有机组合，形成真正的竞争优势；另一方面，对现有信息安全企业进行联合、并购、重组，组建信息安全企业集团，打造中国信息安全产业的"龙头"。品牌是决定产业竞争力的重要因素，我国信息安全行业拥有自主知识产权的知名品牌还很少很少。因此，我们应该制定和实施"名牌"战略，积极创立、宣传、保护和发展自己的知名品牌，创造质量好、附加值高、有特色的名牌产品，依靠"名牌"打天下。

（三）创建一批信息安全产业基地

北京、上海、广东、江苏、四川等省市已经建立了信息安全产业基地。这些信息安全产业基地集中了大批信息安全企业，对信息安全产业的发展起到了示范、带动、集聚和辐射等作用，取得了明显的成效。但是，我国的信息安全产业基地还很少，应该在巩固发展原有基地的同时，创建一批新的信息安全产业基地。创建新基地，应坚持官、企、学、研相结合，政府部门、企业、高等院校、科研部门遵循平等互利、优势互补、共同发展的原则，联合共建信息安全产业基地。基地充分发挥外引内联的作用，吸引国内外信息安全企业到基地落户。同时，建立信息安全产业服务平台，为企业进行全方位服务。要按照发展是硬道理和第一要务的精神，以加快发展为主题，创造性地开展工作，高标准，严要求，争一流的速度，培育一流的企业，生产一流的产品，创一流的业绩，把基地建设成为信息安全产业的示范区和"排头兵"，成为带动周围地区经济社会发展的"龙头"。

（四）不断增加信息安全产业发展的投入

信息安全产业是直接关系国家安全的产业，国家应不断增加直接投入，以此带动社会资本对信息安全产业的投资。增加财政拨款，建立信息安全产业发展基金。采取项目贴息贷款、补助、奖励等方式滚动使用，用于信息安全关键技术、重点产品开发和产业化生产。为加速重点信息安全产品的产业化，在国家计划中设立专项，对如安全操作系统等重点项目统筹安排，采取更为优惠的投资政策。允许通过多种渠道筹集资金，建立信息安全产业风险投资基金，并对其风险投资实行减免所得税等优惠政策。支持信息安全产业在国内上市融资，采取比一般高科技企业更为优惠的政策。

（五）培养、引进、和使用好人才

促进信息安全产业健康持续发展，需要大批人才。人才严重短缺，是我国信息安全产业发展面临的最大难题。因此，必须搞好人才的培养、引进和使用。制定和实施科学的人才培养规划，采取在职培养、委托培养、代理培养、联合培养、国外培养等灵活多样的方式培养高素质的各级各类人才。重点是培养造就一批批知识渊博、经验丰富、精明能干的经营管理人才和讲政治、懂外语、精通信息安全技术和业务的专业技术人才及高级技工人才。拓宽视野，制定和执行优惠政策，从境外聘用优秀人才，为我国发展信息安全产业服务。最主要的是，建立充满生机和活力的用人机制，创造良好的工作和生活环境，用好人才，留住人才，使各类人才能够人尽其才，才尽其用。可在信息安全产业试行知识技术股份化制度，使管理、技术能够作为资本参与分配。无形资产占信息安全企业净资产的比例可扩大到50%，鼓励信息安全企业实行员工股份期权制，形成吸引和激励企业管理人才与技术骨干的有效机制。增设安全保密津贴，对信息安全产品的研发、生产人员给予安全保密津贴，津贴部分免征个人所得税。

七　加强信息安全法制建设和标准化建设

加强信息安全法制建设和标准化建设，建立健全信息安全法律体系和标准化体系，并将标准化体系纳入法律体系范畴，赋予标准体系以国家意志的属性，使其具有强制实施的法律效力，以法为信息安全保驾护航，保障和促进信息化健康发展，是适应全球信息战的新形势，制定和实施信息安全新战略，构建信息安全保障新体系的内在要求和主要内容。我们应该学习借鉴国外先进经验，从我国国情出发，认真总结经验教训，积极探索加强信息安全法制建设和标准化建设的新思路，尽快建立健全既符合国际通行规则，又具有中国特色的信息安全法规体系和标准化体系，依法维护信息安全。

（一）加强信息安全法制建设

信息网络世界是人类现实世界的延伸，是对现实社会的虚拟。因此，现实社会中大多数法律都适用于信息网络，任何信息网络领域的违法行为都应受到法律的制裁。但是，信息网络有它自身的特点，信息安全除了具有一般安全的共性外，还有其个性。信息安全内在地要求进行信息安全立法。信息安全立法的重要作用突出表现在以下几个方面：（1）规范信息主体的信息活动。这是信息安全立法规范作用的直接体现。信息活动是信息安全立法直接作用的对象，信息安全立法通过规范信息活动，产生相应的影响，实现信息安全立法的各项具体目标。（2）保护信息主体的信息权利。这是信息安全立法的核心内容。由于公民个人的信息权利与基本人权的实现密切相关，国家和其他组织体的信息权利直接关系到国家安全、经济与社会的发展等；因此，保护信息主体的信息权利十分重要，它是信息立法最直接、最基础的目标。一般来说，信息安全立法是通过规定相关主体的法律义务和法律责任，来强化对信息权利的法律保护的。（3）协调和解决信息矛盾。信息安全通过规范信息活动，使之适度、有序，并从而保护信息主体的信息权利，来协调和解决各类信息矛盾，兼顾效率与公平。通过解决某些信息过多、过滥，信息质量低劣，虚假信息弥漫，信息污染严重等问题，对政治、经济、社会、文化等产生积极影响。（4）保护国家利益和社会公共利益。这是信息安全立法中的强行法律规定，也是其重要的调整目标。通过信息安全立法，依法打击信息领域里的违法犯罪行为，使国家利益、社会公共利益及公民个人利益不受威胁，得到积极的保护。这种保护作用，同保护各类信息主体的信息权利，保障基本人权，在根本上是一致的，它是充分保护信息权利的必然要求。

我国政府比较重视信息安全立法。自 1998 年以来，先后颁布了《中华人民共和国计算机信息网络国际联网管理暂行规定》《计算机信息网络国际联网安全保护管理办法》《全国人民代表大会常务委员会关于维护互联网安全的决定》《金融机构计算机信息系统安全保护工作暂行规定》《电子签名法》《互联网著作权行政保护办法》等信息安全法规，对于维护和规范信息网络运行秩序，保证信息安全起了巨大作用。但是，和先进国家相比，我国的信息安全法律、法规还很不健全、很不完善、很不适应信息网络发展和维护信息安全的需要。因此，必须加强信息立法，尽快建立健全信息安全法律法规体系。

中国的信息安全法律法规体系应既符合国际通行规则又具有中国特色，体现信息共享原则、弘扬公德原则、全球协调原则、人文关怀原则、强化管理原则、促进发展原则、保障安全原则、严格执法原则与国家现行法律法规体系相协调的原则等。综合考虑信息网络系统安全立法的整体结构，尽快建成相对地自成一体、以《信息安全法》为主干、门类齐全、结构严谨、层次分明、内在和谐、功能合理、统一规范的信息安全法律法规体系，使之能够基本覆盖信息安全各种法律关系、调整范围、主要内容，成为我国法律体系中的一个重要分支。近期内主要应做好以下几方面工作：（1）大胆借鉴和移植发达国家、新兴工业化国家、有关发展中国家制定和实施信息安全法规的成功经验，从我国实际出发，构造自己的法律体系；（2）加强信息安全理论和战略研究，抓紧研究起草信息安全领域的基本法——《信息安全法》及相关重要法规，建立和完善信息安全法律制度，明确社会各方面保障信息安全的责任和义务；（3）积极参与国际信息网络规则的制定，主动融入国际信息安全法规体系，开展涉及信息网络的国际司法协助；（4）重视信息安全执法队伍建设，充分发挥现有信息法规的作用，加强对利用网络传播有害信息、危害公众利益和国家安全的违法犯罪活动的打击，维护信息安全，规范信息网络的运行。

（二）加强信息安全标准化建设

信息安全的标准化建设，是建立健全国家信息安全保障体系的基础性工作。标准是充分适应、协调、测算、评价信息安全程度的指标及量化体系，只有建立在标准体系的基础上，信息安全保障工作才能适应全球信息战的新形势。从某种意义上说，信息安全保障的本质就是标准化问题，达不到标准的信息网络和信息系统是不安全的。因此，世界各国在制定和实施信息安全战略的实践中，都大力加强信息安全标准化建设，并将其纳入法规体系。美国从 20 世纪 70 年代初就开始制定信息技术的安全标准，现在已经形成了由国家标准化协会制定的国家标准（ANSI）、由国家标准局制定的联邦信息处理安全标准（FIPS）以及由国防部制定的信息安全指令和标准（DOD）"三位一体"的国家信息安全标准体系，从不同的角度规范国家的信息安全。欧盟除了发布的《信息技术安全性评测标准》（ITSEC）之外，还有由欧洲计算机厂商协会规定的被欧洲国家共同执行的计算机信息安全标准，欧盟骨干成员国英国、法国、德国等还制定和执行了本国的信息安全标准体系。我国比较重视信息安全标准化建设，从 20 世纪 80 年代中期开始研究制定，已经发布了有关信息安全的国家标准、国家军用标准、国家保密标准等 20 多个，基本形成了体系。最主要的是强制性国家标准 GB－17859：1999《计算机信息安全保护等级划分准则》以及与之配套的 GA/T390－2002《计算机信息系统安全等级保护通用技术要求》、GA/T388－2002《计算机信息系统安全等级保护操作系统技术要求》、GA/T389－2002《计算机信息系统安全等级保护数据库管理系统技术要求》、GA/T387－2002《计算机信息系统安全等级保护网络技术要求》、GA/T391－2002《计算机信息系统安全等级保护管理要求》5个实施细则。这些标准的发布和实施，对于保障我国的信息安全，规范信息网络运行秩序起了巨大的积极作用。但是，我国信息安全的标准化建设才刚刚起步，标准体系还很不完善，结构不合理，标准层次不高，标准理念和标准化技术相对滞后，很不适应信息安全发展的要求，必须采取综合配套措施，加强标准化建设。

我国加强信息安全标准化建设，必须根据信息安全评估的国际通用准则，参照国际标准，学习借鉴先进国家的成功经验，从我国实际出发，抓紧制定急需的信息安全管理和技术标准，主要包括信息系统安全等级保护标准，系统评估标准、产品检测标准、公钥基础设施标准、电子身份认证标准、防火墙技术标准以及关键技术、产品、信息系统、服务商资质、专业技术人员资质、各类管理过程与测评的标准等，建立健全与国际标准相衔接的中国特色的信息安全标准体系。同时，要重视现有信息安全标准的贯彻实施，充分发挥其基础性、规范性作用。为保证信息安全标准体系的贯彻实施，还应实行标准化研究机构、管理机构、执行机构相结合，从组织上逐步完善标准化的长效机制，建立具有吸纳能力的信息安全标准化机制，能够把信息系统建设诸环节的经验教训和程序设计、功能实现、信息分类与代码等方面的成果以标准、规范的形式吸纳起来，使新的信息系统建设项目能够在更高的起点上安全、健康运行。

八　加强领导，强化管理，全民参与

信息安全保障工作是一项关系国民经济和社会信息化全局的长期艰巨任务。各级党委和政府要充分认识加强信息安全保障工作的重要性和紧迫性，高度重视信息安全保障工作，切实加强对信息安全保障工作的领导。在构建信息安全保障新体系的过程中，要始终坚持一手抓信息化发展，一手抓信息安全保障工作。要抓紧建立健全信息安全组织领导体系和管理体制，强化管理，加强宣传教育，动员全民参与，保障信息安全。

（一）加强领导，强化管理

目前，世界各国都非常重视信息安全工作，各国政府和有关部门、行业、企业都组建了信息安全保障工作领导机构，加强对信息安全保障工作的组织领导和科学管理。我国应学习借鉴先进国家的成功经验，在共产党的领导下，各级政府和有关企业、事业单位，成立专门信息安全领导机构，第一把手挂帅，主管领导亲自抓，加强对信息安全保障工作的领导。国务院信息安全领导机构要能够做到集中各级各方面的信息网络安全情况，及时正确地进行宏观决策；明确主管部门，有效地组织协调有关职能部门；建立统一指挥、统一行动的国家信息安全保障机制；统一指挥、调度、处置各种信息网络安全重大事件；部署重大信息安全保障体系的建设。各地区、各部门都要按照科学分工，逐级建立并认真落实信息安全责任制，国家信息安全协调机构应加强信息安全管理的跨地区、跨部门协调工作，形成分工明确、责任落实、相互衔接、有机配合的领导和组织管理体系。中央和国家机关各部门、各地区都要按照职能分工，协同配合，切实履行信息安全管理的职责。公用通信网、广播电视传输网等基础信息网络的安全管理分别由信息产业部门和国家广电系统负责。各重要信息系统的安全建设和管理，按照"谁主管谁负责、谁运营谁负责"的要求，由各主管部门和运营单位负责。对破坏基础信息网络和利用网络传播有害信息、危害公众利益和国家安全等各种违法犯罪活动，由公安部、国家安全部门依据职责分工进行查处和打击。

（二）加强宣传教育，动员全民参与

信息安全是关系国家安全、经济社会可持续发展、广大人民群众切身利益的重大问题，绝不仅仅是少数领导和信息安全管理部门的事。只有加强宣传教育，动员全民参与，团结一致，共同努力，才能搞好。

一是要进一步加强对信息安全保障工作队伍的教育和培训。采取多种形式举办不同类型的学习班和各种讲座，对领导干部、信息安全管理人员、信息系统管理人员、企事业单位信息安全主管和相关人员、计算机操作人员等，分别进行定期或不定期的针对性教育和培训，不断提高他们的信息安全意识和信息安全工作素质，自觉维护信息安全。二是教育部门和各类学校要安排信息安全的课程或讲座，尤其要注重在中小学校开展信息安全教育、信息网络行为的规范和道德教育、相关的法律法规教育等，培育学生的信息安全意识，自觉规范网络行为。教师和家长也要接受信息安全专业组织和专家的教育和培训，重视信息安全和网络行为道德规范问题。三是深入开展信息安全宣传工作，组织多种形式的科普教育活动，培养树立全民的信息安全意识。新闻媒体和互联网要加大信息安全宣传力度，通过多种形式和手段，使广大网民增强法制观念，掌握必要的信息安全知识与技能，自觉遵守网络道德，自觉维护信息安全。力争做到：不用计算机去伤害别人或组织，不干扰别人或单位的计算机工作，不窥探别人或组织的机密文件，不用计算机进行偷窃，不用计算机造谣生事、散布流言蜚语或作伪证，不使用或复制自己没有付钱的软件，未经允许不使用别人或组织的信息资源，不剽窃或盗用别人的智力成果，不编有害社会的程序，不发送垃圾邮件，不利用计算机进行违法犯罪活动，自觉同网络违法犯罪活动作斗争。四是把荣辱观教育引进网络。胡锦涛总书记关于"八荣八耻"的重要讲话为我们树立正确的世界观、人生观、价值观指明了方向，确立了新时期青少年成长的路标，是社会主义荣辱观的核心。应通过网络对青少年进行社会主义荣辱观教育，引导青少年分清网络美丑，树立正确的荣辱观，利用互联网丰富和发展自己。

（三）积极参与和加强信息安全保障的国际协作

信息技术革命的蓬勃发展和国际互联网的普遍使用，创造了一个与全球化共存、互动的新的网络世界。在网络世界，法律意义上的国家疆域和国界概念已不存在，存在的只有信息发布者和使用者的国籍及所处的地理位置。大多数互联网上的活动都可以跨越国界，国家边界正在失去作用。由于国家边界在互联网上已没有实际意义，所以人们常常把网络世界描绘为无边界的、按新范式行动的新世界。在这个新世界，信息战具有全球性，信息战对信息安全的威胁也具有全球性。地球上任何一个地方的计算机病毒都可以通过互联网向全球传播并感染其他地方的计算机；"黑客"可以在地球的任何一方，攻击任何地方的互联网；网络罪犯可以利用互联网，随意地进行跨国犯罪；一个顽童坐在家里，也可以利用互联网向全世界发送垃圾邮件……所以，许多事关信息化发展和信息安全的重大问题的解决，不仅要靠各国自身的努力，还需要世界各国的相互配合和密切协作，安全的"链接性"不断增大，任何一个国家的信息安全都不可能与"国际安全"截然分开而孤立存在。因此，信息安全具有国际性，应建立相互信任的国际机制，遵循互惠互利、平等协商的原则加强信息安全保障的国际协作，争取共同安全。

为了加强信息安全保障的国际协作，争取共同安全，国际社会呼唤全球性的监管和治理，要求各国的互联网立法应通过国际协商达到相互认同，并进行了积极努力。八国集团最近开始在五个领域协调治理信息空间的有关犯罪活动：恋童癖与性侵犯、毒品走私、洗黑钱、电子欺诈、企业与国家间谍。一些国际组织起草了示范法规和指导原则，促进电子商务和相关数字签证问题的解决。到目前为止,在各种各样与信息安全有关的领域,已进行了数百种国际努力。我国也应采取有效措施,密切关注全球信息战和信息安全的新动向,尽快建立健全信息化和信息安全国际交流合作机制。坚持平等合作、互利共赢的原则,积极参与多边组织,大力促进双边或多边合作。积极参与国际规则和互联网协议、规范的制定,积极参与和加强信息安全保障的国际协调和协作,从而成为全球信息安全保障的主角。目前,至少在反对跨国有组织网络犯罪和反对信息恐怖主义这两个领域,我国不仅能发挥举足轻重的作用,而且也能通过国际协调与合作,为保障全球信息安全作出重大贡献!

第六章　信息安全的等级保护

信息安全等级保护是实施信息安全战略，创建信息安全保障新体系的重要内容，是提高信息安全保障能力和水平，保证和促进信息化建设安全、有序、高效发展的基本制度。我们应该明确信息安全等级保护的概念、基本内容、基本原则、目标要求和标准体系，遵循客观规律，按照党和政府颁发的《关于信息安全等级保护工作的实施意见》等一系列有关文件，实施信息安全等级保护，特别是电子政务的信息安全等级保护，保障信息安全，维护国家安全、社会稳定和人民利益。

第一节　信息安全等级保护的基本概念解析

一　信息安全等级保护的产生和发展

（一）国外信息安全等级保护的产生和发展

用划分等级的方法进行管理是人类社会活动普遍采用的行之有效的方法，对于信息安全来说也不例外。随着信息技术革命的蓬勃发展和信息化的快速推进，信息安全越来越成为确保信息化健康发展的重要组成部分，等级保护也就成为实现信息安全的重要举措。美国等发达国家及新兴工业化国家为了抵御日趋激烈的信息战的攻击和威胁，制定和实施了一系列保障信息安全的对策，其中很重要的一项就是按照安全保护强度划分不同的安全等级，对信息安全实施等级保护。

美国国防部基于军事计算机系统保密的需要，从 20 世纪 70 年代起就开始研究计算机安全保密问题，出了许多有价值的成果。在以往研究成果的基础上，1983 年公布了《可信计算机系统安全评价准则》（TCSEC），随后又制定了关于网络系统、数据库等方面的系列安全解释，形成了计算机系统的可信安全评价准则（俗称橘皮书）。在 TCSEC 的评价准则中，从 B 级开始就要求具有强制存取控制和形式化模型技术的应用。橘皮书论述的重点是通用的操作系统，为了使它的评判方法适用于网络，1987 年又出版了一系列有关可信计算机数据库、可信计算机网络等级指南等（俗称彩虹系列）。该书从网络安全的角度出发，解释了准则中的观点，从用户登录、授权管理、访问控制、审计跟踪、隐通道分析、可信通道建立、安全检测、生命周期保障、文本写作、用户指南均提出了规范性要求，并根据所采用的安全策略、系统所具备的安全功能将系统分为 A、B（B1、B2、B3）、C（C1、C2）、D 四类 7 个安全级别。

TCSEC 带动了国际计算机安全的评估研究，20 世纪 90 年代西欧四国（英、法、荷、德）联合提出了《信息技术安全评价准则》（ITSEC），又称欧洲白皮书。ITSEC 除了吸收 TCSEC 的成功经验外，首次提出了信息安全的保密性、完整性、可用性（CIA）内容概念，把可信计算机的概念提高到可信信息技术的高度上来认识。它们的工作成为欧共体信息安全计划的基础，并对国际信息安全的研究、实施带来了深刻的影响。

1996 年，国际上的六个国家（美、加、英、法、德、荷）又联合提出了《信息技术安全评估通用准则》（CC）。CC 的基础是欧洲的 ITSEC，美国的包括 TCSEC 在内的新的联邦评估标准，加拿大的 CTCPEC，以及国际标准化组织 ISO：SC27WG3 的安全评估标准。1999 年 7 月 CC 通过国际标准化组织认可，成为信息安全评估国际通用准则。1999 年 10 月，澳大利亚和新西兰加入了 CC 互认协定。2000 年，西班牙、意大利、挪威、芬兰、瑞典、希腊等国也加入了该互认协定。之后，日本、韩国、以色列等国又加入了此协定。我国也遵循这一准则，对产品、系统和系统方案进行安全测试，评估和认证认可。

信息安全评估国际通用准则即 CC，是国际公认的评估信息技术产品和系统安全性的基础准则。主要内容分为三部分：第一部分，"简介和一般模型"；第二部分，"安全功能需求"；第三部分，"安全保证需求"。CC 准则提倡信息安全的系统工程思想，希望通过信息安全产品的开发、评价、使用的全过程和各方面的综合考虑来确保信息安全。目前世界上信息安全的国际标准及多数国家的国内标准，都是依据这一准则制定的。

CC 在安全功能方面并没有明确的等级定义和划分（尽管在 PP 中对

每个安全功能可以定义基本、中等或高等三种安全功能强度（SOF），但是从安全保证要求进行了等级划分（共分为七个等级），按照其安全保证要求的不断递增，CC 将 TOE 分为 7 个安全评估保证级（EAL），分别是：

第一级（EAL1）：功能测试级；

第二级（EAL2）：结构测试级；

第三级（EAL3）：系统测试和检查级；

第四级（EAL4）：系统设计、测试和检查级；

第五级（EAL5）：半形式化设计和测试级；

第六级（EAL6）：半形式化验证的设计和测试级；

第七级（EAL7）：形式化验证的设计和测试级。

但是，现实中信息及信息系统对安全功能的等级要求是客观和普遍存在的，不同的应用对同一安全功能的强度要求可能是不一样的。据此，许多国家都在从实际出发，制定包括安全功能等级在内的信息安全等级保护制度，取得了重大成绩。

（二）我国信息安全等级保护的发展历程

我国实施信息安全等级保护的研究和实践起步较早。经过我国信息安全领域有关部门和专家学者的多年研究，借鉴国外先进经验，从我国国情出发，提出了分等级保护我国的信息安全问题。1994 年 2 月 18 日，我国发布了《中华人民共和国计算机信息系统安全保护条例》（中华人民共和国国务院令第 147 号），以国务院法规的形式正式确定：中华人民共和国境内的计算机信息系统实行安全等级保护制度，作为主管部门，公安部可以根据本条例制定实施办法；安全等级的划分标准和安全等级保护的具体办法，由公安部会同有关部门制定。

根据国务院第 147 号令的要求，公安部组织有关单位和专家起草了安全保护等级管理的重要基础性国家强制性标准 GB - 17859：1999《计算机信息系统安全保护等级划分准则》，并于 1999 年 9 月 13 日经国家质量技术监督局审查通过并正式批准发布。该标准将计算机信息系统安全保护能力划分为五个等级，为开展我国计算机信息系统安全保护等级工作确定了划分原则。为了保证这一准则的全面贯彻落实，公安部又联合有关部门制定并颁布了与之相配套的五个信息安全保护等级标准的实施细则，即

《计算机信息系统安全等级保护通用技术要求》《计算机信息系统安全等级保护操作系统技术要求》《计算机信息系统安全等级保护数据库管理系统技术要求》《计算机信息系统安全等级保护网络技术要求》《计算机信息系统安全等级保护管理要求》，为开展信息安全等级保护奠定了法律基础。2003 年，中央办公厅、国务院办公厅转发的《国家信息化领导小组关于加强信息安全保障工作的意见》中，将信息安全等级保护作为国家信息安全保障工作的重中之重，要求各级党委、人民政府认真组织贯彻落实。

上述文件的贯彻落实，有效地保护了我国的信息安全。随着我国信息化的发展和信息安全形势的变化，许多专家、实际工作者及计算机用户提出了丰富和发展上述文件的建议。党和国家政府与时俱进，组织专门班子，学习借鉴外国的先进经验，吸取国内各界合理化建议的精华，起草了《关于信息安全等级保护工作的实施意见》。2004 年 7 月，国家网络与信息安全协调小组第三次会议审议通过了《关于信息安全等级保护工作的实施意见》，并于 2004 年 9 月 15 日由公安部、国务院信息化工作办公室、国家保密局、国家密码管理委员会办公室以"公通字〔2004〕66 号文件"的形式联合下发执行。"66 号文件"明确指出：信息安全等级保护制度是国家在国民经济和社会信息化的发展过程中，提高信息安全保障能力和水平，维护国家安全、社会稳定和公共利益，保障和促进信息化建设健康发展的一项基本制度，必须认真贯彻实施。

"66 号文件"进一步明确了信息安全等级保护制度的内容，扩展和深化了原有信息安全等级保护的内涵，并与时俱进地提出了在当前网络化环境下开展信息安全等级保护工作的新思路和更明确的工作目标。全国各地区、各行业、各部门认真贯彻落实"66 号文件"，取得了明显成效，涌现出了许多先进典型。电子政务和电子商务的信息安全等级保护工作稳健发展，重庆市和武汉市等级保护工作取得重要进展，北京移动、武汉国土局等的等级保护工作成绩斐然。

为了进一步贯彻落实《关于信息安全等级保护工作的实施意见》，在党中央和国务院的领导下，公安部积极会同国家保密局、国家密码管理局，认真贯彻文件精神，健全各项工作机制，加强协调配合，推动各项工作深入开展。一是成立了国家信息安全等级保护工作协调小组和办公室，加强了等级保护工作的组织领导和协调配合，对等级保护工作重大问题共同进行研究和部署，协助国信办成立了"信息安全等级保护专家评审委员会"，该委员会对有关政策和标准进行了审议；二是制定了《信息安全等级保护管理办法》和《定级指南》《基本要求》《测评准则》《实施指南》等相关技术标准草案，为开展等级保护工作提供了政策和技术保证；三是开展了全国范围的信息系统安全等级保护基础调查，为有针对性地制定我国信息安全政策和全面开展等级保护工作提供了基础性的资料；四是选择了 13 个省区市和 3 个部委的信息系统运营使用单位作为试点，印发了开展等级保护试点工作的通知，制定了试点工作实施方案和指南，进一步明确了试点工作内容及要求。此外，还配合国信办开展了风险评估、等级测评、安全服务资质等与之相关的政策和技术研究，为开展等级保护试点工作奠定了基础。① 到 2006 年年底，各试点单位圆满完成了试点各项工作任务，为在全国全面开展信息安全等级保护工作打下了坚实基础。我们相信，我国的信息安全等级保护工作一定会高速、高效地发展，为保障国家信息安全，保障和促进信息化的发展作出新的贡献。

二 信息安全等级保护的基本概念解析

（一）信息安全等级保护的基本概念

1. 信息安全等级保护的指导思想和意义。

科学界定、正确理解信息安全等级保护，对于建立健全信息安全等级保护制度有着十分重要的意义。信息安全保障的宗旨是：为信息化建设保驾护航，既要保障信息网络系统的安全，又要保障信息网络系统中信息的安全；既要保障信息的安全存储、传输和处理，也要保障信息网络系统中业务功能的安全实现；既要保障信息的安全，又要保障信息化建设的可持续发展。然而，不同的信息系统、不同的信息内容对信息安全保障程度的要求也不同。信息安全等级保护的宗旨是：针对信息系统的重要程度、信息系统承载业务的重要程度、信息内容的重要程度、系统遭到攻击破坏后造成的危害程度等安全需求以及信息系统必须达到的基本安全保护水平等

---

① 张新枫：《在信息安全等级保护试点工作会议上的讲话》，《信息网络安全》2006 年第 9 期，第 1 页。

因素，依据国家规定的等级划分标准确定其保护等级，按等级采取不同的保护措施。简言之，就是对不同安全需求的保护对象实施不同的安全保护。

《国家信息化领导小组关于加强信息安全保障工作的意见》要求："信息化发展的不同阶段和不同的信息系统有着不同的安全需求，必须从实际出发，综合平衡安全成本和风险，优化信息安全资源的配置，确保重点。要重点保护基础信息网络和关系国家安全、经济命脉、社会稳定等方面的重要信息系统，抓紧建立信息安全等级保护制度，制定信息安全等级保护的管理办法和技术指南。"这种重点保护重要信息系统的指导思想，就是根据不同信息的不同安全保护需求，对信息系统进行不同等级的安全保护，以合理的人力、物力、财力投入达到信息安全保护的整体要求。具体讲，一个信息系统的安全保护，需要对信息系统及其所存储、传输和处理的信息的保密性、完整性和可用性等进行保护。这些安全保护必须用技术和管理相结合的方法来进行。实现不同安全要求的技术会有不同的投入。同样，实现不同安全要求的管理也会有不同的投入。所以，等级保护既要体现对技术方面的不同要求，又要体现对管理方面的不同要求。从技术方面看，实现不同的安全要求，需要不同的安全技术支持。这些安全技术支持的差别，可以从安全功能、安全机制和安全保证等方面得到体现。最低等级的安全保护，需要基本的安全功能、安全机制和安全保证来实现。随着安全保护等级的提高，可以是安全功能的增加，也可以是安全机制的增强或安全保证的加强。当然，这些安全功能的增加、安全机制的增强和安全保证的加强都需要相应的投入的增加。从管理方面看，无论是构建信息安全系统的工程管理，还是控制信息安全系统运行的操作管理，以及确保信息安全系统整个生命周期安全的其他管理，都需要根据不同的安全要求，投入不同的人力、物力、财力，进行不同程度的管理，也就是需要按照不同安全等级的不同要求，从低等级到高等级，逐步增强，采取不同的管理措施。

《关于信息安全等级保护工作的实施意见》充分肯定了实施信息安全等级保护的重大意义，指出：实行信息安全等级保护制度，能够充分调动国家、法人和其他组织及公民的积极性，发挥各方面的作用，达到有效保护的目的，增强安全保护的整体性、针对性和实效性，使信息系统安全建设更加突出重点、统一规范、科学合理，对促进我国信息安全的发展将起到重要推动作用。实施信息安全等级保护，能够有效地提高我国信息和信息系统安全建设的整体水平，有利于在信息化建设过程中同步建设信息安全设施，保障信息安全与信息化建设相协调；有利于为信息系统安全建设和管理提供系统性、针对性、可行性的指导和服务，有效控制信息安全建设成本；有利于优化信息安全资源的配置，对信息系统分级实施保护，重点保障基础信息网络和关系国家安全、经济命脉、社会稳定等方面的重要信息系统的安全；有利于明确国家、法人和其他组织、公民的信息安全责任，加强信息安全管理；有利于推动信息安全产业的发展，逐步探索出一条适应社会主义市场经济发展的信息安全模式。

2. 信息安全等级保护的基本概念。

信息安全等级保护的基本概念可以概括为：从国家宏观管理的层面，确定需要保护的对人民生活、经济建设、社会稳定和国家安全等起着关键作用的涉及国计民生的基础信息网络和重要信息系统，按其重要程度及实际安全需求，合理投入，分级进行保护，分类指导，分阶段实施，保障信息系统安全正常运行和信息安全，提高信息安全综合防护能力，保障国家安全，维护社会秩序和稳定，保障并促进信息化建设健康发展，拉动信息安全和基础信息科学技术发展与产业化，进而牵动经济发展，提高综合国力。国家实行信息系统安全等级保护的形式有：国家意志、政府主导、科研单位和企业及社会广泛参与等。（1）国家意志：国家必须有统一的信息系统安全保护法律规范、技术规范。（2）政府主导：在国家信息化领导小组的统一领导和国务院信息化工作办公室的统一组织、协调下，各级政府及其内部各部门应当对其信息系统安全建设与管理负责，开展信息系统安全等级保护工作。首先，各级政府在信息化建设过程中，应该按照等级保护的政策法规、管理与技术规范，组织进行信息系统安全等级保护建设管理工作；其次，信息安全保护职能部门要严格依法行政，履行职责，做好安全等级保护工作；法律、法规和标准确定后，政府的监督管理是推进和保障信息安全保护的关键。（3）信息系统安全涉及社会的方方面面，有关科研机构和企业应积极开发市场所需等级保护的安全技术和产品。（4）全社会要提高信息安全保护意识，自觉遵守有关法律、法规和职业道德，创造和维护信息安全保护的良好社会环境。

　　信息安全等级保护要贯彻突出重点（国家保护重点基础信息网络与重要信息系统内分区重点）、兼顾一般的原则。等级保护制度要求落实各级安全责任。国家重点保护下列基础信息网络和重要信息系统：（1）国家事务处理信息系统（党政机关办公系统）；（2）金融、税务、工商、海关、能源、交通运输、社会保障、教育等基础设施的信息系统；（3）国防工业、国家科研等单位的信息系统；（4）公用通信、广播电视传输等基础信息网络中的计算机信息系统；（5）互联网网络管理中心、关键节点、重要网站以及重要应用系统；（6）其他领域的重要信息系统。

　　网络信息系统与现实社会的组织体系构成是对应的。信息系统是为适应社会发展、社会生活和工作的需要而设计、建立的，是社会构成、行政组织体系的反映。这种体系是分层次、分级别的，体系中的各种信息系统具有重要的社会和经济价值，不同的系统具有不同的价值。系统基础资源和信息资源的价值大小、用户访问权限大小、大系统中各子系统重要程度的区别等就是级别的客观体现。信息安全保护必须符合客观存在和发展规律。信息安全保护分级、分区域、分类、分阶段是做好国家信息安全保护必须遵循的客观规律。

　　遵循客观规律实施信息安全的等级保护必须建立健全信息安全等级保护机制，保证国家信息安全等级化、规范化、制度化、法制化的实现。为此，国家应制定和完善信息安全等级保护政策、法律规范、技术规范、组织实施规则和方法；信息安全执法部门要依法按标准开展监督、检查、指导工作，信息系统拥有部门或单位要按等级保护标准建设、使用、管理。实行信息安全等级保护制度，首先实行安全等级保护责任制，明确并落实各方在信息安全等级保护方面的责任、权利和义务，将信息安全等级保护工作纳入规范化、法制化管理。各方责任、权利、义务主要包括：职能部门的监督管理职能、权利、义务；各行业各层次对信息安全等级保护行政管理责任、义务；重要信息系统和互联网管理中心、重要网站、关键节点及其相关的用户的责任和义务；企业的信息安全等级保护责任和义务等。

　　（二）信息安全等级保护涉及的若干重要概念

　　信息安全等级保护是一个庞大的系统，贯穿于信息系统生命周期的全过程，贯穿于信息安全保障的各方面和各环节，是全方位立体式概念。要想科学认识和正确理解这一概念，必须把握以下概念及其相互关系。

1. 信息安全与等级保护。

信息安全的定义、内涵、特点等已在第一章进行了专门分析，信息安全等级保护的概念上面已经论述。科学认识和践行信息安全等级保护，还必须把握两者的相互关系。我们认为：信息安全是目的，等级保护是方法。没有目的，方法便毫无价值；但没有科学的方法，也就不可能达到目的。信息安全的目的是对信息系统所要实现的功能进行保护。信息系统的功能可以归结为对信息的存储、传输和处理。于是，信息安全的目的也就自然是对信息系统这三大功能的保护。对信息系统的安全要求就像对产品的质量要求一样。一个产品没有基本的质量保证就无法使用。一个信息系统没有基本的安全保障也就不能提供可信的功能。简言之，信息安全是为信息系统的功能保驾护航，这是信息系统安全的基本出发点和归宿。信息安全分等级保护的指导思想是确保重点和适度保护。从国家宏观角度来讲，就是要重点保护基础信息网络和关系国家安全、经济命脉、社会稳定等方面的重要信息系统的安全，并对其他设施进行适当程度的保护；各个部门和单位，就是要按照不同的保护需要，以合理的安全投入，使信息系统得到应有的安全保护。

2. 信息安全技术等级与信息安全系统等级。

信息安全技术是实现信息安全所需要的所有技术的总称，包括安全功能技术和安全保证技术。信息安全技术等级是根据信息安全技术所达到的安全目标以及所采用的安全机制，从安全功能技术和安全保证技术两方面进行划分的。信息安全系统，通常体现为信息系统安全子系统，是指为实现对信息系统的安全保护采取的系统化安全措施的总称。信息系统的安全等级是根据信息系统工程安全需求确定的，而安全需求是由风险分析产生的。某一信息安全子系统到底需要采取哪些安全技术，应该运用定性分析与定量分析相结合的方法，对信息系统进行风险分析和评估，确定其风险等级和安全需求，按照等级保护相关标准中关于安全技术的等级划分，选取相应安全等级的安全技术，采用系统化的设计方法，构成一个完整的具有相应安全等级的安全子系统。这个安全子系统与信息系统共同组成具有相应安全等级的信息系统。

3. 安全域与保护对象。

对于复杂的信息系统，要真正实现对不同安全需求的信息的不同安全保护，就必须采用以信息安全保护为核心，划分安全域或安全保护对象的方法，实现不同安全域或安全保护对象的不同安全保护，以达保障信息安全之目的。按照数据分类分区域分等级进行安全保护，是搞好等级保护，实现信息安全的有效方法。这一方法以信息系统的有机构成为基础，将其所存储、传输和处理的数据，运用风险分析的方法进行分类，根据不同类数据信息需要进行不同安全保护的基本要求，按数据信息类的分布范围划分安全域，并确定各个安全域所需要的安全保护等级。最理想的安全域划分是，把需要进行相同安全保护的同类数据信息放在同一个安全域中进行存储、传输和处理。保护对象是一些具有类似业务功能、处于类似运行环境、承载类似级别或类别的信息，有类似的用户使用管理特征，具有相对明确的物理或逻辑的边界，可以配置类似的安全策略的设备、软件系统、数据的集合。保护对象与安全域的区别和联系主要表现在：（1）保护对象实质是风险评估的资产划分类型，安全域实质是具有类似安全要求的区别划分类型；（2）保护对象侧重在风险评估，安全域侧重在边界防护；（3）风险评估是等级保护的基础组成部分，边界保护只是等级保护的重要措施；（4）保护对象与安全域具有共同性质，它们是两种不同的分类方法，在实际操作时，往往具有交叉性和互动性。

　　4. 安全管理与安全技术。

　　信息安全管理与信息安全技术是信息化发展的两只轮子，是保障信息安全不可分割的有机整合体。其中，管理是关键，技术是核心。离开科学的管理，再先进的技术也难以发挥作用；离开先进适用的技术，管理也难以顺利进行。搞好信息安全的等级保护，必须一手抓安全管理，一手抓安全技术。信息安全管理分为宏观管理和微观管理。信息安全等级保护作为我国信息安全的一项基本制度主要是宏观管理的需要。为此，还需要制定一系列的方针、政策、法规和标准，成立相应的信息安全组织管理体系，培养高素质的信息安全管理队伍，对信息安全工作进行监督、检查和指导等，这些都属于宏观管理的范畴，是安全技术得以应用和发展的前提和保证。微观管理是指与安全技术密切相关的管理。通过微观管理，一方面能使安全技术发挥应有的作用；另一方面可以弥补安全技术的不足，例如通过限制系统规模和使用范围，可以减少信息系统的安全威胁，从而以相同的安全技术，达到更高的安全保护目标。

信息安全技术，特别是核心技术，是实施信息安全等级保护的核心。我们应该提高自主创新能力，研发具有自主知识产权的核心技术，依靠有自主知识产权的核心技术保障信息安全。在信息安全等级保护中，对信息安全保障的全过程和各方面，包括安全管理和安全技术所涉及的每一个环节和内容，都应根据不同的安全需求进行不同等级的划分，对不同等级实施不同的保障措施。目前，我国已经制定了等级保护的相关标准。各个标准的不同安全等级分别对工程管理和运行管理、安全功能技术和安全保证技术等提出了不同要求。根据这些不同的安全要求制定和实施不同的保障措施，使安全管理和安全技术相匹配、安全功能技术和安全保证技术相匹配，从而使所有安全措施都具有科学化、规范化、高效化特性。

第二节 信息安全等级保护的基本内容和标准体系

一 基本内容

信息安全等级保护是指对国家秘密信息、法人和其他组织及公民的专用信息以及公开信息和存储、传输、处理这些信息的信息系统分等级实行安全保护，对信息系统中使用的信息安全产品实行按等级管理，对信息系统中发生的信息安全事件分等级响应、处置。信息系统是指由计算机及其相关和配套的设备、设施构成的，按照一定的应用目标和规则对信息进行存储、传输、处理的系统或者网络；信息是指在信息系统中存储、传输、处理的数字化信息。

根据我国《关于信息安全等级保护工作的实施意见》《信息安全等级保护管理办法（试行）》《计算机信息系统安全保护等级划分准则》等文件精神，参阅公安部公共信息网络安全监查局郭启全同志写的论文《信息安全等级保护制度》等成果，我们把信息安全等级保护的基本内容概括为以下四部分。

（一）对信息和信息系统分等级实行安全保护

根据信息和信息系统在国家安全、经济建设、社会生活中的重要程度；遭到破坏后对国家安全、社会秩序、公共利益以及公民、法人和其他组织的合法权益的危害程度；针对信息的保密性、完整性和可用性要求及信息系统必须要达到的基本的安全保护水平等因素，对信息和信息系统的安全保护等级共分五级：

1. 第一级为自主保护级，适用于一般的信息和信息系统，其受到破坏后，会对公民、法人和其他组织的权益有一定影响，但不危害国家安全、社会秩序、经济建设和公共利益。依照国家管理规范和技术标准进行自主保护。

2. 第二级为指导保护级，适用于一定程度上涉及国家安全、社会秩序、经济建设和公共利益的一般信息和信息系统，其受到破坏后，会对国家安全、社会秩序、经济建设和公共利益造成一定损害。在信息安全监管职能部门指导下依照国家管理规范和技术标准进行自主保护。

3. 第三级为监督保护级，适用于涉及国家安全、社会秩序、经济建设和公共利益的信息和信息系统，其受到破坏后，会对国家安全、社会秩序、经济建设和公共利益造成较大损害。依照国家管理规范和技术标准进行自主保护，信息安全监管职能部门对其进行监督、检查。

4. 第四级为强制保护级，适用于涉及国家安全、社会秩序、经济建设和公共利益的重要信息和信息系统，其受到破坏后，会对国家安全、社会秩序、经济建设和公共利益造成严重损害。依照国家管理规范和技术标准进行自主保护，信息安全监管职能部门对其进行强制监督、检查。

5. 第五级为专控保护级，适用于涉及国家安全、社会秩序、经济建设和公共利益的重要信息和信息系统的核心子系统，其受到破坏后，会对国家安全、社会秩序、经济建设和公共利益造成特别严重损害。依照国家管理规范和技术标准进行自主保护，国家指定专门部门、专门机构进行专门监督。

（二）国家对信息安全产品的实用实行分等级管理

信息安全产品的安全性和可控性直接关系到其所构建的信息系统的安全。不同安全保护等级的信息和信息系统对信息安全产品的安全功能有着不同的需求，具有一定安全水平的信息安全产品只能在与其安全保护功能相适应的信息系统中使用。国家对信息安全产品按照安全性和可控性要求进行分等级使用许可，三级以上信息系统中使用的信息安全产品必须得到公安机关的使用许可。

（三）信息安全事件实行分等级响应、处置

信息安全事件实行分等级响应、处置的制度，依据信息安全事件对信息和信息系统的破坏程度、所造成的社会影响以及涉及的范围，确定事件等级。根据不同安全保护等级的信息系统中发生的不同等级事件制定相应的预案，确定事件响应和处置的范围、程度以及适用的管理制度等。信息安全事件发生后，分等级按照预案响应和处置。一是根据信息安全事件的不同危害程度和所发生的系统的安全级别，事先划定信息安全事件的等级；二是根据不同等级的安全事件，制定相应的响应和处置预警；三是一旦发生信息安全事件，根据其危害和发生的部位，迅速确定事件等级，并根据等级启动相应的响应和处置预案。

（四）信息系统安全等级保护整体要求——PDRM 模型①

1. 防范与保护。

由物理、支撑、网络、应用、管理五个系统层面划分的安全控制机制，构成安全控制机制的有机整体。对于较大的网络系统可引入安全域和边界概念，即大域和子域。为便于实现纵深分级防护，大型网络可分解为最小网络单元，重要信息系统应分解为最小子系统单元，简化基本模型为：安全计算环境、安全终端系统、安全集中控制管理中心、安全通信线路、最小安全防护边界，由小到大、从里到外实现多级纵深防范。对重点区域、重点部位应采用综合措施进行重点防范。不同安全等级系统之间应遵循"知所必需、用所必需、共享必需、公开必需、互联通信必需"的管理原则进行互联互通。基础信息网络和重要信息系统安全集中控制管理中心应当向系统主管部门负责，并接受国家信息安全保护职能部门的监督、指导，协助并支持国家信息安全保护职能部门的安全等级保护工作。

2. 监控与检查。

包括对系统的安全等级保护状况的监控和检查，对服务器、路由器、防火墙等网络软件、系统安全运行状态、信息的监控和检查。系统主管部门和国家信息安全职能部门都有职责和权力实施安全监控和检查。

3. 响应与处置：包括事件发现、响应、处置、应急恢复。

系统主管部门和国家信息安全职能部门都有职责和权力实施响应与处置。

实施信息系统安全管理必须建立和完善各项安全等级管理制度，特别是要建立完善的组织管理、系统资源管理、信息资源管理、用户管理、密

---

① 景乾元：《信息安全等级保护》，《电力信息化》2004 年第 5 期，第 6—8 页。

码管理、保密信息管理、事件管理等制度。不同安全等级网络系统之间应采取访问控制等防范措施，尽可能实现互联互通，符合信息安全等级保护和信息共享要求。

二 基本原则和要求

（一）基本原则

我国《关于信息安全等级保护工作的实施意见》和《信息安全等级保护管理办法（试行）》指出：信息安全等级保护的核心是对信息安全分等级、按标准进行建设、管理和监督。信息安全等级保护制度遵循以下基本原则。

1. 明确责任，共同保护。

通过等级保护，组织和动员国家、法人和其他组织、公民共同参与信息安全保护工作；各方主体按照规范和标准分别承担相应的、明确具体的信息安全保护责任。

2. 依照标准，自行保护。

国家运用强制性的规范及标准，要求信息和信息系统按照相应的建设和管理要求，自行定级、自行保护。

3. 同步建设，动态调整。

信息系统在新建、改建、扩建时应当同步建设信息安全设施，保障信息安全与信息化建设相适应。因信息和信息系统的应用类型、范围等条件的变化及其他原因，安全保护等级需要变更的，应当根据等级保护的管理规范和技术标准的要求，重新确定信息系统的安全保护等级。等级保护的管理规范和技术标准应按照等级保护工作开展的实际情况适时修订。

4. 指导监督，重点保护。

国家指定信息安全监管职能部门通过备案、指导、检查、督促整改等方式，对重要信息和信息系统的信息安全保护工作进行指导监督。国家重点保护涉及国家安全、经济命脉、社会稳定的基础信息网络和重要信息系统，主要包括：国家事务处理信息系统（党政机关办公系统）；财政、金融、税务、海关、审计、工商、社会保障、能源、交通运输、国防工业等关系到国计民生的信息系统；教育、国家科研等单位的信息系统；公用通信、广播电视传输等基础信息网络中的信息系统；网络管理中心、重要网站中的重要信息系统和其他领域的重要信息系统。

（二）基本要求

我国《关于信息安全等级保护工作的实施意见》对实施信息安全等级保护工作的基本要求可以概括为：信息安全等级保护工作要突出重点、分级负责、分类指导、分步实施，按照谁主管谁负责、谁运营谁负责的要求，明确主管部门以及信息系统建设、运行、维护、使用单位和个人的安全责任，分别落实等级保护措施。实施信息安全等级保护主要应当做好以下六个方面工作。

1. 完善标准，分类指导。

制定系统完整的信息安全等级保护管理规范和技术标准，并根据工作开展的实际情况不断补充完善。信息安全监管职能部门对不同重要程度的信息和信息系统的安全等级保护工作给予相应的指导，确保等级保护工作顺利开展。

2. 科学定级，严格备案。

信息和信息系统的运营、使用单位按照等级保护的管理规范和技术标准，确定其信息和信息系统的安全保护等级，并报其主管部门审批同意。

对于包含多个子系统的信息系统，在保障信息系统安全互联和有效信息共享的前提下，应当根据等级保护的管理规定、技术标准和信息系统内各子系统的重要程度，分别确定安全保护等级。跨地域的大系统实行纵向保护和属地保护相结合的方式。

国务院信息化工作办公室组织国内有关信息安全专家成立信息安全保护等级专家评审委员会。重要的信息和信息系统的运营、使用单位及其主管部门在确定信息和信息系统的安全保护等级时，应请信息安全保护等级专家评审委员会给予咨询评审。

安全保护等级在三级以上的信息系统，由运营、使用单位报送本地区地市级公安机关备案。跨地域的信息系统由其主管部门向其所在地的同级公安机关进行总备案，分系统分别由当地运营、使用单位向本地地市级公安机关备案。

信息安全产品使用的分等级管理以及信息安全事件分等级响应、处置的管理办法由公安部会同保密局、国密办、信息产业部和认监委等部门制定。

3. 建设整改，落实措施。

对已有的信息系统，其运营、使用单位根据已经确定的信息安全保护等级，按照等级保护的管理规范和技术标准，采购和使用相应等级的信息安全产品，建设安全设施，落实安全技术措施，完成系统整改。对新建、改建、扩建的信息系统应当按照等级保护的管理规范和技术标准进行信息系统的规划设计、建设施工。

4. 自查自纠，落实要求。

信息和信息系统的运营、使用单位及其主管部门按照等级保护的管理规范和技术标准，对已经完成安全等级保护建设的信息系统进行检查评估，发现问题及时整改，加强和完善自身信息安全等级保护制度的建设，加强自我保护。

5. 建立制度，加强管理。

信息和信息系统的运营、使用单位按照与本系统安全保护等级相对应的管理规范和技术标准的要求，定期进行安全状况检测评估，及时消除安全隐患和漏洞，建立安全制度，制定不同等级信息安全事件的响应、处置预案，加强信息系统的安全管理。信息和信息系统的主管部门应当按照等级保护的管理规范和技术标准的要求做好监督管理工作，发现问题，及时督促整改。

6. 监督检查，完善保护。

公安机关按照等级保护的管理规范和技术标准的要求，重点对第三、第四级信息和信息系统的安全等级保护状况进行监督检查。发现确定的安全保护等级不符合等级保护的管理规范和技术标准的，要通知信息和信息系统的主管部门及运营、使用单位进行整改；发现存在安全隐患或未达到等级保护的管理规范和技术标准要求的，要限期整改，使信息和信息系统的安全保护措施更加完善。对信息系统中使用的信息安全产品的等级进行监督检查。

对第五级信息和信息系统的监督检查，由国家指定的专门部门、专门机构按照有关规定进行。

国家保密工作部门、密码管理部门以及其他职能部门按照职责分工指导、监督、检查。

（三）科学基础

信息安全等级保护的科学基础是社会组织管理科学。① 社会组织管理科学是一个庞大的系统，分等级管理是其中最重要的子系统之一。分等级管理起源于国家的产生，国家的组织管理形式就是分等级管理。传统的企事业单位

---

① 景乾元：《试论信息安全等级保护科学基础》，《网络安全技术与应用》2005 年第 9 期，第 8—10 页。

的管理，也是依靠分等级的组织形式和管理机制。在当今世界，分等级管理仍然普遍存在，并且将继续存在相当长时间。如果没有分等级的组织管理体系和机制，国家机器乃至事业、企业单位、社会团体等就很难正常运转，军队就会变为一盘散沙，毫无战斗力。现代信息系统是传统组织体系及其业务体系的映射或延伸，是为组织体系及其业务体系需求而建立和服务的，是传统组织管理体系及其业务体系的电子信息技术支撑体系。一个部门职能的重要程度决定其业务重要程度，业务重要程度决定其信息资源的重要程度，决定信息系统的重要程度，决定信息系统安全保护需求的高低。部门的组织管理及其业务体系运转的机理就是分级组织管理科学原理，这个分级组织管理科学原理也是信息系统安全分级保护管理科学原理，即信息安全等级保护的科学基础。任何有效解决国家信息安全问题的办法都必须基本符合分级组织管理原理的要求，任何忽视或背离这个基本原理的信息安全解决方案只能是临时、局部的，不可能成为全局、长效的解决办法。

信息系统是因部门行政职能及其业务运转需求而建立的，因此系统的建立和应用必须符合部门行政职能及其业务运转内在规律，满足其组织和业务组织管理需求，否则所建立的信息系统就是无用的系统。一个部门的信息系统安全是该部门行政职能及其业务运转的保障；因此，信息系统安全保护必须按照部门行政组织及其业务分级组织管理基本科学原理的要求，对信息系统及其信息资源进行分级保护管理，否则我们所做的安全保护工作就保障不了信息系统安全。

《中华人民共和国计算机信息系统安全保护条例》《计算机信息系统安全保护等级划分准则》《关于信息安全等级保护工作的实施意见》等文件规定的信息安全等级保护制度，实际上就是依据社会组织管理科学原理中以行政组织和业务分级管理的科学原理为基础，运用等级化控制管理的方法解决信息系统安全问题，保障组织体系运转和业务安全与发展，保障信息时代的国家安全和社会稳定，促进经济社会全面、协调、可持续发展。信息安全等级保护的关键在于对被保护和管理的对象分类、分级，明确保护管理方法和责任，明确保护管理要求，明确监督。首先，要分类明确重点行业、领域的保护目标范围，使各部门各单位能够基本明确自己的系统是否在国家重点保护范围内，属哪一类、哪一级，引起高度重视。其次，安全保护需要划分出科学、合理、简明、易操作的等级。通过分类和

分级，突出保护重点，实现整体，重点保护。最后，信息安全等级保护制
度的实施关键是明确有关各方的责任和义务、系统具体安全管理责任，实
行责任制管理，做到各负其责，依照法律和管理技术规范采取科学、合
理、有效的安全管理和技术措施，同时明确监管方的工作重点、监督方
法，从而提高综合信息安全保护管理的效力和水平。[1]

三　标准体系

（一）建立健全信息安全等级保护标准体系的必要性

信息安全等级保护是一项长期复杂的系统工程，必须以科学适用的标
准体系为支撑。目前，信息安全的国际标准主要是根据国际通用准则 CC
制定的 BS7799 和 ISO/IEC17799、ISO15408。我国也依据信息安全国际通
用准则，参阅国际标准制定和实施了强制性国家标准 GB－17859 及与之
配套的五个信息安全等级实施细则，还参阅国际标准 ISO15408 制定了
GB/T18336。后来又以相互融合的观念，依照这两个标准制定了一系列标
准。目前，我国制定的标准已有 60 多个，覆盖了产品和系统的许多方面。
但是，现有的标准还很不完善，需要抓紧建立健全与国际标准相衔接的具
有中国特色的信息安全等级保护标准体系。

信息安全等级保护标准体系建设是一个复杂的、逐步完善的系统工
程，涉及应用、管理、技术、企业、市场、信息系统建设运营单位和政府
管理部门等。以信息安全等级保护的实际需求为依据，充分利用国内外的
信息安全标准成果，通过采用、引用、裁减、研制和修订等方式，才能逐
步建立健全信息安全等级保护标准体系。建立健全具有中国特色的信息安
全等级保护标准体系主要应该考虑信息和信息系统的安全分类原则和标
准、统一的安全控制措施强度等级定义、信息及信息系统的安全认证认可
指南三项核心内容，并围绕这三项核心来建立健全配套的法律法规、政
策、管理办法和实施细则等措施和指南，例如从信息安全分类到安全措施
等级的对应关系指南、安全措施的实现正确性和有效性验证标准等等。只
有建立健全了科学而完备的信息安全等级保护标准体系，才能从实质上把

---

[1]　景乾元：《试论信息安全等级保护科学基础》，《网络安全技术与应用》2005 年第 9 期，
第 8—10 页。

我们国家的信息安全等级保护工作做得更好，保证信息化建设全面、协调、可持续发展。

（二）具有中国特色的信息安全等级保护标准体系的基本内容

既符合国际通行规则，又具有中国特色的信息安全等级保护工作涉及信息系统安全规划、建设、检测评估、运行维护等信息安全建设工程各个环节。等级保护是贯穿于信息安全保障各环节工作的大过程。根据这一大过程的主要环节所涉及的内容来构建标准体系，标准才是全面的、满足实际需要的。按照信息系统的安全建设工程全过程和生命周期过程中涉及的内容来组建标准体系，标准体系至少应包括以下方面的标准：等级划分、基本要求（含技术、管理）、安全产品使用、安全测评、监督管理、运行维护等。其中，等级划分和基本要求是目前最重要的标准，急需建立和完善。

1. 等级划分标准。

信息安全等级保护是国家实施信息安全保障的基本制度，体现了国家的管理意志。不同的安全保护等级划分的标准应根据信息系统在国家安全、经济建设、社会生活中的重要程度，以及遭到破坏后对国家安全、社会秩序、公共利益以及公民、法人和其他组织的合法权益的危害程度来确定。不同的等级应采取不同的安全保护措施。

由于业务直接关系到并体现出不同等级的国家安全、社会秩序、公共利益以及公民、法人和其他组织的合法权益的需求，业务的重要性和业务对信息系统的不同依赖程度是确定信息系统安全保护等级标准的核心要素。此外，在最终确定信息系统的安全保护等级标准时还要考虑机构的特殊要求。

2. 基本要求标准。

理论和实践都说明，保障信息安全最基本的要靠技术和管理两个要素。不同的信息安全保护等级需要采用不同的安全技术措施和管理措施。这就要求根据不同的信息安全保护等级制定和实施不同的技术标准和管理标准。

（1）基本技术标准。

尽管不同等级的信息系统都面临相似的各种威胁，但是各不同等级系统对抗威胁的能力是不同的；而且在遭到威胁破坏后，系统能够恢复之前的各种状态的能力也不同，即恢复能力不同。系统的整体保护能力就是由对抗威胁能力和恢复能力组合而成的。制定基本技术标准的主要依据应是对抗威胁能力和恢复能力。基本技术标准的内容还应包含安全机制间的关联性和互补性以及技术要求与管理要求之间的互补性。

（2）基本管理标准。

由于实施管理的基本条件是必要的政策和制度、必要的机构和人员，因此对政策和制度、机构和人员提出标准要求是信息安全管理的基本要求。管理是指在信息系统的整个生命周期中对各种活动采取必要的控制，因此本标准应对信息系统的整个生命周期中的各种活动提出控制要求。其主要内容应至少包括以下方面：政策和制度，机构与人员，安全保护等级管理，工程建设管理，运行维护管理，应急预案管理。

3. 产品使用标准

信息安全产品使用标准关注的焦点是产品的可信程度，它包括以下内容：（1）依据各等级系统对信息安全产品的使用要求，确定信息安全产品的可信原则；（2）确定信息安全产品的可信要求；（3）确定信息安全产品可信证据及其获取方法。

4. 测评原则和标准。

测评原则和标准应该包含以下内容：（1）测评工作的流程及各程序标准；（2）涉及的测评技术及标准；（3）针对《基本要求》的内容，给出相应的评定依据和使用说明；（4）信息系统达到特定安全保护等级的评定标准和方法。

5. 监督管理标准。

国家信息安全监督管理职能部门按照等级保护的管理规范和技术标准的要求，重点对第三级、第四级信息和信息系统的安全等级保护状况进行监督检查。为此，对于包含多个子系统的信息系统，在保障信息系统安全互联和有效信息共享的前提下，首先应根据等级保护的管理规定和信息系统内各子系统的重要程度，分别确定安全保护等级及标准，并分别备案，监督检查时应重点关注：（1）信息系统是否达到所备案的级别；（2）信息系统是否使用相应等级标准的信息安全产品；（3）信息安全等级保护检测评估机构是否具有与所检信息和信息系统安全等级相符的安全资质；（4）是否制定信息安全事件应急处置预案，定期组织演练，满足信息安全事件分等级响应处置标准的要求。

6. 应急响应标准。

信息安全事件实行分等级响应、处置的制度。依据信息安全事件对信息和信息系统的破坏程度、所造成的社会影响以及涉及的范围，确定事件等级。信息安全事件发生后，分等级按照预案响应和处置。该标准应该包括以下内容：（1）信息安全事件响应处置的有关对象、内容、要求、方法、工具和流程；（2）不同等级系统内的相同安全事件应有不同标准的处理要求。

理论和实践都说明，要想保证信息安全事业全面、协调、可持续发展，就必须制定和执行科学合理的标准体系。执行科学合理的标准体系，会有效保障信息化安全高效的发展；反过来，信息安全的实践也会为标准体系的完善积累有益的资料和宝贵的经验。这种良性互动将有力地推动我国的信息安全事业持续健康发展，不断攀登新高峰。

四　认证认可

制定信息安全等级保护的标准体系，仅仅是信息安全等级保护工作的一部分。要把标准体系付诸实施，还必须进行信息安全等级保护的认证认可。

（一）认证认可的概念和内涵

认证认可内涵丰富，涉及面广，是可在多领域使用的概念。在 2003年 11 月 1 日开始执行的《中华人民共和国认证认可条例》中说明，"认证"是指"由认证机构证明产品、服务、管理体系符合相关技术规范、相关技术规范的强制性要求或者标准的合格评定活动"；"认可"则指"由认可机构对认证机构、检查机构、实验室以及从事评审、审核等认证活动人员能力和执业资格，予以承认的合格评定活动"。传统的认证认可概念依然适用于信息安全领域，但信息安全等级保护中的认证认可又有自己的内涵。所谓传统概念适用于信息安全领域，是指在信息安全等级保护中，无论是对信息安全产品的认证，还是对信息系统的认证，均是依据标准展开的合格评定活动，自然应该遵循《中华人民共和国认证认可条例》，从事认证的机构也必须得到国家认监委的认可。

但在信息安全领域，又有着区别于一般认证认可的信息安全认证认可的概念。所谓信息安全的认证认可就是代表国家对达到评价标准和标准要求的产品和系统进行的一种独立于用户和厂商之间的第三方的认证认可活动，表明其特点和功能达到了规定的要求。其中，认证过程侧重于依据标准和程序对安全性的测试、检验和评估；认可则是管理机关依据认证结果对信息产品能否使用和信息系统能否运行做出的判断和决策。只有通过认可，信息安全等级保护才能落到实处。因此，这种认可也常被称为授权。

（二）信息安全等级保护认证认可的重要性

信息安全等级保护的认证认可意义重大，它不仅能促进信息技术产业的进步与成熟，提高信息技术产品的竞争力；而且能够保证信息安全等级保护制度的顺利实施，是信息安全等级保护的关键。认证认可在信息安全等级保护中的重要性主要表现在以下几个方面。

1. 认证认可是信息安全等级保护的前提和基础。

信息安全等级保护工作不但需要政策支持，还需要标准和实施指南为引导，这是各单位遵循等级保护的要求去建设信息系统的前提条件；但主管机关如果不能对信息系统安全状况进行测评认证认可，难免不合格的产品投入使用，难免不符合安全要求的信息系统投入运行。如果不合格的产品投入使用或不符合安全要求的信息系统投入运行，那么等级保护工作的前期投入将付之东流，甚至发生信息安全事故，造成重大损失，最终导致整个等级保护工作完全失败。因此，认证认可是信息安全等级保护的前提和基础。

2. 认证认可能保证信息系统的持续有效运行。

信息安全等级保护的划分不是一成不变的。在一定时期内确定的级别，在另一时期内可能上升或下降，现在的第五级以后可能降为第四级，现在的第四级也可能以后升为第五级。因此，信息安全等级保护具有动态性，当一定级别的信息系统被批准投入运行后，随着信息系统环境和业务目标的改变，信息系统的安全等级和类别有可能会发生变化，从而又开始了新一轮的系统分级分类。信息安全等级保护的这种动态性决定了即使通过了安全认证认可的信息系统也有可能在将来出现安全隐患。因此，要想保证信息系统的安全持续运行，就必须对信息系统的安全性进行持续监督，并采取有效保障措施，认证认可确保了这种持续监督的实现。经过一段时间或信息系统中发生重大变更时，例如信息系统改建、信息系统所支持的业务有变化等情况，只需要再次对信息系统安全进行认证认可，就可保证信息系统的持续有效运行。

3. 认证认可能推动等级保护工作的深化。

信息安全等级保护是信息安全保护和管理的基本制度，需要经济手段、行政手段、技术手段、组织手段、法律手段等多种手段相结合，才能搞好。实施信息安全等级保护，必须接受上级机关或主管部门的领导和监督管理。认证认可带有工作检查或鉴定的性质，其结论是上级机关或主管部门进行决策和实施监督管理的重要依据。管理者依据认证认可的结论，进行有效监督和科学管理，能够推动等级保护工作的不断深化，保证信息化建设的顺利进行。

4. 认证认可是我国信息安全保障工作的必然趋势。

在我国信息化建设突飞猛进的 21 世纪，推行信息安全分级测评认证认可既非常必要，又切实可行，具有客观必然性。第一，是国家落实信息安全等级保护制度的需要。近年来，党和国家政府下达了一系列文件，推行信息安全等级保护制度。信息安全等级保护需要不同安全级别的产品、系统、服务资质和人力资源。只有使用与安全等级相适应的安全性强的产品，才能保证信息系统的安全性。而信息产品和系统的安全性如何，需要在分级评估和认证认可的基础上，才能做出适当的判定。第二，是用户的需求。用户，包括各部委、各省市、各行业、各部门、各企业的用户，在开始实行信息安全等级保护的新形势下，用户要求根据等级提供信息安全产品和服务，并且选择通过认证认可的相应级别的产品和服务。可见，通过认证认可的产品和服务的含金量是高的。第三，我国信息安全分级测评认证认可的相关技术、标准、方法和程序已日趋成熟，能够为开展这项工作提供高质量、高效率的服务，可行性强。

（三）信息安全分级认证认可的实施

信息安全等级保护需要对产品、系统、服务和人员等方面进行科学的级别评定。对信息安全分等级进行保护是认证认可工作的共同宗旨和方式。纵观国际，各国都非常重视信息安全的分级认证认可工作。美国、英国、德国、法国、澳大利亚、加拿大、荷兰等国都积累了许多宝贵的经验。我国的分级认证认可工作也已起步，开展的认证认可业务主要包括信息安全产品、信息系统安全、信息安全服务资质、信息安全专业人员资质等的认证认可，其中最重要的、最需要加强的是对信息系统安全的认证认可。信息系统安全分级认证认可的实施主要应把握以下几点。

1. 分阶段进行认证认可。

信息系统安全认证认可一般分四个阶段进行。第一阶段，做好准备，可称为启动阶段。第二阶段，认证阶段，对信息系统安全进行独立的评估和认证，并制定完整的信息系统安全认证报告或认证证书。第三阶段，认可阶段，根据安全认证的结果，判断信息系统的残余风险是否可被接受，从而做出认可结论，并随后颁发认可证书。第四阶段，持续监视阶段，对信息系统的变更进行备案，确定这些变更对系统安全带来的影响，在必要时再次对信息系统进行认证和认可，并对每次的变更情况写成报告。

2. 把握好认证认可的时机和对象。

信息系统安全认证认可是一项需要反复进行的长期工作。认证认可的时机一般可以规定为：（1）定期进行，除信息系统建成时需接受认证认可外，还应在每隔一段时间（一般为2—3年）再进行。（2）在信息系统发生重大变更或发生重大信息安全事件时进行再次认证认可。关于信息系统安全认证认可的对象是信息系统本身是不可争议的。但信息系统千差万别，应用、部署情况等各不相同。为节省时间和人力，可以根据信息系统的形态、物理位置的不同将认证认可划分为3种类型：（1）系统认证认可，即对一个独立的系统进行认证认可。（2）类型认证认可，有时候一个信息系统拟安装在多个地点，可选择一个典型环境地点的信息系统进行认证认可，然后用于其他地点。（3）场地认证认可，如果几个单位处在一个地域接近的封闭场地中，并且在同一个上级主管机关下运行，面临相同的威胁，分担着同一业务目标，且具有相同的安全脆弱性；那么便可以选择一个有代表性单位的信息系统进行认证认可，适用于该场地中的所有信息系统。

3. 做好认证认可的结论。

做好结论是认证认可的出发点和归宿，是认证认可的重中之重，各方面都十分关注。信息系统的认证认可结论主要有三种：（1）完全认可，即信息系统中的残余风险可以接受，因而完全批准信息系统投入运行。（2）临时认可，即信息系统中的残余风险较大，超过了可接受的界限，系统安全不达标；但由于业务或其他原因，迫切需要信息系统投入运行，因而临时批准信息系统投入运行。（3）拒绝认可，即信息系统的残余风险太大，且信息系统立即投入运行的需求并不迫切，因而拒绝信息系统投入运行。如果信息系统已经在运行，则应立刻停止。

第三节　信息安全等级保护的实施和管理

一　信息安全等级保护体系的设计

信息安全等级保护体系的设计是实施信息安全等级保护工作的第一步，非常重要非常复杂，必须搞好。我国不同行业的信息系统存在较大差异，信息化发展的不同阶段也有着不同的安全要求。因此，信息安全等级保护体系的模式也有所不同。但是，信息安全等级保护工作是有规律可循的，信息安全等级保护体系的设计也是有规律可循的。联想集团通过多年的探索和业务实践，总结出一套符合客观规律且极具实践性的等级保护体系设计方案，并已在许多政府部门和大企业推广实施。其基本经验是明确设计目标，遵循正确原则，运用科学方法三条，现简要介绍如下。①

（一）明确设计目标

设计目标可以是：从本级政府、企业及其他组织的实际出发，遵照国家的法律法规和标准规范，参照国际安全标准和最佳实践，设计出等级化、切实符合本单位特点、可操作性强，并且融管理和技术为一体的信息安全等级保护体系，指导信息安全等级保护的实践和管理工作。信息安全等级保护体系设计的具体内容包括安全保护对象框架、安全保护对策框架、信息系统安全体系等。

（二）遵循正确原则

信息安全等级保护是一项极为复杂、系统性和长期性的工作，需要系统化的统一规划设计，然后按部就班地逐步实施，才能治标治本和长治久安。然而为大型组织设计一套完整和实用的信息安全等级保护体系是非常困难的事，而有效地实施则难度更大。为了解决这些困难，联想设计信息安全等级保护体系及实施方案时一般遵循四项原则。

---

① 详见田野：《信息安全等级保护体系的设计》，《信息安全与通信保密》2004 年第 4 期，第 19—21 页。

1. 建立清晰的安全模型。

政府机关和大型企事业单位的信息系统覆盖范围广，规模大，结构复杂，难以准确、清晰地描述其信息系统的安全状况。因此，设计信息安全等级保护体系难度大。为解决这一难题，联想在设计信息安全等级保护体系时，首先对信息系统进行模型抽象，再把信息系统各个内容属性中与安全相关的属性抽取出来，最后针对信息系统的安全属性建立一个清晰的、可描述的安全模型，即信息安全等级保护对象框架。保护对象框架是根据信息系统的功能特性、安全价值以及面临威胁的相似性，将其划分成计算区域、网络基础设施、区域边界和安全基础设施四大类信息资产组，即保护对象，并通过描述各保护对象的共性和差异性，来反映整个信息体系的共性和差异性。

2. 合理划分安全等级。

设计信息安全等级保护体系关键是合理划分安全等级。首先，合理划分信息系统的安全等级。通过将保护对象即信息系统进行等级化划分，实现等级化的保护对象框架，来反映等级化的信息系统。其次，设计等级化的保障措施。根据保护对象的等级化，有针对性地设计等级化的安全保障措施。通过不同等级的保护对象和保障措施的一一对应，形成整体的等级化信息安全保障体系。这样既有针对性地满足了不同等级的保障要求，可以按照不同阶段分步实施；又解决了经济性问题，有效地降低了安全成本。

3. 科学设计多重深度保障。

信息安全问题既包括管理方面问题，又包括技术方面问题以及两者的交叉，它从来都不是静态的，随着组织策略、组织架构、业务流程和操作流程的改变而改变。这就要求"坚持积极防御、综合防范的方针"，采用多层保障的深度防御策略，实现安全管理和安全技术的紧密结合，防止单点突破。联想在设计安全保护体系时，将安全组织、策略和运作流程等管理手段和安全技术紧密结合，从而形成一个具有多重深度保障手段的防护网络，构成一个具有多重深度保障、抗打击能力和能把损坏降到最小的安全体系。

4. 确保可实施易评估。

综合运用用户访谈、资产普查、风险评估等手段，得出反映信息现状的安全保护对象框架及下属的信息资产数据库，以及全面的安全现状报告。据此，设计科学合理的信息安全等级保护体系框架，同时设计信息安全等级保护的工程实施方案和具体项目实施计划措施，确保可实施易评估。

（三）运用科学设计方法

信息安全等级保护体系设计的科学方法，应根据设计的具体内容而定。例如，设计安全保护对象框架应根据信息系统的功能特性、安全价值以及面临威胁的相似性，将其划分成计算区域、网络基础设施、区域边界和安全基础设施四大类保护对象。再对信息系统进行抽象，形成统一的保护对象框架。安全保护对象框架是信息系统的抽象模型。设计安全保护对策框架应以威胁和对策为出发点和核心，通过威胁分析和风险评估设计等级化安全对策框架。设计信息系统安全体系应以保护对象为经，以安全等级框架为纬，对保护对象逐个进行威胁和风险分析，从而形成信息系统安全体系。

二　信息安全等级保护的实施

（一）基本原则、基本要求和关键环节

1. 基本原则

实施信息安全等级保护主要应遵循以下四项基本原则。

（1）"国家主导；重点单位强制，一般单位自愿；高保护级别强制，低保护级别自愿"的监管原则。

（2）"谁主管、谁负责；谁经营、谁负责；谁建设、谁负责；谁使用、谁负责"的原则。

（3）信息安全状况的等级技术检查和管理监督并重的原则。

（4）搞好等级保护和保证信息安全产业乃至整个信息化建设全面、协调、可持续发展的原则。

2. 基本要求

实施信息安全等级保护应在国家信息化领导小组的统一领导下，在国务院信息化工作办公室的统一组织、协调下，各级党政部门及其各单位对其信息系统安全等级保护建设与管理负责。信息安全职能部门负责监督、检查、指导，并提供安全保护服务。其基本要求是：

（1）各部门、各单位应当根据法律和有关标准，确定其系统安全保护等级，报其主管部门领导批准，并报当地同级信息安全职能部门备案。

（2）各部门、各单位应当根据有关标准规定，制定本系统安全等级保护解决方案，进行安全建设、使用、管理。

（3）安全等级保护产品研发、系统承建单位、安全服务等单位应当按标准和法规规定，提供产品满足市场需求，提供安全服务。

（4）安全等级保护评估和认证认可机构按标准和法规规定提供服务。

（5）政府职能部门依法按标准进行监督、检查、指导、提供服务。

（6）制定和执行安全等级保护技术产品政策。信息安全等级保护产品是信息系统等级保护的基础，重要、关键的信息安全技术和产品是国家信息安全之安全。国家对信息技术安全产品应当为政府用、军用、商用三类实行特别安全管理政策。

3. 关键环节。

实施信息安全等级保护应控制好五个关键环节，建立健全国家信息安全等级保护长效机制。

（1）法律规范。国家制定和完善信息安全等级保护政策、法律规范以及组织实施规则和方法，完善信息安全保护法律体系。

（2）管理与技术规范。制定既符合国际通行规则，又具有中国特色的信息安全分等级标准，建立等级保护体系。

（3）实施过程控制。明确落实系统拥有者的安全责任制，系统拥有者按法律规定和安全等级标准的要求进行信息系统的建设和管理，并承担应急管理责任，在信息系统生命周期内进行自管、自查、自评，建立安全管理体系。

（4）实施结果控制。建立非营利并能够覆盖全国的系统安全等级保护的执法检查与评估体系，使用统一标准和工具开展系统安全等级保护检查评估工作和认证认可。

（5）监督管理。公安机关依法行政，督促安全等级保护责任制的落实，以等级保护标准监督、检查、指导基础信息网络和重要信息系统安全等级保护建设、管理。对安全等级技术产品实行监管，对监测评估和认证认可机构实施监管。政府其他职能部门应当认真履行职责，依法行政，按职责开展信息安全等级保护专项制度建设工作，完善信息安全监督体系。

（二）分阶段实施

理论和国内外的实践都说明，信息安全等级保护是一个长期的复杂过程，需分阶段实施。我国《关于信息安全等级保护工作的实施意见》等文件要求，国家信息安全等级保护宜分三个阶段实施。

1. 准备阶段。

为了保障信息安全等级保护制度的顺利实施，在全面实施等级保护制度之前，必须做好下列准备工作：

（1）加强领导，落实责任。在国家网络与信息安全协调小组的领导下，各级人民政府、信息安全监管职能部门、信息系统的主管部门和运营、使用单位要明确各自的安全责任，建立协调配合机制，分别制定详细的实施方案，积极推进信息安全等级保护制度的建立，推动信息安全管理运行机制的建立和完善。

（2）加快完善法律法规和标准体系。法律规范和技术标准是推广和实施信息安全等级保护工作的法律依据和技术保障。为此，应进一步完善《信息安全等级保护管理办法》和《信息安全等级保护实施指南》《信息安全等级保护评估指南》等法规、规范。加快信息安全等级保护管理与技术标准的制定和完善，其他现行的相关标准规范中与等级保护管理规范和技术标准不相适应的，应当进行调整。

（3）建设信息安全等级保护监督管理队伍和技术支撑体系。信息安全监管职能部门要建立专门的信息安全等级保护监督检查机构，充实力量，加强建设，抓紧培训，使监督检查人员能够全面掌握信息安全等级保护相关法律规范和管理规范及技术标准，熟练运用技术工具，切实承担信息安全等级保护的指导、监督、检查职责。同时，还要建立信息安全等级保护监督、检查工作的技术支撑体系，组织研制、开发科学、实用的检查、评估工具。

（4）进一步做好等级保护试点工作。选择电子政务、电子商务以及其他方面的重点单位开展等级保护试点工作，并在试点工作的基础上进一步完善等级保护实施指南等相关的配套规范、标准和工具，积累信息安全等级保护实施的科学方法和经验。

（5）加强宣传、培训工作。各级人民政府、信息安全监管职能部门和信息系统的主管部门要积极宣传信息安全等级保护的相关法规、标准和政策，组织开展相关培训，提高对信息安全等级保护工作的认识和重视，积极推动各有关部门、单位做好开展信息安全等级保护工作的前期准备。

2. 重点实行阶段。

在做好前期准备工作的基础上，采取有效措施，在国家重点保护的涉及国家安全、经济命脉、社会稳定的基础信息网络和重要信息系统中实行等级保护制度。经过积极努力，使基础信息网络和重要信息系统的核心要害部位得到有效保护，涉及国家安全、经济命脉、社会稳定的基础信息网络和重要信息系统的保护状况得到较大改善，结束目前基本没有保护措施或保护措施不到位的状况。

在工作中，如发现等级保护的管理规范和技术标准以及检查评估工具等存在问题，及时组织有关部门进行调整和修订。

3. 全面实行阶段。

在试点工作的基础上，在全国范围内全面推行信息安全等级保护制度。已经实施等级保护制度的信息和信息系统的运营、使用单位及其主管部门，要进一步完善信息安全保护措施。没有实施等级保护制度的，要按照等级保护的管理规范和技术标准认真组织落实。经过一定时期的努力，逐步将信息安全等级保护制度落实到信息安全规划、建设、评估、运行维护等各个环节，使我国信息安全扎根于国家信息安全科学技术和产业基础应用上，信息安全保障状况得到基本好转，尽快实现信息安全技术产业化，带动国家信息化乃至整个现代化的发展。

（三）信息安全等级保护工作的职责分工

我国《关于信息安全等级保护工作的实施意见》对实施信息安全等级保护工作的职责分工作了原则性规定。

公安机关负责信息安全等级保护工作的监督、检查、指导。国家保密工作部门负责等级保护工作中有关保密工作的监督、检查、指导。国家密码管理部门负责等级保护工作中有关密码工作的监督、检查、指导。信息和信息系统的运营、使用单位按照等级保护的管理规定和技术标准，自行确定其信息和信息系统的安全保护等级，有主管部门的应当报其主管部门审批，等级确定后三级以上的在规定时间内向公安机关备案。公安机关接受三级以上信息和信息系统的等级备案，发现其确定的安全保护等级不符合等级保护的管理规范和技术标准的，应当通知信息和信息系统的主管部门及运营、使用单位进行整改。公安机关对安全保护等级为三级以上的信息系统中使用的信息安全产品实行使用等级许可管理制度。在对安全保护等级为三级、四级的信息系统的安全状况依照信息安全等级保护管理规范和技术标准进行监督、检查时，同时还要检查信息系统中使用的信息安全产品是否依法取得使用等级许可。

在信息安全等级保护工作中，涉及其他职能部门管辖范围的事项，由有关职能部门依照国家法律法规的规定进行管理。国务院信息化工作办公室负责信息安全等级保护工作中部门间的协调。按照国家有关文件要求和实际需要，建立健全信息安全等级保护工作的协调、协作机制，确保等级保护工作的顺利有效实施。

（四）搞好信息安全人才的培训

实施信息安全等级保护主要靠人才，人才是信息安全等级保护之本。信息安全人才数量少、水平低已经成为制约我国信息安全等级保护工作顺利进行的关键问题。许多单位在实施信息安全等级保护中出现的安全问题，大多数是由于工作人员安全意识淡薄、信息安全技术水平不高或安全责任心不强造成的。因此，在实施信息安全等级保护实践中，必须搞好工作人员的信息安全培训，使广大从事信息安全等级保护的人员牢固树立信息安全意识，加强责任心，掌握信息安全保障的知识和技术，明确怎样区分不同等级、怎样对不同等级实施恰如其分的安全保护、怎样突出重点保护等问题。

实施信息安全等级保护的单位都应制定和实施科学合理的人才培训规划，对现有信息安全工作人员进行有针对性的技术、管理、能力等的培训。培训的对象主要是信息安全等级保护的管理人员、专业技术人员和操作人员；培训的方式可以灵活多样，如自行组织集中培训、依托高等院校和专门培训机构培训、代理培训、挂职锻炼、出国深造等。还可选择政治可靠、思想进步、身体健康，且有一定理论水平和实践经验的中青年骨干到信息安全人才培训基地或中心进行集中重点培养，目标是培养高素质的信息安全领导和管理人员、信息安全专业技术人员、信息安全高级技工及其他相关人才，依靠他们团结带领广大干部群众实施信息安全等级保护，保证信息化建设的安全、有序、可持续发展。

三　信息安全等级保护的管理

实施信息安全等级保护制度，形式复杂，涉及面广，要求高，难度大，必须搞好科学管理。为了加强和规范信息安全等级保护管理，提高信息安全保障能力和水平，公安部、国家保密局、国家密码管理局和国务院信息化工作办公室四部门根据《中华人民共和国计算机信息系统安全保护条例》等国家有关法律法规，制定并颁发了《信息安全等级保护管理办法（试行）》（以下简称《办法》）。该《办法》要求：做好信息安全保护工作必须遵循科学、客观（客观存在、客观规律）、符合国情、经济和有效的原则，不断加强和规范管理。基础信息网络和重要信息系统的拥有者应当建立信息安全管理组织体系，建立并落实各级安全责任制，建立系统专业安全管理队伍，按照谁拥有谁负责的原则，开展系统安全自管、自查、自评业务，逐步形成系统安全运行管理机制。全面提高信息安全防范与保护、检测与检查、响应与处置（包括恢复备份）等方面的能力。逐步实现等级化、规范化、制度化、法制化监督和管理，保障基础信息网络和重要信息系统安全，促进信息化发展。《办法》规定，加强和规范信息安全等级保护的管理，主要应从以下几方面努力。

（一）加强和规范信息安全等级保护工作的安全管理

1. 运营、使用单位的自主管理。

信息系统的运营、使用单位应当依据《办法》和有关标准，确定信息系统的安全保护等级。有主管部门的，应当报主管部门审核批准。安全保护等级确定后，应依照《办法》和有关技术标准，使用符合国家有关规定、满足信息系统安全保护等级需求的信息技术产品，进行信息系统建设。在信息系统建设过程中，信息系统的运营、使用单位应当履行下列安全等级保护职责：（1）落实信息安全等级保护的责任部门和人员，负责信息系统的安全等级保护管理工作；（2）建立健全安全等级保护管理制度；（3）落实安全等级保护技术标准要求；（4）定期进行安全状况检测和风险评估；（5）建立信息安全事件的等级响应、处置制度；（6）负责对信息系统用户的安全等级保护教育和培训；（7）其他应当履行的安全等级保护职责。

信息系统建设完成后，其运营、使用单位应当依据《办法》选择具有国家相关技术资质和安全资质的测评单位，按照技术标准进行安全测评，符合要求的，方可投入使用。从事信息系统安全等级测评的单位，应当遵守国家有关法律法规和技术标准规定，保守在测评活动中知悉的国家秘密、商业秘密和个人隐私，提供安全、客观、公正的检测评估服务。

第三级以上信息系统的运营、使用单位应当自系统投入运行之日起30日内，到所在地的省、自治区、直辖市公安机关指定的受理机构办理备案手续，填写《信息系统安全保护等级备案登记表》。备案事项发生变更时，信息系统运营、使用单位或其主管部门应当自变更之日起三十日内将变更情况报原备案机关。

2. 公安机关的监督管理。

公安机关应当掌握信息系统运营、使用单位的备案情况，建立备案档案，进行备案管理。发现不符合本《办法》及有关标准的，应通知其予以纠正。公安机关应当重点监督、检查第三级和第四级信息系统运营、使用单位履行安全等级保护职责的情况。对安全保护等级为三级的信息系统每年至少检查一次，对安全保护等级为四级的信息系统每半年至少检查一次。发现信息系统运营、使用单位未履行安全等级保护职责或未达到安全保护要求的，应当书面通知其整改。

（二）加强和规范信息安全等级保护的保密管理

涉及国家秘密的信息系统应当依据国家信息安全等级保护的基本要求，按照国家保密工作部门涉密信息系统分级保护的管理规定和技术标准，结合系统实际情况进行保护。不涉及国家秘密的信息系统不得处理国家秘密信息。

涉及国家秘密的信息系统按照所处理信息的最高密级，由低到高划分为秘密级、机密级和绝密级三个级别，其总体防护水平分别不低于三级、四级、五级的要求。涉及国家秘密的信息系统建设单位应当依据《中华人民共和国保守国家秘密法》和国家有关秘密及其密级具体范围的规定，确定系统处理信息的最高密级和系统的保护级别。涉及国家秘密的信息系统的设计实施、审批备案、运行维护和日常保密管理，按照国家保密工作部门的有关规定和技术标准执行。

各级保密工作部门应当对已投入使用的涉及国家秘密的信息系统组织检查和测评。发现系统存在安全隐患或系统保护措施不符合分级保护管理规定和技术标准的，应当通知系统使用单位和管理部门限期整改。对秘密级、机密级信息系统，每两年至少进行一次保密检查或系统测评；对绝密级信息系统，每年至少进行一次保密检查或系统测评。

（三）加强和规范信息安全等级保护的密码管理

国家密码管理部门对信息安全等级保护的密码实行分类分级管理。根据被保护对象在国家安全、社会稳定、经济建设中的作用和重要程度，被保护对象的安全防护要求和涉密程度，被保护对象被破坏后的危害程度以及密码使用部门的性质等，确定密码的等级保护准则。信息系统运营、使用单位采用密码进行等级保护的，应当遵照信息安全等级保护密码管理规定和相关标准。信息系统安全等级保护中密码的配备、使用和管理等，应严格执行国家密码管理的有关规定。

要充分运用密码技术对信息系统进行保护。采用密码对涉及国家秘密的信息和信息系统进行保护的，密码的设计、实施、使用、运行维护和日常管理等，应当按照国家密码管理有关规定和技术标准执行；采用密码对不涉及国家秘密的信息和信息系统进行保护的须遵照《商用密码管理条例》和密码分类分级保护有关规定与相关标准。

各级密码管理部门可以定期或者不定期对信息系统等级保护工作中密码配备、使用和管理的情况进行检查和测评，对重要涉密信息系统的密码配备、使用和管理情况每两年至少进行一次检查和测评。在监督检查过程中，发现存在安全隐患或违反密码管理相关规定或者未达到密码相关标准要求的，按照国家密码管理的相关规定进行处置。

（四）明确有关方面的法律责任

三级、四级信息系统和涉及国家秘密的信息系统的主管部门和运营、使用单位违反本办法规定，有下列行为之一，造成严重损害的，由相关部门依照有关法律、法规予以处理：1. 未按本《办法》规定报请备案、审批的；2. 未按等级保护技术标准要求进行系统安全设施建设和制度建设的；3. 接到整改通知后，拒不整改的；4. 违反保密管理规定的；5. 违反密码管理规定的；6. 违反本《办法》和其他规定的。

四　电子政务信息安全的等级保护

电子政务是将现代信息技术与现代管理理念有机结合起来的新型政府

管理模式，是我国信息化建设的重中之重。我国的电子政务发展迅猛，但也存在着日趋严重的信息安全问题。党和政府在发展电子政务的过程中非常重视信息安全问题（将在第七章详写），特别重视电子政务信息安全的等级保护。在颁发《关于信息安全等级保护工作的实施意见》的基础上，由国务院信息化办公室牵头，联合公安部、国家保密局、国家密码管理委员会办公室等安全主管部门编制了《电子政务信息安全等级保护实施指南（试行）》（以下简称《指南》）。在进行试点工作取得经验的基础上，于2005年9月15日以"国信办〔2005〕25号文件"形式发布，成为指导各级党政机关开展电子政务信息安全等级保护工作的纲领性文件。《指南》着重阐述了电子政务信息安全等级保护的基本概念、工作方法和实施过程，内容主要包括：第1章：引言，介绍指南的编写目的、适用范围和文档结构；第2章：基本原理，描述等级保护的概念、原理、实施过程、角色与职责，以及系统间互联互通的等级保护要求；第3章：描述电子政务等级保护的定级，包括定级过程、系统识别和描述、等级确定；第4章：描述电子政务等级保护的安全规划与设计，包括电子政务系统分域保护框架的建立，选择和调整安全措施，以及安全规划与方案设计；第5章：描述安全措施的实施、等级评估，以及等级保护的运行改进。

《指南》强调，电子政务信息安全的等级保护除了具有信息安全等级保护的一般共性外，还有自己的个性。因此，实施电子政务信息安全的等级保护除了遵循信息安全等级保护的一般要求外，还应根据自身的个性采取一些特殊的保障措施。主要有以下方面。

（一）建立统一的多级信息安全保障体系

电子政务主要是党政机关的新型管理模式，必须政治上和党中央保持一致，以科学发展观为指导，认真贯彻执行党的路线、方针、政策。据此，宜建立统一的多级信息安全保障体系。这一安全保障体系可分为五个方面，即：建立统一的信息安全策略体系、统一的主客体标识体系、统一的身份认证体系、统一的权限标识体系、统一的访问控制模型。建设这一安全保障体系，在纵向技术框架上，可将电子政务系统分为网络、计算机平台、数据交换与共享、流程对接与协同、门户5个层次；在横向系统生命周期上，可将电子政务系统划分为分析规划、建设、运行维护、创新发展四个阶段。[①]

　　建立统一的多级信息安全保障体系，领导是关键，必须实施"一把手工程"，党政一把手亲自抓；技术支撑是核心，必须开发和运用具有自主知识产权的核心技术；资源整合是重点，必须挖掘各种资源，通过整合搭建综合性服务平台；组织协调是保障，必须建立和完善组织协调机制，保证在系统复杂、参加单位多、任务繁重的情况下安全、有序、高效地运行；队伍建设是根本，必须培育一批批政治可靠、技术精干、善于管理、团结和谐的信息安全保障队伍。

　　（二）合理分类分级

　　实施电子政务信息安全的等级保护，必须对电子政务的信息和信息系统进行合理分类分级。我国《国家信息化领导小组关于我国电子政务建设指导意见》等文件，对电子政务网络有一个基本划分，分为政务内网和业务专网："政务内网主要是副省级以上政务部门的办公网，与副省级以下政务部门的办公网物理隔离。政务外网是政府的业务专网，主要运行政府部门面向社会的专业性服务业务和不需在内网上运行的业务。"可以看出，两网中流通的信息资源是不同的，外网主要用来发布一些公开的信息，内网则有着许多机密信息，在信息安全方面尤其要重视将内部网与外部网物理隔离。对于需要上内网的用户采用国家保密主管部门推荐的网络安全隔离计算机，使得该用户能安全地访问内部办公网和互联网。这样，就解决了内外网物理隔离后的用户如何获取应该获得的信息资源的问题。

　　在划分政务内网和业务专网的基础上，还应按照《关于信息安全等级保护工作的实施意见》《电子政务信息安全等级保护指南（试行）》等文件，将电子政务的信息和信息系统进行合理分级，分为自主保护、指导保护、监督保护、强制保护、专控保护五级，分级进行信息安全保护；同时，对电子政务信息安全产品的使用实行分级管理，对发生的信息安全事件实行分级响应、处置，以达重点保护、层层防护、整体安全、高效服务之目的。

　　（三）创建"三权分立"的综合管理体系

　　关于电子政务信息安全等级保护管理体系的目标模式，理论界在研

---

　　① 张建军：《新时期电子政务如何应对信息安全的挑战》，《信息网络安全》2006 年第 9 期，第 16—18 页。

究，政界和实业界在探索，观点很不一致。笔者赞成任锦华先生的观点，即创建研发部门、管理部门、应用部门"三权分立"的综合管理体系。从事电子政务信息系统建设、运行、管理与应用的部门可分为三类：一是系统应用软件研发部门（包括本单位的研发部门人员与商业公司的研发人员）；二是系统运行管理部门（包括机要管理和系统运行管理）；三是系统应用部门（包括业务模块子系统管理员和一般用户）。在实际应用中，可按照以下方式进行分割管理，逐步形成"三权分立"的综合管理体系。

信息研发部门掌握所有源程序。信息研发部门的研发环境与实际应用环境必须完全分开（网络系统与密钥同步分离），但从管理层面上要求信息技术研发部门只能使用非正式密码、密钥，不能掌握正式认证、加密所需的密钥。

管理部门分别掌握密钥与应用程序。涉密系统管理部门包括密码、密钥管理部门和涉密系统管理运行维护部门。密码、密钥管理部门掌握所有密码、密钥、机房里带密码设备的机柜钥匙、系统所有日志管理权。但是密码、密钥管理部门不掌握系统源程序。系统运行管理部门负责系统的安装、维护，负责软、硬件设备（服务器、网络、客户端和各类应用程序）的正常运转和数据的安全备份、检查。

系统应用部门的权限。各类业务的子系统管理员负责对本子系统不同信息分类进行的具体授权，包括默认权限与分类权限，达到确保与纸质文件完全相关的权限控制。系统管理员不再自动拥有各子系统管理员的权限。一般用户只享有系统指定自己所拥有的权限。[①]

为顺利实施"三权分立"的综合管理体系，必须建立健全三层防御体系，即：以防火墙、入侵检测、漏洞扫描、防内网外联及拨号、防病毒和安全交换机等为外围安全保密措施的"外围控制层"；以系统对各类信息全面、细致的有效授权控制、完整的日志记录体系、全面的强审计等为内部安全保密措施的"内部控制层"；以工作站密码认识、加密设备、广域网链路层密码加密设备、便携式密码加密设备，及密码、密钥严格管理

---

① 任锦华：《建设电子政务信息安全等级化的保密体系》，《信息网络安全》2005 年第 3 期，第 38—40 页。

以及人身生物特征为辅助认证的"核心控制层"，多种保密措施并存相互制约，才能真正起到对涉密网络的安全保障之效。①

（四）按照电子政务的内在要求确定实施过程

电子政务等级保护实施的过程，应该既符合电子政务的内在要求，又符合信息安全等级保护的一般规律，一般可分三个阶段实施。②

1. 第一阶段，定级。

定级阶段的主要任务和目的是对电子政务系统及其子系统进行安全定级。可以采用以下两种方式进行：一是对系统总体定级。系统总体定级是在识别出政务机构所拥有的电子政务系统后，针对系统整体确定其安全等级。二是将系统分解为子系统后分别定级。政务机构所拥有的电子政务系统如果规模庞大、系统复杂，则可以将系统分解为多层次的多个子系统后，对所分解的每个子系统分别确定其安全等级。已分解为子系统的电子政务系统也应进行系统总体定级。

2. 第二阶段，规划与设计。

电子政务系统在完成定级之后，就要进行安全规划与设计，包括系统分域保护框架建立、选择和调整安全措施、安全规划与方案设计三项内容。首先，建立系统分域保护框架。通过对电子政务系统进行安全域划分、保护对象分类，建立电子政务系统的分域保护框架。系统分域保护框架是各保护对象的组合，是从安全角度对信息系统进行结构化描述的方法，能够体现信息系统的安全特性和安全要求。接着，选择和调整安全措施。根据电子政务系统、子系统及各层保护对象的安全等级，选择相应级别的五个等级基本安全要求，并根据风险评估的结果，综合平衡安全风险和成本，以及各系统不同的保密性、完整性、可用性的安全要求，制定和调整安全措施，定制出电子政务系统、子系统和各保护对象的安全措施。最后，设计安全规划和方案。根据所确定的安全措施，制定安全措施的实施规划，并制定安全技术解决方案和安全管理解决方案。

---

① 任锦华：《建设电子政务信息安全等级化的保密体系》，《信息网络安全》2005 年第 3 期，第 38—40 页。

② 网御：《电子政务等级保护实施的总体过程》，《信息安全与通信保密》2005 年第 9 期，第 46—47 页。

3. 第三阶段，实施、评审与改造。

实施、评审与改造可分三步走：一是安全措施的实施。依据安全解决方案建设和实施等级保护的安全管理措施和安全技术措施。二是评审验收。按照等级保护的要求，选择相应的方式来评估系统是否满足相应的等级保护要求，并对等级保护建设的最终结果进行验收。三是运行监控与改进。运行监控是在实施等级保护的各种安全措施之后的运行期间，监控系统的变化和系统安全风险的变化，评估系统的安全状况。如果经评审发现系统及其风险环境已发生重大变化，原来的安全级已不能满足系统当前的安全保护要求，则应进行系统重新定级。如果只发现系统发生部分变化，例如出现新的系统漏洞，这些改变不是系统的信息资产威胁的改变，则应调整和改进安全措施。

第七章 电子政务的信息安全战略

我国的电子政务发展迅猛，成就举世瞩目。但存在多种信息安全风险，面临日趋严峻的信息战威胁和挑战，信息安全事件不断出现，信息安全已经成为我国电子政务建设的重点和难点问题，迫切需要制定和实施既符合国际通行规则，又具有中国特色的电子政务信息安全战略。我们应该以科学发展观统领全局，认真贯彻落实党和国家关于电子政务信息安全的指导思想、方针、政策、原则等一系列指示精神，提高认识，认清形势，明确任务，更新观念，加强领导，开拓创新，在国家信息安全战略的总体框架内，构建以信息安全技术保障体系为核心、以组织管理保障体系为基础、以法律法规保障体系为保证的三位一体的立体式电子政务信息安全保障新体系。

第一节 电子政务及其信息安全的理论简述

一 电子政务的内涵和基本功能

（一）内涵

电子政务（E–Government，E–Gov）是一个综合而复杂的概念，并且处在不断发展变化中，它在发展的各个阶段和不同的应用环境下会有不同的表现形式。在我国，电子政务还是一个新生事物，其本身正处于快速的发展变化之中。电子政务目前有很多说法，例如：电子政府、网络政府、政务信息化等。对于电子政务的定义和内涵，人们的认识很不一致。综合国内外各种观点，笔者认为，电子政务就是国家政府机关利用现代信息和通信技术，将管理与服务通过信息化集成，在网络上实现政府组织结构和工作流程的优化重组，超越时间、空间与部门分割的限制，全方位地向社会提供优质、高效、规范、透明的管理和服务。其实质是利用计算机网络平台，按设定的程序，在互联网上大量频繁地实施行政管理和处理日常事务，从而全面提高政府社会管理能力、工作效率和公共管理水平的技术手段。电子政务在我国当前的管理体制下，有着更为广泛的内涵。它不仅包括各级政府部门的电子政务，而且包括各级党委、人大、政协、司法、事业单位等机构的电子政务。剖析电子政务的内涵和实质，可以看出它包括三方面内容：第一，电子政务必须借助信息技术、数字网络技术和办公自动化技术，离不开信息基础设施和相关软件技术的发展；第二，电子政务处理的是与政权有关的公共事务，除了包括政府机关的行政事务以外，还包括执政党、立法、司法部门以及其他一些公共组织的管理事务；第三，电子政务并不是简单地将传统的政府管理事务原封不动地搬到网络上，而是要对其进行组织结构的重组和运行方式、业务流程的改造。因此，电子政务与传统政务之间有着显著的区别。主要表现在，电子政务是运用信息技术打破行政机关的组织界限，构建一个电子化的虚拟机关，使人们可以从不同的电子化渠道获取政府的信息及服务，而不是传统的经过层层书面审核的作业方式；且政府机关之间及政府与社会各界之间也是经由各种电子化渠道进行相互沟通，并依据人们的需求，提供各种不同的优质、高效服务。

（二）基本模式

电子政务是一个庞大的政务信息处理系统，系统的结构组成部分包括信息交换接口、政府内部信息处理机制（办公流程）、信息管理者、信息利用者、信息源和信息资源库六部分。电子政务的基本模式有四种。

1. 政府之间的电子政务模式，指上下级政府、不同地方政府、不同政府部门之间的电子政务。这个领域涉及的主要是政府内部的政务活动，包括国家和地方基础信息的采集、处理和利用，政府之间的通信系统，政府内部的各种管理信息系统，各级政府的决策支持系统和执行信息系统等。

2. 政府与公众之间的电子政务模式，指政府通过电子网络系统为公众提供的各种服务，政府向公众提供的服务主要包括信息服务、各种证件的管理和防伪、公共部门的服务等。

3. 政府与企业之间的电子政务模式，指政府通过网络进行采购与招标，快捷迅速地为企业提供各种信息服务，企业通过网络进行税务申报、办理证照等，实质上都是政府向企业单位提供的各种公共服务。

4. 内部效率效能电子政务模式，指政府部门对公务员进行管理，为公务员提供服务的一种电子政务形式。

（三）基本功能

电子政务是政府职能的网上电子化、信息化实现，其功能主要包括：向社会公众及企业提供哪些服务，以什么方式提供这些服务；政府的内部管理如何实现信息化网络化；政府部门之间需要交换哪些信息，以什么方式交换。其基本功能可以归纳为如下四个方面。

1. 网上信息发布。

通过电子政务，在互联网上将政府部门的名称、职能、机构组成、办事章程及各种文件等向社会公开，让公众全面了解政府机构的组成、职能和办事流程、各项政策法规等，增加行政管理的透明度。一方面，为广大民众提供了信息服务；另一方面，建立起了政府与民众之间相互交流的桥梁，民众可以直接从网上行使对政府的民主监督权利，开展投诉和举报。

2. 部门内部办公自动化。

部门内部办公自动化即建立办公业务流程的自动化系统，公文、报表制作及管理等业务实现计算机处理，并通过内部局域网进行数据交换，实现用户内部信息的网上共享和交流，协同完成工作事务，从而达到办公业务工作运转的科学化、系统化和自动化，提高单位内部办公效率和办公质量。

3. 网上交互式办公。

网上交互式办公是指面向社会公众实现在线登记、申请、申报、备案、意见征集等交互式办公，同时还应包括政府电子化采购、招标、审批以及网上报税和纳税等内容。

4. 部门间协同工作，资源共享。

部门间协同工作是指多个政府部门利用共同的网络平台，对同一事项进行协同工作，而此协同工作是在资源共享的基础上完成的。实现资源共享，不仅使整个政府变得高效快捷，而且为支持政府的宏观决策和运行控制提供了有效的手段，必将推动社会和经济的全面发展。

二　发展电子政务的意义

电子政务作为一种新型的政府管理模式，将现代信息技术与现代管理理念有机结合起来，打破时空限制及条块分割的制约，把政府的职能通过精简、优化、整合、重组后在计算机网络上实现，对企业和公众提供高效、优质、廉洁的一体化管理和服务，为政府管理科学化和现代化提供了强有力的技术支持。电子政务将在加快政府职能转变、提高行政效能、增强政府监管和服务能力、政务的公开透明以及政府决策的科学化、民主化等方面产生重大而深远的影响。因此，发展电子政务具有重大而深远的意义。

（一）发展电子政务有助于促使政府的角色和管理观念发生变化，建立以公众需求为导向的服务型政府

通过电子政务，政府提供服务的方式将更方便、更快捷，对公众意见和要求的反应速度也大大提高。可以说，电子政务的实施可以强化政府作为服务者的角色以及服务型政府的理念，有效地增强政府的公仆意识，更好地为广大人民群众服务。

（二）发展电子政务有助于建立以"客户为中心"的管理模式

传统政府的工作模式是以政府为中心，而电子政务的推行将建立以"客户"为中心的管理模式，即以用户为中心，以用户的需求为出发点，把企业和公众作为客户进行管理和服务。现在，通过建立以客户为中心的政府门户网站，发展"一站式"服务的管理模式，已成为世界各国开展电子政务的经验和共识。

（三）发展电子政务有助于促进政务公开和信息公开，增强政府工作透明度

通过实行电子政务，可能实现政府相关信息以及政府业务流程处理的公开化，从而可以加强对政府行政过程的监督，减少传统政务工作的暗箱操作，实现政务的公开化、透明化，减少或降低腐败产生的机会。

（四）发展电子政务有助于改善政府决策者的有限理性，促进政府决策的科学化和民主化

电子政务的实施，可以通过网络环境下的数据库建设计算机决策支持系统，使政府在做出决策前，可以广泛了解决策所需的各种信息，促进政府决策的科学化。另外，信息技术的运用还促进了政府决策的分权化和民主化。在政府决策时，人民群众可以参与决策，有关专家的意见也能得到及时的反映，公众还可以通过互联网发表自己的意见和要求，从而大大促进政府决策的民主化。

（五）发展电子政务有助于降低行政运作成本，提高工作效率，造就优秀的政府公务员队伍

电子政务的最高境界有四句话，就是互联互通，资源共享，信息安

全，在线服务。互联互通并不是说所有的政府部门上下左右都要互联互通，而是说在公共管理活动中，政府部门上下左右之间需要互联互通的，能够实现互联互通，需要资源共享的，能够实现资源共享，这样就可以减少很多信息采集成本。如人口数据，一个权威部门采集的人口数据，能够跟各个其他政府部门所共享，那么其他部门，就不需要再花更多的人力、资金、物力去采集人口数据。用一个共享的人口资源数据，会节约很多资金，也节约很多时间。所以说实现了互联互通，实现了资源共享，确实能够降低政府管理成本。通过对信息的有效管理、有效处理，提高信息资源的共享程度，不仅能给国家降低大量的管理资金，还能够提高公务员的整体素质。具体说就是电子政务系统中的公务员必须提高计算机应用水平，如果计算机办公软件不会操作，计算机的基本技能都没有，那么你就很难适应公务员的岗位要求，可能就要被淘汰。所以，通过构建电子政务的应用系统，不仅仅能够降低行政运作成本，而且能改变政府官员的观念，促使政府部门的工作人员学习计算机知识，努力提高信息化技能，进而提高公务员队伍的整体素质。

当然，发展电子政务的意义还可以说出许多，但是，从我国的现状来讲，以上五点却是最主要的，也是目前我国的改革开放最需要的。

三　电子政务的信息安全

（一）内涵

电子政务的建立使政府成为更开放透明的政府，更有效率的政府，更廉洁勤政的政府。然而，电子政务的职能与优势得以实现的一个根本前提是信息安全的有效保障。因为电子政务信息网络上有相当多的政府公文在流转，其中不乏重要信息，内部网络上有着大量高度机密的数据和信息，直接涉及政府的核心政务，它关系到政府部门、各大系统乃至整个国家的利益，有的甚至涉及国家安全。如果电子政务信息安全得不到保障，电子政务的便利与效率便无从保证，对国家利益将带来严重威胁。电子政务信息安全是制约电子政务建设与发展的首要问题和核心问题。

电子政务的信息安全可以界定为，保障电子政务计算机及相关的和配套的设备、设施（网络）的安全，保障运行环境的安全，保障信息内容安全，保障计算机功能的正常发挥以维护计算机信息系统的安全运行。其具体内涵可以概括为：（1）从信息的层次看，包括信息的有用性（保证信息资源有使用价值，可被合法用户访问并按要求使用）、完整性（保证信息的来源、去向、内容真实无误）、保密性（保证信息不会被非法泄露扩散）、不可否认性（保证信息的发送和接收者无法否认自己所做过的操作行为）等。（2）从网络层次看，包括可靠性（保证网络和信息系统随时可用，运行过程中不出现故障，遇意外事故能够尽量减少损失并尽早恢复正常）、可控性（保证营运者对网络和信息系统有足够的控制和管理能力）、互操作性（保证协议和系统能够互相连接）、可计算性（保证准确跟踪实体运行达到审计和识别的目的）等。（3）从设备层次看，包括设备备份、物理安全等。（4）从管理层次看，包括人员可靠、规章制度健全、机制运转灵活等。

（二）体系结构

电子政务的信息安全涉及对国家机密和敏感度高的核心政务信息的保护，涉及维护社会公共秩序和行政监管的准确实施，涉及为企业和公民提供公共服务的质量保证等重大问题。因此，电子政务的信息安全内容丰富，涉及面广，要求高，难度大，是一个庞大而复杂的体系。这个体系主要包括信息安全基础设施，管理机制，技术框架，政策法规等。

1. 信息安全基础设施。

信息安全基础设施是一种为信息系统应用主体和网络安全执法主体提供信息安全公共服务和支撑的一种社会基础设施，它有利于信息应用主体安全防护机制的快速配置；有利于促进信息应用业务的健康发展；有利于网络安全技术和产品的标准化和促进其可信度的提高；有利于网络安全职能部门的监督和执法；有利于增强全社会网络安全意识和防护技能；有利于国家网络安全保障体系的建设。因此，保障电子政务的信息安全，必须搞好信息安全基础设施建设。

2. 信息安全管理机制。

保障电子政务信息安全，关键在管理。要搞好管理必须建立健全精干有力、反应敏捷、工作高效的信息安全管理机制。管理机制主要包括有权威的信息安全组织领导和管理体系、管理制度和标准、预警机制、防范机制、规章流程、人员管理、技术管理、产品管理、应急处理等。

3. 信息安全技术框架。

技术是电子政务信息安全保障的核心。没有信息安全技术，就没有电子政务的信息安全。电子政务的信息安全技术框架，主要包括：（1）物理安全子系统。物理安全子系统主要保证网络系统的物理安全，防范因为物理介质和信号辐射等造成的安全风险，保证信号传输的完整性、保密性和可靠性。目前主要采用物理隔离技术，对其进行安全保护。（2）网络安全子系统。网络安全子系统主要保证网络结构的安全，对网络界进行安全配置。在网络层加强访问控制能力，加强对攻击的实时监测能力，加强对网络病毒的防范能力。主要技术有防火墙、基于网络的入侵检测和网关防病毒等。（3）主机安全子系统。主机安全子系统主要对各种应用服务器和数据库服务器等进行保护，保证主机上的操作系统和数据的安全。主要可以用漏洞扫描和防病毒等技术进行防护。（4）应用安全子系统。应用安全子系统主要依据单位的管理机制和业务系统的应用模式而设计。管理机制决定了应用模式，应用模式决定了安全需求。主要的技术包括加密、身份认证和访问授权等。

4. 信息安全政策法规。

政策法规是电子政务信息安全的可靠保障，推行电子政务的国家都制定和执行了支持、鼓励电子政务信息安全保障的政策体系，一些国家还制定和实施了专门保护电子政务信息安全的法律法规，如美国的《电子政务法》《政府信息资源管理法》，英国的《官方信息保护法》，俄罗斯的《联邦信息、信息化和信息保护法》等，依法维护电子政务的信息安全。我国虽然颁布了一些有关维护信息安全的法规，但还没有专门保障电子政务信息安全的法规。因此，应尽快建立健全电子政务信息安全法规体系，做到有法可依、有法必依、执法必严，为电子政务的高速、高效发展提供法律保障。

（三）地位

电子政务中政府信息安全实质是由于计算机信息系统作为国家政务的载体和工具，而引发的信息安全。信息安全已成为当前政府信息化中的关键问题。安全问题是电子政务建设中的重中之重。电子政务中的政府信息安全是国家安全的重要内容，是保障国家信息安全所不可或缺的重要组成部分。由于互联网发展在地域上极不平衡，信息强国对于信息弱国已经形成了战略上的"信息位势差"，居于信息低位势的国家的政治安全、经济安全、军事安全乃至民族文化传统都将面临前所未有的冲击、挑战和威胁，互联网成为超级大国谋求21世纪战略优势的工具。在全球信息战日趋激烈而频繁的新形势下，形形色色的病毒层出不穷，黑客攻击日益猖獗，网络犯罪日趋严重，信息政治颠覆活动复杂而严重，垃圾信息泛滥成灾，严重威胁着我国电子政务的安全，全方位地影响着我国经济、政治、社会、科技、文化、军事、意识形态等各领域和各方面。电子政务的信息安全不仅成为我国国家安全的重要组成部分，而且是关系到国民经济能否全面可持续发展、社会能否稳定、国家政权能否巩固、民族兴衰和国家存亡的重大问题。因此，我们应站在践行科学发展观，复兴中华民族的高度来认识电子政务信息安全的战略地位。

1. 巩固国家政权的坚实基础。

电子政务的发展为政府优质、高效、规范的行政提供了便利，但也为霸权国家或别有用心的国家、国际组织等进行政治渗透和颠覆活动提供了便捷途径。它们利用信息网络开展反动舆论宣传、进行间谍活动、盗窃国家机密、散布虚假信息，煽动国民对现行政权的仇视而制造社会混乱，以达颠覆政权之目的。国内个别非政府组织、犯罪集团或恐怖分子还会利用互联网和政府分庭抗礼，甚至进行反政府的罪恶活动。在这种情况下，电子政务的信息安全就成了巩固国家政权的坚实基础。失去电子政务的信息安全，就可能沦为"信息殖民地"，甚至失去政权。

2. 保证国民经济持续稳定发展的必要条件。

在当今社会，信息已经成为人类社会最宝贵的战略资源，国民经济的发展对信息资源和信息技术的依赖程度日益提高。在电子政务蓬勃发展的新形势下各级政府的行政管理和公共服务越来越多地通过网络来实现。电子政务的信息网络系统已经成为金融、交通、能源、监测、调控等国家关键基础设施的神经中枢，成为国民经济持续稳定发展的重要保障。如果电子政务网络系统遭破坏，如果电子政务的机密经济信息被泄露或破坏，那么其国民经济安全也将遭到严重威胁；如果金融、财政、审计等信息体系遭破坏，可直接破坏经济安全，甚至置一个国家于死地。

3. 精神文明建设的重要保证。

随着信息技术革命的发展和电脑的普及，互联网作为新的信息传播媒体，已经成为传播世界先进科学文化成果，弘扬各民族优秀传统文化的重要渠道，对于提高人们的思想道德和科学文化素质，加强精神文明建设起了积极作用。同时，互联网上垃圾信息泛滥成灾，危害越来越普遍，越来越严重。黄色、迷信、暴力、赌博、反动等有害信息，严重污染着社会，危害着人们特别是青少年的身心健康。作为从事电子政务的政府网络体系，应该而且能够充当精神文明建设的中枢和重要阵地。通过电子政务系统的示范、引导、扩散，用正确、积极、健康的思想文化占领网络阵地，搞好"网德"教育，加强精神文明建设。

4. 国家安全的基石和核心。

在国家安全这个庞大系统中，处在最高层次的是信息安全、经济安全、政治安全和军事安全。而电子政务信息安全又是制约、影响、渗透其他安全要素的核心因素；是巩固国家政权，保持国家长治久安的坚实基础；是保证国民经济持续稳定发展，增强综合国力的关键；是加强精神文明建设，提高全民整体素质的重要保证。电子政务信息安全得不到保障，国家就会经济紊乱、政治失稳、文化迷失、技术落后，进而影响到国家在国际上的地位和形象。因此，电子政务信息安全已经成为国家安全的基石和核心。这就要求人们，把电子政务信息安全战略提升到国家总体安全战略的核心地位，科学规划，认真实施。

第二节　我国电子政务的信息安全问题

一　我国电子政务发展概况

随着信息技术特别是互联网技术的蓬勃发展，电子政务在世界范围内得到了广泛的重视和推进。许多国家都在以互联网为基础设施，构造和发展电子政务。我国也比较重视和发展电子政务，成效显著，但和发达国家比还有较大差距。我国政府正在认真总结经验教训，学习先进经验，进一步推动电子政务的发展。我国电子政务发展势头强劲，前景广阔。

（一）我国电子政务的发展历程和成绩

电子政务的建设和发展过程，实质上就是政府职能电子化、信息化的过程。我国电子政务的建设和发展已有 20 多年的历史。早在 1985 年前后，以邓小平为核心的党中央，高瞻远瞩，洞察国际高新科技发展的新趋势，做出了大力开展国民经济信息化建设的战略决策，国家信息中心及众多省（市、区）、部委信息中心相继成立。在党中央和国务院的正确领导下，各级信息中心认真负责，调动各方面的积极性，从抓党政机关办公自动化开始，积极发展电子政务，取得了显著的成绩。

1986 年夏季，国务院召开了国民经济信息化工作会议，在国务院综合部门和业务部门部署了 12 项大型信息系统建设。与此同时，党中央和国务院英明决策，在中南海实施定名为"海内工程"的建设项目。这项工程的目标是在党中央和国务院的所在地，在党和政府的首脑机关率先开展办公自动化建设，逐步为党和政府在宏观管理与科学决策方面实现信息网络化。12 项大型信息系统建设，特别是"海内工程"建设项目的顺利进行，大大提高了党中央和国务院的信息化水平。为了探索办公自动化的最佳途径和方案，推动办公自动化乃至全国党政机关信息化建设，先后在上海、福建、山东、山西、吉林等省市试点，摸出经验后向全国各省、市、区推广。1990 年 10 月，在全国各省、市、区党委政府间开通了"全国政府系统第一代电子邮件系统"，全国各地方政府与国务院之间、各地方政府之间利用电子邮件，实现了全国政务信息报送的计算机网络化，实现了政务信息互通与共享，开创了政务工作信息化即电子政务工作的新局面。

1991 年，国务院办公厅秘书局再接再厉，选择了北京大学研制的"华光"系统，组织全国各地方政府，与各地方政府的印刷厂联合，实现了政府文件清样、版式的加密传输，实现了国务院文件的同版异地印刷。

1992 年前后，国务院办公厅秘书局开始将高科技的决策支持系统技术（DSS）、地理信息系统技术（GIS）和信息安全技术三大高新技术引入政府系统的办公自动化应用领域，揭开了政府系统信息资源开发利用和网络安全建设的序幕。先是与大连理工大学合作开发了"国务院国民经济与社会发展决策支持系统"，在国务院十五个综合部门和专业部门的数据支持下，实现了联网服务，用于为国务院领导同志提供国民经济发展的态势分析，受到国务院领导同志的好评，这一成果共向全国各地方政府推广出去 180 余套。继而与国家测绘局下属测绘科学研究所合作开发了"国务院综合国情地理信息系统"，使国务院领导同志首次用上了电子地图。1993 年年底，由国内一流专家组成的鉴定委员会一致通过了"国务院综合国情地理信息系统"的技术鉴定，并给予高度评价。这项成果在 1994 年开始向全国推广，带动了地理信息系统的建设与应用。在国家有关主管部门的支持下，与中国科学院软件所合作的自主研制的强安全认证系统于 1992 年 6 月投入全国范围应用，首次实现了对远程用户的强身份认证和身份认证卡的远程发放，大大加强了国务院主计算机系统及全国政府数据通信网上的信息安全，在国家有关主管部门主持的验收鉴定会上，得到国内信息安全专家的高度评价。同时，针对计算机的电磁泄射，推动并大量使用了相关干扰器设备以保护信息安全，还与航天部706所合作研发了低电磁泄射终端并通过了鉴定，这是国内最早研制的这类设备之一。这些应用项目信息安全装备使政府系统的计算机应用迈入信息资源开发利用和辅助决策支持这一更高级的应用层面。

在应用的推动下，"全国政府系统第一代数据交换网"规模不断扩大，到1996年前后，国务院各部门和包括副省级、计划单列城市的全国各省、市、区政府办公厅已经实现了全部入网。同时，"全国政府系统第二代数据交换网"和"第二代电子邮件系统"开始建设。1999年年末，采用互联网技术，以网际互联方式，连接全国47个副省级以上地方政府办公厅和国务院各部委办公厅的"全国政府系统第二代网络系统"顺利建成，并在建成之日即开通了"第二代电子邮件系统"应用和多项试验性应用，取得了巨大的、圆满的成功。时至今日，它仍然是我国政府系统连接范围最广，覆盖地方和部门最全，技术架构最先进，运行最稳定、可靠，作用最突出的政府广域网之一。充分展现了它作为"全国政府系统办公业务资源网"的巨大的应用潜力，也深刻启发了人们进一步构建我国"电子政府"的基础框架的想象力。①

2004年是我国电子政务建设重要的一年。在这一年中，电子政务以更高的效率为人民群众提供更广泛更便捷的信息服务。全国政府部门建立的网站已突破10000个，60%的政府部门建立了网络化的办公自动化系统，63%的政府部门通过网站提供了968个网上办事项目。② 根据中国互联网络发展状况统计报告（2006年1月）公布的《第十七次中国互联网络发展状况统计报告》，截至2005年12月底，以"gov. cn"结尾的英文域名总数为23752个，与上年同期调查的16326个相比，增加了7426个，增长率为45.5%。联合国经济和社会事务部2006年2月公布的《2005年

----

① 陈拂晓：《我国党政机关信息化建设走过二十载》，《信息网络安全》2005年第9期，第5—8页。

② 刘风勤、徐波、聂瑞英：《我国电子政务发展现状及对策研究》，《情报科学》2005年第11期，第1640页。

全球电子政务准备报告》，中国电子政务准备度指数为 0.5087，全球排名第 57 位。美国、丹麦和瑞典分别排第一、第二位，新加坡、日本、韩国在亚洲国家中名列前茅。① 可见，我国电子政务的发展明显落后于发达国家和新兴工业化国家。

进入 2006 年以来，电子政务开始向更高层次发展。许多地方政府都将国民经济和社会信息化作为"十一五"规划的重要内容。中央与地方的工商、海关、国税和地税等部门纷纷推出各种网上办公业务。地方政府建设数字城市的步伐也明显加快，上海、深圳、广州、天津等沿海开放城市纷纷提出建设数字化城市或数码港的概念，其中电子政务的建设是数字城市建设的核心内容之一。据中国互联网络信息中心统计，截至 2006 年6 月，使用"gov.cn"域名的政府网站总数发展到近 1.2 万个。目前，96% 的国务院部门建成了政府网站，约 90% 的省级政府、96% 的地市级政府、77% 的县级政府都拥有政府网站。受国务院信息化工作办公室、国务院办公厅联合委托，中国电子信息产业发展研究院开展了 2006 年度中国政府网站绩效评估工作。评估结果显示：2006 年国务院所属部门网站绩效排名前 10 名依次是：商务部、农业部、科技部、交通部、国家环保总局、国防科工委、信息产业部、国家发改委、国家食品药品监管局、国家税务总局；省级政府网站绩效排名前 10 名依次为：上海市、北京市、浙江省、安徽省、吉林省、广东省、云南省、陕西省、江苏省和黑龙江省；地市级（含计划单列市和副省级省会城市）政府网站绩效排名前 10 名依次为：青岛市、广州市、成都市、武汉市、深圳市、杭州市、苏州市、宁波市、厦门市和哈尔滨市。② 但在整体上，我国政府门户网站的水平还处于政府信息发布阶段，不能满足政府与公众之间的双向互动要求，门户网站的服务意识和服务能力亟待加强。

（二）我国电子政务发展存在的问题

我国电子政务发展虽然成绩显著，但仍处于起步和探索阶段，与世界先进国家比差距还很大，存在着许多急需解决的问题。

1. 认识不足，工作不到位。

虽然党中央和国务院非常重视电子政务发展，下发了一系列纲领性文

---

① 张鑫：《电子政务建设存在的问题分析》，《时代论丛》2006 年第 2 期，第 36 页。

② 杨谷：《国信办、国办首次给政府网络打分》，《光明日报》2007 年 1 月 16 日第 4 期。

件，对电子政务给予了亲切关怀和热情地支持、指导和鼓励，但许多部门及人员包括某些政府领导干部和公务员对发展电子政务的意义、地位、作用还缺乏应有的认识，对发展电子政务的性质、目标、途径、利弊等诸多理论和实践问题认识还很肤浅，计划性不强，工作不到位，直接制约着电子政务的发展。例如：有的简单地把电子政务等同于政府上网，以为把政府一些政策、法规、条例搬上网络就万事大吉，没有把传统的政务工具同网络服务有机地结合起来，提供全方位的服务。这些都是注重信息手段而忽视政府业务流程改进的结果。有的把电子政务仅仅当作政府部门的计算机化，在硬件设施上投入大量的资金，却不重视软件的开发，也不重视业务流程的重组，而是用计算机系统去模仿传统的手工政务处理模式，其结果是很多政府部门的计算机设备成为高级打字工具，或者成为一种摆设，没有发挥其应有的作用。某些地（市）以下政府和部门在开展电子政务时往往各自为政，采用的标准也各不相同，没有建立相应的组织机构，服务内容单调重复，造成了新的重复建设。

2. 基础薄弱，技术水平较低。

20 世纪 80 年代，我国才开始尝试和逐步推行办公自动化。直到现在，许多政府部门，尤其是某些地市级以下政府的办公自动化设备仍然比较陈旧落后，很难满足电子政务的信息化要求。许多县、乡政府部门的网络设施基本上处于空白状况，即便已经实现政府上网的部门也有很多仅仅只是利用一台服务器提供简单的页面发布，起到的只是一些装点门面的"形象宣传"作用。电子政务的顺利实施必须以先进适用的信息技术为基础，而我国自主研发能力还不高，有自主知识产权的信息技术还很少，信息技术整体水平还较低，直接制约着电子政务的发展。例如：信息交换，电子政务的目的是最终实现政务信息在政府内部、政府部门间、政府与企业间、政府与大众间的自动化交换和处理，从而提高政府的办事效率。目前各类电子政务电子公文格式、制作方式、处理流程等的差异，给政务信息的交换造成了很大的困难。虽然 EDI 是一种电子化的贸易手段和有效的信息交换方式，但它并不适合以公文类文件为主体的电子政务。当今，基于 XML（可扩展置标语言）的信息交换技术已成为各国电子商务、电子政务的关键技术之一。作为一种元语言，虽然 XML 的灵活性为我国各企业、各部门制定信息交换规则提供了一定的便利，但也带来了企业间、政府部门间、企业政府间各种交换规则相互转换的问题，由此导致了信息孤岛的出现，重复投资的现象也比较严重。

3. 政府网络不够规范，利用效益不高。

我国的政府网站存在着"三多"现象。一是"空站"多。在各个搜索引擎上，几乎县以上的政府网站都能搜索到，真正顺着链接进去的时候，却有很多不能打开。二是"老站"多。有些网站内容陈旧，更新不及时，有时一个月也见不到一条新信息，相当多的政府部门电子政务网仅仅局限于把一些法律、法规、政策、条文从纸上搬到网上；公开的信息数量少，质量也不高；网页的形式比较单一，网页与网页之间的链接渠道少，各级政府的电子政务还没有形成网络。三是"死站"多。某些网站仍停在简单的概况介绍上，其实用性不足；其中很难找到所需的具体业务部门的详细信息，而且有些没有邮件地址，公布电话的也不多。这些信息基本是用来装饰门面的，根本没有体现出互联网的互动特征。同时，政府信息网络重视了网页宣传介绍的静态功能，而对于政府部门的信息未有动态的反映；网站设计不是从用户需要出发，而是从部门偏好出发，而且缺乏与用户的交流沟通手段，更谈不上及时的信息反馈和服务。群众虽然从网上可以了解一些政务信息，但要办理一些事务却缺乏必要的渠道，政府与上网公民之间缺乏互动性、回应性。究其原因，一方面是因为一些政府部门缺乏信息共享意识，把部门利益看得太重，这就亟须我国信息主管部门对其进行组织和引导；另一方面，政府部门信息资源的开发利用缺乏灵活的机制和政策，长期以来政府信息部门的大量建设资金投入到硬件设备上，缺乏信息录入、信息更新、信息深加工的专项资金和技术，更缺乏把这种信息资源进行加工后产生增值的手段。只有开放的政府公共信息，才能丰富社会信息资源，活跃信息市场，满足人们生活、工作与学习的需要，带动经济社会信息化的发展。

4. 部分公务员素质不高，公众信息技术水平低下。

电子政务是一项知识含量高，技术要求高的工作。从我国现实情况看，存在着部分公务员素质不高和公众信息技术水平低下问题，直接制约着电子政务的发展。一方面，部分公务员素质不高，已成为制约电子政务发展的主要障碍：一是文化障碍，官僚主义的文化与电子政务格格不入；二是个别官员腐败，电子政务带来的公开性和透明度会使某些腐败官员出于自身利益的考虑而阻碍电子政务的开展；三是公务员缺乏相关培训，缺乏相应的技能和知识。另一方面，公众的信息技术水平低下，不能做到公众普遍上网，使得电子政务只是为少数人提供方便和服务的手段。事实上，那些最需要政府提供服务的人往往可能是无法上网或者是不懂上网的人，这样便限制了电子政务的普及和作用的发挥。

5. 发展不平衡，差距越来越大。

出现了明显的"数字鸿沟"。电子政务的不平衡现象主要表现在地区的不平衡、行业的不平衡和城乡不平衡，而且差距有越来越大的趋势。从地区发展的情况来看，发达地区的电子政务发展比较迅速，已经出现了良性发展的态势。北京、上海和深圳等地区由于具有先天的资源、人才和技术优势，基本上过渡到电子政务的成熟发展阶段，并且已经开始利用网络技术的优势迅速获取信息资源、提供信息服务。而西部绝大多数地区网络技术普及有限，资金、人才的短缺制约了发展，致使电子政务发展缓慢。从行业发展来看，一些行业部门例如"金"字头的工程出于管理的需要，在国家的重点扶植下基本上实现了管理的电子化、网络化，而相对信息化要求不高的一些政府部门，由于意识、资金等问题对电子政务发展热情不高。另外，从我国上网人口的统计调查来看，主要的网民集中在城市，而农村上网的人数较少，电子政务的覆盖面有限。

（三）我国电子政务建设方向及措施

我国电子政务建设的方向可以是建立和完善完整统一、多能高效的电子政务系统，全方位地为公众提供优质、高效、规范、透明的管理和服务，不断提高服务效益和管理效益。"十一五"规划建设的主要目标是：认真贯彻落实党的十六大和十六届五中全会关于"推进电子政务，提高行政和效率，降低行政成本"的战略布置，到 2010 年，基本建成覆盖全国的统一的电子政务网络，初步建立信息资源公开和共享机制。政府门户网站成为政府信息公开的重要渠道，50% 以上的行政许可项目能够实现在线处理。电子政务要在提高公共服务水平和监管能力、降低行政成本等方面发挥更大的作用。实现上述方向目标，宜主要采取以下措施。

1. 提高认识，加强领导。

各级政府、各部门都要进一步认识发展电子政务的重要性和紧迫性，以科学发展观统领全局，加强领导，大力协同，精心组织，认真贯彻中央关于电子政务工作的各项部署，促进电子政务健康发展。发展电子政务关键在领导。"十一五"期间，加强对电子政务建设的领导，宜着重抓好两方面。一方面，可推行"总体统筹、分工负责"制。"总体统筹"就是，国务院领导机构对全国政府信息化建设进行统一领导，统一规划，制定统一标准、相关政策法规及管理办法，对重大工程的资金进行统筹安排；"分工负责"就是，各部委、各地方按照统一的规划、标准，负责具体项目的实施。另一方面，可按照电子政务的要求，对政府管理职能、组织以及行政流程进行必要的调整和改革，尽快理顺政务信息化管理工作，从而为电子政务的推进创造良好组织领导和管理的条件。

2. 深化改革，努力促进五个转变。

要实现电子政务建设的目标，必须上下左右齐努力，深化改革，促进五个转变。一是要从电子政务重建设、轻应用向注重深化应用转变；二是要从信息网络分散建设向资源整合利用转变；三是要从信息系统独立运行向互联互通和资源共享转变；四是要从信息管理偏重自我服务向注重公共服务转变；五是要从信息网站自建自管向发挥社会力量转变。[1]

3. 大胆实践，做好各项工作。

当前和今后一段时期内，推进电子政务建设宜主要做好七项工作。一是深化电子政务应用，进一步扩大政务公开的范围和内容，及时准确地发布政务信息；二是推动应用系统互联互通，充分发挥电子政务效能；三是推进信息共享和业务协同，提高电子政务应用水平；四是建立全国统一的电子政务网络，统筹规划，整合资源；五是做好信息安全保障工作，贯彻"积极预防、综合防范"的方针；六是完善法律法规体系，加强人才培训；七是建立有利于电子政务合理建设、科学管理、有效运行及维护的良性运行机制。

二　我国电子政务的信息安全问题简析

电子政务的建立可使政府成为更开放透明的政府，更有效率的政府，更廉洁勤政的政府。然而，电子政务的职能与优势得以实现的一个根本前提是信息安全的有效保障。因为电子政务信息网络上有相当多的政府公文在流转，

---

[1]　张建军：《新时期电子政务如何应对信息安全的挑战》，《信息网络安全》2006年第9期，第16—18页。

其中不乏重要信息，内部网络上有着大量高度机密的数据和信息，直接涉及政府的核心政务，它关系到政府部门、各大系统乃至整个国家的利益，有的甚至涉及国家安全。如果电子政务信息安全得不到保障，电子政务的便利与效率便无从保证，对国家利益将带来严重威胁。在现实生活中，政府网站往往成为信息战攻击的重要目标。电子政务信息安全已成为制约电子政务建设与发展的首要问题和核心问题，成为国家安全的重要内容。

（一）存在多种信息安全风险

现阶段，我国电子政务信息安全系数比较低。公安部曾多次在江苏、上海、广东等省（市）对电子政务信息网进行检测，发现其设防能力十分脆弱，难以抵御各种方式的信息战攻击。电子政务信息安全风险可从多个视角、多方面进行分析。从信息网络系统和应用视角分析，电子政务的信息安全风险主要有5个层面的因素。

1. 物理层安全风险。

网络的物理层安全风险主要指网络周边环境和物理特性引起的网络设备和线路的破坏，从而造成网络系统的不可用，如：设备被盗被毁、链路老化或被破坏、因电子辐射造成信息泄露、设备意外故障、停电、雷击、地震和水、火灾等，它是整个网络系统安全的前提。

2. 网络层安全风险。

（1）数据传输风险。由于在同级局域网和上下级网络数据传输线路之间存在被窃听的威胁，同时局域网络内部也存在着内部攻击危险，其中包括登录密码和一些敏感信息，可能被侵袭者搭线窃取或篡改，造成泄密等。

（2）网络边界风险。对电子政务网络中任意节点来说，其所有网络节点都是不可信任域，都可能对该系统造成一定的安全威胁。一方面，风险来自于内部，入侵者利用嗅探程序通过网络探测、扫描网络及操作系统存在的安全漏洞，并采用相应的攻击程序对内网进行攻击，非法登录并窃取内部网重要信息；或者通过拒绝服务攻击，使服务器拒绝服务甚至系统瘫痪。另一方面，风险来自外部，如果没有必要的隔离措施和对外网的服务加以过滤，就易造成信息外泄、非法登录或其他攻击。

（3）网络设备的安全风险。由于电子政务专用网络系统中大量地使用了网络设备，使这些设备的自身安全性直接关系着电子政务系统和各种网络应用的正常运转。例如，路由设备存在路由信息泄露、交换机和路由器设备配置风险等。

3. 系统层安全风险。

系统层的安全风险主要是针对电子政务专用网络采用的操作系统、数据库及相关商用产品的安全漏洞和病毒威胁。电子政务专用网络通常采用的操作系统在安全方面考虑较少，服务器、数据库的安全级别较低，存在安全隐患，同时病毒也是系统安全的主要威胁。

4. 应用层安全风险。

电子政务专用网络应用系统中主要存在被非法访问、业务信息被监听或修改、用户事后抵赖、服务系统伪装、骗取用户口令等安全风险，电子政务专用网络对外提供 WWW 服务、E-mail 服务、DNS 服务等也易引起外网非法用户对服务器的攻击。

（1）身份认证漏洞。服务系统登录和主机登录使用的是静态口令，口令在一定时间内是不变的，且在数据库中有存储记录，可重复使用。这样非法用户通过网络窃听，非法数据库访问，穷举攻击，重放攻击等手段很容易得到这种静态口令；然后，利用口令，可对资源非法访问和越权操作。

（2）WWW 服务漏洞。Web Server 是政府对外宣传、开展业务的重要基地，也是国家政府上网工程的重要组成部分。由于其重要性，理所当然地成为"黑客"攻击的首先目标之一。随着 Web 服务器越来越重复，其被发现的安全漏洞会越来越多。

（3）电子邮件系统漏洞。内部网用户可通过拨号或其他方式进行电子邮件发送和接收，这就存在被"黑客"跟踪或收到一些恶意程序（如特洛伊木马、蠕虫等）、病毒程序等，由于许多用户安全意识比较淡薄，从而给入侵者提供机会，给系统带来不安全因素。

5. 管理层安全风险。

管理是整个网络安全中最为重要的一环，尤其是对于一个比较庞大和复杂的网络更是如此。据我们调查，80% 左右的信息安全案件是由管理问题造成的。责权不明、管理混乱、安全管理制度不健全及缺乏可操作性等都可能引起管理安全的风险。责权不明、管理混乱，使一些非本部门员工甚至外来人员进入到机房重地，一些重要信息被泄露；在管理方面没有相应约束制度，无法进行实时的检测、监控、报告与预警；当事故发生后，无法提供黑客攻击行为的追踪线索及破案依据，缺乏对网络的可控性与可审查性等。

（二）信息安全事件不断出现

在全球信息战攻击日趋频繁和激烈的新形势下，电子政务的安全问题日趋突出。据 IBM 最近公布的全球信息安全指数报告显示，2005 年上半年，全球针对政府部门、金融及工业领域的电子网络攻击比 2004 年同期增加 50%，共有 23700 万起，其中政府部门位列"靶首"，共 5400 万起，其次是工业部门 3600 万起，金融部门 3400 万起，卫生部门 1700 万起。[①]美国是信息化水平最高、电子政务最发达的国家，但也是世界上遭受信息战攻击最多、信息安全发案率最高的国家。网络犯罪分子曾入侵美国中央情报局信息网络主页，将中央情报局更名为"中央笨蛋局"；入侵美国司法部主页，增加纳粹标记……2006 年 6 月底 7 月初，美国国务院的电脑系统遭到大规模的黑客攻击，"黑客"特别严重地袭击了总部以及东亚和太平洋事务司的计算机，使该部门连续几天无法登录互联网。[②]网络"黑客"曾攻击英国政府"儿童局"，使其损失 4500 万英镑；攻击"就业和养老金部"，使其 80% 的计算机陷入瘫痪。日本警察厅、防卫厅、自卫队网络，也曾受到黑客攻击，一度失去控制。德国、法国、俄罗斯、印度等的电子政务也经常发生信息安全事件。

在我国，电子政务是党委、政府、人大、政协有效决策、管理、服务的重要手段，必然会遇到各种敌对势力、恐怖集团、捣乱分子的破坏和攻击，尤其电子政务是搭建在基于互联网技术的网络平台上，包括政务内网、政务外网和互联网，而互联网的安全先天不足，互联网是一个无行政主管的全球网络，自身缺少设防和安全隐患很多，对互联网违法犯罪尚缺乏足够的法律威慑，大量的跨国网络犯罪给执法带来很大的难度。所以，上述分子利用互联网进行违法犯罪有机可乘，使基于互联网开展的电子政务应用面临着严峻的挑战。近年来，我国的电子政务信息安全问题不断出现。一位电子政务专家的研究报告指出，目前我国电子政务网络安全形势严峻，暴露出计算机病毒泛滥、黑客攻击频繁、垃圾邮件阻塞网络等问

---

① 中国驻葡萄牙使馆经商处：《全球电子网络技术案件增加》，《国际商报》2005 年 8 月 11 日第 3 期。

② 美联社华盛顿 7 月 11 日电：《美国务院网络遭黑客攻击》，《参考消息》2006 年 7 月 13 日第 2 期。

题。据统计，2002—2005 年，我国有关部门接到的网络安全事件报告从
1761 件猛增到 123473 件，日均超过 338 件。更为严重的是，传统的病
毒、垃圾邮件还在出没，危害更大的间谍软件、"网络钓鱼" 等又不断出
现，网络信息安全形势愈加严峻。公安部调查显示，我国各行各业都在不
同程度上遭受到网络安全威胁。病毒、"黑客"、网络欺诈等已经给互联
网用户造成巨大的损失。① 中国信息安全产品测评认证中心主任吴世忠指
出，近 80％ 的政务网络有 "木马" 病毒入侵，安全问题日益突出。严重
影响政务的正常运行，社会公众、企事业单位和其他组织办事受阻，甚至
于国家秘密泄露或被窃取、政府决策失误、指挥失灵，导致社会混乱。国
家计算机网络应急技术处理协调中心日前发布的数据显示，我国各级政府
网站仅在 2005 年就被篡改网页 2027 次，比上年多了近一倍，而且这还不
包括隐蔽的篡改行为。② 2005 年 3 月下旬，浙江惊现国内一起假冒政府网
站事件，浙江省建设厅网站遭涉嫌办假证网站克隆。此消息一经披露，立
刻引起有关部门的极大关注，浙江省建设厅立即挂出了紧急通知，警示用
户注意；当地公安部门迅速介入调查。据了解，假网站的域名为
"zjjscom. cn"，与浙江省建设厅域名 "zjjs. com. cn" 仅一点之差，不仔
细分辨很难发现，且页面一模一样，只是在假网站上能查出真网站上所没
有的监理工程师证号，故怀疑网站造假为办假证者所为。③

我国政府电子政务出现的信息安全事件是多种多样的，并且随着时间
的变化而不断变化。从现实情况看，最主要的有五种类型。

1. 计算机病毒感染。

据公安部公共信息网络安全监察局主办、国家计算机病毒应急处理中
心和计算机病毒防治产品检验中心具体承办的《2004 年全国计算机病毒
疫情调查分析报告》显示：我国计算机病毒感染率自 2001 年以来一直处
于较高水平。2001 年，感染过计算机病毒的用户数量占被调查总数的

---

① 人邮讯：《职员轻易入侵 FBI，安全隐忧是互联网的天然缺憾》，《人民邮电报》2006 年
8 月 16 日。
② 郭丽君：《去年政府网络被篡改网页 2000 多次》，《光明日报》2006 年 4 月 2 日第 6 期。
③ 都市：《政府网络首遭仿冒》，《齐鲁晚报》2005 年 3 月 26 日。

73%，2002 年为 83.98%，2003 年增长到 85.57%，2004 年高达
87.93%，[①] 2005 年又升为 88%。2006 年 7 月 21 日，国内权威的防病毒
软件厂商瑞星公司发布的《中国 2006 年上半年电脑病毒及互联网安全报
告》显示：2005 年全国共截获新电脑病毒 72836 个，比 2004 年增长 1 倍
多。2006 年上半年共截获电脑病毒 119402 个，比上年同期增长 5 倍多，
电子政务 85% 以上的网络遭受过病毒感染，信息安全形势更加严峻。继
2005 年成为"毒王"之后，"灰鸽子"仍是最流行的病毒，随着"黑客"
传播病毒手段的日益多样化，网站、闪存盘成为病毒传播的新渠道。[②]

2. 网络黑客攻击。

网络黑客是威胁和挑战信息安全特别是电子政务安全的罪魁祸首。我
国电子政务遭受网络黑客攻击次数年均递增 10% 以上，接近发达国家水
平。黑客攻击的方式主要有三种：一是拒绝服务攻击（DoS）；二是偷窃
机密信息；三是破坏硬件、软件和数据。据公安部公共信息网络安全监察
局和中国计算机学会计算机安全委员会在全国范围内对 7072 家政府、金
融证券、教育科研、国防等重要部门信息网络安全状况的调查，从 2003
年 5 月至 2004 年 5 月，被调查单位发生安全事件的比例为 58%，主要为
黑客攻击事件。[③] 2005 年 3 月 24 日，一"黑客"团伙操纵 10 万台计算
机，以"僵尸网络"为作案工具，制造了一起严重拒绝服务攻击案，使
包括许多政府和其他重要部门的 6 万多台计算机无法工作，造成了巨大损
失。[④] 广州电子政务建设一直走在全国前列，但仍存在不少信息安全隐患
和漏洞。仅 2006 年 7 月份的 5 天内广州就连续发生 3 宗电子政务网遭
"黑客"入侵的网络安全事件，其中 7 月 20 日至 25 日，就有两个政府部
门网站被"黑客"攻击。7 月 20 日，广州市某政府部门网站被"黑客"
采取"HTTPDdos"拒绝服务手段进行攻击，致使网站服务器的大量资源
被耗费。7 月 25 日，另一政府部门信息中心网站被"黑客"非法扫描监

① 国家计算机病毒应急处理中心等：《2004 年全国计算机病毒疫情调查分析报告》，《信息网络安全》2004 年第 10 期，第 10 页。
② 杨谷：《上半年电脑病毒数同比激增五倍》，《光明日报》2006 年 7 月 22 日第 4 期。
③ 公安部公共信息网络安全监察局等：《2004 年全国信息网络安全状况调查分析报告》，《信息网络安全》2004 年第 10 期，第 8—9 页。
④ 冯晓芳：《操纵 10 万台计算机黑客落网》，《人民日报》2005 年 3 月 26 日。

测到维护账号和密码，并通过该账号和密码登录网站，对网站主页进行篡改。调查还发现，网络黑客正日益走向职业化，它不再是小孩子游戏，而是直接与金钱挂钩；职业入侵者受网络商人或职业间谍雇用。①

3. 垃圾邮件泛滥成灾。

中国互联网协会的调查统计说明，中国互联网的垃圾邮件以年均50%以上的速度激增，而且垃圾邮件中夹杂了大量病毒，大大降低了电子政务的效率和质量，危害越来越普遍，越来越严重。2003 年，国内的邮件服务器共收到1500 亿封垃圾邮件，尽管其中60%—80%被服务器过滤掉，但至少还有470 亿封最终流入用户的信箱。② 2004 年，垃圾邮件又增长73%，网民平均每周收到正常电子邮件5.8 封，垃圾邮件7.9 封。2005 年，我国网民共收到1000 多亿封垃圾邮件，造成经济损失超过48 亿元。2006 年 7 月 19 日，山东省政府某机关的刘先生打开电子信箱，收件箱里竟有 60 多封垃圾邮件。中国互联网协会最近一次调查说明，垃圾邮件已经成为网络病毒后的网络第二大公害，不仅威胁了电子政务乃至整个信息社会的安全，损害了国家和国民利益；而且还散播了各种虚假信息或黄、赌、毒等有关信息，伤害了人们的身心健康。③

4. 网络犯罪。

我国公安部有关资料表明，利用计算机网络进行的各类违法犯罪行为数量在中国以每年30%的速度递增，罪犯的攻击方法有近千种。而以上的这些数字仅仅是冰山一角，绝大部分政务网站因没有造成严重危害或基于保密而没公开报道。近年来，金融机构内部利用计算机犯罪案件大幅度上升；在互联网上泄露国家秘密的案件屡有发生；境内外反华势力攻击破坏网络的问题十分严重。它们通常采用非法侵入重要信息系统，修改或破坏系统功能或数据等手段，造成数据丢失或系统瘫痪，给国家造成重大政治影响和经济损失。

5. 信息网络政治颠覆活动。

近几年来，美国和某些西方国家极力推行"信息霸权主义"，大搞"信息殖民扩张"和"和平演变"。境外敌对势力、敌对分子和非法组织利用互联网

---

① 林洪浩、区君君、徐景宏：《广州召开电子政务网络信息安全工作会议》，《广州日报》2006 年 8 月 11 日。

② 丹娜：《让网友一起反垃圾邮件》，《光明日报》2004 年 8 月 11 日。

③ 吴允波：《垃圾邮件泛滥成公害》，《大众日报》2006 年 7 月 24 日第 6 期。

对我国进行煽动、渗透、组织、联络等非法活动日趋突出。它们通过建立针对境内的反动宣传、煽动的站点，利用电子公告栏、新闻讨论等信息媒体，发表反动文章，散布反动言论，煽动反党、反政府情绪；利用互联网进行组党结社，公开吸纳成员；利用电子邮件直接向国内用户发送反动刊物；利用电子邮件进行联络。它们肆意诋毁和歪曲我国的社会主义政治制度和党的路线、方针、政策，对我国进行所谓"民主"、"人权"的讨伐，肆意歪曲、任意夸大、恶意炒作我国政治建设中存在的一些问题，煽动一些不明真相的人故意闹事，并竭力标榜西方资本主义政治制度的合理性，意欲通过政治观念、意识形态的渗透，实施其"西化"、"分化"社会主义中国的图谋。对政府电子政务的信息安全进行侵害的方式主要包括：偷窃、分析、冒充、篡改、抵赖等，使国家和政府形象和公信力受到损害，对国家安全构成威胁。

（三）产生信息安全问题的原因

我国电子政务不断产生信息安全问题的原因是多方面的，最主要的有以下五个方面。

1. 信息安全意识淡薄。

自 20 世纪 80 年代中期政府信息化工程启动以来，各级政府对信息网络建设越来越重视，并且十分关注电子政务带来的便利与效率。但某些地方政府对信息安全缺乏起码的认识和警惕性，甚至认为"电子政务中的信息安全问题不会造成直接的人员伤害和财产损失，无关大局"。因此，许多公务员对信息安全问题关注不够，信息安全意识淡薄。他们一接触电脑就忙着用于学习、工作甚至娱乐等，对网络信息的安全无暇顾及，对网络信息不安全的事实认识不足，甚至不管不问。与此同时，党政机关、事业单位注重的是网络效应，对安全领域的投入和管理远远不能满足安全防范的要求。总体上来看，网络信息安全处于被动的封堵漏洞状态，从上到下普遍存在侥幸心理，没有形成主动防范、积极应对的全民意识，更难以从根本上提高网络监测、防护、响应、恢复和抗击能力。近年来，国家和各级政府部门在信息安全方面已做了大量努力，但就范围、影响和效果来讲，都是远远不够的。有调查表明，我国大部分的政府网站目前还没有设置防火墙。国家有关部门通过模拟攻击，对 650 个政府上网单位的信息安全工作进行了检查，发现其中 80% 的网站没有安全措施，有的甚至被"黑客"攻击之后也不向有关部门报告。我们不清楚这些网站后面有多少政府部门内部的办公系统和存储秘密信息的数据库相连，所以无法准确判断多少政务信息面临被泄露、修改、删除的危险，但存在巨大隐患是肯定的。①

2. 技术整体水平不高。

我国电子政务信息系统整体技术水平不高，存在脆弱性、缺陷甚至漏洞，加之有的操作人员技术素质差，使攻击者有空可钻。最重要的是，我国电子政务信息系统有自主知识产权的核心技术还很少，关键领域核心技术主要从国外进口，受制于人。没有核心技术，就相当于在沙滩上建高楼，毫无安全可言。我国电子政务的信息安全存在"三大黑洞"：一是用外国制造的芯片；二是用外国的操作系统和数据库管理系统；三是用外国网管软件。一些单位在实施电子政务过程中，常常架建在大量国外技术和产品基础上。电子政务所用硬件、软件、操作系统、网管软件、各类应用系统、数据库、防火墙、网络接入设备、路由器、服务器、调制解调器等基本上都是国外公司的产品。这些因素使其安全性能大大降低，留下严重安全隐患。例如，美国出口我国的计算机系统的安全系统只有 C2 级，是美国国防部规定的 8 个安全级别之中的倒数第三；在操作系统、数据库管理系统或应用程度中预先安置从事情报收集、受控激发破坏的"特洛伊木马"程序，一旦发生重大情况，那些隐藏在软件中的"特洛伊木马"就能够在某种秘密指令下激活，给我国电子政务带来严重安全问题。

3. 管理落后。

规范化管理是搞好电子政务信息安全的关键。权威机构统计表明：70%以上的信息安全问题是由管理方面的原因造成的，而这些安全问题中的绝大多数是可以通过科学的信息安全管理来避免或解决的。② 理论和实践都说明，电子政务信息安全不是单纯的技术问题，而且也是管理问题。如果没有从管理制度、人员和技术上建立相应的电子化业务安全防范机制，缺乏行之有效的安全检查保护措施，再好的技术和设备都无法保证其信息安全。管理上的漏洞，使违法违规者有机可乘。许多网络犯罪行为尤其是非法操作都是利用联网的电脑管理制度上的漏洞而得逞的。例如，机房重地随意进出，微机或工作站管理人员在开机状态下擅离岗位，敏感信息临时存放在本地的磁盘上，这些信息处于未保护状态，都会为外部入侵、更为内部破坏埋下隐患。其中，

---

① 廖文彬：《电子政务信息安全的法律问题》，Chinaeclaw.com，2004 - 2 - 24.

② 周学广、刘艺：《信息安全学》，北京：机械工业出版社 2003 年版，第 10 页。

来自内部的安全威胁可能会更大，因为内部人员了解内部的网络、主机和应用系统的结构；能够知道内部网络和系统管理员的工作规律，甚至自己就是管理员；拥有系统的一定的访问权限，可以轻易地绕过许多访问控制机制，在内部系统进行网络刺探，尝试登录、破解密码等相对容易。如果内部人员为了报复或销毁某些记录而突然发难，在系统中植入病毒或改变某些程序设置，就有可能造成重大损失。内部人员的破坏活动也并不局限于破坏计算机系统，还包括越权处理公务、窃取国家机密数据等。

4. 法制不完善。

黑客攻击、病毒感染、网络犯罪等的日益增多与网络信息安全法制不健全和对网络犯罪的惩治不力密不可分。一方面，我国已经出台了一系列与网络信息安全有关的法律法规，例如：《计算机软件保护条例》《中华人民共和国计算机信息系统安全保护条例》《公安部关于对国际联网的计算机信息系统进行备案工作的通知》《中华人民共和国信息网络国际联网管理暂行规定》《计算机信息网络国际联网安全保护管理办法》《计算机信息系统国际联网保密管理规定》《电子签名法》等。此外，我国颁布的新《刑法》第285条、第286条、第287条，对非法侵入计算机信息系统罪、破坏计算机信息系统罪，以及利用计算机实施金融诈骗、盗窃、贪污、挪用公款、窃取国家机密等犯罪行为，作出了规定。尽管这些法律法规的出台和实施对于我国网络信息的安全起到相当积极的作用，但仍难以适应电子政务乃至整个信息化发展的需要，信息安全立法还存在相当多的盲区。另一方面，已颁布实施的法律法规不仅规定了出入口制度和市场准入制度，确定了网络信息安全管理机构，阐明了安全责任，而且明确了法律责任，对于危害网络信息安全的个人和单位，规定了经济处罚、行政处罚和刑事处罚三大类型。但是由于网络犯罪的隐蔽性和高科技性，给侦破和审理带来了极大困难，再加上其他原因，导致执法部门的打击力度有限，在法律的执行上还有不到位之处，一些违法情况及当事人还未得到及时处理和制裁。

5. 高素质的电子政务人才缺乏。

电子政务的主体是人，威胁和挑战信息安全的主体也是人。维护信息安全，发展电子政务主要靠人。但是，我国高素质的电子政务人才严重缺乏，大部分信息安全问题是因信息安全人才匮乏、公务员素质低下、缺乏必要的安全知识造成的。一方面，我国现有的信息安全专业人才只有几万人，除了军队、公安等部门对高级网络安全人才的需要外，政府、企业也需要大量的信息安全人才。显然，这样少的人数与我国信息化特别是电子政务的健康发展是不相适应的。另一方面，信息时代要求人们必须拥有较高的网络素质，去应用网络和建设网络，但目前我们公务员中的绝大部分仍然不具备这种素质。近几年来，在祖国大陆和台湾地区之间不断升级的网上黑客战中，就有一部分党政机关的网站由于安全保护力度不足，屡屡被黑，有些站点可以说是轻而易举就能被黑掉。为此，提高公务员特别是网络管理技术人员的技术水平，增强政府机关工作人员的信息安全与防范意识，就成了当务之急。同时，堡垒最容易从内部攻破。威胁和挑战者往往通过收买政府机关内部从事电子政务的人员，或者潜伏人员在政府机关内，或通过欺骗、敲诈、绑架等手段，从政府机关内部人员获得电子政务有关信息等方式，破坏电子政务的信息安全。政府机关内部极少数意志不坚强的人经不起考验，和外部不法分子勾结，进行违规、违纪、违法，甚至犯罪活动，对电子政务安全的威胁性更大。

第三节　保障电子政务信息安全的战略设想

一　国外制定和实施电子政务信息安全战略的经验

美国是信息技术革命的发源地，也是电子政务的发源地。美、英、法、德、日等发达国家信息化水平高于我国，电子政务建设先于我国，水平高于我国。这些国家在制定和实施电子政务信息安全战略，构建电子政务信息安全保障体系的实践中，积累了许多宝贵的经验，其信息安全保障体系一般都包括组织管理、科学技术、法律法规三个方面。研究、学习、借鉴这些经验，对于我国制定和实施电子政务信息安全战略，构建电子政务信息安全保障新体系有着非常重要的意义。

电子政务是一个庞大而复杂的系统工程，建立健全组织管理机构，加强信息安全的领导、管理、协调，是保障电子政务信息安全的基础和前提。美、英、法、德、日等发达国家及某些新兴工业化国家都组建了信息安全组织管理机构，如：美国国家安全委员会下设了国家保密政策委员会和信息系统安全保密委员会；由商务部所属的国家标准和技术局负责有关敏感信息的信息安全保障工作，具体负责主持制定和推广计算机安全标准和指导方针，为联邦政府解决各种信息安全保障问题，其中包括安全规划、风险管理、应急计划、安全教育培训等等；由国防部所属的国家安全局负责国家安全系统，其中包括国家保密信息，涉及军队指挥和控制的信息、涉及属于武器和武器系统设备的信息等等。同时，美国还专门组建了"总统关键基础设施保护委员会——PCIPB"。PCIPB是目前全面负责美国政府网络与信息安全的最高组织领导和协调机构，与信息安全相关的每个政府部门和联邦机构，统一听从PCIPB的协调和指挥。PCIPB建立了灵活高效的公私合作机制，通过其下设的常设委员会以及协调委员会与私营部门保持沟通和协调，主要负责提供涉及关键基础设施信息系统保护的政策建议，协调和审查联邦各个机构关于关键基础设施保护的各种行动和项目。同时，PCIPB还与各州和地方政府以及私营部门包括企业界和学术界开展合作。针对信息安全保护的不同职能，PCIPB之下设置了10个常设分委员会，涉及州和地方政府及私营部门信息安全保护协调、事故协调与危机响应、基础设施相互依存、信息共享、行政部门信息系统安全、研究与开发、国际信息基础设施保护、执法协调、国家安全、电信与信息系统安全等方面。除美国以外，英、法等国家也建立了国家信息安全保障委员会，德国成立了国家信息安全保障局。这些机构的重要职能之一就是负责电子政府信息安全保障管理工作。加强对网络犯罪的技术抗制和管理抗制是预防网络犯罪的重要措施。

电子政务是信息技术发展的产物，又是靠信息技术支撑运转的。因此，信息安全保障技术和产品是保障电子政务信息安全的核心。目前，信息安全保障技术和产品主要有：加密技术、防火墙、身份识别技术、数据签名技术、访问控制技术、鉴别交换技术、路由控制技术、公证技术等。基于技术本身的工具性特点，各国在运用安全技术和产品时没有根本区别，只因各自情况不尽相同，在选择、组合安全技术和产品时有些差异。但是，各国政府一致认为，在庞大的信息安全技术系统中，核心技术起决定作用。没有核心技术，就没有信息安全。因此，每个国家都努力提高自主创新能力，积极研发具有自主知识产权的信息安全核心技术。美国政府把研发具有自主知识产权的核心技术作为国家信息安全战略的重中之重来抓，成效显著。日本等国也不甘落后，制定了"追赶"战略，投入巨大人力、财力、物力，研发具有自主知识产权的信息安全核心技术。

信息安全问题与其他安全问题一样，是一种社会病态，具有其社会因素。所以，保障电子政务信息安全不能仅在组织管理和技术上下功夫，还必须加强针对信息安全问题的法制建设。西方国家历来注重法制，迄今为止，很多国家都制定了与信息安全保障有关的法律法规。知识产权法、保密法已相当普及。已有 30 多个国家先后从不同的侧面制定了计算机安全和网络信息安全保障的法律法规。早在 1975 年 8 月，美国佛罗里达州就通过了《佛罗里达计算机犯罪法》。随后，美国 47 个州相继颁布了计算机犯罪法。1987 年美国颁布了《计算机安全法》，旨在加强联邦政府计算机系统的安全。英国 1984 年就颁布了《数据保护法》，对计算机化的数据和信息保护做了比较详细的规定。1985 年 12 月，日本制定了计算机安全规范，并出版了相应的指南。一些国家还制定了专门的政府信息安全保障保护方面的法律法规，如英国的《官方信息保护法》、俄罗斯的《联邦信息、信息化和信息保护法》等。德国政府为了构建规范信息网络空间的法律主框架，于 1996 年 12 月 20 日向联邦参议院提交了关于《信息服务和通讯服务法》草案。欧盟则于 1996 年 2 月颁布了《欧洲议会与欧盟理事会关于数据库法律保护的指令》。韩国于 1987 年，颁布了《计算机程序保护法》，并在 2001 年 5 月 28 日颁布了《关于建立信息系统安全与保护个人信息隐私法》。

纵观西方各国制定和实施信息安全战略，构建电子政务信息安全保障体系的情况，不难看出，各国都是以其拥有的信息技术为核心，以相应的管理组织机构、管理规章制度为基础，以相关法律法规为保障，构建"三位一体"的安全保障体系，我国应学习、借鉴这些经验，制定和实施信息安全战略，构建自己的电子政务信息安全保障新体系。

二　我国制定和实施电子政务信息安全战略的目标和原则

（一）战略目标

电子政务所涵盖的信息系统是政府机构用于执行政府职能的信息系统。信息系统信息安全保障的宗旨是通过在使用信息系统时充分考虑到自身、伙伴和客户的信息风险，确保组织能够完成它的全部使命和目标。进而言之，电子政务系统信息安全保障的宗旨就是通过在使用信息系统时充分考虑信息风险，从而确保政府部门能够有效地履行法律所赋予的政府职能。为此，制定和实施电子政务信息安全战略的目标是，保护电子政务信息网络系统不受破坏，保护政务信息资源价值不受侵犯，保证信息资产的拥有者面临最小的风险和获取最大的安全利益，保证公民获得最佳服务，使政务的信息基础设施、信息应用服务和信息内容为抵御攻击和威胁而具有可用性、完整性、保密性、可靠性、可控性、可记账性、保障性等的能力，为创建和谐、文明、繁荣的信息社会而贡献力量。其具体目标主要有以下几个。

1. 可用性目标。

可用性目标是指确保电子政务系统有效率地运转并使授权用户得到所需信息服务。通常，可用性目标是电子政务系统的首要信息安全保障目标。

2. 完整性目标。

完整性是指信息在存储或传输过程中保持不被偶然或者蓄意地添加、删除、修改、乱序、重放等破坏和丢失的特性。完整性要求信息保持原样，确保信息的正确生成、正确存储、正确传输。完整性是仅次于可用性的电子政务安全保障目标。

3. 保密性目标。

保密性目标是指不向非授权个人和部门暴露保密信息。通常，对于大多数电子政务系统而言，保密性目标在信息安全保障的重要程度排序中仅次于可用性目标和完整性目标。然而，对于某些特定的电子政务系统和数据，保密性目标是最重要的信息安全保障目标。

4. 可靠性目标。

可靠性是指系统能在规定的条件和规定的时间内完成规定的功能的特性。它包括三方面：一是抗毁性，即系统在人为破坏下的可靠性。增强抗毁性可以有效地避免因各种灾害（如战争、地震）造成的大面积瘫痪事件。二是生存性，即系统在随机破坏下的可靠性。随机性破坏是指系统部件因为自然老化等造成的自然失效。三是有效性，它主要反映在网络信息系统的部件失效情况下，满足业务性能的可靠性。

5. 可控性目标。

对电子政务来说，可控性是非常重要的信息安全保障目标，主要指保证政府对信息网络系统和信息内容有足够的控制和管理能力，保证电子政务网络系统正常运行，保证公开发布的信息是真实、有用、健康的，保证所有参与者都不能否认或抵赖曾经完成的操作和承诺。

6. 可记账性目标。

可记账性目标是指电子政务系统能够如实记录一个实体的全部行为。通常，可记账性目标是政府部门的一种策略需求。可记账性目标可以为拒绝否认、威慑违规、隔离故障、检测和防止入侵、事后恢复和法律诉讼提供支持。

7. 保障性目标。

保障性是电子政务系统信息安全保障的信任基础。保障性目标突出了这样的事实：对于希望做到安全的信息系统而言，不仅需要提供预期的功能，而且需要保证不会发生非预期的行为。具体来说，保障性目标是指：提供并正确实现需要的电子政务功能；在用户或者软件无意中出现差错时，提供充分保护；在遭受恶意的系统穿透或者旁路时，提供充足防护。

上述 7 个信息安全目标是相互联系、相互作用、相互依赖的。一般情况下，电子政务系统可实现全部安全目标，不可能只达到某个目标而达不到其他目标。为了保证信息安全目标的真正实现，各级政府都应建立电子政务的信息安全机制。主要包括：（1）支撑机制，是信息安全保障能力的基础，包括标志和命名、密钥管理、安全管理、系统保护等；（2）防护机制，是防止信息安全事故发生的机制，包括受保护的通信、身份鉴别、授权、访问控制、拒绝否认、事务隐私等；（3）检测和恢复机制，因为不存在完美无缺的信息安全防护机制组合，所以在电子政务系统中有必要检测安全事故的发生并采取措施减少安全事故的负面影响。检测和恢复机制包括审计、入侵检测、完整性验证、安全状态重置等。

（二）战略原则

根据我国政府自身的实际情况并借鉴国外相关经验，我国电子政务信息安全保障新体系的构建应该遵循下列原则。

1. 均衡性原则。

均衡性原则也叫"木桶原则"，即指"木桶的最大容积取决于最短的一块木板"。电子政务信息安全保障系统本身是一个复杂的人机系统，同时它又会受到整个社会大环境的影响。技术上、管理上、法律法规上的种种漏洞构成了这一系统的安全脆弱性。一般攻击者都使用"最易渗透原则"，必然在系统中最薄弱的地方进行攻击。安全防范根本目标是提高整个系统的"安全最低点"的安全性能。

2. 整体性原则。

安全保障体系的构建往往是多种方法和措施综合作用的结果。因此，要运用系统工程的观点、方法去分析影响系统安全的各种因素，包括技术、管理、法律法规的各个环节，全面分析它们在安全体系中的作用和影响，然后从整体出发，有针对性地采取措施解决具体问题。

3. 权衡性原则。

不同的电子政务系统，对信息安全的要求是不同的。因此，在设计和建设信息安全保障系统时，应从实际出发，考虑安全、成本、效率三者的权重，争取适度平衡，做到投资少、成本低，既保证安全，又提高运转效率。贯彻这一原则，可实行公用网（互联网）、公用专网（虚拟专网）与专网（光纤网）相结合。专网投资多、成本高，还容易给电子政务信息共享造成诸多壁垒，降低政务信息系统的效率，所以专网不易太多。

4. 有效性与实用性原则。

有效性与实用性原则指的是，在考虑信息安全保障的同时不能影响系统的正常运行和合法用户的操作活动。通过信息网络实现信息资源共享共用是电子政务的基本要求，最大限度地实现信息共享又确保秘密是信息安全保障的基本目标。信息安全保障和信息共享是客观存在的一组矛盾，如何在确保安全有效的基础上，保证其实用性，应该是信息安全保障设计者要解决的主要问题。

5. 自主和可控性原则。

电子政务信息安全保障问题关系到一个国家的主权和安全，所以选用的安全技术和安全产品不能依赖于从国外进口，必须解决安全技术和产品的自主知识产权和自控权问题。

6. 前瞻性原则。

由于安全问题是不断发展的，构建信息安全保障新体系必须要与不断发展的安全需求相一致。因此，在构建安全保障新体系时，既要立足于现在的情况，又要预见到今后的可能发展趋势。安全保障新体系设计应是未雨绸缪、适度超前，只有这样才能更好地解决安全问题。

7. 动态性原则。

所谓的"安全"，只是相对的和暂时的。不存在一劳永逸的信息安全保障系统，应该根据科技和社会的发展进行及时更新和升级。

三　我国电子政务信息安全战略的基本框架

理论和实践都说明，信息安全已成为我国电子政务建设的重点和难点问题，电子政务信息安全已成为国家安全的重中之重，引起了党和各级政府及广大人民群众的高度重视。电子政务信息安全战略是国家信息安全战略的最重要组成部分，国家信息安全战略的总体设想原则上都适用于电子政务的信息安全保障。但电子政务信息安全保障也有其鲜明的特点和内在的不同要求，我们应该学习借鉴国外的先进经验，从我国电子政务的实际出发，采取综合配套的措施，制定和实施既符合国际通行规则，又具有中国特色的电子政务信息安全战略。其基本设想可以是：以科学发展观统领全局，认真贯彻落实党和国家关于电子政务信息安全的指导思想、目标、方针、政策、原则等一系列指示精神，提高认识，更新观念，加强领导，开拓创新，在国家信息安全战略的总体框架内，构建以信息安全技术保障体系为核心、以组织管理保障体系为基础、以法律法规保障体系为保证的"三位一体"的立体式电子政务信息安全保障新体系。

（一）信息安全技术保障体系

信息安全技术是保障信息安全的有力武器。没有技术保障，信息安全只能是纸上谈兵。电子政务的信息安全是整个信息安全的重要组成部分，内在要求建立健全信息安全技术保障体系。电子政务的信息安全技术保障体系是一个庞大的技术系统，可分多个系统、多个层次，其关键是具有自主知识产权的核心技术。我国应学习借鉴国外先进经验，从我国实际出发，建立健全既符合国际通行规则，又具有中国特色的信息安全技术保障新体系。

1. 采用多种技术系统保障措施。

（1）安全认证技术系统。

网络世界的开放性和匿名性使得世界充满魅力，但也给网络安全带来了巨大风险。尤其在电子政务过程中，政府部门、企业职员经常需要远程登录到办公室或网上政务系统进行信息交换，传递的往往是一些政府公文，有些涉及国家机密甚至危及国家安全，为了保证这些机密文件不被窃取、篡改、损毁，必须通过安全认证手段核实网上主体的身份、登录访问的权限和信息的可靠性等。进行安全认证的技术主要有密钥加密术、信息摘要技术、数字时间戳、数字证书、访问控制以及账号管理和口令设置技术等。其中密钥加密技术包括密码服务系统、对称密钥管理系统、非对称密钥管理系统、密码策略管理系统、密码设备管理系统，提供信息加密、数字签名/验证、数据完整性验证等支持和服务。

作为信息安全技术的核心——PKI 即公钥基础设施，是电子政务信息安全的基石，是一种采用非对称密码算法的原理和技术，实现并提供安全服务的通用安全基础设施。通过网络进行的电子政务活动因缺少物理接触，使得电子方式验证信任关系变得至关重要。而 PKI 提供了一套遵循标准的密钥管理的基础平台。用户可以利用 PKI 平台进行安全通信，因为 PKI 能够为所有网络应用透明的、提供采用加密和数字签名服务所必须的密钥和证书管理，有效解决了电子政务应用中的机密性、真实性、完整性、不可否认性和存取控制等安全问题。PKI 技术还能够解决网络环境中权限的分配问题，使网络环境中的权限划分与实际政府机构中的权限对应起来，行政级别在网络环境中得到体现，是在大型网络环境下解决信息安全问题最可行、最有效的措施。因此，PKI 成为保障电子政务信息安全的最重要的技术之一。

（2）病毒防范系统。

网络内所有机器通过局域网进行通信，而病毒通过网络传播的速度快，破坏能力强，建立一个全方位的病毒防范系统是电子政务网络系统安全体系建设的重要任务。目前病毒防范系统主要通过在客户端、服务器或互联网网关上安装防病毒产品，实现病毒的自动监测、病毒信息的更新、警告和消除等。防病毒客户端安装在系统的关键主机中，如关键服务器、工作站和网络终端。对于目前电子政务网网络安全的需求，网络版杀毒软件主要对网络内计算机系统作重点防止病毒保障，保证网络数据的完整性和保密性。电子政务网的安全应选用有效的网络防病毒工具对整个网络计算机系统进行"武装"，通过专人负责管理维护，制定严格的制度，及时升级杀毒软件包及操作系统补丁，确保整个网络的正常无毒运行。

（3）防火墙系统。

防火墙是处于内、外网络之间的一种由软硬件设备组合而成的网络安全防范系统。它采用过滤或代理技术使数据有选择地通过，可以过滤掉不安全的服务和非法用户，限制用户网络访问，控制对特殊站点的访问，隐藏敏感信息，阻止攻击者信息搜集，记录统计网络利用情况的数据，有效监控内部网和外部网之间的任何活动，防止恶意或非法访问，保证内部网络的安全。

从网络安全角度上讲，电子政务网络体系，在不同的网络安全域的网络边界，以及政务网和互联网边界都应安装防火墙，并实施相应的安全策略控制。另外，根据对外提供信息查询等服务的要求，为了控制对关键服务器的授权的访问，应把对外公开服务器集合起来划分为一个专门的服务器子网，用设置防火墙策略来保护对它们的访问。

（4）入侵检测系统 IDS。

这是近年来网络安全领域中的一个新兴的研究方向，是处于防火墙系统后面的第二道安全屏障。它通过从计算机网络或计算机系统的关键点收集信息并进行分析，从中发现网络或系统中是否有违反安全策略的行为和被攻击的迹象。它能提供安全审计、监视、攻击识别和反攻击等多项功能，并采取相应的行动如断开网络连接、记录攻击过程、跟踪攻击源、紧急告警等。基于电子政务系统中有许多机密性信息，入侵监测系统安装于有敏感数据需要保护的网络上，通过实时监测网络数据流，在寻找网络违规行为和未授权的网络访问时，网络监控系统能够根据系统安全策略作出反应，是安全防御系统的一个重要组成部分，并能与防火墙联动，增强网络防御能力。

（5）物理隔离系统。

国家保密局颁布的有关文件规定："涉及国家秘密的计算机信息系统，不得直接或间接地与国际互联网或其他公共信息网络联结，必须实行物理隔离。"其方法是安装两套网络和计算机设备，一套对应内部办公环境，一套联结外部互联网，两套网络互不干扰，防止涉密信息通过外网泄露。而真正实现物理隔离就要满足网络隔离和数据隔离两方面，所以在同一时间、同一空间内，单个用户不能同时使用两个系统。

就电子政务领域来说，为了达到实现政务网与业务网物理隔离的目的，必须保证在物理传输、物理辐射及物理存储上隔断政务网与业务网，确保政务网不能通过网络连接或电磁辐射等方式泄露到业务网上。

另外，从物理环境角度讲，地震、水灾、雷击等环境事故，电源故障，人为操作失误或错误，电磁干扰，线路截取等，都对信息系统的安全构成威胁，保证计算机信息系统各种设备的物理安全是保障整个网络系统安全的前提。

（6）安全电子邮件系统。

①安全电子邮件系统。实现电子邮件的保密性、身份认证、完整性以及不可抵赖性等安全功能，为整个电子政务系统提供安全可靠的邮政服务，使通过电子邮件传送机密信息成为可能。系统由安全电子邮件服务器及客户端收发系统组成。

②安全电子邮件服务器。安全电子邮件服务器在提供标准的邮件服务

的基础上，采用虚拟主机、高可靠邮件投递、身份认证、邮件过滤、数字水印日志等技术从内部加强邮件服务器的安全性。

③客户端收发系统。客户端收发系统在实现基本的电子邮件协议基础上，采用 MOSS 协议实现对电子邮件的数字签名、数据加密以及同认证中心 CA 的接口，从而提供电子邮件的保密性、身份认证、完整性以及不可抵赖性，保证电子邮件的安全性。

（7）灾难备份系统。

灾难备份系统是一种直接架构于互联网上的远程异步备份系统，实现对本地服务器（包括认证中心 CA、注册中心 RA、邮件服务器、数据库服务器、管理系统等）重要数据的跨地域的实时备份，保证本地服务器上的数据在灾难发生的时候也不会丢失，使整个电子政务系统具有抗击灾难等突发性事件的能力。从功能上，该系统分为备份子系统、IP 隧道子系统和配置管理子系统三部分。

①备份子系统。备份子系统主要由三个模块组成：本地服务器模块、本地灾备网关模块及远程灾备网关模块，分别以内核模块的形式运行于本地服务器、本地灾备网关及远程灾备网关上。

②IP 隧道子系统。IP 隧道子系统基于 IPSec 协议，为本地灾备网关和远程灾备网关在互联网上的通信建立了一条虚拟专线，提供高强度的数据加密、身份认证和数据源确认等安全功能。IP 隧道子系统主要由三个模块组成：主程序模块、IPSec 模块、IKE 模块。

③配置管理子系统。配置管理子系统采用 B/S 结构，管理员可以在远程对备份子系统、IP 隧道子系统进行配置管理，以及监控整个电子政务系统的备份情况。该系统支持 PKI 身份认证、高强度的 SSL 连接，保证系统管理的安全性。

2. 分层次采用经济适用的先进技术。

电子政务的信息化处理是动态的、双向的，信息的安全保障体系要求很高，要能够防范和化解黑客攻击、病毒爆发、犯罪分子入侵、机密信息泄露、重要数据丢失等造成的危机和隐患。为此，需要进行全过程全方位的安全保障。学习借鉴国际先进经验，从信息安全的全过程考虑，首先做好信息网络的弱点、威胁、风险等的分析，尽快对上述安全认证、病毒防范、防火墙、入侵检测、物理隔离、安全电子邮件、灾难备份等技术进行整合创新，建立健全电子政务信息安全的系统工程，主要包括：安全防护工程、安全监测工程、安全恢复工程。安全防护工程的功能是根据具体网络系统存在的各种安全漏洞和安全威胁采取相应的防护措施，避免非法攻击的进行；安全监测工程的功能是监测网络的运行情况，及时发现和制止对网络进行的各种攻击；安全恢复工程的功能是在安全防护机制失效的情况下，进行应急处理以尽量、及时地恢复信息，减少攻击的破坏程度。

在建立健全电子政务信息安全系统工程的同时，充分发挥其功能，全过程全方位地进行监测与预警、风险评估、风险防范与控制、安全管理、应急处理等安全保障工作，保证电子政务的顺利进行。具体安全保障工作主要分五个层次。

（1）物理层，从环境安全、设备安全、线路安全三个方面，采取机房屏蔽、电源接地、布线隐蔽、传输加密等措施，保证信息网络系统各种设备的物理安全。

（2）网络层，从保障电子政务安全的角度把政府信息网络划分为内部网和外部网，把国家涉密的内容划到内网，利用网络安全隔离技术（主要是防火墙技术）进行隔离。有效监控和检测内部网和外部网的运行，阻止恶意或非法访问，保证内部网的安全。

（3）系统层，保障操作系统和数据库系统的安全。对于关键的服务器和工作站（如数据库服务器、WWW 服务器、代理服务器、E-mail 服务器、病毒服务器、主域服务器、备份域控服务器和网管工作站）应该采用服务器版本的操作系统。典型的有：WUNSolaris、HP Unix、Windows NTServer、Windows 2000 Server。网管终端、办公终端可以采用通用图形窗口操作系统，如 Windows 98、Windows NT、Windows 2000 等。数据库管理系统应采取以下安全措施：自主访问控制（DAC），用来决定用户是否有权访问数据库对象；验证，保证只有授权的合法用户才能注册和访问；授权，对不同的用户访问数据库授予不同的权限；审计，监视各用户对数据库施加的动作；数据库管理系统应能够提供与安全相关事件的审计能力。

（4）应用层，根据电子政务专用网络的业务和服务内容，采用身份认证技术、防病毒技术以及对各种应用的安全性增强配置服务来保障网络系统在应用层的安全。

（5）数据链路层，主要是利用 VLAN 技术将内部网络分成若干个安全级别不同的子网，从而实现内部一个网段与另一个网段的隔离。有效防止某一网段的安全问题在整个网络传播，即限制局部网络安全问题对全网造成影响。

需要指出的是，电子政务信息安全系统工程需要不断建设、不断发展，随着电子政务水平的提高而不断升级。在建设过程中，必须权衡安全、成本、效率三者的关系，争取少花钱，既保证安全，又提高效率。既不能为了保安全，花费过大，也不能为了安全而影响工作效率。

3. 积极研发具有自主知识产权的信息安全核心技术。

在庞大而复杂的信息安全技术系统中，关键技术特别是核心技术起决定作用。有核心技术，才有信息安全。制定和实施信息安全战略，构建信息安全保障新体系，从根本上把握信息安全保障的主动权，必须拥有自主知识产权的信息安全核心技术。由于电子政务的国家涉密性，电子政务系统工程的安全保障更需要各种有自主知识产权的信息安全技术和产品。

我国非常重视信息安全技术和产品的研发。目前，我国网络信息安全技术与产品初具规模，其中，计算机病毒防治、防火墙、安全网管、黑客入侵检测及预警、网络安全漏洞扫描、主页自动保护、有害信息检测、访问控制等一些关键性产品已实现国产化，其部分技术已达到国际先进水平。但由于原创技术、产品少，技术深度、产品成熟度不如国外，在安全技术的完善性、规范化和实用性等方面也还存在许多不足，特别是在多平台的兼容性、多协议的适应性和多接口的满足性方面存在很大差距，于是造成国内许多网络安全方案都建立在国外技术和产品的基础上，存在许多安全隐患。

进入 21 世纪后，我国采取综合配套的有效措施，研发具有自主知识产权的信息安全核心技术和产品，取得了一定成绩。2002 年，我国拥有自主知识产权的"龙芯"1 号 CPU 芯片终于研制成功，并可以大批量生产。这枚面积只有 4 平方厘米，约含 400 万个晶体管的芯片结束了我国大陆信息产业无"芯"的历史，它的设计与国外的差距已经缩小到 3—5 年。2002 年 9 月 26 日，曙光天演信息技术有限公司又宣布中国第一款拥有完全知识产权的服务器"龙腾"研制成功，这款服务器采用了"龙芯"微处理器，以及由曙光公司与中科院计算机所联合研发的"龙芯"专用主板、曙光自主研发的"曙光 LINUX"操作系统。2005 年 6 月 26 日，青岛海信集团自主研发的国内首款"高清晰、高画质数字视频媒体处理芯片与应用技术"项目通过国家信息产业部组织的鉴定并投入批量生产，迅速实现产业化。这一视频芯片，达到了国际先进水平，被命名为"信芯"。这些自主研发的核心技术和产品，对于提高我国的信息技术水平和维护信息安全特别是电子政务的信息安全发挥了重大作用。

但是，从总体上看，我国信息安全技术水平还比较低，有自主知识产权的核心技术还很少，关键领域核心技术受制于人的问题依然严重存在。因此，我国的信息安全技术研究开发工作要坚持自主创新、重点跨越、支撑发展、引领未来的指导方针，坚持把提高自主创新能力摆在全部科技工作的核心位置，大力加强原始创新、集成创新和在引进先进技术基础上的消化、吸收再创新，努力在若干重要领域掌握一批核心技术，拥有一批自主知识产权，造就一批具有国际竞争力的企业和品牌，为我国信息安全和信息化建设提供强大的技术支撑。当务之急，是统筹兼顾、突出重点，按照《国家中长期科学和技术发展规划纲要（2006—2020 年）》和《二〇〇六—二〇二〇年国家信息化发展战略》的要求，建立健全坚强有力、运转灵活、工作高效的领导和管理体制，建立以企业为主体、市场为导向、产学研相结合的技术创新体系，大幅度增加投入，构建信息安全核心技术研发平台，提高自主创新能力，实现关键领域核心技术的自主可控，彻底摆脱核心技术和产品依赖进口受制于人的被动局面，逐步形成基础信息网络、重要信息系统以自主可控技术为主的新格局。

研发具有自主知识产权的核心技术，主要应从以下几方面积极努力。

（1）提高认识，树立自主创新意识。引进必要的技术和产品，是解决某些技术和产品不足的有效途径。但是，如果我们把搞好电子政务信息安全的重点和注意力放在引进上，热衷于引进国外技术和产品，就会受制于人，无法保证信息安全。特别需要明确的是：核心技术是保障信息安全的根本，是外国厂商的核心机密和竞争优势所在，他们是不会出卖的。我们花钱买不到核心技术，只能买到一般技术甚至是过时技术。只有提高自主创新能力，自主研发，才能创出核心技术，依靠具有自主知识产权的核心技术才能确保电子政务的信息安全。据此，必须采取综合配套的有效措施，纠正重引进技术、轻自主研发的倾向，培养和树立自主创新意识，切实搞好自主研发。

（2）完善资金筹措机制，不断增加研发投入。自主研发核心技术，需要投入较多资金。研究开发投入少，资金短缺是我国自主研发核心技术面临的重大难题。我们应该树立核心技术是电子政务乃至整个信息安全生命线的观念，进一步完善资金筹措机制，多渠道、多层次、多方式筹措资金，不断增加自主研发的投入，满足核心技术研发对资金的需求。政府逐步增加对信息安全核心技术研究开发的财政拨款，增加幅度应高于国内生产总值的增长幅度；各级各类银行，实行优惠政策，不断增加对信息安全核心技术研发的贷款；企业提取高于销售收入 2% 以上的技术研发资金，重点用于研究开发信息安全核心技术；努力开拓社会融资渠道，争取越来越多的社会资金投向信息安全核心技术的研究开发。

（3）建立健全研发信息安全核心技术的科研组织体系和机制。一要重视信息安全基础研究组织体系建设。信息安全的基础研究体系主要是为应用研究体系和安全产业的发展奠定基础，关系到整个安全产业的发展后劲和信息安全的全局。由于基础研究需要较大的资金投入，且一般研究成果离实际应用尚有一定的距离，因此需要政府部门的大力支持。政府宜有效地协调和组织有关的科研机构和高等院校，充分发挥各自的技术优势，通过各种形式的合作研究，建立较为完整的基础研究组织体系。二要建立信息安全应用研究组织体系。信息安全的应用研究体系的建设是通过与国内各地的科研机构和厂商的合作，建立起结构合理、具有国内领先的技术水平和成果转化能力的应用研究组织体系，直接为我国信息安全产业的发展及信息安全提供技术动力。国家应引导和鼓励地方院校、民间研究学会及个人参与信息和网络安全的研究，逐步形成国家、社会学术团体、个人三个层次相互联系、相互补充的研究体制，重点研发具有自主知识产权的信息安全核心技术。

（二）信息安全组织管理保障体系

科学管理是保障信息安全的基础。如果没有科学的管理，再好的技术也难以发挥应有的作用。搞好电子政务的科学管理，必须建立健全信息安全组织管理保障体系。

1. 建立健全组织领导体系和管理机制。

电子政务信息安全组织领导体系是维护信息安全的组织保障。我国已经建立了一些维护信息安全的组织领导机构，如国家安全部、国家保密局、国家密码管理委员会、信息产业部等，分别执行各自的安全职能。协调工作由国家信息化领导小组及其办公室、国家电子政务协调小组、国家信息安全协调小组等来进行。各省、市和部委都已建立相应的信息安全组织领导机构。应以这些机构为基础尽快建立健全电子政务的组织领导体系。

学习借鉴国外的先进经验，从我国实际出发，从中央政府到省、地（市）、县级政府都应组建运转灵活、工作高效的权威性组织领导机构，统一领导电子政务的信息安全保障工作。这一领导机构可以定名为"信息安全委员会"。鉴于电子政务安全问题的特殊性、重要性，信息安全委员会的第一负责人应由政府的一把手兼任；基于电子政务安全问题的综合性，信息安全委员会应有多个相关部门的主要领导参加，例如：保卫部门、财务部门、人事部门、办公室、政策法规部门等等；由于电子政务安全问题的长期性、复杂性、技术性，信息安全委员会应设立专门的日常机构，作为委员会的专职执行机构，负责电子政务安全保障的日常工作。上下左右、方方面面的组织领导机构互相联系、互相依存，形成完整的信息安全组织领导体系，对国家电子政务信息安全保障统筹规划、统一政策、组织和协调。

在"信息安全委员会"的领导下，组建政治可靠、业务精干、团结和谐、工作高效的信息安全团队，保证有关信息安全的政令畅通，有效防范和化解风险，对信息安全事件做出及时、快速、准确的响应，确定并及时排除突发事件，使电子政务的损失最小化。信息安全团队的组织机构主要由决策层、管理层、执行层组成。①

（1）决策层。决策层是决定信息系统安全重大事宜的领导机构，决策层主要包括安全领导小组和安全专家小组。安全领导小组是常设机构，是单位信息安全工作最高领导决策机构，不隶属任何部门，直接对单位最高领导层负责。安全专家小组以单位信息安全领导小组成员为核心，邀请本单位或社会上与信息安全、法律政策、行政（企事业）管理等有关的

---

① 秦天保：《电子政务信息安全体系结构研究》，《计算机系统应用》2006 年第 1 期，第 6—8 页。

专家学者参加，组成智囊团，对单位信息安全领导小组负责。

（2）管理层。管理层是日常管理机构，核心实体是电子政务安全管理办公室，其主要职能是在单位信息安全领导小组直接领导下进行工作，负责处理本单位信息安全管理的日常工作，根据决策层的决定全面规划并协调各方面力量实施信息系统的安全方案，制定、修改安全策略，处理安全事故，设置安全相关的岗位。

（3）执行层。执行层是在管理层协调下具体负责某一个或特定几个安全事务的专业群体，这些群体形成单位日常安全工作小组，分布在信息系统的各个操作层岗位上。小组成员包括信息安全员、系统安全员、网络安全员、设备安全员、数据库安全员、数据安全员、防病毒安全员、机房安全员、警卫人员和防火安全员等。对安全工作小组人员应严格审查、签订保密协议、分散权力。

在建立健全组织领导体系的同时，还应建立健全电子政务信息安全管理机制，主要包括：信息风险预警机制、信息风险防范机制、信息安全管理标准、信息安全管理制度、信息安全规章流程、信息安全行政管理、信息安全技术管理、信息安全人员管理、信息安全产品管理、信息安全应急处理、审计等。当务之急是健全安全管理制度和管理标准。①电子政务安全管理必须建立在规章制度的基础之上，按规章制度进行管理才能够形成规范有效的管理。健全安全管理制度，必须确立安全目标、明确所属各级安全机构的责任和监督功能、制定安全政策；制定对执行各项安全措施进行检查和监督的规章及程序；明确各级工作人员的岗位责任及其相关的奖惩规定等。安全组织机构除了制定与安全相关的规章制度以外，还要制定数据管理制度、应急方案和信息保护策略等。②电子政务信息安全管理如果缺乏相应标准的支持，安全管理就会陷于混乱，因此必须健全信息安全标准体系。信息安全标准体系由信息安全基础标准、物理安全标准、系统与网络安全标准、应用与工程安全标准、安全管理标准、安全产品标准、安全评估标准等组成。

2. 加强科学的行政管理。

加强电子政务科学的行政管理主要涉及两个层面，一是国家政府角度的宏观层面；二是具体党政机关部门自身的微观层面。宏观层面是主导，微观层面是基础，两者缺一不可。电子政务信息安全的宏观管理和国家信息安全总体的宏观管理是一致的，在前面"我国信息安全战略总体设想"一章中已经阐述。微观层面的行政管理应在建立健全组织领导体系和管理机制的基础上，着重加强以下几方面的科学管理。

（1）加强对入网信息的管理。从信息资源需要保密的程度看，政府信息主要包括以下三种类型：一是可以完全对社会公开的信息，如国家的政策、法规等；二是只在本系统内部或指定的系统之间共享的信息，如内部会议纪要等；三是只对某一或某些特定的个体开放的信息，如有关国防部署等，这类信息有很高的密级规定，传播范围也极其有限，一旦被人截取或篡改将会危及国家安全、损害国家利益。针对上述三类信息应根据不同的情况分别进行处理，以稳健为原则，根据政务信息的保密要求程度来确认是否应该上网、上哪一类网。基于我国现阶段的现实情况，加强入网信息的管理，对于保障我国电子政务的安全运行有着重大的现实意义。

（2）注重人力资源的管理与开发。安全人事管理是安全管理的重要环节，实际上，大部分安全问题是由人为差错造成的。人员的教育、奖惩、培养、训练和管理技能等对于信息系统的安全有很大影响。安全人事管理应该遵守以下原则：一是多人负责制原则，两人或多人互相配合、互相制约。从事每项安全活动，都应该至少有两人在场，他们要签署工作情况记录，以证明安全工作已经得到保障。二是任期有限原则，任何人最好不要长期担任与安全有关的职务。三是职责分离原则，不要了解职责以外的与安全相关的事情。四是最小权限原则，只授予用户和系统管理员执行任务所需要的最基本权限。五是对超级用户的使用要权限分散。对于政府工作人员的安全培训应根据不同工作岗位的特征和工作需要，对其提供不同的培训方案。

（3）规范资质管理。电子政务网络安全标准规范包括内容健康性等级划分与标记、内容敏感性等级划分与标记、密码算法标准、密码模块标准、密钥管理标准、PKI/CA 标准、PMI 标准、信息系统安全评估和网络安全产品测评标准等方面的内容。目前，国家已经正式成立网络安全标准化委员会，开展电子政务安全相关标准的研制工作。为加强涉及国家秘密的计算机信息系统的保密管理，确保国家秘密的安全，国家保密局规定，今后涉密系统的集成单位必须经过保密工作部门的资质认定，并取得《涉及国家秘密的计算机信息系统集成资质证书》（以下简称《资质证书》），才能承接涉密系统的集成业务。对未取得《资质证书》的集成单位建设的涉密系统，保密工作部门不予审批。在建设电子政务时，必须选择具有《资质证书》的建设单位来承担，并规范其行为。

（4）严格审批管理。我国政务业务有一套严格的保密制度。概括起来有：上下级、同级部门、人员之间有严格的保密要求；要保证分级、分层的部门、人员之间政令畅通无阻、令行禁止、信息准确无误；严格的权限管理制度；严格的办事程序和流程要求。《涉及国家秘密的通信、办公自动化和计算机信息系统审批暂行方法》规定了有关审批权限、审批程序和审批内容，主要供保密部门审批涉密信息使用。电子政务系统中使用的所有密码，必须经国家有关密码管理主管部门的审批，严格按有关管理制度使用。电子政务信息化建设和应用应遵循"以需求为导向，以应用促发展，统一规划，协同建设，资源共享，安全保密"的指导原则。参照这个原则，政府部门应当结合政务流程和审批流程的实际需要，认真进行需求分析，建设网上审批系统，最终建立一整套成熟的囊括办公自动化、网上审批、信息发布网站和其他业务系统等多种功能的应用系统。

（5）搞好产品安全管理。电子政务系统建设离不开安全产品的使用。安全产品存在着安全漏洞、后门、隐蔽信道等问题，所以必须在安全产品选择和采购等方面进行管理。安全专用产品的采购除了必须符合国家各方面的相关规定外，还必须选择有我国自主知识产权的安全产品。对于相同的行业用户，即使是有相同的应用，也要考虑采取不同的安全策略。一般计算机产品只要有备机、备份的数据、备份的系统，就可以完成一般的灾难恢复。但是，对于安全产品的后期服务来说，就不能靠单纯的备机来实现，除非是硬件损坏。

（6）完善安全审计管理。安全审计，是指在网络系统中模拟社会的监察机构对网络系统的活动进行监视和记录的一种机制。安全审计的作用是利用审计机制有针对性地对网络运行的状况和过程进行记录、跟踪和审查，以从中发现安全问题。安全审计的主要功能：一是记录、跟踪系统的运行状况。利用审计工具，监视和记录系统的活动情况，如记录用户登录账户、登录时间、终端以及所访问的文件、存取操作等，并存入系统日志保存在磁盘上，必要时可打印输出，提供审计报告，使影响系统安全性的存取以及其他非法企图留下线索，以便查出非法操作者。二是检测各种安全事故。审计工具能检测和判定对系统的攻击，如系统的运行情况，及时堵住非法入侵者。审计工具还能识别合法用户的误操作等。三是保存、维护和管理审计日志。

3. 加强科学的技术管理。

电子政务是信息技术发展和应用的产物，因此其安全管理一定要基于它所运用的信息技术。技术管理是行政管理和信息技术之间的桥梁，只有建立了良好的技术管理制度才能确保所运用的安全技术和产品发挥其应有的功效。技术管理主要包括：计算机主机房场地的安全管理、数据管理、应急管理、安全评估、日常检查管理等。

（1）计算机主机房场地的安全管理。计算机主机所在的机房是整个信息系统的中心，因此主机房的选址和日常安全管理是十分重要的。由于地理位置、房屋结构和设计施工的正确组合能够大大减少安全事故，所以，主机房的选址，要考虑自然环境对机房的影响，尽量减少各种自然灾害的威胁，如地震、台风、洪水等。主机房的房屋结构和设计施工应符合国家标准 GB9361—88《计算机场地安全要求》，对主机房的环境设备必须严格把关，特别要注意做好防尘、防潮、防火、防磁、防虫鼠等方面的工作，进而减少安全隐患，预防突发性灾害，降低设备的平均故障率。对于主机房的日常管理要建立各种监控措施：一是控制来访人员，必须严格控制客人出入办公区域，客人进入办公区要有内部人员陪同；不允许客人使用计算机。二是声像监控，随时记录下主机房中的活动实况。

（2）数据管理。备份制度的建立是数据信息安全保障管理的核心内容。选择备份设备应根据网络文件系统的规模、文件的重要性来决定。备份程序可以由网络操作系统提供，也可以使用第三方开发的软件。建立备份制度，在制度中必须说明需要备份的文件、备份的时间和备份的方式。备份工作的执行者必须认真履行备份制度，责任一定要落实到个人。数据信息的备份管理是建立在对数据进行分类基础之上的，在电子政务系统中，存在着两种不同性质的数据，一种是与计算机、网络系统有关的系统数据；另一种是与政府业务工作有关的各类政务信息，也叫应用数据。应用数据可以根据其机密性或重要性的程度不同，划分为重要数据和一般数据。备份制度必须对所有系统的、重要的数据进行复制，而且要采取双备份原则和异地存放原则；对于一般数据，可根据实际情况适当进行备份。同时，要加强对备份介质的存放、调出归还、报废等过程的管理。

（3）紧急恢复措施。紧急恢复又称灾难恢复，是指灾难产生后迅速采取措施恢复网络系统的正常运行。为了在发生灾难事件后对网络系统进行快速的恢复，以减少由此而产生的非直接损失，管理部门有必要制订一个万一发生灾难事件的紧急恢复计划。紧急恢复计划的制订应该以明确的保护等级为前提，计划的内容应主要是针对具体事故提供应急方案，方案应用简洁明了的语言表达迅速恢复的方法和步骤。紧急恢复计划要定期检查，发现问题后做相应的增改，以检验其可靠性与可行性。

（4）安全评估。要想建立一个安全防护体系就必须了解该体系可能面临的风险，分析安全风险的最佳方法是定期进行安全评估。安全评估的内容包括：哪些方面易发生问题？如果发生，最坏会是什么情况？它发生的频率有多大？前三个问题的答案有多肯定？我们可以采取哪些措施消除、减轻，或转移风险？它需要花费多少资金？它的有效程序如何？等等。安全评估是一项复杂的工程，一种可行的有效思路是：首先进行各个单项评估，然后再进行综合评估。在评估的过程中，政府应该与第三方检测评估机构或公司密切合作。

（5）日常检查管理。日常检查管理对掌握已审批后运行的涉密信息系统实际安全保密情况非常重要。为加强检查、发现问题、堵塞漏洞、消除隐患，应由主管部门信息安全保密技术检查中心，专门负责承担这项工作。涉及国家秘密的电子政务系统，在日常运行中须接受国家有关主管部门的信息安全保密检查。发生重大问题，如泄密、遭到入侵、受到病毒攻击等，必须向主管部门报告；在内部管理上，如对与电子政务信息、数据有关的网络、计算机设备的维护，必须符合国家有关主管部门的管理制度。电子政务信息处理设备的采购、运行、维修、报废、销毁等管理工作，必须按该设备所处理的电子政务信息的密级，并遵循最高密级的原则实施管理。

（三）信息安全法律法规保障体系

电子政务的工作内容和工作流程涉及国家秘密与核心政务，它的安全关系到国家的主权、国家的安全和公众利益；所以电子政务的安全实施和保障，必须以国家法规形式将其固化，形成全国共同遵守的规约，成为电子政务实施和运行的行为准则，成为电子政务国际交往的重要依据，保护守法者和依法者的合法权益，为司法者和执法者提供法律依据，对违法、犯法者形成强大的威慑。为此，世界许多国家都制定和实施了《电子政务法》《政府信息资源管理法》《电子通信法》《政府信息公开法》等一系列电子政务信息安全的法规，依法保障电子政务的信息安全。虽然我国已颁布相当数量的信息安全方面的法律规范，如《关于维护互联网安全的决定》《中华人民共和国计算机信息系统安全保护条例》《计算机信息网络国际联网安全保护管理办法》《商用密码管理条例》《金融机构计算机信息系统安全保护工作暂行规定》《计算机信息系统国际联网保密管理规定》《计算机信息系统安全专用产品检测和销售许可证管理办法》《计算机信息系统安全专用产品分类原则》等，但立法层次不高，现行的有关信息安全的法律规范大多只是国务院制定的行政法规或国务院部委制定的行政规章；法律规定之间不统一；立法理念和立法技术相对滞后等。因此，必须进一步完善我国电子政务信息安全的法律法规保障体系。

1. 树立科学的信息安全法律法规保障理念。

全球信息战和我国信息化建设的发展，对我国电子政务的信息安全保障提出了新的要求。我们必须以科学的发展观统领全局，培育和树立科学的信息安全法律法规理念，以人为本，以保证电子政务的全面、协调、可持续发展为目标，进一步完善信息安全法律法规保障体系。

首先，要树立新型的信息自由原则。个人的信息自由不能建立在妨害公共信息自由和国家信息安全保障的基础之上，也就是说，为了保障公众和国家的信息利益与安全，有限制地牺牲一些个人信息自由是必要的。在此原则之下，政府有权采取必要的有限度的手段将信息网络置于有效的控制之下，以防止滥用网络行为的产生，从而使网络的信息自由得到真正意义上的保障。当然，其中个人与他人、集体、国家之间的自由、权利、义务等关系的具体量、度应由法学界和相关人士进行具体的讨论确定。

同时，依据科学发展观，逐步转变信息安全保障的重点。采取综合配套的有效措施，把信息安全法制保障的重点从单纯的"规范"、"控制"转移到首先为电子政务乃至整个信息化的建设与发展"扫清障碍"上来，以规范发展达到保障发展，由保障发展实现促进发展，构筑促进电子政务乃至国家信息化发展的社会环境，形成适于信息安全实际需要的法制文化。

2. 建立健全科学的电子政务信息安全法律法规体系。

我国比较重视信息安全立法，先后颁布了《中华人民共和国计算机信息系统安全保护条例》等一系列信息安全法律法规。这些法律法规都涉及维护电子政务的信息安全问题，主要集中在政府信息资源公开、共享以及相应的个人数据和隐私权保护等领域，对于维护和规范电子政务的行政秩序，保证信息安全起了很大作用。国家有关部门（如商务部、信息产业部）及上海、广东、海南等省市先后出台了《政务信息公开条例》等政府信息公开的管理条例或办法。但是，和先进国家相比，我国的信息安全法律、法规还很不健全、很不完善、很不适应信息网络发展和维护信息安全的需要。我国电子政务的法制建设严重滞后，政府信息化缺乏基本的法制保障。因此，必须以改革创新的精神加强电子政务信息安全法制建设，尽快建立健全电子政务信息安全法规体系。我国的电子政务信息安全法规体系应既符合国际通行规则又具有中国特色，体现信息共享原则、弘扬公德原则、全球协调原则、人文关怀原则、强化管理原则、促进发展原则、保障安全原则、严格执法原则、与国家现行法律法规体系相协调的原则等。综合考虑信息网络系统安全立法的整体结构，尽快建成相对的自成一体、以《电子政务法》为主干、门类齐全、结构严谨、层次分明、内在和谐、功能合理、统一规范的电子政务信息安全法律法规体系。当务之急，是大胆学习借鉴和移植先进国家制定和实施电子政务法的成功经验，从我国国情出发，尽快制定实施《电子政务法》及其《政府信息资源管理法》《反网络犯罪法》《电子通信法》等相关法律法规，修改和完善《保密法》《税法》《工商管理条例》《银行法》等，以法保障电子政务的信息安全。

3. 强化超前的信息安全法规效率。

信息技术突飞猛进，信息化发展日新月异，信息战攻击日趋激烈，信息安全的法律法规不能仅仅被动地适应，更不能滞后；应该更多地表现对信息技术、信息化、信息安全秩序的主动规范、保障和促进作用。因此，必须强化超前的信息安全法规效率。在制定和实施法律法规时，应借鉴国际社会关于"技术中立"的主流思想，注意法规符合信息技术和信息化管理的特殊要求，从有利于信息技术发展，有利于电子政务开展的角度，解决电子政务发展中必须解决的问题；并与时俱进，及时修改传统法规中与信息技术发展不相适应的部分，不断提高反病毒、反黑客、反垃圾邮件技术水平，狠狠打击网络犯罪，保证电子政务乃至整个国家的信息安全。

信息安全的标准化建设，是建立健全国家信息安全保障体系的基础性工作，只有建立在标准体系的基础上，信息安全保障体系才能灵活高效地运转，达不到标准的信息网络和信息系统是没有效率的，也是不安全的。因此，必须加强电子政务的标准化建设，建立健全电子政务的标准化体系，并将标准化体系纳入法律体系范畴，赋予标准化体系以国家意志的属性，使其具有强制实施的法律效力，依法保护、规范、支持、鼓励技术创新，研发具有自主知识产权的核心技术和产品，依靠技术进步保障信息安全，提高信息安全法规效率。最近，国务院信息化工作办公室和国家标准化管理委员会成立了电子政务标准化总体组，全面启动了电子政务的标准化工作。目前由总体组主持研究制定的《电子政务标准体系》和《电子政务标准化指南》已向社会公布，为信息安全保障标准化建设打下了良好的基础。

4. 主动融入国际信息安全法规体系。

信息技术特别是国际互联网的产生和发展，使信息的生产、扩散和利用日益在全球范围内进行，地球上任何一个角落的人们通过互联网瞬间就可以获取全球任何其他地方的信息，信息传播全球化已成为无可辩驳的事实。信息传播全球化大大促进了全球化的发展，使全球各国、各地区、各经济体的相互联系、相互依赖日益加深，使硕大的地球变成了"小小的地球村"。而电子政务乃至整个国家的信息化又是建立在互联网基础之上的，信息社会是全球各国一体化的信息化，因此，病毒传播、黑客攻击、垃圾邮件泛滥、网络犯罪等具有明显的国际性，针对电子政务的信息战攻击的国际性越来越突出。因此，信息安全的法规体系必然具有国际化属性，各个国家的信息安全法规必须遵守国际通行规则。我国在制定和实施电子政务的信息安全法律法规体系时，必须特别注意和现有的国际规则的兼容，包括在立法宗旨、指导思想、表述方式、技术规范和具体规定等各方面的相互兼容；要积极主动地参与国际规则的创设，以维护我国的实际利益。在主动参与、合作、促进和创设的过程中，真正主动地融入国际信息化发展的环境中，从根本上保障我国信息安全。

　　构建电子政务信息安全保障体系需要多方面的共同努力。同时，这个安全体系的构建不是一劳永逸的，而需要不断地完善，可以说这是一项无法彻底完工的工程。面对这样一项极其复杂的系统工程，任何从单一维度去建设它的做法都是难以成功的，只有以信息安全保障为原点，将技术、管理、法律法规这三维协调起来共同发展，才能构建出一个"三位一体"的立法保障体系。由于信息技术是电子政务建立的基础，是安全保障体系的核心和不断发展变化的最根本动因。因此，我国必须加大对有自主知识产权信息安全保障核心技术研发的投入和扶持力度，以提高安全保障的实力。安全管理是保障电子政务安全体系建立的基础，管理一定要紧跟技术的发展变化适时地进行调查，以保证两者的紧密结合。与电子政务安全相关的法律法规是安全体系建设的保证，安全法律法规体系的建立不应是被动适应和滞后，而应是更多地表现为对技术规范的主动性和技术发展的前瞻性。

第八章 电子商务的信息安全战略

电子商务代表着全球商务的未来。我国电子商务发展迅速，成效显著。但计算机病毒、网络"黑客"、网络犯罪分子、垃圾信息等，对电子商务的威胁和危害越来越严重，损失越来越大。我们应该以科学发展观统领全局，提高认识，加强领导，在国家信息安全战略的总体框架内，创建既符合国际通行规则，又具有中国特色的电子商务信息安全战略，从技术、管理、法规三个层面保障电子商务的信息安全。一要运用先进适用的信息安全技术，从网络安全和网上交易等方面，保障电子商务的信息安全；二要建立健全信息安全管理机制，以人为本，强化对电子商务的信息安全管理；三要建立健全信息安全法规体系，做到有法可依，违法必究，执法必严，防范和打击危害电子商务的违法犯罪活动，保证电子商务的高速、高效、有序运营和发展。

第一节 电子商务的理论简述

一 电子商务的内涵和模式

（一）电子商务的定义

信息技术和互联网的发展，产生了一种全新的商务模式，这就是电子商务。电子商务的定义有广义和狭义之分。《联合国国际贸易法委员会电子商务示范法》对电子商务作了广义解释，指出：电子商务是指利用数据信息进行的商业活动，而数据信息是指由电子的、光学的或其他类似方式所产生、传播并存储的信息。简言之，由电话、电传、传真、EDI、ATM、EFTPOS、开放或封闭式网络所实现的交易都可视为电子商务。从狭义上看，电子商务也就是通过互联网络进行的商务活动。国际商会指出：电子商务是指基于互联网这个平台实现的整个商业贸易过程的电子化，交易各方以电子交易方式而不是通过当面交换或直接面谈方式进行的商业交易。由此可见，电子商务强调的是在网络环境下实现的贸易过程的电子化，是计算机技术和网络通信技术与现代商业有机结合的产物，它涵盖了从信息检索、售前售后服务、签订合同、支付到配送的一系列交易过程。电子商务不但包括与购销直接有关的网上广告、网上洽谈、订货、收款、付款、客户服务、货物递交等活动，还包括网上市场调查、财务核算、生产安排等利用计算机网络开展的商务活动。

虽然电子商务有广义和狭义的定义，但在实践中人们往往将其具体、直观化，并且有许多种不同的表述。例如，IBM 公司认为：电子商务＝网络（Web）；Intel 公司认为：电子商务＝电子商务＋电子服务；而更多公司则把电子商务局限在一个网站，介绍自己的产品，或在网上建立虚拟的展览交易会，在这样的网站上贸易活动大多是网上交流信息，网下交易，或网上订货，网下支付。其实，任何电子商务都必须解决好三大环节，亦即产品（在网上卖什么东西）、结算（消费者如何付款或企业如何收到钱）以及配送（如何将消费者购买的产品迅速送到消费者手里并提供相应的售后服务）。

（二）电子商务的主要交易方式

电子商务的主体主要是消费者和企业。根据参与主体的不同，电子商务可分为四种不同类型的交易方式：企业对消费者（BtoC 或 B2C）、消费者对企业（CtoB 或 C2B）、消费者对消费者（CtoC 或 C2C）和企业对企业（BtoB 或 B2B）。其中，企业对消费者和企业对企业两种类型的电子商务活动最广泛。而 BtoB 在电子商务交易总量中所占的份额最大，影响也最为突出。企业对消费者的商务活动主要发生在传统的零售业，例如亚马逊网上书店。消费者对企业的商务活动则是指消费者率先要价，由企业最终决定是否接受要约，当前在一些网站，消费者可以通过这种方式购买机票。消费者之间进行的电子商务主要是一些拍卖活动，是一种新兴的网上交易形式。企业之间进行的网上交易主要是一些大型企业的采购活动，美国的两大汽车业巨子通用和福特在近几年内把所有的采购业务都通过电子商务来进行。下面，我们就其中两种最主要的电子商务活动对不同主体的收益进行探讨。

1. 企业对企业（BtoB）。

这种形式的电子商务经历了三个不同的发展阶段：第一，企业实现了采购和销售活动的网络化，降低了成本，提高了劳动效率，增加了企业的供给能力。这个阶段始于1996年前，如今已比较普遍。第二，一些独立的公司组成一个网上市场，进行第三方交易。这种交易形式有一定的发展潜力，但很难形成规模效应。第三，行业巨头进行联营，在最大规模上创造了一个网上市场。

总的来看，BtoB电子商务可在三个方面降低公司的成本：第一，减少了采购成本，企业通过互联网能够比较容易地找到价格最低的原材料供应商，从而降低交易成本；第二，有利于较好地实现供应连锁化管理；第三，有利于实现精确的存货控制，企业从而可以减少库存或消灭库存。这样，通过提高效率或挤占供应商的利润，降低企业的生产成本。

值得一提的是，从长期看，企业的利润不仅仅会因为成本的下降而增加，特别是采用新技术之初，效率的提高会使企业利润有所增加甚至是大幅度增加。但是，随着越来越多的企业受到丰厚的回报的诱惑而不断加入该行业，竞争程度的加剧会使利润减少。由于网络化降低了行业进入的门槛，无疑会使竞争程度更为激烈。与网络公司相比，传统的制造业如果能在充分利用网络优势的基础上进行重组，其收益会更多。企业的总体利润率也许不会发生变化，但必定会重新分配。

2. 企业对消费者（BtoC）。

在网络时代，消费者是最大的受益者。人们能够从网上购物消费，甚至寻医问药，而不受地区或国界的限制。人们可以最大限度地拥有信息，享受到最价廉物美的商品或服务。随着网络化时代信息的大量流动，权力逐渐从生产者一边转移到消费者一边，企业最终也不得不把一部分利润让渡给消费者。

网上零售业的发展，既给企业带来了更大的发展机遇，也给企业带来了更多的挑战。与传统的零售业相比，BtoC电子商务一方面为企业节约了开店成本，减少了企业与消费者之间的中间环节，从而降低了销售成本；另一方面也减少了对大量流动资本的需求。但是，企业也不得不负担其他的一些费用，诸如网站运行和维护的费用，后勤和送货的费用以及其他一些营销支出。目前，网上零售业利润率很低。某些投资者，尤其是风险投资家对此渐渐失去了耐心，开始把投资的重点转向 BtoB 电子商务。与此同时，网上交易后送货的不及时以及后续服务的不完善会惹恼消费者，其网上购物的热情可能不断下降。面对如此严峻的形势，一些规模较大、资金雄厚的网上零售企业可以吸取教训，改善服务，而其他一些规模较小的企业只好裁减人员，境况更差的则只有关门了。

即使如此，作为网络化时代应运而生的一种经营方式，BtoC 电子商务仍有着广阔的发展前景。波士顿咨询集团的经济学家 Philip Evans 和 Thomas Wurter 提供了一种解析网络零售经济效应的办法。它包括三个方面的内容：触角（Reach），即拥有客户的规模；内涵（Richness），即所提供商品或服务的种类及个性化的能力；附属（Affiliation），即满足客户利益的程度。在传统经济条件下，这三项无疑构成了"三难选择"，很难同时满足。而网络化使这一难题迎刃而解，为网络零售企业的发展提供了良好的技术基础和技术条件。

（三）电子商务的基本模式

企业电子商务的形成和发展经历了一个从简单到复杂的过程：简单上网，收集信息→建立主页，宣传自己→建立网络，销售产品→建设 Intranet，全面开展电子商务。国外的电子商务起源于 20 世纪 80 年代，90 年代蓬勃发展，积累了许多宝贵的经验，创立了许多成功的模式。我国一些企业遵循"高度重视、积极参与、把握时机、循序渐进、提高效益"的原则，从自身实际出发，选择或创造了合适的电子商务模式。电子商务模式是通过电子市场反映产品流、服务流以及信息流及其价值创造过程的运作机制，是企业在认识了电子虚拟市场运作规律后，所构建的经营运作机制，它可以反映出企业在价值链中的价值创造过程。

根据国内外有关电子商务模式研究的最新成果，加以归纳整理，主要有 11 种基本模式。现简述如下。

1. 电子商店（E - shops）。

这是最为常见的一种电子商务模式，主要交易方式为 B2C。我们可以说，任何一个公司，只要建立了一个网站，就可以把它当作电子商店的雏形。如果在这个雏形上添加产品订购和货款支付功能的话，电子商店最为核心的部分就建成了。对于消费者来说，电子商店的好处很多。第一，价格比传统的商业模式要低；第二，花样品种的选择较多；第三，对于某些商品来说，比如书籍和音像制品，网上搜寻和选择更为便利；第四，送货上门，方便快捷；第五，网上购物没有时间限制，24 小时都敞开大门。而对于商家来说，他们得到的好处在于直接面对消费者，减少了中间环节，成本大大降低，销量获得提升，收入也因此获得增加。

目前大多数的商业网站都属于，或者说都含有 B2C 式的电子商店。商店里销售的货物五花八门，应有尽有。书籍和音像制品是一大类，国内比较著名的电子商店有当当网上书店（http//：www. dangdang. com）、卓越网（http//：www. joyo. com）；票务和酒店预订同样占有很大的分量，比如 TISS（http//：www. tiss. com）、Travelcity（http//：www. travelocity. com）。各种各样的生活日用品、礼品、鲜花等都很容易在网上热卖。企业也往往利用借助 IT 和网络手段的电子商店宣传和营销自己的产品。

显而易见的是，电子商店是最为简单的一种电子商务模式，其实只不过是将传统商务模式中的商店或超市直接搬到了网上。产品的制造商可以运营这种电子商务模式，中间商也可以运营这种电子商务模式。

2. 电子采购（E - procurement）。

相对电子商店，这种电子商务模式主要适用于 B2B 的交易方式。网上采购一般是针对企业上游的供应商而言的，并且常常指较大规模和经常性的原材料和元器件采购。由于互联网是基于全球的，在网上寻求供应商选择的余地大大增加，这有助于更好地压低成本，寻找质量更为优良的产品，并且在运输传送上可以大大节省开支。比如 Japan Airlines（http//：www. jal. com）。在电子采购的过程中，网上的协商和合同签订都可以进一步地降低成本。而对于供应商来说，其产品有更多的潜在客户，整个交易过程的成本也很低。批量采购带来的产品销量增加往往成为他们的主要收入来源。

企业和企业之间的供应协议往往要比 B2C 中的日常用品相对复杂一些，金额也要大很多，而且对于其中的辅助性问题，比如支付问题、物流问题，要求都要高一些，有时还需要其他电子商务模式来配合完成交易。真正运作这种电子商务模式的往往是产品或者服务的需求者。

3. 电子商城（E - malls）。

电子商城与电子商店不一样。电子商店一般是运营商自己进行网上买卖，而电子商城则不同，其运营商的工作是开辟一个商城，把里面的摊位都出租出去，电子商务由摊主和在商城里逛的顾客完成，运营商负责管理商城，收取管理费以及租金、相关的服务费用。比如 Bobensee（http//：www. emb. ch）就是许许多多电子商店的集中入口。当电子商城集中在某一领域，这种模式就很像行业市场，比如 Industry. net（http//：www. in-dustry. net），在这个市场里，运营商还提供相应的虚拟社区，无形中增加了服务的价值。广告也是这种模式的一大收入来源。由于电子商城中可逛的范围比较广，地方比较多，而且常常是你想逛一个电子商店，同时也顺带着把旁边的商店也逛了，因此广告商都乐意在商城里做广告。

对于消费者来说，逛电子商城除了能够得到电子商店的好处之外，还可以比在单个电子商店更加容易买到喜欢的东西，因为商城的东西比商店要丰富得多。同时，电子商城往往是具有品牌号召力的大牌运营商开办的，信誉往往高，质量保证不成问题，客户的忠诚度也很高；对于电子商城的租用者，即那些电子商店的运营商来说，好处在于比较低廉的运营成本，以及非常划算的一整套服务，例如网上支付等等，这些都可以通过商城的运营商统一完成，而且运营商的品牌号召力也可以使得逛商城的客户大大增加，提高销售量。

4. 电子拍卖（E - auction）。

电子拍卖并没有太多特别之处，只是提供一种网上竞价的机制，将传统的拍卖放在网上进行。电子拍卖可以用多媒体手段为潜在客户展示拍卖货物的方方面面，但其功能还不仅仅限制于此。网上拍卖还可以提供一整套的服务，例如签订合同、支付、运输等等。对于电子拍卖的提供商来说，他们的收入来源于拍卖平台的提供、交易费用收取以及广告收入。而对于拍卖者和竞拍者来说，电子拍卖的好处是高效率，另外还减少了许多麻烦，比如拍卖物在交易完成前没有必要像传统拍卖那样做物理上的转移；还有一个好处就是网上拍卖使得潜在客户遍及全球，大大增加了拍卖成功的可能性。由于网上拍卖的成本很低，许多低价值的小玩意儿，或者是二手货都可以拿出来拍卖。这样对于拍卖品提供者来说，好处是更加充分地利用了手中的资源取得了收入，而且交易的成本很低；对于竞拍者来说，他们用很低的价格和交易费用买到了自己喜欢或者需要的东西，而且省时省力。国外比较著名的电子拍卖商有 Infamar 以及 FastParts，而国内则有易拍网等。

5. 虚拟社区（Virtual Communities）。

虚拟社区的运营商提供一个网上环境，在这个环境，或者称为一个虚拟的社会，许许多多的成员都将自己的信息放在上面——这正是虚拟社区的根本价值所在。对于专门的虚拟社区运营商来说，收入来源主要是对进入社区的成员定期收取费用，而且广告收入也有不少。另外，对于其他的市场运营者来说，建立一个虚拟社区有助于提高客户的忠诚度，而且可以及时得到客户在其他方面的信息反馈。

虚拟社区在电子商务的各个领域都已经有所建树。比如在图书领域有Amazon 建立的社区，在钢铁领域有 www. indconnect. com/steelweh，等等。还有一家叫作萤火虫（Firefly）的公司建立了一个有趣的虚拟社区，专门为社区成员提供展示它们自己的照片、资料等等的服务，这为许多渴望成为名人的网友提供了增加知名度的机会。而许多网络游戏的虚拟社区更是火爆异常，通常是人满为患，比如中国的联众网站。其他模式的电子商务公司也常常利用虚拟社区来吸引更多的客户，比如 E-mail 等等。

建立虚拟社区的成功关键主要是要了解目标市场的需求，掌握满足这一市场需求的信息特征。比如远程教育类网站、医疗类网站等等都具有虚拟社区的电子商务模式。提供高质量的信息可以促进网上销售的活动。例如，与保健品有关的网站可以建立"网上诊所"这样的虚拟社区，由医生定期在网上解答各种疑难杂症；销售宠物食品的网络公司，可设立类似宠物之家的虚拟社区，许多喜欢宠物的网友可以在这里探讨相关的经验和经历。

6. 协作平台（Collaboration Platforms）。

协作平台的供应商为公司之间提供一系列的工具以及信息环境，用以创造他们之间网上合作的平台。一般这种模式集中在某些特别领域，例如一些合作设计项目、工程开发，或者为一些团队，例如咨询团提供网上合作平台支持。这些供应商的收入主要来自管理平台，即收取一定比例的平台使用费，有时还出售某些相关工具，例如网上设计、工作流管理等软件。这方面比较有名的公司是 Global Engineering Network。

协作平台这种模式有些地方和前面的电子商城相似，即都是出租网上区域，收取租金和管理费，但不同的是协作平台的功能整合程度要高得多，而且创新程度要高得多，对技术的要求也更加严格。另外，协作平台的客户一般来自一些特别行业，他们租用协作平台用于网上合作，而不是简单的买卖商品。

7. 第三方市场（Third – Party Marketplaces）。

这种电子商务模式主要是指运营商有建立专业性网站的水平和实力，承接为许多公司建立网站的任务，收取网站建设、技术支持以及相关的服务费用。第三方市场运营商可以把涉及网上交易的所有环节，包括品种营销、网上支付、物流管理以及订货下单等一整套环节，都承包下来。在MRO（Maintenance Repair and Operating）领域比较出名的第三方市场供应商是 Citius 和 Tradezone。

第三方市场与协作平台的区别还是比较明显的，因为一个多用于出租，收取租金和管理费；另一个是帮助别人建设，收取一次性费用以及日后的相关辅助性收入。另外，第三方市场的商务模式在创新程度、功能整合方面都要比协作平台高一些。

8. 价值链整合商（Value – Chain Integrators）。

顾名思义，这类商务模式的运营者主要是对价值链的各个环节进行某种程度的整合，通过对价值链中各个环节的信息流研究探索出更为合理的价值链模式。例如，产品的生产供应和产品的运输是企业价值链中的两个不同的环节，由不同的价值链服务供应商（另一种电子商务模式，下面会介绍）进行服务；而价值链整合商是试图将同一价值链中的这两个环节放在一个服务平台上，即对价值链进行整合。这种电子商务模式的收入来源主要是咨询费用和网上交易费用。多样化运输领域的 TRANS2000 就是这方面的价值链整合商。

有一些第三方市场的提供商也正在向这种商务模式转变，其中的原因值得探讨。价值链整合商的创新程度以及功能整合程度在所有的 11 种模式中都是最高的，所创造的价值也是最大的，因此往往收入也最可观。第三方市场的提供商为客户建设网站的成本往往高于为客户的价值链进行整合的成本。如果第三方市场供应商具有价值链的整合经验和专业技术的话，是愿意向价值链整合商靠近的。

9. 价值链服务供应商（Value – Chain Service Providers）。

这种商务模式在上面已经提到，它也是和价值链相关的。与前面的价值链整合商不同的是，该商务模式专注于价值链的某些方面，例如网上支付或者物流，通过这些服务，客户可以加强自身的竞争优势。例如银行，银行本身是价值链的一个服务供应商，负责货款的结算和支付。在传统业务中，或者说在传统的价值链中，大家可能会排长队来经历这个环节，如果这时有哪个银行可以提供网上支付、划拨等服务，那么这个银行一定会吸引更多的客户，获得极大的竞争优势。此时，这个银行就成为了电子商务模式中的价值链服务供应商。在货物或者存货的管理方面也存在这方面的问题。例如货运公司，如果通过一个网上的指挥中心进行操作，效率将大大提高。价值链服务供应商的收入来源一般是通过服务收费，或者是按一定比例的收入折扣取得。业内比较有名的价值链服务供应商是 FedEx 和UPS，它们都提供网络物流支持服务。

10. 信息中介商（Information Brokerage）。

这种商务模式一般是提供大量的、各个领域的信息，通过订阅或者是付款阅读的方式获得收入。一般综合类的门户网站，比如 Yahoo，都属于信息中介商。它们通常将信息按照某种方式分类，有些是免费的，有些则收取费用，同时还在某种程度上提供专业咨询。另外，免费的信息往往挂带大量的网络广告，用以获取收入。例如著名的 Excite——信息门户网站，全部收入中 75% 来自广告收入。搜索引擎也是一种信息服务，在提供免费服务的同时，通过广告收入获得利益。还有各大传统杂志的网站，通常有一部分信息内容是需要付费的，这样既可以避免网上的免费阅读对纸媒体的冲击，还积极探索了信息中介业务的商务模式。

信息中介商的功能最为简单，只是提供信息而已，但它的创新程度还是比较高的。信息提供的范围越来越广泛，从日常生活方方面面的信息到学术研究、行业研究报告，种种信息都可以放在网上，或者免费阅读，收取广告收入；或者发展会员，组织俱乐部（虚拟社区），收取会员费；还可以按次或阅读量收取费用。更为重要的是，信息中介商在企业价值链整合的过程中还可以扮演重要角色，即有时价值链整合商以及价值链供应商都需要信息中介商提供的信息服务。

11. 信用服务及其他服务（Trust and Other Services）。

信用服务也是电子商务的模式之一，指的是运营商在网上为客户提供认证、鉴别、授权、咨询等信用业务。这种模式中，运营商往往在特定领域具有专业授权、电子授权或者第三方的授权。它们的收入来源主要是通过收取一次性费用取得，还有一些后续的软件销售和咨询费用作为后期的补充收入。

中间信用机构的服务在传统模式中自然是存在的，例如一些商检机构、认证机构等，因此这种电子商务模式的创新程度还不算高，而且由于其功能比较单一，整合程度也不高。但在现实中，这种模式可以使交易去伪存真，大大提高工作效率，因此也可创造很大的价值和收益。例如某一种产品，如果得到了网上的某种认证，它的销量可能会大幅度增长，使供应商的收入得到较大提高；对消费者来说，由于这种产品得到了权威认证，质量有保证，信誉有保证，可以买得放心，用得也放心。再如，如果得到教育部的认可和授权，可以做一个鉴别中国高校毕业证真伪的网站，为各用人单位提供信用服务，收取一定的鉴别费。这些都属于电子商务的信用服务模式。

另外还有一些其他种类的电子商务模式，要么比较琐碎，要么尚未成形，这里就不一一列举了。

我国的电子商务，起步晚，发展快。以上 11 种电子商务模式，中国都有，但多为功能整合程度和创新程度低的模式，像电子商店、电子采购、电子拍卖、信息中介等，且利润率很低；功能整合程度和创新程度高的电子商务模式像协作平台、价值链整合商等则很少很少。然而，我国的电子商务模式在不断丰富和发展，必将向着而且正在向着高度整合和高度创新的方向阔步前进。

二 发展电子商务的意义

电子商务是一种全新的商务模式，代表着全球商务发展的方向和未来。发展电子商务可以促进企业经营管理组织模式的深刻变革，使企业迅速获得全球性广阔的商务空间和时间，创造新的国际竞争优势，最大限度地提高生产效率和经营效益，全面实现企业经营特别是国际化经营战略的目标。因此，电子商务是实现企业经营特别是国际化经营战略目标的最佳途径，这已为国内外的无数事实所证明。

（一）促进企业管理组织模式的深刻变革

21 世纪，信息技术及其产业蓬勃发展，市场瞬息万变，竞争日趋激烈。企业必须适应形势发展和市场变化，不断进行管理创新，在市场竞争中探索并创建新型管理组织模式。以互联网为基础的电子商务以革命的方式改变企业管理组织各相关方面之间的关系，促进企业管理组织的深刻变革，从而涌现出一些新型管理组织模式。典型代表是学习型组织和网络型组织。

1. 学习型组织。

电子商务的理论和实践告诉我们，知识和信息是信息经济增长的基础，是企业发展电子商务的根本要素，是电子商务运行不可缺少的资源。但是，在信息时代，知识更新的速度不断加快，信息的变化日新月异。因此，企业要顺利发展电子商务，就必须坚持不懈地学习。学习，不仅对于企业员工个人来说是重要的，而且对于企业团体也是重要的。要搞好个人和团体的学习，就必须创建学习型组织性质的企业。

所谓学习型组织，就是指精于知识创新和学习，能够运用新知识修正行为的有机组织，亦即具有知识创新—普及—积累—淘汰落后能力的组织。学习型组织性质的企业，有持续学习的精神，能使企业始终具有竞争优势，实现经营特别是国际化经营的战略目标。

电子商务，依托互联网进行商务活动。在开展电子商务的过程中，企业员工可以通过互联网看到世界各地的新变化、新人、新事、新发明、新创造、新经验，很自然地进行学习，从而为建立学习型组织创造了条件。同时，还可以利用互联网进行对话，开展思想交流和问题讨论，发扬成绩，纠正错误，从而产生新思路、新方法和新措施，保证企业生产经营的健康发展。

2. 网络型组织。

组织结构是企业的灵魂，组织结构的优劣直接决定着企业的运作效率。良好的组织结构能够灵活、有效地把员工组织起来，促进个人目标与企业目标的趋同，使广大员工为实现企业的目标共同努力。电子商务，通过纵横交错、四通八达的互联网，使信息传递方式紧密相依的企业管理组织结构，由原来的垂直式金字塔型结构向扁平化、开放式的网络型组织结构转变。所谓网络型组织，就是指在信息时代，建立在扁平化组织结构基础上，利用信息网络创建的可以灵活适应所有环境变化的有机组织形态。网络型组织的企业，需建立内部网络和外部网络。内部网络是企业管理者加强管理的最好工具，外部网络是企业与外部联系的最好工具。

开展电子商务的企业内部各部门、各分公司每天的经营情况，包括财务、物资报表等（例如出库单，入库单等）通过网络准确、自动地汇总到总公司的数据库中，实现企业内部数据汇总的自动化。各部门、各分公司也可通过网络随时查询总公司的相应数据库（例如了解产品的生产、销售和库存等情况），便于企业领导层迅速把有关指示和工作安排下传到下属各部门、各分公司，从而可以提高整个企业的经营效率。实施跨国经营战略的企业利用网络上的"虚拟现实"技术对分散在世界各国的不同厂家（包括分公司）进行管理、指导和协调，在网上进行原材料、资金、技术、人员等生产要素的调度控制，让世界各国的不同厂家（包括分公司）尽展所长，充分发挥其生产能力、资源和人才的优势，其情形接近于在同一工厂内不同车间之间的协作。由此可见，电子商务在企业经营管理上的应用，也同时正在建立一种新的商务秩序。

综上所述可知，学习型组织以员工的自觉学习和团队的学习为基础；网络型组织以计算机的配备和对网络技术的高度运用为基础。两种组织模式关系密切，网络型组织也是便于学习的组织，学习型组织也是运用信息网络技术的组织。它们都有利于电子商务的发展和企业经营战略的实施。

（二）帮助企业进行业务流程再造

电子商务帮助企业改革业务流程管理，可形成新的业务流程管理模式，提高企业管理的效益。对企业业务流程进行彻底的、全面的改革，称之为"业务流程再造"。业务流程再造（BPR，Business Process Reengineering），最初是由美国经济学家迈克尔·哈默教授刊登在《哈佛商业评论》中的一篇文章提出的，在这篇文章中，哈默利用福特公司通过再造减少了 75% 人员成本的事例论证自己的观点。文中有关"再造"（Reengineering，或译"改革"）的中心思想后来经迈克尔·哈默教授和詹姆斯·钱辟教授补充后于 1993 年正式出版，书名为《改革公司》。根据哈默和钱辟的定义，所谓业务流程再造是指针对企业业务流程的基本问题进行反思，并对它进行彻底的重新设计，以便在成本、质量、服务和速度等当前衡量企业业绩的这些重要的尺度上取得显著的进展，从而提高效益。与传统的流程改善不同，业务流程再造假设现有的流程是不存在的——它不起作用，不连续。这种假设能使企业流程的设计者抛开与现有流程的联系，把注意力放在新流程的设计上。换句话说，就是将自己置身于未来，从零开始而不是从现有的企业流程开始，设计新的流程。

目前，电子商务帮助业务流程再造主要表现在企业交易流程管理创新的两个方面。第一，电子商务采用数字化电子方式进行交易活动，代替了过去以贸易单据（纸面文件）流转为主的企业交易流程和交易方式，实现企业交易流程和交易方式的全面创新。第二，电子商务的核心内容是信息的互相沟通和交流。企业商品交易的前期是交易双方通过互联网进行交流、洽谈确认，后期是电子付款和货物运输及跟踪。这些交易过程都可以依托电子商务，实现企业交易流程管理的电子化、信息化、自动化、实时化和规模化。

（三）促进企业开展营销管理创新

电子商务可有力地促进企业开展营销管理创新，主要表现在以下四个方面。

1. 网络互动式营销管理。

电子商务的最显著特点是网络互动式营销。在这种网络互动式营销中，卖方和买方可以随时随地进行互动式双向（而非传统企业营销中的单向）交流。通过双方交流，帮助企业同时考虑客户需求和企业利润，寻找能实现企业利润的最大化和满足客户需求最大化的营销决策，从而取得最高效益。

2. 网络整合营销管理。

在电子商务中，企业和客户之间的关系非常紧密，可谓牢不可破，从而形成了"一对一"的营销关系（One－On－One－Marketing）。这种营销关系是通过网络整合而成的，故称为网络整合营销。它始终体现了以客户为出发点及企业和客户不断交互的特点，其营销管理决策过程是一个双向的链。

3. 网络定制营销管理。

电子商务的发展趋势是将由大量促进销售转向定制销售。一些大跨国公司通过建立企业内部网（Intranet）提供这一服务，使企业能够准确地按需求进行生产，从而把库存降到最低，大大降低了营销成本。通用汽车公司别克牌汽车制造厂，让客户在汽车销售商的陈列厅里的计算机终端前，设计自己所喜欢的汽车结构。现在大约有35%的新车买主真正地填写自己设计的汽车订单。从费用上看，按客户要求定制的汽车，其单价不一定比批量生产的标准汽车贵。对整个汽车行业来说，在客户提出要求后再制造比在客户提出要求前制造，可减少世界各地价值 500 多亿美元的成品库存。青岛海尔集团 2000 年年初率先在中国推出"网上定制"，短短三个月就获得 108 万台的定制电冰箱订单，赢得了市场先机。之后，"网上定制"在海尔全面开花结果，使海尔迅速发展成为"中国家电第一，世界家电一强"。

4. 网络"软营销"管理。

电子商务的营销是一种"软营销"。与软营销相对的是工业化大规模生产时代的"强势营销"。传统营销中最能体现强势营销特征的是两种促销手段，即传统广告和人员推销。在网络上这种以企业为主动方的强势营销（无论是有直接商业利润目的的推销行为还是没有直接商业目标的主动服务）是难以发挥作用的。软营销和强势营销的一个根本区别就在于：软营销的主动方是客户而强势营销的主动方是企业。显然，以客户为主动方的软营销，可以大大减少交易成本，从而提高营销效益。网上企业"软"营销的特征主要体现在遵守"网络礼仪"的同时而获得良好的营销效果。

（四）有利于企业获得全球性广阔的商务空间和时间

在当今世界，电子商务蓬勃发展，互联网迅速延伸和扩展，一个全新的"网络社会"正在形成，使硕大的地球变成了一个小小的"地球村"。跨国公司遍布全球，开始进入原来的穷乡僻壤，世界金融市场的资金以"光的速度"从地球的一个地方转到另一个地方，小小的厂商也能利用"网络"为遥远的市场提供商品和服务。山东省寿光蔬菜集团建立互联网并与日本、韩国及东南亚诸国联网，扩大了蔬菜市场，年收入增加了 2 倍。如今，在寿光，通过互联网，菜农在大棚就可上网了解世界各地行情，发一个电子邮件、一条短信息，就能买卖，网上交易成为菜农新选择。可见，互联网可给企业提供超越地区条件限制，扩大经营的机会。越来越多的经济活动正进入互联网，电子商务已成为 21 世纪全球经济的一个主角。

互联网的迅速延伸和扩展，在丰富和发展传统市场及其运行机制的同时，又创造了一个巨大市场。这一市场突破了国界和疆界，正在地球上形成一个"新大陆"，即第七洲——"虚拟洲"。企业可在这个"虚拟洲"上构筑覆盖全球的商业营销网，从而获得全球性、无限的商务空间。目前，全球互联网用户已超过 8.8 亿，并仍在不断增长。据测算，今后 3 年内全球上网人数将增至 19 亿，2006 年电子商务市场规模已达 18000 亿美元，2010 年可突破 6 万亿美元。未来 10 年 33% 的全球国际贸易将以电子商务的形式完成。巨大的市场和无限的商业机遇，展现出这一市场现实和潜在的丰厚商业利润。

同时，互联网特别是企业的互联网网站、网页每时每刻都在工作，随时都可为企业提供或获取商业信息。它打破了每天 8 小时工作的限制，成为永不闭幕的交易场所，使企业的商业机会大大增加。进入 2002 年以来，青岛海信集团利用网上信息，把自己的家电销往全国各地及美国、欧盟、日本、东南亚各国的大中城市，销售额成倍增加，利润不断翻番。胶东半岛一个生产中药材的专业户，利用互联网上的信息，将大量中药材销往日本，仅第一笔生意就收入 40 万元。

电子商务的发展和应用消除了时空界限，使价格更加透明；缩短了企业在传统市场中所形成的距离感，使消费者有了更多的选择余地，也使企业间的竞争变得更加激烈。许多企业在竞争中发展壮大，经济实力日益增强。在美国《财富》周刊近五年的全球 500 强企业排名中，遥遥领先的都是新兴的信息技术企业或利用信息网络开展跨国经营企业。全球最大的商业零售企业沃尔玛，就是全球信息化水平最高、电子商务最发达的企业，沃尔玛的电子信息通信系统规模超过了世界电信业巨头 AT&T 公司。庞大而高水平的信息基础设施和由此开展的电子商务，使沃尔玛的核心竞争力不断增强，营业收入大幅度攀升，从 2001 年至 2005 年连续高居世界 500 强榜首。在 2005 年评出的世界 500 强企业中，信息技术和信息基础设施建设投资超过生产设备投资的企业达 65%，而企业信息网络投资的回报率则高达 10 倍以上，其中绝大多数为电子商务所得。[①]

（五）给全球贸易带来了新的发展机遇

电子商务对全球贸易的影响非同一般，是一场革命性变革，为全球贸

---

① 吴振顺：《对提升大企业核心竞争力的思考》，《中国流通经济》2005 年第 7 期，第 43 页。

易发展带来了新的良好机遇。

1. 跨国生产与贸易的时空界限被打破。

在传统的贸易方式下，由于信息传递的限制，企业只能通过在国外设立生产、销售的分支机构或委托国外代理商开拓国外市场，企业进入国外市场的障碍重重。电子商务打破了信息传递的限制，使得信息集中而且公开，各种信息以一种全开放的形式存在于网络中。通过网络，企业可以介绍自己的产品、宣传企业的形象，各种关于企业和产品的信息以一种非常直观的方式展现在国内外消费者面前。消费者在家中、在公司里或其他任何地方都可利用网络终端检索商品的详细资料，也可随时向企业提出问题，与企业进行交互式对话。互联网的使用使企业与消费者之间不必见面即可随时进行信息传递与交流，高度的网络连接使这种传递与交流的成本微乎其微，跨国生产与贸易的时空界限被打破，贸易壁垒被降低，电子商务为企业开拓国际市场创造了有利条件。

2. 营销链的缩短使贸易成本下降。

在传统的贸易方式下，产品需经过国内代理商、国外代理商、批发商、零售商等诸多中间环节，才能实现从生产厂商到国外消费者的转移，营销链长，营销费用高。电子商务改变了传统的贸易方式，借助于一只鼠标，消费者可反复上线浏览查询，享受全年全天候的销售服务，营销环节缩短，贸易成本下降。

EDI 取代纸面文件是促成贸易成本下降的另一个原因。在传统的贸易方式下，需耗费大量的人力、物力和时间来形成、修改、传递纸面文件。统计资料表明，一笔国际贸易业务中至少有 46 种不同的单证，连同正副本共有 360 份以上的单证资料，每年国际贸易产生的纸面文件要以 "亿" 计。EDI 使贸易双方的交流更为便捷，大大降低了双方的通信和来往费用，简化了业务流程，提高了经营效率，从而降低了贸易成本。事实上，EDI 应用以来已经产生了显著的经济效益，使文件传递速度提高了 81%，文件处理成本降低了 38%，因差错造成的损失减少了 40%。新加坡自 1989 年成功运用 EDI 贸易交流网（Tradenet）以来，节省了大量资金和时间。目前，该国 95% 以上的关税申报由 EDI 系统处理，所有申报均可在半小时内完成。现在，这一系统正在进一步升级，做到即时处理报表，5 分钟内完成交易。据统计，贸易网每年可为新加坡政府节省开支约 7 亿美元。

3. 电子商务为中小企业开拓国际市场创造了良好条件。

在传统的贸易方式下，相对于实力雄厚的大企业，中小企业受资金、人力等资源条件的限制，开拓海外市场的难度更大。许多中小企业，在产品上虽有优势，但苦于无实力开拓市场，只能维持小规模经营。电子商务为中小企业的发展创造了良好条件。通过互联网络的信息资源共享，中小企业不仅能获得自身以常规方式无力收集的市场信息，而且可以像大企业一样上网拓销，为其开拓国际市场创造了机会。例如，以提供网络浏览器软件包 Navigator 而闻名全球的 Netscape 公司，在创立时规模并不大，但它充分利用电子商务所提供的机会而得以迅速发展。在不到两年的时间里，Netscape 公司已占据世界浏览器市场的 2/3，公司股票市值迅速升到 50 多亿美元，成为美国历史上成长最快的公司。

4. 创建了新型企业——电子虚拟企业。

电子商务不仅创造了全新企业信息传递方式，而且创造了全新的企业组织方式，即电子虚拟企业。这种企业并不存在物理上的实体，但它却可以集中一批独立的中小公司的采购或销售权限，提供比任何公司多得多的产品或服务。从企业应具备的功能方面来看，电子虚拟企业已完全达到要求，因而是一种全新的企业组织形式。

诚然，电子商务在给全球贸易带来新的良好机遇的同时，也带来了严峻的挑战。主要如，传统的经营理念与经营方式不适应电子商务的发展，受到了巨大冲击；传统的外贸经营管理体制和贸易法律法规及政策体系受到了挑战……但机遇大于挑战。许多国家早就认识到了发展电子商务的重大意义，纷纷把发展电子商务作为整个商务活动的战略重点来抓，从而促进了全球电子商务的迅猛发展。

第二节　我国电子商务的信息安全问题剖析

一　我国电子商务发展迅猛

我国政府敏锐地意识到电子商务对经济增长特别是经济国际化的巨大推动作用，1996 年 2 月成立"中国国际电子商务中心"，1997 年"国务院电子信息系统推广办公室"联合八个部委建立了"中国电子数据交换技术委员会"，电子商务开始在我国启动。2000 年 6 月，经国务院批准"中国电子商务协会"正式成立，架起了国内外电子商务发展联系的桥梁。进入 21 世纪，党和国家政府制定和实施了一系列政策法规支持和鼓励发展电子商务。我国电子商务的基础设施和环境迅速改善，电子商务发展迅猛。

（一）电子商务的基础设施和环境迅速改善

党中央、国务院一直高度重视信息化工作。20 世纪 90 年代，相继启动了以金关、金卡和金税为代表的重大信息化应用工程；1997 年，召开了全国信息化工作会议；党的十五届五中全会把信息化提到了国家战略的高度；党的十六大进一步作出了以信息化带动工业化、以工业化促进信息化、走新型工业化道路的战略部署；党的十六届五中全会再一次强调，推进国民经济和社会信息化，加快转变经济增长方式。在信息化建设的实践中，特别重视电子商务的基础设施和环境建设，成效明显，信息基础设施（数据库、信息传输系统、信息应用系统）、信息技术及产业、信息人力资源、信息软环境（政策、法律、标准、规范）等信息化重大要素已有较大改善。特别是，由电子信息产业与通信业为主的信息产业增长迅猛，为电子商务发展奠定了可靠基础。2005 年，电子信息产业规模以上企业销售收入完成 3.3 万亿元，增长 24.3%，其中软件产业实现销售收入3000 亿元，增长 23.7%。利税总额完成 1600 亿元，增长 6.7%。产品出口完成 2500 亿美元，增长 20.5%。结构调整取得明显成效，计算机、手机、彩电等产品的产量居世界首位。新一代视听产品、通信网络设备、新型显示器件成为新的经济增长点。2005 年，通信业务总量完成 1.2 万亿元，增长 25%。通信业务收入完成 6380 亿元，增长 11%。通信固定资产投资完成 2100 亿元。电话用户新增 1.03 亿户，达到 7.5 亿户，其中固定电话用户 3.6 亿户，移动电话用户 3.9 亿户。服务水平和普及程度不断提高，固定电话主线普及率、移动电话普及率分别达到 27 线/百人和 30 部/百人。互联网上网人数达到 1 亿。通信业集中力量，突出抓好农村通信发展，"村村通电话"工程实施取得阶段性成果，累计投资 159 亿元，使5.28 万个行政村新开通电话，有 11 个省市实现所有行政村通电话。在加快发展的同时，高度重视维护消费者的合法权益，制定了服务标准和规范，较好地解决了一些社会反映强烈的服务热点问题，整体服务水平明显提高。[①]

2006 年，电子信息产业经济运行质量明显提高，基本实现了速度、质量和效率的协调发展。2006 年信息产业增加值达到 1.52 万亿元，比上年增长 24.6%，占 GDP 的比重达 7.5%。业务收入完成 7050 亿元，增长 10.6%，全国固定电话和移动电话用户总数达 8.3 亿户，互联网上网人数已达 1.32 亿，全国通电话行政村比重达到 98.85%，24 个省份实现了全部行政村通电话。2006 年，主要电子信息产品的产销形势良好。其中，手机产销增幅均超过 60%；笔记本电脑产量提高，占微型计算机产量的 61.9%，成为拉动计算机市场的重要力量；平板电视产量占彩电比重比上年高出 5 个百分点。[②]

为了加强电子商务的基础设施和环境建设，我国采取一系列措施提高自主创新能力，加大投入，研究开发具有自主知识产权的核心技术和产品，信息产业技术创新不断取得新成果。2005 年，国家鼓励软件产业和集成电路产业发展的相关政策得到落实，推动出台了集成电路专项研究资金的管理办法，为核心基础产业的发展创造了良好的环境。"中国芯工程"取得了显著成效，集成电路设计水平达到 0.13 微米。CPU、中文Linux、第三代移动通信、集群通信、数字电视等研发和产业化成效明显，涌现出一批具有自主知识产权的技术和产品，与国际先进水平的差距逐步缩小。目前基于三大国际标准的 3G 技术研发和产业化进展顺利，TD - SCDMA 技术标准的系统、芯片、终端、仪表以及软件的研发和产业化取得全面突破，具备了独立组网能力。[③]

诚然，我国电子商务的基础设施和环境建设正处于初级阶段，而且存在一些亟待解决的问题，与先进国家的差距还很大。但是，有关电子商务的基础设施已基本具备，环境已有很大改善，全面发展电子商务的条件已经成熟。

---

① 陶少华、周玮：《2005：中国信息产业的坚实步伐》，《光明日报》2006 年 02 月 7 日第 6 期。

② 郭丽君：《"以人为本"照亮信息高速路》，《光明日报》2007 年 1 月 17 日第 7 期。

③ 陶少华、周玮：《2005：中国信息产业的坚实步伐》，《光明日报》2006 年 2 月 7 日第 6 期。

（二）电子商务发展势头强劲

1. 电子商务示范工程成效显著。

为了探索电子商务发展的规律性，总结成功经验，全面推动电子商务的发展，我国设计并实施了一系列电子商务示范工程，取得了显著成效。首都电子商城北京图书大厦的网上书店，1999 年 3 月 9 日开业后，出现了空前的火爆现象，每天点击链接上网访问者高达 30 多万人次，每天收到订单销售额 600 多万元，且大部分来自国（境）外和北京之外城市。中国银行、英特集团、花旗银行等合作推出的 500 家星级饭店客房预订服务系统建成运营后，成效明显；各大航空公司推出的网上订购机票业务，既方便了乘客，又提高了公司效益。山东寿光市在政府指导下，和有关信息企业合作，加大农村信息网络基础建设投资，创建了"信息菜园子"，充分发挥网络优势，发展电子商务。全国各地及日本、韩国、东南亚诸国，美国、以色列等国内外客商的电子邮件纷至沓来，80% 左右的蔬菜交易都是网络带来的。[①]

由江苏省吴江市盛泽镇人民政府及中国东方丝绸市场管理委员会共同出资组建、由多家 IT 行业知名企业共同开发、建设了一个国内一流与国际接轨的电子商务网站——"中国绸都网"。网站自 2004 年 5 月挂网至 2006 年，已有注册会员 6000 多家，高级个人会员 1000 多名。"中国绸都网"秉承"快捷、准确、专业"的服务准则为网站会员提供各类贸易商机，接待了来自包括西班牙、韩国、马来西亚、中国台湾、中国香港等国家和地区的客商。在做好本地化服务同时，网站还拓宽市场渠道，积极和湖州织里市场、虎门富民布料市场、常熟招商城、绍兴轻纺城等开展信息合作，为商务平台实现网上物流、商流、资金流、信息流一体化服务打下基础。为方便不同层次的客户全面了解盛泽地区纺织业行情，"中国绸都网"拓宽发展思路，与盛泽镇信息化办公室及镇广电站合作开办的盛泽图文信息频道，以图文版面形式 24 小时滚动播出各类综合信息，包括纺织行情、供求信息、企业宣传、产品介绍等，经济效益和社会效益日益提高。[②]

---

① 杨斌、王京传：《"信息菜园子"与现代农业》，《大众日报》2006 年 4 月 14 日第 3 期。

② 傅莲英：《电子商务中心：打开网上贸易之窗》，《国际商报》2006 年 4 月 15 日，第 39 页。

我国先后推出的"金桥"、"金卡"、"金税"、"金关"、"金宏"、"金卫"、"金智"、"金企"、"金穗"、"金贸"、"金盾"等系列"金字工程",也已取得令人瞩目的成绩。如"金桥"网现已覆盖全国所有省、自治区、直辖市,"金卡"工程已全部实现跨行联网,"金税"工程已覆盖全国所有大中城市、3800多个县(市),一项旨在推动经济领域电子商务的大型应用项目——"金贸"工程于1998年正式启动后运行良好,效益不断提高。

2. 电子商务发展势头良好。

在示范工程的示范带动下,我国电子商务发展势头良好,发展速度越来越快,水平越来越高。1998年,我国互联网用户210万,电子商务网站100多家,电子商务交易额1亿元人民币。1999年,互联网用户达430万,电子商务网站突破300家,网上交易额上升到2亿元人民币。2000年,全国互联网用户仅1600多万,电子商务网络仅1100多家,电子商务交易额不足4亿元人民币。到2005年年底,全国互联网宽带用户已达3750.4万户,电子商务网络突破5000家,网上购物用户达到2200万户,电子商务交易额达7400亿元人民币。[①] 在电子商务蓬勃发展的大潮中,涌现出了许多先进典型。2006年5月15日,中国网络通信集团公司正式在全国范围内全面升级其"宽带商务"业务品牌。它整合了企业内外部通信需求,同时融入了全面的企业内部信息化管理服务,为企业客户打造基于电信运营级平台之上的全面信息化解决方案。从基础电信运营到整合的信息应用服务,中国网通"宽带商务"的全面升级,将会进一步推动中国企业信息化进程,促进电子商务的跨越式发展。

2006年上半年,刚刚与环球资源结盟组成国内最大B2B服务商的慧聪网,七月初推出免费商铺,该商铺主要面向非付费的B2B用户,向非付费会员开放。以往非付费会员只有简单的非个性模板,而现在免费商铺能提供个性化的外观,发布商机和产品展示,进行公司宣传和招聘信息,以及包括留言和公开提问在内的商业往来,此外还可以订阅最新商机信息和管理"商圈"。"商圈"功能类似于朋友圈的概念,与Web 2.0群体价

① 荀仲文:《电子签名法:为电子认证和电子商务提供法制保障》,《信息网络安全》2006年第6期,第1页。

值理念相吻合；会员跟商业伙伴之间通过相互建立链接，提升自己的人气指数。通过管理商圈，用户可与商友进行紧密的联系。免费商铺附带的买卖通 IM 软件，是一款可以同步绑定 QQ、MSN 等常用聊天软件的即时通信工具，能够帮助用户最大限度地拓展商业伙伴。同时，由国家发改委、信息产业部和国家信息化办公室共同部署的"百万中小企业上网培训计划"于 2006 年 7 月初在北京启动，数百万中小企业将免费享受全面的上网知识培训和手把手的电子商务建设扶持服务，B2B 电子商务有望迎来免费时代，使中国 B2B 市场获得更快更大的发展。[①]

在我国，电子商务发展最快，水平最高，收益最多的是"商务部"。商务部参与起草了《中华人民共和国电子签名法》，开展相关法规标准的研究，并与众多高校、研究机构合作，开展电子商务的案例调查、理论探索和研究。此外，商务部在中国电子商务中心建立了中国电子商务培训基地，为政府官员、企业和机构提供电子商务的培训。据悉，商务部正在组织起草电子商务的指导意见，以指导电子商务的健康发展。商务部积极参与电子商务国际交流与合作，已与 13 个国家和地区建立了电子商务的合作机制，建立和开通了中俄经贸合作网站，中国、新加坡经贸合作网站和上海合作组织经贸合作网站，有力地促进了对外经贸的健康快速发展。商务部还十分重视引导和支持中小企业发展电子商务。据相关部门估算，2005 年我国经常开展电子商务的中小企业约为 50 万家，占中小企业总数的 2% 左右。通过互联网获取商机，并以各种方式最终实现的电子商务交易额约 3000 亿元，占中小企业销售额的 3.5% 左右。未来 3 年，我国中小企业，电子商务规模将保持年 30% 以上的高增长速度。[②]

3. 电子商务应用已掀起高潮。

中国电子商务在技术环境、法规环境和市场环境几大方面已取得明显进步，且由于国家政策出台和国际贸易大环境形成的内部动力和外部压力的全力推动，中国电子商务应用已掀起了一个小高潮。其特征是：商贸流

---

① 李文：《B2B 电子商务迎来"免费午餐"》，《国际商报》2006 年 7 月 6 日第 6 期。

② 李高超：《商务部采取有力措施引导电子商务健康发展》，《国际商报》2006 年 5 月 20 日第 1 期。

通企业、生产企业逐步成为电子商务的主力军，而其上下左右分别是政府管理、科技支持、IT搭台、银行支付，从而逐步形成产、学、政、商协调配合的电子商务应用新局面；政府上网对流通、生产和消费发挥着指导、管理和示范作用；IT子网可提供技术平台、安全技术和率先应用作用；银行子网可发挥支付中介联行结算的作用；科技子网可发挥人才培养、知识传递和技能培训的作用；国企电子商务不断有所突破，在政府的引导和支持下，国企在2006年已经大步迈进电子商务；民企电子商务将再显身手，从量到质都会再创佳绩；电子商务的多样性更将崭露头角，过去人们主要谈的是BtoB和BtoC，而新的发展趋势还会增加G（政府）toB、GtoC和U（大学）toB、UtoC等，产品、行业上网星火燎原，汽车、钢铁、煤炭、家具、建材等一大批单品种、行业性网站正在积极准备之中，并将逐步开展网上营销和贸易。

在电子商务应用的高潮中，外经贸领域取得的成效最显著。有关方面对贸易类和货代类企业进行的调查表明：外贸企业在网上营销、利用网络（包括选择第三方电子商务平台）获取贸易机会等方面取得了显著成效。主要表现在以下方面。

（1）企业积极拓展电子商务应用，广度不断扩大。已有61.5%的贸易企业通过互联网的E-mail或EDI方式与客户进行业务信息交换；56.4%的贸易企业已经可以通过互联网进行产品宣传和市场营销；36.8%—40%的企业业务是电子申报签证和网上采购。通过使用电子商务而获得的主要收益是缩短了业务流程时间，提高了员工的工作效率，并且增强了与合作伙伴的交流，提高了企业的竞争能力，降低了运作成本。

（2）企业利用互联网搜集"贸易机会"信息已成为一种普遍方式。80%的贸易类企业已经开始利用网络方式采集"贸易机会"信息。

（3）企业选择第三方电子商务平台获取贸易机会信息较为普遍，占贸易类企业的82.40%。其中选择1—2家的企业近80%，说明企业对平台的选择也趋于理性。

（4）货代类企业电子商务的应用日趋增多。大多数货代企业利用电话/传真方式进行租船订舱，但是已经有30.9%的货代企业可以利用EDI或其他的IT技术直接向承运人进行订舱，45.7%的企业已经可以利用电子商务手段进行通关的电子化作业。①

（三）我国电子商务发展还存在一些制约因素

目前，电子商务的优越性在我国还没有充分发挥，也没有被多数企业和消费者所接受。因此，我国电子商务发展还存在一些制约因素，主要表现在以下七个方面。

1. 购物观念和方式陈旧。

中国传统的购物习惯是"眼看、手摸、耳听、口尝"，公众普遍感到网上购物不直观、不安全。据最新的调查显示：86％的人表示不会以任何形式进行网上交易，88％的人表示不打算在网上购物。

2. 缺乏电子商务的商业大环境。

目前，中国的商业活动，基本上仍是手工作业，公众对商家的交易频率高但每笔交易额都很小，好像没必要在网上交易。因此，还须大力宣传电子商务的意义，改善电子商务的内外部环境，比如电子货币，银行转账，局域网、广域网建设，互联网和内部网的改造升级等等。

3. 网络基础设施不够完备。

电子商务的基础是商业电子化和金融电子化。目前，全国性的金融网还未形成，商业电子化又落后于金融电子化，制约了电子商务的生存、发展空间。

4. 互联网质量有待提高。

推广电子商务的技术障碍，主要表现在网络传输速度和可靠性上。目前，中国互联网的传输速度还较低，常常出现网络阻塞现象，同时还存在多种不可靠因素，包括软件、线路、系统的不可靠。

5. 网上安全和保密亟待完善。

在网上进行电子商务的询价、成交、签约，涉及许多商业秘密和公众隐私。既要保证电子商务方便快捷和资源共享，又要保证电子商务的安全和保密，必须强化认证程序，完善网上安全体制。

6. 管理体制和运行机制不顺。

现行的信息产业管理体制，计划经济烙印依然存在，过度集中和垄断制约了市场竞争，有碍电子商务在全社会的推广应用。资费过高仍然是广

---

① 商务部信息化司：《外经贸领域电子商务应用取得新进展》，《国际商报》2006 年 4 月 15 日第 3 期。

大公众使用电子商务的拦路虎，发展电子商务必须进行体制、机制与合理价格的重建。

7. 公众缺乏电子商务知识和技能。

中国是个发展中国家，多数公众文化素质不高。现代通信和网络技术日新月异，多数公众难以跟上知识和技术的发展步伐，必须在各个层次上普及上网技能和电子商务知识，才有可能在中国大规模推进电子商务应用。

虽然存在一些制约因素，在一定程度上影响着我国电子商务的发展。但总体看，我国电子商务的发展是正常的、健康的，而且党和政府、有关企业和广大干部群众正在采取措施克服和化解制约因素，电子商务发展的前景是美好而广阔的。

二　我国电子商务的信息安全问题剖析

（一）我国电子商务存在多种信息安全隐患

电子商务是通过互联网进行的商务活动，并将物流、资金流，部分或完全借助信息流的方式进行沟通，使得电子商务的信息具有明显的开放性和多元性。互联网是一个高度开放的信息网络，参与电子商务的商家、消费者、金融机构、认证中心等，只要公开了自己的网址，便可接受任何人或组织的访问。电子商务的信息流动不只在客户和商家之间进行，在交易签约中，金融机构、认证中心、配送中心、海关和工商管理等部门都会参与。因此，围绕每一笔交易的信息流动都是在多方中进行的。加之，目前互联网系统技术的脆弱性和人们信息安全意识的淡薄，我国电子商务运营和发展的全过程和各方面都存在信息安全隐患。从运营的过程分析，主要有信息存储安全隐患、信息传输安全隐患和交易双方的信息安全隐患等。

1. 信息存储安全隐患。

信息存储安全是指电子商务信息在静态存放中的安全。其信息安全隐患主要包括：非授权调用信息和篡改信息内容。企业 Intranet 与 Internet 连接后，电子商务的信息存储安全面临着内部和外部等方面的隐患。

（1）内部隐患。主要是企业 Intranet 的用户故意或无意地非授权调用电子商务信息或未经许可随意增加、删除、修改电子商务信息。

（2）外部隐患。主要是因为软件配置的不当，造成外部人员私自闯入企业 Intranet，并对电子商务信息故意或无意地非授权调用或增加、删除、修改。其隐患的主要来源有：竞争对手的恶意闯入、信息间谍的非法闯入、闲游用户的好奇闯入及"黑客"的骚扰闯入。

（3）系统漏洞。因目前互联网技术有一定的脆弱性，许多网络系统存在漏洞，成为电子商务信息存储安全隐患。例如，2003 年 1 月 25 日爆发的蠕虫病毒就是利用 2002 年 7 月份公布的微软 SQL Server 2000 的一个系统漏洞，对网络上的 SQL 数据库进行攻击，使连接在网络上的被攻击的系统如同癌细胞那样不断蜕变，生成新的攻击不断向网络释放、扩散，从而逐步鲸吞、消耗网络资源，导致网络的访问速度下降，甚至瘫痪。

2. 信息传输安全隐患。

信息传输安全是指电子商务运营过程中，物流、资金流汇成信息流后动态传输过程中的安全。其安全隐患主要包括以下方面。

（1）窃取商业机密。由于电子商务的信息流动大多以明文的方式传输，信息间谍、竞争对手等攻击者，可以较容易地对电子商务信息进行截取和监听，并窃取用户或服务方的商业机密，如用户的银行账号、密码等。

（2）破坏信息的完整性。主要改变信息流的次序，更改信息的内容；删除某些信息或信息的某些部分；在正常信息中插入一些假信息，使接收者读不懂或接收错误的信息。

（3）攻击商务网站。竞争对手或网络"黑客"通过传播计算机病毒、发送电子邮件炸弹，攻破他人电子商务网站的防火墙，损坏计算机软硬件，篡改、删除、增加受害者的商务信息内容，使其无法正常营业。

（4）实施商务诈骗。不法分子或通过互联网发布虚假商务广告信息骗取钱，或破解储户密码盗取存款，或侵犯股民账户借机炒股，或盗用信用卡密码恶性透支，使消费者和用户对电子商务产生强烈的不信任感，阻碍了电子商务的顺利发展。

（5）侵犯他人权利。不法商贩通过互联网截取商务订单，收集他人私生活信息并兜售产品，侵犯消费者的隐私权；不法之徒通过互联网盗售他人知识产品，抢注域名侵吞他人无形资产，侵犯他人的知识产权；不法企业通过互联网损害竞争对手形象、贬低竞争对手的产品，侵犯企业的名誉权；不法商贩盗用名人照片通过互联网宣传、推销产品，侵犯他人的肖像权。如此等等，扰乱电子商务的市场秩序。

（6）传播不良信息。不法商人为推销自己的产品，在电子商务信息中夹带宣扬色情、暴力、迷信等不良图文信息。某些境外商人可能会有意或无意地在电子商务信息中，宣传西方世界的人生观、价值观、道德观。

（7）否认发出信息。基于各种原因，用户和商家可能会对自己发出的电子商务信息进行恶意地或无可奈何地否认。

3. 交易双方的信息安全隐患。

传统商务活动是面对面进行的，交易双方能较容易地建立信任感并产生安全感。而电子商务是买卖双方通过互联网的信息流动来实现商品交换的，信息技术手段使不法之徒有机可乘，这就使得电子商务的交易双方在安全感和信任程度等方面都存在疑虑。电子商务的交易双方都面临着信息安全的隐患。

（1）卖方的信息安全隐患。主要如，假冒合法用户名义改变商务信息内容，致使电子商务活动中断，造成商家名誉和用户利益等方面的损失；恶意竞争者冒名订购商品或侵入网络内部，以获取营销信息和客户信息；信息间谍通过技术手段窃取商业秘密；"黑客"入侵并攻击服务器，产生大量虚假订单挤占系统资源，令其无法响应正常的业务操作。

（2）买方的信息安全隐患。主要如，用户身份证明信息被拦截窃用，以致被要求付账或返还商品；域名信息被监听和扩散，被迫接收许多无用信息甚至个人隐私被泄露；发送的商务信息不完整或被篡改，用户无法收到商品；受虚假广告信息误导购买假冒伪劣商品或被骗钱财；遭"黑客"破坏，计算机设备发生故障导致信息丢失。

（3）交易双方共同的信息安全隐患。主要有，虚开电子商店或网络，给买方发电子邮件，收订货单，牟取非法收益；伪造大量用户，发电子邮件，穷尽商家资源，使合法用户不能正常访问，使有严格时间要求的服务不能及时得到响应；进行交易抵赖，如发信者事后否认曾经发送过某条信息或内容，收信者事后否认曾经收到过某条信息或内容，卖方卖出的商品因价格差或档次、质量等问题而不承认原有的交易，买方做了订货单而不承认等等。

（二）我国电子商务信息安全面临严重威胁

CNNIC 2005 年公布的《中国互联网络发展状况统计报告》显示，在目前网上购物最大问题一项中，有 34.3% 的人选择了"安全性得不到保障"，在用户选择网上银行最看重的因素中，有 47.5% 的人选择了"交易的安全性"。可见，网上交易的安全性已经成为制约我国电子商务发展的主要因素。目前，我国电子商务信息安全面临的威胁主要有计算机病毒、网络黑客攻击、网络犯罪、垃圾信息等。

1. 计算机病毒。

计算机病毒是信息网络的杀手，是电子商务的巨大威胁。它通过电子邮件、磁盘、网络等途径传播，具有传染性、潜伏性、突发性、繁殖性、攻击的主动性、针对性和不可预见性等特征。利用电子邮件传播的计算机病毒，隐藏性和传染性极强，只要一台计算机感染病毒，就会迅速传遍整个互联网络，危害极大。目前，电子商务网络系统的病毒层出不穷，新病毒越来越多，感染速度越来越快，扩散面越来越广，破坏性越来越大，每年造成的经济损失达数百亿美元。

据国家计算机病毒应急处理中心和计算机病毒防治产品检验中心透露，2001 年以来，我国计算机病毒感染率上升迅猛。2001 年感染过计算机病毒的用户数量占被调查总数的 73%，2002 年为 83.98%，2003 年增长到 85.57%，2004 年高达 87.93%，2005 年又升至 89.01%。2005 年共截获新病毒 72836 个，比 2004 年增长 1 倍多，其中"商业性"病毒 5484个，占 7.5%。这种"商业性"病毒对电子商务的危害极大，全年造成损失约 50 亿元。"商业性"病毒能够偷偷记录用户输入的信息，如网上银行卡账号和密码、QQ 密码、电话卡密码等，并将这些信息悄悄地发送给"黑客"。2005 年，有关部门截获了一种专门针对电话卡用户的病毒，它会显示伪装的提示信息，骗取用户的 200 电话卡、201 电话卡账号和密码。与过去 CIH、"震荡波"等恶性病毒突然爆发的现象相比，这种"悄悄潜入"的"商业性"病毒对电子商务的威胁更大。①

2. 网络黑客攻击。

对电子商务构成威胁的不仅有计算机病毒，而且还有臭名昭著的网络"黑客"。随着互联网的发展和电脑技术的普及，掌握"黑客"技术的人越来越多，"黑客"已经大众化。他们利用操作系统和网络的漏洞、缺陷非法侵入，进行破坏活动。他们不用枪支弹药，而是使用"黑客程序"、计算机病毒、特洛伊木马之类的武器，攻击互联网络，其破坏力超过枪、

---

① 杨谷：《去年截获新电脑病毒七万多个》，《光明日报》2006 年 1 月 18 日第 4 期。

炮、炸药。进入 21 世纪后，"黑客"对电子商务信息系统的攻击日趋频繁，日趋激烈，平均每个宽频用户每天会遭受 10 个以上"黑客"的攻击。攻击的方式主要是拒绝服务攻击，偷窃商业机密、销售信息、会计信息等，篡改信息、毁坏数据，破坏软件、硬件……破坏性越来越大。2005年 3 月，一黑客团伙以"僵尸网络"为作案工具，对 10 万台计算机（其中 6 万在我国国内）进行拒绝服务攻击，造成了巨大经济损失。"黑客"杨某入侵广东某研究开发中心的服务器，获取一些储值卡账号和密码，盗取现金 500 多万元。某银行重庆分行职员胡某与社会上的霍某相互勾结，利用"黑客"手段进行电子商务金融破坏活动，造成损失 600 多万元，其中两人盗取 55.2 万元。

预测未来，网络"黑客"的攻击将更加猖獗，对电子商务的威胁将更大。原因主要是："黑客"攻击的组织性、目的性、计划性将越来越强，且组织规模越来越大；"黑客"对电子商务网络的攻击会越来越频繁，攻击次数将以 50% 的幅度递增，且攻击激烈程度越来越大；"黑客"的成分、背景日益复杂，攻击的手段越来越复杂，越来越高明，后果越来越惨重，人们与"黑客"的斗争也会越来越复杂、越来越激烈。

3. 网络犯罪。

网络犯罪，特别是有组织网络犯罪是电子商务信息安全的最大威胁。在市场竞争日趋激烈的新形势下，犯罪分子利用信息技术进行网络犯罪的活动日益猖獗，攻势越来越凶猛，造成的损失越来越严重。据法国《费加罗报》测算，近几年全球信息领域有组织犯罪涉及总金额年均达 3 万亿美元，其中美国所有权信息的损失每年约 1 万亿美元。据英国官方统计，由于各种网络欺诈，特别是电子商务欺诈，近几年英国已损失 3.5 亿英镑。近几年，我国电子商务信息系统，屡遭犯罪分子攻击破坏，损失达180 亿元。

最近，青岛市公安局信息网络安全报警处置中心对接到的各类网络经济犯罪案件进行了分类汇总统计，其中：电子商务欺诈案损失 200 多万元，黑客攻击及病毒感染案损失 100 多万元……针对网络犯罪分子日趋猖狂的现实，青岛市公安局重拳出击，狠狠打击，取得了重大胜利。山东省菏泽市黄飞未经信息产业主管部门登记备案私建"CRACK 商业软件"网站（属"三无"网站），通过网络盗版并非法销售深圳某公司《彩路服装

CAD 设计系统 4.31》款件，获利 4 万余元，被公安机关逮捕。① 日益猖獗的网络犯罪，不仅损害了众多网商、网民的权益，而且严重阻碍了电子商务的健康发展。虽经公安及其他有关部门严厉打击，但犯罪活动仍时有发生，且犯罪分子也在想尽千方百计地保护自己，作案手段也日趋高科技化。人们必须百倍警惕。

4. 垃圾信息。

互联网上垃圾邮件泛滥成灾，垃圾信息与日俱增，让网民头昏眼花，已成为网络世界的公害，严重威胁着电子商务的健康发展。前不久，国际电信联盟发表公报说，全世界约 80% 的电子邮件是垃圾邮件，每年给世界经济造成的损失高达 250 亿美元。垃圾信息不仅污染了信息社会，败坏了社会风气，腐蚀了人们的心灵，而且大大降低了电子商务的运营效率，威胁了电子商务的发展。据专家测算，一家千名左右员工的公司，因为垃圾邮件造成的损失要超过 1300 万美元。②

中国互联网协会的调查统计说明，中国互联网的垃圾邮件以年均50% 以上的速度激增，而且垃圾邮件中夹杂着大量病毒。有些新病毒攻击计算机后产生垃圾邮件，然后大肆蔓延，危害越来越普遍，越来越严重。2003 年，网民人均每天收到垃圾邮件 1.85 封，全国网民每年为消除垃圾邮件约消费 15 亿小时时间。开展电子商务的企业普遍受到垃圾邮件的侵扰，给企业造成了沉重的负担，有的企业每周收到上万封垃圾邮件，每年为应付垃圾邮件损失上百万元。2004 年，垃圾邮件又增长了 73%，网民平均每周收到电子邮件 14.9 封。2005 年，网民每周平均收到垃圾邮件 16.8 封，2006 年，网民每周平均收到垃圾邮件 18.2 封。垃圾邮件的增长率不仅大大高于正常电子邮件增长率，而且每封垃圾邮件的平均容量也比正常电子邮件大得多。邮件占用了大量网络空间，严重时甚至拥塞整个互联网链路，中断部分线路的运营。今后，垃圾邮件仍将以 50% 左右的速度增长。这就大大增加了成功阻击或过滤消除垃圾邮件的工作量和难度，对电子商务的信息安全构成了越来越大的威胁。

---

① 阎晓宏：《国家版权局通报 12 件网络侵权盗版重大案件［3］》，《信息网络安全》2006年第 3 期，第 7 页。

② 陈庆修：《下大力气制止垃圾邮件泛滥》，《光明日报》2005 年 3 月 15 日第 4 版。

(三) 我国电子商务的信息安全形势不容乐观

我国电子商务的信息安全存在许多隐患,面临着诸多严重挑战,信息安全事件和案件不断出现,形势不容乐观。据美国网络界权威杂志《信息安全杂志》披露,从事电子商务的企业比一般企业承担着更大的信息风险。其中,前者遭黑客攻击的比例高出一倍,感染病毒、恶意代码的可能性高出9%,被非法入侵的频率高出10%,而被诈骗的可能性更是比一般企业高出2.2倍。

在我国,不少电子商务企业的网络信息安全意识很差。无论在建网立项、规划设计上,还是在网络运行管理和使用上,更多的是考虑效益、方便、快捷,而把安全、保密、抗攻击放在了次要地位,出现了诸如对网络实用性要求多,对系统安全性论证少;对网络设备投资多,对安全设施投入少;在操作技能培训上用时多,在安全防范知识的普及与提高上用时少的短期行为。我国的信息安全技术整体水平不高,关键领域核心技术主要依赖进口,受制于人的局面还严重存在……因此电子商务存在许多安全问题。对我国电子商务系统安全管理现状,专家们有一些形象的比喻:使用不加锁的储柜存放资金 (电子商务企业缺乏安全防护);使用"公共汽车"运送钞票 (电子支付系统缺乏安全保障);使用"邮寄托寄"的方式传送资金 (转账支付缺乏安全渠道);使用"商店柜台"方式存取资金 (授权缺乏安全措施);使用"平信"邮寄机密信息 (敏感信息缺乏保密措施)。[①]

中国互联网中心于2000年2月18日发布的《中国互联网络发展状况统计报告》关于电子商务的调查表明,52.26%的电子商务用户最关心的问题是安全问题。[②] 用户关心信息安全,信息安全事件不断出现。据我们调查测算,75%左右的企业网络遭受过黑客攻击;80%左右的经济部门、企业互联网用户经常出现信息被篡改、窃取等问题;90%左右的电脑遭受过病毒感染。首都机场因电脑系统故障,6000多人滞留机场,150多架飞机延误;南京火车站电脑售票系统突然发生死机故障,整个车站售票处于

---

① 张新华:《信息安全:威胁与战略》,上海:上海人民出版社2003年版,第419页。

② 芮廷先、钟伟春、郑燕华:《电子商务安全与社会环境》,上海:上海财经大学出版社2000年版,第5页。

瘫痪状态；广东省工商银行因系统故障，全线停业一个半小时；深交所证券交易系统宕机事件等等。这些事故不仅仅是简单的信息系统瘫痪问题，其直接后果是导致巨大的经济损失，还造成了不良的社会影响。

据公安部门透露，从 2001 年起，我国电子商务网络系统遭犯罪分子攻击的案件以年均 30% 的幅度递增，到 2006 年 12 月底犯罪案件已累计发生 7000 多起，造成经济损失约 230 亿元。据《青岛早报》2004 年 4 月 7 日报道，4 月 6 日青岛一家外贸公司的电脑遭罪犯攻击，局域网内 10 台电脑瘫痪，造成经济损失上亿元。相隔 3 小时后，潍坊一家进出口公司发生了类似事件：该公司内部建有局域网，共连有 10 台电脑。李先生使用的那台主机，仅在 5 分钟内，储存在电脑中的财务信息、客户资料和合同订单被删得干干净净。据了解，这家公司当时正在执行的合同有上百份，如果因资料丢失无法继续履行合同，总损失将达上亿元。据《光明日报》2005 年 2 月 6 日讯（通信员肇幸）：1 月 21 日晚 6 时，电子商务网站 www.8848.com 与 www.8848.net 遭到了分布式拒绝服务攻击陷入瘫痪而无法访问。2004 年年底至 2005 年年初，江苏江阴市两名罪犯利用互联网发布虚假产品信息，以低价引诱外国公司签约，骗取德国和加拿大两公司合计 31740 美元。公安部门侦查破案，这两名罪犯于 2006 年 5 月初分别被判处有期徒刑 10 年和 4 年，并被处以相应罚款。

第三节　保障电子商务信息安全的战略设想

一　电子商务信息安全的基本要求

信息安全是电子商务的核心和灵魂，是电子商务健康运作的基础和关键。制定和实施电子商务信息安全战略，必须把握信息安全的要求。电子商务信息安全的要求，是一个庞大而复杂的系统，最基本的有以下五项。

（一）信息的保密性

在电子商务运作过程中，必须保证发送者和接收者之间交换的信息的保密性。电子商务作为贸易的一种方式，其信息直接代表着个人、企业或国家的商业机密。传统的纸面贸易都是通过邮寄封装的信件或通过可靠的通信渠道发送商业报文来达到保守机密的目的。电子商务则建立在一个开放的网络环境（互联网）上，维护商业机密是电子商务全面推广应用的重要保障。因此，要预防非法的信息存取和信息在传输过程中被非法窃取。保密性一般通过密码技术对传输的信息进行加密处理来实现。

（二）信息的完整性

完整性是能保证数据的一致性，防止数据被非授权建立、修改和破坏。电子商务简化了贸易过程，减少了人为的干预，同时也带来维护贸易各方商业信息的完整、统一的问题。数据输入时的意外差错或欺诈行为，可能会导致贸易各方信息的差异。另外，数据传输过程中信息的丢失、信息重复或信息传送的次序差异也会导致贸易各方信息的不同。贸易各方信息的完整性将影响到贸易各方的交易和经营策略，保持贸易各方信息的完整性是电子商务应用的基础。因此，要预防对信息的随意生成、修改和删除，同时要防止数据传送过程中信息的丢失和重复，并保证信息传送次序的统一。一般可通过提取信息摘要的方式来保持信息的完整性。

（三）信息的真实性

电子商务的交易双方很可能互不相识，相隔万里。只有信息流、资金流、物流的有效转换，才能保证电子商务的顺利实现，而这一切应以信息的真实性为基础。信息的真实性，一方面是指网上交易双方提供信息内容的真实性，不能有虚假信息；另一方面是指网上交易双方身份信息的真实性，即对人或实体的身份进行鉴别，为身份的真实性提供保证，使交易的双方能够在相互不见面的情况下确认对方的身份。商家要确认客户不是骗子，客户也确认网上商店不是玩弄欺诈的"黑店"。这意味着当某人或实体声称具有某个特定身份时，鉴别服务将验证其声明的正确性，以防止商业欺诈行为的发生。一般可通过认证机构和证书来实现。

（四）信息的有效性

电子商务以电子形式取代了纸张，那么如何保证这种电子形式贸易信息的有效性则是开展电子商务的前提。电子商务信息的有效性将直接关系到个人、企业或国家的经济利益和声誉。因此，必须建立健全有效的控制和责任的机制，对网络故障、操作错误、应用程序错误、硬件故障、系统软件错误及计算机病毒所产生的潜在威胁加以控制和预防，这对于保证贸易数据在确定的时刻、确定的地点送达是有效的。

（五）信息的不可抵赖性

虽然市场是千变万化的，但交易合同、契约一旦达成是不可抵赖的

（即不可否认），否则会损害另一方利益。因此，电子商务的各方面、各环节都必须是不可抵赖的。对进行电子商务交易的贸易双方来说，一个很关键问题就是如何确定进行交易的贸易方正是交易所期望的贸易方。在传统的纸面贸易中，贸易双方通过在交易合同、契约或贸易单据等书面文件上手写签名或加盖印章来鉴别贸易伙伴，确定合同、契约、单据的可靠性，并预防抵赖行为的发生。这就是人们常说的"白纸黑字"。在无纸化的电子商务形式下，通过手写签名和印章进行贸易方的鉴别已经不可能。因此，要在交易信息的传输过程中为参与交易的个人、企业或国家提供可靠的标志，使发送方对已发送的数据、接收方对已接收的数据都不能否认。通常可通过对发送的消息进行数字签名来实现信息的不可抵赖性。

二　保障电子商务信息安全的战略设想

电子商务信息安全战略是国家信息安全战略的重要组成部分，国家信息安全战略的总体设想原则上都适用于电子商务的信息安全保障。但电子商务的信息安全保障也有其自身的规律性。我们应该遵循客观规律，学习借鉴国际成功经验，创建既符合国际通行规则，又具有中国特色的电子商务信息安全战略。其基本设想可以是：以科学发展观统领全局，认真学习贯彻党和国家有关电子商务和信息安全的指示精神，提高认识，加强领导，在国家信息安全战略的总体框架内，从技术、管理、法规三个层面建立健全电子商务的信息安全保障体系。一要运用先进适用的信息安全技术，从网络安全和网上交易等方面，保障电子商务的信息安全；二要建立健全信息安全管理机制，以人为本，加强对电子商务的信息安全管理；三要建立健全信息安全法规体系，做到有法可依、违法必究、执法必严，防范和打击危害电子商务的违法犯罪活动，保障电子商务的高速、高效、有序运营和发展。

（一）运用先进适用的信息安全技术

信息安全技术是保障电子商务信息安全的有力武器。没有技术保障，电子商务的信息安全就只能是纸上谈兵。在目前和今后一段时期内，我国宜从实际出发，运用先进适用的信息安全技术，不能一味追求"高、精、尖"技术。针对电子商务信息安全存在的问题，应有的放矢，从网络安全和网上交易等方面，分别采取措施，建立健全电子商务的信息安全技术保障体系。

1. 网络安全技术。

网络安全是电子商务安全的基础，一个完整的电子商务系统应建立在安全的网络基础设施之上。网络安全所涉及的方面比较广，如操作系统安全、防火墙技术、入侵检测技术、虚拟专用网 VPN 技术和各种反病毒反黑客技术及漏洞检测技术等。其中最重要的就是防火墙技术。

（1）防火墙技术。防火墙是指一个由软件或和硬件设备组合而成，处于企业或党政机关、社会团体的内部网与外部网之间，加强互联网与内部网之间安全防范的一个或一组系统。它能控制网络内外的信息交流、提供接入控制和审查跟踪，是一种访问控制机制。它通过监视、限制、更改跨越防火墙的数据流，一方面，尽可能地对外屏蔽网络内部的信息、结构和运行状况，防止内部网保密信息的泄露；另一方面，对内部屏蔽外部站点，防止不可预测的、潜在的破坏性侵入。这样就决定了哪些内部服务可以被外界访问，哪些外部服务可以被内部人员访问。实现防火墙的主要技术有数据包过滤、应用网关、代理服务和审计技术等。实际应用时常采用两级的安全机制，即第一级由包过滤路由器承担，第二级由防火墙承担。

（2）入侵检测技术。由于传统的操作系统加固技术和防火墙隔离技术等都是静态安全防御技术，对网络环境下日新月异的攻击手段缺乏主动的反应，为了弥补这一缺陷，动态安全防御技术应运而生。其中入侵检测技术是动态安全技术的最核心技术之一，它是通过对入侵行为的过程与特征的研究，使安全系统对入侵事件和入侵过程能做出实时响应。具体实施时，可将网络入侵检测系统与防火墙的功能相结合构建安全网络。

（3）网络反病毒技术。在网络环境下，虽然可以通过各种防卫技术保护网络安全，但病毒的入侵是不可避免的，因此，反病毒技术是网络安全性建设中重要的一环。网络反病毒技术包括预防病毒、检测病毒和杀毒三种技术，具体实现方法是对网络服务器中的文件进行频繁的扫描和监测、在工作站上用防病毒芯片和对网络目录及文件设置访问权限等。例如现在流行的各种杀病毒软件，主要有瑞星版杀毒软件、江民杀毒软件、熊猫网络版杀毒软件等都具备预防、检测和杀毒等功能。

（4）采用虚拟专用网（VPN）技术。VPN 是指在公用网络中建立专用的数据通信网络的技术，它可以在两个系统之间建立安全的隧道，它允许授权移动用户和已授权的用户在任何时间、任何地点访问企业网络。这种方式在保证网络的安全性方面是非常有用的。

（5）及时给系统安装"补丁"程序。"补丁"程序是软件公司为了弥补自己开发、销售出的软件存在的安全漏洞而后续开发的针对性程序。及时给系统安装原厂公布的"补丁"程序，也是网络信息安全的防范措施中重要的一个环节。

2. 网上交易中的信息安全技术。

网络安全只是实现电子商务的基础，电子商务发展的核心和关键问题则是交易的安全性。在网上交易时，用户除了对网上兜售商品的网址进行核查，以摸清商贩们提供的地址和电话是否属实外，也对交易双方的身份鉴别、是否冒名顶替和是否诚实守信等诸多问题非常担心，这也是制约电子商务发展的一个重要因素。目前主要采用以下几种技术措施来解决网上交易中信息安全问题。

（1）数据加密技术。所谓数据加密，就是基于数学方法的程序和保密的密钥对信息进行编码，把计算机数据变成一堆数据，也就是把明文变成密文。这样，即使别人得到了密文，也无法辨认原文。数据加密技术是保证电子商务安全工作的一种重要方法。它可以把某些重要信息从一个可理解的明文形式变换成一种难以理解的密文形式（加密），经过线路传送，到达目的端后用户再将密文还原成明文（解密）。由于信息是以密文方式进行传送的，不知道解密方法的人无法得到信息的真实内容的，从而保证了数据传送过程中的安全性。

计算机加密方法主要有对称密钥算法和非对称密钥算法两种密码体制。前者采用相同的加密密钥和解密密钥，且不公开密钥的方法，对需要保护的信息进行加解密，其典型算法是数据加密标准 DES（Data Encryption Standard）算法。后者也称公开密钥加密，采用加密密钥不同于解密密钥（即不对称性），且公开加密密钥。但解密密钥需要保密，其典型算法是 RSA 算法。RSA 算法的优点主要在于原理简单（采用大整数素因子分解方法），易于使用，易实现密钥管理，且解密花费时间长，攻击者在有限时间内很难破译密文信息，是目前 IT 业常用的加密算法。

（2）数字签名技术。它是公开密钥加密技术的一种应用，是指发送方将要传送的明文（原始的信息）通过一种函数运算（Hash）转换成报文摘要，这样不同的明文对应着不同的报文摘要，报文摘要再用发送方的私有密钥加密后与明文一起传送，合称为数字签名。接受方将接受的明文产生新的报文摘要与发送方的发来报文摘要解密比较，比较结果一致则表示明文未被改动，如果不一致表示明文已被篡改。其作用就是能够实现对原始报文的鉴别与验证，保证报文的完整性、权威性和发送方对所发报文的不可抵赖性。数字签名根据不同的要求，可分为秘密密钥的数字签名、公开密钥的数字签名、只需确认的数字签名、数字摘要的数字签名、电子邮戳、数字凭证等多种方式。

（3）数字证书和认证机构。保障信息安全，发展电子商务，必须建立健全网络信任体系，而建立网络信任体系的技术途径是建立公开密钥基础设施 PKI（Public Key Infrastructure）。PKI 的基本功能是数字证书的制定、分发、控制、使用、回收、撤销等。数字证书是作为网上交易双方真实身份证明的依据，是电子商务安全体系系统的核心，其用途是利用公共密钥加密系统来保护与验证公众的密钥。数字证书由可信任的、公正的权威机构 CA 颁发。CA 即认证中心，是专门签发数字证书的机构，是 PKI 的重要组成部分，类似于现实生活中的公证人。权威性的 CA，是普遍可信的第三方。

除了上述信息安全技术外，还有一些保障电子商务安全运作的技术，如网络安全协议等，在此不一一阐述了。

（二）加强电子商务的信息安全管理

科学的管理是保障信息安全的关键，是信息安全技术转化为信息安全保障能力的必要条件，如果缺乏科学的管理，再好的技术和产品也难以发挥应有的作用，信息安全就不可能搞好。权威机构统计表明：70% 以上的信息安全问题是由管理方面的原因造成的，而这些安全问题中的绝大多数是可以通过科学的信息安全管理来避免或解决的。因此，我们必须从战略的高度重视和搞好电子商务的信息安全管理。电子商务的信息安全管理，就是根据电子商务的特点、运作规律、市场需求和国家有关规定，以一定的机制和制度为基础，由相应的管理体系组织、协调、保障信息安全，确保网上交易的顺利进行。从我国实际出发，加强电子商务的信息安全管理，主要是抓好机制建设和制度建设，以人为本，强化管理等方面。

1. 建立健全电子商务的信息安全管理机制。

电子商务的信息安全管理机制内容丰富，涉及面广，要求高，难度大。从我国现实情况看，建立健全电子商务的信息安全管理机制，宜着重抓好预警机制，防范机制，管理体制等的建设。

（1）信息风险预警机制建设。针对我国电子商务存在的多种信息安全隐患和面临的种种严重威胁，必须首先重视信息风险预警机制的建设与完善，灵敏准确地昭示电子商务风险前兆，及时准确地提供警示，提前采取措施，防患于未然，确保电子商务的顺利进行。建设信息风险预警机制，首先应建设和完善能灵敏、及时、快捷、准确反映电子商务运营状况及产生隐患、风险的信息基础设施，构建预警信息平台。同时，应建设和完善电子商务信息安全监控体系和风险评估制度，设计信息风险预警指标体系，培育信息风险分析和预警专业人才队伍，积极开展信息风险分析和预警工作。

（2）信息风险防范机制建设。在预警机制发出危机可能发生的警示信号后，接下来就是风险的有效防范与控制。要防范与控制风险，避免或减少信息安全事故，就必须建设好信息风险防范机制，构建风险防范的信息安全钢铁长城。电子商务的信息风险防范机制是一个庞大的系统，主要包括技术防范机制、管理防范机制、违法犯罪防范机制和精神防范机制等。其中技术防范机制是核心。建设技术防范机制就必须运用先进适用的信息安全技术建造一道道安全屏障，阻隔罪犯或竞争对手的入侵，防范和化解风险，保证电子商务的顺利进行。管理防范机制是关键。建设管理防范机制，就必须通过场地管理、设备管理、数据管理、行政管理、人事管理等，建造防范信息风险的安全屏障，阻隔罪犯或竞争对手对电子商务的攻击和威胁。违法犯罪防范机制是保证。建设违法犯罪防范机制，就必须以执法职能部门为主体，公检法机关协调一致，动员社会各方面力量，防范和严厉打击电子商务领域的违法犯罪活动。精神防范机制是前提。建设精神防范机制，就应该对网民进行电子商务信息安全的教育，构筑防范信息风险的心理屏障，维护电子商务的信息安全。

（3）信息安全管理体制建设。电子商务信息安全管理的关键在于组织领导。国家应有一个能够协调各个有关职能部门的高层权威机构来统一领导信息安全保障工作。各个职能部门要形成一个分工明确、责任落实、有机配合的组织管理体系，逐步建立健全统一、有效、灵活的权威性信息安全管理体制。企业是电子商务活动的最重要主体，也是维护信息安全的最重要主体。信息安全管理体制的基础在企业。因此，必须不断深化企业改革，在改革过程中，进行体制创新，建立健全既能保障信息安全又能保证电子商务高速高效运营的组织机构和管理体制。政府在电子商务运营中扮演着"消费者"、"服务者"、"监管者"三重角色。作为"消费者"，政府应做电子商务的"示范用户"，大宗商品用户；作为"服务者"，政府应全心全意为电子商务服务；作为"监管者"，政府应加强对电子商务有效的监管，履行市场监管者的责任，以保证电子商务市场安全、有序运行。学习借鉴先进国家经验，从我国实际出发，我国政府对电子商务监管应遵循"联合监管、网络监管、透明监管、服务监管、依法监管"的主要思路。联合监管，就是要协调上下左右的相关部门一起监管，从交易的开始到交易的结束，同交易的各个主体一道进行监管。网络监管，就是用网络的方法管理网络事务，特别是对于新兴的信息技术应用和新模式，应相应采用新型的监管模式。透明监管，就是在监管过程中坚持"公开、公正和透明"的原则，走群众路线，充分发挥群众的举报和投诉功能，并利用网络易传播性，对一些典型案件进行信息公开、过程公开、结果公开。服务监管，就是要做到在服务中监管、在监管中服务，通过监管工作，积极为电子商务经营者做好必须的服务；同时通过对电子商务的服务，又可以获得很好的企业监管信息，将监管与服务融为一体。依法监管，就是通过制定适合网络监管的相关法规、制度、办法，并依靠这些制度进行有效的监管。①

2. 建立健全电子商务的信息安全管理制度。

制度是搞好管理的依据，应制定科学合理的电子商务信息安全管理制度。每个系统每个单位都应根据自身的特点为网络或网络的各个部分划分安全等级，确定具体的安全目标。同时，围绕目标的实现，制定和执行电子商务安全管理的具体规章制度，作为日常安全工作应遵循的行为规范。企业电子商务信息安全管理制度是整个电子商务信息安全管理制度的基石，须首先重点建设好。企业电子商务信息安全管理制度主要包括人事管

---

① 杨冰之：《政府要成为电子商务监管者》，《光明日报》2006 年 7 月 20 日第 8 期。

理制度、保密制度、跟踪审计制度、系统维护制度、数据备份制度、病毒
定期清理制度等。

（1）人事管理制度。人才是企业生存和发展之本，也是维护电子商
务信息安全之本。维护信息安全，保障电子商务的高速高效发展，关键在
人才。因此，必须深化改革，建立健全科学合理的人事管理制度，培养又
多又好的电子商务经营管理人才、信息风险分析和防范专业人才、信息安
全管理人才；特别要选拔培养好企业信息主管（CIO），全面负责企业信
息化管理、电子商务、信息安全等工作。同时，要加强教育，提高全体员
工的信息化意识和信息安全意识，鼓励广大干部群众参与信息安全的
管理。

（2）保密制度。电子商务运营的全过程涉及企业的市场、生产、财
务、供应等多方面的机密，如果机密信息泄露或被窃取，必然造成巨大损
失，因此必须制定和实行严格的保密制度。保密制度需要很好地划分信息
的安全级别，确定安全防范重点，并提出相应的保密措施。特别要制定和
实行好密钥管理制度，搞好对密钥的管理。大量的电子商务交易活动必然
使用大量的密钥，密钥管理贯穿于密钥的生产、传递和销毁的全过程。密
钥需要定期更换，否则可能使"黑客"通过积累密文增加破译机会。

（3）跟踪、审计、稽核制度。跟踪制度是要求企业建立电子商务运
营系统日志的机制，用来记录电子商务活动的全过程和各方面，其内容包
括操作日期、操作方式、登录次数、运作时间、交易内容等。它对系统的
运行进行监督、维护分析、故障恢复，这对于防止案件的发生或在案件发
生后，为侦破工作提供监督数据，起着非常重要的作用。审计制度包括经
常对系统日志的检查、审核，及时发现对系统非法入侵行为的记录和违反
系统安全功能的记录，监控和捕捉各种安全事件，保存、维护和管理系统
日志。稽核制度是指工商管理、银行、税务人员利用计算机及网络系统，
借助于稽核业务应用软件调阅、查询、审核、判断辖区内各电子商务参与
单位业务经营活动的合理性、安全性，堵塞漏洞，保证网上交易安全，发
出相应的警示或做出处理处罚的有关决定的一系列制度及措施。

（4）网络系统的日常维护制度。对于企业的电子商务系统来说，企
业网络系统的日常维护就是对内部网的日常管理和维护，它是一件非常繁
重的工作，因为计算机和其他网络设备多。每个企业都应制定和实行详细

而可操作性强的日常维护制度，要通过安装网管软件进行系统故障诊断、显示及通告，网络流量与状态的监控、统计与分析，以及网络性能调优、负载平衡等；要定期检查与随机抽查相结合，以便及时准确地掌握网络的运行状况，一旦有故障发生能及时处理；要定期进行数据备份，对信息系统数据进行存储、备份和恢复……

（5）病毒防范制度。如果网络信息及交易活动遭到病毒感染，电子商务就很难顺利进行，因此，必须制定和实行病毒防范制度。目前主要采用防病毒软件进行防毒。应用于网络的防病毒软件有两种：一种是单机版防病毒产品；另一种是联机版防病毒产品。前者属于事后消毒，当系统被病毒感染之后才能发挥这种软件的作用。后者属于事前的防范，即事前在系统上安装一个防病毒的网络软件，它能够在病毒入侵到系统之前，将其挡在系统外边。由于许多病毒都有一个潜伏期，因此有必要实行病毒定期清理制度清除处于潜伏期的病毒，防止病毒的突然爆发，使计算机始终处于良好的工作状态，从而保证网上交易的正常进行。

3. 以人为本，强化管理。

人是信息安全的主体，也是电子商务的主体。搞好电子商务信息安全管理主要靠人，管理的关键在于管好人。因为，在改革中建立健全信息安全管理机制和管理体制靠人，制定和实施信息安全管理制度靠人；但是，发动信息网络攻击威胁信息安全的也是人，有相当的威胁和挑战的行为出自内部人员。所以，必须以人为本，强化管理。首先应培养造就一支会管理、善经营、懂技术，敢于面对风险，善于应对挑战的电子商务信息安全管理队伍，依靠他们强化管理。着重强化对电子商务运营者的教育和管理，全面提高信息网络技术人员、管理人员，特别是电子商务安全机构人员的素质。对这些人员，除了技术层次的要求外，还应有政治性要求，保证从事电子商务工作的人员都有良好的品质和可靠的工作动机，不能有任何犯罪记录和不良嗜好。对他们的管理要有严密而完整的管理措施，主要包括以下方面。

（1）制定科学合理的用人政策，筛选录用德才兼备的优秀人才，对有关人员应进行上岗培训，坚持持证上岗。

（2）实行多人负责制。重要业务工作由两人或多人相互配合，互相制约，不要安排一个人单独管理网上交易业务。

（3）坚持职责分解和隔离原则。对于关键岗位，必须进行职责分解，不能由一人承担，任何人都不得打听、了解或参与本人职责以外的与安全有关的活动。

（4）坚持轮岗原则。任何人不得长期担任与网上交易安全有关的职务，要定期或不定期实行岗位轮换，接替者可对前任的工作进行审查，预防员工违法犯罪。

（5）坚持离职控制原则。制定并严格执行人员离职后不得侵入原单位网络中之规定，若违犯，除依法追究刑事责任外，还将追缴高额民事损害赔偿金。

（6）坚持可审核原则。为了信息安全，对所有的相关操作必须记录。重要的活动如更新信息系统，更改信息资源等，必须按层级权限申报，获得批准后方可实施。没有日期、没有内容、没有人签署因而无法追查的活动，违反了可审核原则，必须坚决禁止。

（7）有限权力原则。明确规定有关岗位人员的权限，不得越权行事，如应明确规定只有网络管理员才可进行物理访问，只有网络管理员才可进行软件安装工作。

电子商务不仅仅是企业的事，而且涉及党政机关、事业单位及广大网民，是关系到广大人民群众切身利益的大事。因此，必须领导重视，全民参与，共同维护电子商务的信息安全。从某种意义上说，国民的信息素质是保证电子商务信息安全的基本条件。电子商务活动本质上属于信息活动，所以电子商务的信息安全问题首先取决于国民信息素质的提高，即信息意识、信息能力和信息道德的全面增强。要通过各种宣传教育，使网络信息安全意识深入人心，在思想上将信息的获取、传递、利用和信息安全防护有机地统一起来；要提高人们对网络信息的分析辨别能力，杜绝虚假广告的误导，自觉抵制网上色情、暴力、迷信、反动等不良信息的侵袭；要切实抓好信息安全法制宣传工作和网络思想道德教育，增强国民的法制意识和思想道德观念，自觉遵守网络道德，规范网络行为，逐步削弱或铲除电子商务信息安全中的人为因素。

（三）加强电子商务信息安全的法律法规建设

电子商务活动是一个复杂的过程，涉及交易双方、银行、电信、公证等许多方面，任何一个环节、任何一个方面出现问题都可能引发纠纷。如果没有相关的法律法规，依据什么来"断案"？在电子商务的实践中，面临着种种隐患和威胁，不断出现各种各样的纠纷，迫切要求加强电子商务信息安全的法规建设，依法保证电子商务的顺利进行。

1. 我国电子商务信息安全的立法情况。

电子商务法律法规是电子商务信息安全的法治保障。电子商务是全球性的商务活动，电子商务的合同、单证、数字签名的认证以及商务争端的解决等问题，都需要制定一套完整的、普遍适用的准则予以规范。因此，国际组织及发达国家都非常重视电子商务的法律法规建设。早在 1996 年 6 月，联合国国际贸易法委员会就通过并颁布了《联合国国际贸易法委员会电子商务示范法》，简称《电子商务示范法》，为世界各国制定本国电子商务法提供了框架和示范文本，为逐步解决全球电子商务法律问题奠定了基础。美国、德国、英国、日本等发达国家都参照《电子商务示范法》制定和实施了本国的电子商务法，依法打击电子商务犯罪，维护了电子商务的信息安全。

我国全国人民代表大会比较重视信息安全立法，并在许多法律法规中规定了电子商务信息安全的条款。早在 1998 年颁布的《中华人民共和国计算机网络国际联网管理暂行规定》和《计算机信息网络国际联网安全保护管理办法》就是两个对电子商务有重要规定的法规，其中规定我国境内的计算机互联网必须使用国家公用电信网提供的国际出入信道进行国际联网。任何单位和个人不得自行设立或者使用其他信道进行国际联网。除国际出入口局作为国家总关口外，邮电部还将中国公用计算机互联网划分为全国骨干网和各省、市、自治区接入网进行分层管理，以便对入网信息进行有效的过滤、隔离和监测。此外，还规定了从事国际互联网经营活动和从事非经营活动的接入单位必须具备的条件，以及从事国际互联网业务的单位和个人应当遵守国家有关法律、行政法规，严格执行安全保密制度，不得利用国际互联网从事危害国家安全、泄露国家秘密等违法犯罪活动，不得制作、查阅、复制和传播妨碍社会治安的信息和淫秽色情等信息。21 世纪初颁布的《全国人民代表大会常务委员会关于维护互联网安全的决定》《金融机构计算机信息系统安全保护工作暂行规定》等规定了参与电子商务主体活动的行为规范，从事电子商务交易活动必须具备的条件、安全管理制度、安全责任，保护行为主体的权利、协调和解决电子商务运营中出现的纠纷，处罚措施等。

2005 年又颁布了《电子签名法》和《互联网著作权行政保护法》。《电子签名法》规定，电子签名与传统手写签名和盖章具有同等的法律效力。这意味着在网络世界通行和交易有了"身份证"，是打击仿冒合法用户身份的有力武器。《互联网著作权行政保护法》，为建立清晰、有效的知识产权保护体系，保护知识产权提供了法律依据。我国颁发的一系列有关信息安全的法律法规，为刚刚起步的电子商务发展提供了法律保障，对维护电子商务的正常秩序，打击网络犯罪，保障信息安全起了很大作用。但是我国的电子商务法规还很不健全、很不完善，很不适应电子商务发展和保障信息安全的需要。因此，必须加强法制建设，尽快建立健全电子商务的信息安全法律法规体系。

2. 加强电子商务信息安全法律法规建设的设想。

我们的目标应该是以《联合国国际贸易法委员会电子商务示范法》为示范文本，建立健全既符合国际通行规则又具有中国特色的信息安全法律法规体系。这一法规体系应是以《电子商务法》为主干，门类齐全、结构严谨、层次分明、内在和谐、功能合理，统一规范的信息安全法律法规体系，其主要内容应该包括：电子商务买卖双方身份认证法，电子商务合同法，跨境交易税收和关税法，电子商务支付法，电子签名法，知识产权保护法，电子商务安全保密法，电信基础设施建设法，电子商务技术标准法，电子商务者及消费者权益保护法，电子商务广告法，电子商务金融监管法等。

近期内，我国应遵循全球协调原则、保障安全原则、促进发展原则、人文关怀原则、严格执法原则、与国家现行法律法规相协调原则等，着重做好以下几方面工作。

（1）加强电子商务信息安全法理论研究。认真学习研究《联合国国际贸易法委员会电子商务示范法》和美国、英国、法国、德国、日本等国的《电子商务法》，探讨电子商务立法的主体、客体、权利、义务、诉讼程序、诉讼管辖等问题，揭示电子商务立法的规律性，为建立健全电子商务信息安全法规体系奠定理论基础。

（2）积极参与国际合作。电子商务打破了时空界限，加快了全球经济一体化的进程，针对电子商务面临的信息安全及关税与税收、统一商业代码、知识产权保护等一系列新问题，许多国家经常进行对话和谈判，加强协调和合作，商讨电子商务信息安全的国际规则，谋求电子商务的国际主导权。我们应发挥联合国常任理事国和 WTO 主要成员的优势，积极参与国际对话和国际电子商务规则的制定，主动融入国际电子商务信息安全法规体系内，为世界电子商务立法作贡献，为我国电子商务法制建设服务。

（3）学习借鉴国际成功经验。大胆学习借鉴和移植发达国家、新兴工业化国家和某些发展中国家制定和实施电子商务信息安全法规的成功经验，以《联合国国际贸易法委员会电子商务示范法》为样本，制定我国的《电子商务法》《互联网知识产权保护法》《电子支付和外汇管理法》《电子交易关税和税收法》等，尽快构造我国的电子商务法规体系。以此为基础，逐步制定和实施各部门、各省市、各行业有关电子商务的法律法规。

（4）充分发挥现有信息法规的作用。我国已经颁布了许多有关信息安全的法律法规，其中许多条款有利于电子商务信息安全的保障。应充分发挥现有信息安全法规的作用，依靠信息安全执法队伍和广大人民群众，依法规范电子商务的运行秩序，打击危害电子商务安全的违法犯罪行为，保证电子商务的高速高效发展。

必须指出，信息网络世界是人类现实世界的延伸，是对现实社会的虚拟。电子商务是现实社会人类商务活动的延伸，是对现实社会商务活动的虚拟。因此，现实社会中大多数法律法规都适用于信息网络社会，现实社会有关商务的法律法规大多数都适用于电子商务。我们应该灵活运用现实社会中的法律法规，维护电子商务的正常秩序，打击危害电子商务的违法犯罪行为，依法严惩信息网络领域的违法犯罪分子。这也是加强电子商务法制建设的重要组成部分。

（四）防范和打击危害电子商务的违法犯罪活动

我国电子商务存在许多信息安全隐患，网络犯罪活动日趋猖獗，严重威胁和破坏着电子商务的运营秩序，必须提高认识，加强领导，深化改革，完善"金盾工程"，实施科技强警，建立健全网络犯罪防范打击机制，依法防范和打击违法犯罪活动，维护电子商务的信息安全。

1. 提高认识，加强领导。

面对日趋激烈的全球信息战的挑战和我国网络犯罪活动日趋猖獗的严峻形势，党和国家政府对电子商务信息安全的重视程度日益提高，制定和实施了一系列有关信息安全的政策法规和措施，防范和打击网络犯罪活动。但总的来看，我国的电子商务信息安全保障工作还处于起步阶段，不少干部群众，网络安全意识相当淡薄，对于日趋猖獗的网络犯罪，缺乏起码的认识和警惕性。更有甚者，有的企业的信息网络系统遭到了犯罪分子的入侵和攻击，造成了重大损失，但为了名誉和保证客户对其信任，不敢公布案件真相和自己的损失，更不敢追究犯罪分子的法律责任。这种"姑息养奸"的做法会助长网络犯罪的嚣张气焰，招致更严重的案件，遭受更大的损失。因此，我们要加强学习和宣传教育，通过深入细致的思想政治工作，彻底克服"网络犯罪破坏力有限，信息安全无关大局"的片面认识。应充分认识到：日趋激烈的信息战，特别是网络犯罪活动，对电子商务及经济社会的威胁越来越严重。信息安全不仅成为电子商务的核心，而且是关系到国民经济能否全面可持续发展、社会能否稳定的战略性问题。我们应站在战略的高度来认识电子商务的信息安全问题，依法防范和打击网络违法犯罪活动。

防范和打击网络犯罪，维护信息安全，关键在于组织领导。各级党委政府和有关部门、企业事业单位，都应从战略的高度，提高对防范打击网络犯罪的认识，增强忧患意识，将电子商务的信息安全工作提到重要议事日程，要第一把手挂帅，分管领导靠上抓，职能部门认真抓。企业第一把手的决心和在重大问题上的科学决策、组织、协调是电子商务高速高效运营的先决条件。企业领导的重视和参与是防范和打击网络犯罪，保证电子商务健康发展的重要条件。因此，在相关企业，应在第一把手的亲自领导下，建立健全运转灵活、工作高效、关系协调的组织领导体系，为防范和打击网络犯罪，维护信息安全作贡献。

2. 完善"金盾工程"，实施科技强警。

"金盾工程"是党中央和国务院于2003年9月批准实施的重大信息化工程之一，是我国公安历史上建设规模最大、涉及领域最广、复杂程度最高、技术含量最重的全国公安信息化建设项目。其基本内涵是：通过公安工作的信息化建设，实施科技强警，提高各种公安业务能力、工作水平和效率，为社会的公共安全和国家安全铸造坚强有力的盾牌。经过全国各级公安机关三年的集中攻坚，工程于 2005 年年底结束，经过一定时间的试运转后，于 2006 年 11 月 16 日正式通过国家竣工验收。"金盾工程"的竣工，使全国公安信息网络覆盖了各级公安机关，全国公安基层所队接入主干网的覆盖率达到了 90%，全国百名民警拥有上网计算机已达 44 台；以人口信息、违法犯罪信息、机动车/驾驶人信息、出入境人员信息等最基础、最常用的公安信息系统已投入运行并取得重大成效，公安信息应用渗透到各个公安业务领域。全国人口基本信息等八大公安信息资源库基本建成并向全警开放查询，初步实现了公安信息资源的综合开发利用；成功实施了国家信息安全重点工程"公安信息网公钥基础设施和授权管理体系及示范工程"，公安身份认证和访问控制管理系统目前在各级公安机关全面实施和应用，公安信息化安全保障体系基本建成，网络与信息安全防护能力明显提高；制定颁布了 529 项公安信息化行业标准，公安信息化标准规范体系基本完善，较好地满足了公安信息化建设与管理的需要；组建了部、省、市三级信息中心，公安信息化运行管理体系初步形成，运行维护和服务保障能力普遍增强。①

　　"金盾工程"建设，核心是应用，应用靠高素质的干警队伍。因此，必须实施科技强警战略，采取多种有效措施，培养锻炼干警队伍。首先，应对广大干警进行培养教育，支持和鼓励他们在用中学、学中用，不断提高综合素质，提高利用信息化手段防范打击违法犯罪的能力。同时，省、地（市）、县公安机关应分别成立信息网络安全监察总队、大队、分队，培养专业化的网络警察队伍。目前，多数省市都已成立了网络警察队伍，应加强队伍建设，在加强政治建设的同时着重提高其专业素质。最重要的是培育和提高网络警察队伍网上发现处置能力、网上侦查打击能力、网上主动攻击能力、网上防范控制能力等，切实增强网上斗争的综合战斗能力。当务之急，是制定中长期网络警察人才教育培训规划和网络警察学学科建设规划，有计划、分层次、按步骤地建立健全院校教育和在职教育、学历教育和技能教育、军事院校地方院校和职能部门相结合的网络警察教育培训体系。

---

　　① 苏红：《"金盾工程"通过国家验收》，《信息网络安全》2006 年第 12 期，第 5—6 页。

　　3. 建立健全网络犯罪防范打击机制。

　　防范和打击网络犯罪，保障信息安全，最重要的是以执法职能部门为主体，动员社会各方力量，运用网络技术手段在信息网络领域建立健全系统、完整、有机衔接的网络违法犯罪防范打击机制。信息网络违法犯罪防范打击机制主要包括以下四方面机制。

　　（1）建立健全公检法机关的协调、协作机制。公安局、检察院、法院三机关是打击网络犯罪的主体，其执法职能有不同的分工。应加强公检法三机关的协调、协作，统一认识，完善办案机制，规范诉讼程序，形成公检法三机关的协调、协作机制，充分调动网络警察队伍的积极性，稳准狠地惩罚和打击网络违法犯罪活动。近期内，宜坚持严打态势，遏制网络犯罪蔓延的势头，重点打击电子商务领域里的网络金融犯罪和网络欺诈犯罪，依法维护信息安全，保障电子商务的正常发展。

　　（2）建立健全统一指挥、快速反应的侦查机制。侦查、寻取犯罪证据，锁定犯罪嫌疑人，是打击网络犯罪的关键环节。宜在公安机关的统一指挥下，尽快建立健全反应敏捷、工作高效的侦查机制。网络犯罪，多属高科技犯罪，获取证据、锁定犯罪嫌疑人，必须拥有相应的技术手段和机制，其中关键技术特别是核心技术起决定作用。要从根本上把握打击网络犯罪的主动权，必须拥有有自主知识产权的信息安全特别是信息侦查核心技术。但是，我国有自主知识产权的核心技术还很少，关键领域核心技术主要从国外引进。因此，我国必须坚持自主创新、重点跨越、支撑发展、引领未来的方针，坚持把提高自主创新能力摆在首位，加强包括信息侦查核心技术的信息安全核心技术的研究开发，实现关键领域核心技术的自主可控，尽快摆脱核心技术和产品依赖进口、受制于人的被动局面。

　　（3）建立健全全方位的防范监控机制。由于信息网络违法犯罪蔓延、传播快，难以控制，因此需要建立全方位的防范控制机制，实现全方位的有效监管。包括对信息网络和信息系统安全进行监管，对涉密信息进行监管，对密码进行监管，对信息安全产品进行监管，对安全服务单位资质、检测机构资质和安全从业人员资质进行监管，对互联网域名、IP 地址和网络服务提供商等进行监管。有效地监视和控制违法犯罪、病毒入侵、黑客攻击以及系统安全状况，从而有效地对网络和系统实施保护，保障信息安全。其中，有关部门和单位的支持和配合至关重要，应采取有效措施，加强各有关部门、单位的密切合作，形成与公检法司法机关有机的配合机制。

（4）建立健全人民群众广泛参与的监督机制。网络犯罪不仅严重威胁着电子商务的信息安全，而且影响着我国经济、政治、军事、文化、科技、意识形态等领域和各方面，影响着广大人民群众的根本利益，因此防范和打击网络犯罪不仅仅是执法部门的事，而且是广大人民群众的事。所以，必须建立健全人民群众广泛参与的监督机制，坚持专门工作和群众实践相结合，创建全社会防范和打击网络犯罪的强大态势。要利用各种媒体和宣传工具，大力宣传网络犯罪蔓延的严重性、危害性，特别要选择典型案件公开曝光、宣传，发动广大人民群众，自觉同网络违法犯罪活动作斗争。还应进一步完善举报奖励制度，充分调动广大人民群众参与防范和打击网络犯罪的积极性，努力形成人人关心网络安全，共同抵御网络违法犯罪的浓厚氛围。同时，要继续抓好信息安全法制宣传工作和网络思想道德教育，增强人民群众的法制意识和思想道德观念，自觉遵守网络道德，规范网络行为，逐步削弱和铲除滋生网络违法犯罪的土壤。

第九章　信息安全人才资源的开发战略

　　人才是信息化产生和发展之本，也是信息战和信息安全之本。信息安全人才是特殊人才，是构建信息安全保障新体系的根本保证。适应全球信息战的新形势，制定和实施信息安全的新战略，能否取得令人瞩目的成效，关键取决于信息安全人才的数量、素质和发挥潜能的程度。信息安全领域的竞争，归根到底是人才的竞争。我国非常重视信息安全人才的培养，初步建立了信息安全人才培养和测评认证体系的雏形，培养了一批批人才。但是，人才，特别是高素质的复合型人才匮乏，仍是我国信息安全保障面临的最大难题。因此，我们应把信息安全人才资源的开发，作为信息安全保障工作的重中之重，积极探索新思路，制定和实施新战略，搞好信息安全人才的培养、引进和使用，依靠高素质的人才迎接全球信息战的挑战，保障我国的信息安全，为信息化建设创造良好的安全环境。

第一节　信息安全人才是特殊人才

一　人才是信息安全之本

　　人才是信息化产生和发展之本，也是信息安全之本。信息化领域里的竞争，归根结底是人才的竞争。信息安全领域里的竞争，归根结底也是人才的竞争。随着信息战的日趋激烈和复杂化，信息安全人才的竞争也是日趋激烈和复杂。信息安全是国家安全的基石和核心，直接影响着国家的主权和政治、经济、社会、科技、文化、军事、外交等各领域各方面的发展，影响着科学发展观的落实和和谐社会的建设；因此信息安全人才资源的开发关系到国家的兴亡和民族的兴衰，是国家战略的根本性问题。对企业来说，人才是企业生存和发展之本，也是企业信息安全之本。维护企业的信息安全，主要应抓管理和技术创新，但管理和技术创新，主要靠高素质的人才。如果没有既掌握信息安全技术，又善于信息安全管理的人才，企业的信息安全就失去保障，信息化建设就难以顺利进行。

从不同的角度划分，信息安全人才有不同的类型。根据各类人才在信息安全保障体系中的地位和作用的不同，可以把信息安全人才划分为以下5类：（1）复合型管理人才。复合型管理人才主要是指各级政府中指导和规划信息安全保障工作的人才、各行各业的信息安全管理人才。复合型管理人才需要具备政治、经济、信息安全、公共管理等各个方面的知识和能力，需要综合性很强的人才。这类人才一般是政府、行业的信息安全主管领导和企业的首席信息安全官，他们应具有战略的眼光、技术的背景和管理经验。（2）创新型研发人才。创新型研发人才主要指掌握并能灵活运用信息技术、信息安全技术的专家。这类人才主要来自高校和科研院（所）的信息安全相关专业以及企业的研究院（所），他们是构建创新型国家和建立具有自主知识产权的信息安全产业的中坚力量。信息安全是高技术的对抗，个人在信息安全事件中往往起着重要的作用，一个"黑客"的攻击可能导致世界上成千上万台电脑瘫痪。因此，培养一批精通技术、创新能力强的信息安全专家是做好信息安全工作的基础保障。（3）网络安全管理人员。网络安全管理人员主要是分布在政府、企事业单位网络系统的安全管理员。一个局域网的安全状况与网络管理员的素质高低和责任心强弱关系十分密切。近几年信息安全状况调查显示，缺乏最基本的安全防范措施，如未修补或防范软件漏洞等情况是导致安全事件发生的最主要原因。在对日常安全管理存在的主要问题的调查中，用户安全意识和观念淡薄占58%，第二位就是网络安全管理人员缺乏培训，占39%。因此，配备合格的网络安全管理员是维护好系统安全的重要保证。（4）信息安全应用人才。信息安全应用人才主要是指政府、基础信息网络、重要信息系统、企事业单位信息系统的操作和使用者，他们是本系统业务的直接参与者，承担着保障信息安全的最为基础的工作，是保证各个行业信息系统健康运行的基础力量。据有关统计，80%的网络安全事件不是由于外部的攻击，而是来自内部人员的误操作和缺乏最基本的防护意识。因此，对信息安全应用人才实施必要的教育和培训，提高其信息安全意识，落实安全责任制，是做好本系统信息安全工作的关键。（5）普通网民。普通网民是指使用互联网和其他 ICT 产品（如：移动电话）的普通公民。确保家庭等小型用户的信息安全是国家信息安全保障体系的重要组成部分，这些小型系统通常是防护最为薄弱的环节。缺乏最基本防护措施的普通网络用户很容易被"黑客"控制并作为"僵尸网络"的节点，来进一步实施各种各样的破坏行为，而这种破坏行为往往比普通的攻击方式危害更大、防范更难。被国外"黑客"、敌对势力或恐怖分子利用，还会引发国际问题和跨国犯罪。因此，对普通网民实施信息安全普及教育，是做好信息安全保障工作的重要环节，必须引起高度重视。①

从目前情况来看，我国制定和实施信息安全战略，构建信息安全保障新体系最急需的是电子政务信息安全人才和电子商务信息安全人才。

（一）电子政务信息安全人才

党的十六大和十六届五中全会决定，把电子政务建设作为今后一个时期我国信息化工作的重点，政府先行，带动国民经济和社会发展信息化。电子政务系统的特点决定了其系统建设中信息安全的重要性。电子政务网是联系国家与社会正常运作的关键基础设施，并且政务网上的信息涉密程度高，对信息的完整性和可用性等也有较高的要求。因此，电子政务信息网络的建设和维护需要一支具有较高信息安全专业知识的技术、建设和管理队伍。在今后一个时期，电子政务将是带动信息安全产业发展的龙头，同时需要大量的信息安全人才。截至 2006 年年底，我国以 gov.cn 命名的站点数达到 16260 个。2006 年，各级政府网站的平均拥有率达到 85.6%，比 2005 年上升 4.5 个百分点。其中，国务院部门网站拥有率为 96.1%，省级政府网站拥有率为 96.9%，地市级政府网站拥有率为 97%，县级政府网站（按 20% 抽样）拥有率为 83.1%。②

如此多的政府网站在给政府行政带来巨大便利的同时，也给电子政务的信息安全带来了巨大威胁和挑战。而导致网站遭受攻击、泄密和误操作等安全问题的主要因素源自对网络管理和维护的不佳。目前，不少单位还停留在对网络的传统的管理模式上，还没有一套完整的安全管理制度，高

---

① 吕欣：《构建国家信息安全人才体系的思考》，《网络信息安全》2006 年第 6 期，第 8—10 页。

② 杨谷：《国信办国办首次给政府网络打分》，《光明日报》2007 年 1 月 16 日第 4 期。

素质的信息安全专业人才严重短缺。电子政务网涉及国家秘密,不仅需要培养一批高素质的信息安全队伍,更需要培养信息安全管理和技术人员的政治素质和责任心。因此,加强电子政务网的信息安全人员的培养刻不容缓。

(二) 电子商务信息安全人才

互联网的商用,促进了信息化与经济全球化两大全球性趋势的合流。世界第一家网上书店 Amazon 在 1995 年开业,被看作电子商务的起点,标志着人类开始使用互联网从事经营活动。近几年,电子商务发展迅猛,据联合国复发会议《2004 年电子商务发展报告》统计,2003 年世界电子商务交易额达 3.88 亿美元,比 2002 年增长 69%,估计 2006 年世界电子商务交易额可达 12.84 万亿美元,占全球商品销售总额的 18%。我国的电子商务发展也很快,2005 年电子商务交易额超过 7400 亿元人民币,比上年增长 50%。外贸领域积极发展电子商务应用,广度和深度不断扩大,成为全国发展电子商务的先进典型。目前,我国 61.5% 的贸易企业通过 E-mail 或 EDI 方式与客户进行业务信息交换,56.4% 的贸易企业可以通过互联网进行产品宣传和市场营销。[①] 但是,电子商务领域里的网络犯罪事件和其他信息安全事件也与日俱增,占整个信息安全事件的比例也不断上升,严重制约着电子商务乃至整个信息化的发展。客户对网上交易的安全性缺乏信心已成为制约电子商务正常健康发展的重要因素。

电子商务的安全性直接关系到从事交易各方的经济利益,是保证电子商务顺利进行的关键。维护电子商务的安全需要做多方面工作,如建立健全预警机制、防范机制、管理机制、加密机制、签名机制、认证机制等,然而这些机制的创建和运行要靠高素质的信息安全人才。信息安全人才是电子商务系统安全运营的重要保障,我国电子商务信息安全人才严重匮乏是信息安全事件不断发生的根本原因。因此,必须制定和实施电子商务信息安全人才资源开发战略,培养电子商务信息安全的高素质人才。

---

① 焦春风、高功步:《外贸电子商务国际竞争力提升策略研究》,《世界经济与政治论坛》2006 年第 6 期,第 31—32 页。

二　信息安全人才应有的素质

实施信息安全战略，构建信息安全保障新体系，维护信息安全，是迎接信息战的威胁和挑战的高技术对抗，高技术对抗说到底是人与人之间的对抗较量，这种对抗要求信息安全人才是特殊的人才。一般来说，这种特殊人才至少应具备以下几方面的素质。

（一）较高的政治素质

作为信息安全人才，只有具备较高的政治素质，才能在日趋激烈的信息战中不迷失方向，才能做到头脑清醒，思想纯洁，经济上清廉，作风上严谨。实践证明，在维护信息安全的活动中，只有政治水平高、原则性强，才能使工作卓有成效。反之，如果政治水平低，工作人员就有可能出现腐化堕落，蜕化变质问题。因此，在当前风云变幻的信息战形势下，信息安全人才能否保持清醒的政治头脑，能否自觉以科学发展观统领自己的行动，自觉贯彻执行党的路线、方针、政策，是衡量其政治素质高低的重要标志。

（二）宽广的知识面

信息安全问题是一个复杂多变的庞大系统，涉及经济、社会、政治、科技、文化、军事、外交等各个方面，具有全局性、整体性和长远性。维护信息安全必须树立战略观念、全局观念，从整体上去把握信息安全，不能就安全抓安全，而应站在全面、协调、可持续发展的角度抓安全。这就要求信息安全人才具有广博深厚的知识。知识面越广，进行信息战的实力就越强，发现和解决信息安全问题的能力就越大。信息安全人才需要掌握的知识面非常广泛，最基本的是：一定的哲学社会科学和自然科学的基础知识，马克思主义的基本原理，科学发展观的有关知识，语言交流知识和社会交际知识，良好的外语特别是英语知识，党和国家关于信息化和信息安全的文件精神，一定的计算机系统软硬件基础理论知识，熟练应用各种常用应用软件，掌握计算机的组装、调试与维护，掌握计算机高级语言程序设计方法和可视化程序设计方法，具有一定的软件开发能力，具有 SQL SERVER 数据库的管理与开发能力，能使用常用的多媒体开发工具，能进行简单的多媒体产品制作，掌握网络操作系统的安装、维护及常用网络服务器的配置，掌握信息安全的技术、管理、法规等知识。

(三) 深厚的专业知识

信息安全是一项复杂多变的新课题。它是新生事物，又随着形势的发展而不断发展变化，每天都会发生新问题、新情况。有些信息安全问题隐蔽性很强，一般人难以发现。这就要求信息安全人才具有深厚的专业知识，并能灵活运用所掌握的信息安全知识积极进行信息安全保障工作。具备这样的素质，就会有敏锐的洞察力和清醒的头脑，能够在日趋激烈而复杂的信息战中，透过纷繁复杂的表面现象揭示问题的本质，作出科学而准确的判断。然后，剖析问题产生的根源，制订解决问题的方案，并及时圆满地解决问题。从发现信息安全问题，到制订解决问题方案并最终解决问题，消除隐患，其时间越短造成的损失就越少。这就要求信息安全人员与时俱进，不断学习，不断创新，随时跟踪并把握信息战的发展动态和趋势。信息安全人员必须掌握的专业知识主要是：网络安全技术、计算机病毒原理及防治、网络黑客、垃圾信息的产生及防治、反网络犯罪学、密码学、防火墙、VPN、信息对抗、信息系统安全、信息内容安全、数据备份及修复、信息安全管理、信息安全标准与法规、加密解密原理及算法和认证技术等。

(四) 对文化差异的敏感性和适应性

文化，作为人们信仰、伦理、法律、风俗习惯等的总和，对信息化及信息安全的影响是全系统、全方位、全过程的。然而，不同国家（地区）的人有着不同的文化，从而存在着形形色色的文化差异。随着信息化的蓬勃发展，特别是互联网的广泛使用，各种不同文化会借助互联网络在全球迅速传播。我国的信息化必将面临越来越多的陌生文化，既可能带来许多精神财富，又可能带来许多文化摩擦。这就要求信息安全人才具有较高的文化素质，能对文化上的细微差异具有敏感性和较强的文化适应性，遵循"求同存异"和"洋为中用"的原则，以创新精神加强网络文化建设和管理，营造灿烂的网络文化，加快形成依法监管、行业自律、社会监督、规范有序的互联网信息传播秩序，切实维护国家文化信息安全。

(五) 开拓创新精神

创新，是一个民族的灵魂，也是信息安全保障的灵魂。制定和实施信息安全战略，构建信息安全保障新体系，必须坚持不懈地创新。创新，是全面创新，主要包括观念创新、制度创新、机制创新、技术创新、产品创新、管理创新、市场创新等。只有具备坚忍不拔的开拓进取精神和不怕挫折的顽强毅力，才能登上创新的高峰；敢于创新，才能无止境地去开拓，并创造出一个崭新局面。因此，作为信息安全人才，要想在日趋激烈而复杂的信息战中求得生存与发展，维护好信息安全，就必须具有开拓创新精神，不断进取，不断创新。

（六）敢冒风险的胆略

信息战是信息领域里的激烈对抗，存在许多严重风险，对抗越激烈，风险也越大。信息安全人才，应具有敢冒风险的胆略，迎着困难上，化解、排除甚至战胜风险，维护信息安全，保证国家安全。敢冒风险，绝不意味着瞎干、蛮干。敢冒风险的胆略应建立在准确的战场预测和科学决策的基础上，要善于研究新情况，解决新问题，总结新经验，自觉地掌握和运用客观规律。能提出崭新的创意，独到的见解，既能博采众长，也能力排众议。有胆略才能敢决断冒风险。常言道：胆大而无真知灼见，就可能冒险蛮干；有识而无相应的胆略，则易流于空谈。只有胆大心细，有胆有识，才能在实施信息安全战略中建立功业。

（七）敢于竞争、善于竞争的精神

信息安全人才的各种素质要求，比较集中地表现在敢于竞争同时又善于竞争上。竞争既是胆略又是艺术，不敢竞争，是成不了信息安全人才的。欧洲管理论坛基金主席努克斯·施瓦教授说：在任何地方，我们都应该喜欢竞争。竞争是艰苦的，有时是很不舒服的，甚至是麻烦的；但是最后，竞争是把事情办得更好的推动力量。优秀的信息安全人才，必定是敢于竞争、善于竞争的人才。从某种意义上说，竞争是信息安全的生命，也是信息化的动力之源，更是锻造人才的熔炉。

三　信息安全人才的结构

信息安全是一项涉及面广、渗透性强的庞大复杂系统，需要各种各样的信息安全人才。从专业角度来看，信息安全是一个循环往复的过程，并且是分等级保护的，需要不同层次的人的参与和协作。从行业和组织的业务角度看，主要涉及决策、管理和应用三个层面。要确保信息安全工作的顺利进行，必须注重把每个环节落实到每个层次。行业信息安全组织管理水平的提高归根结底就是人员整体的信息安全意识和信息安全素质的提高。各种各样不同层次的信息安全人才不是互相孤立的，毫无联系地存在和起作用，而是以有机联系的群体形式存在。各种人才在群体中相互联系，相互影响，形成一个个团队，共同发挥作用。那么，具体到实施信息安全保障的某个党政机关或企事业单位，其信息安全人才的最佳组合是什么呢？应该说，就是人才个体的最大效能及其总和恰好与一个单位所需要的最大效能相一致。因此，单位能否在日趋激烈的信息战中确保信息安全，能否适应多变的内外部环境而求得迅速的发展，在很大程度上，取决于单位人才群体组合能否发挥出最大的效能。现实信息化建设中，常有这种情形：一些具有许多个体素质很好的人才的单位，而其整体却发挥不出高效能，反而有互相抵消能量的现象；而一些单位就单个人素质而言，并不是最优秀的人才群体，却发挥出高效能。这里主要是一个人才结构是否合理的问题。党政机关和企事业单位的人才结构是一个多维的、多层次的、多要素的动态综合体，其内部要素有着上下、纵横、交叉的联系。上至最高领导层，中至处室，下至科室或班组，都有各自的人才结构和组合的要求。必须明确，一个小小的组合点的毛病，就可能产生重大信息安全事件，带来严重损失。一般来说，实施信息安全保障的信息安全人才结构主要应体现在以下五个方面。

（一）领导结构

信息安全事关大局，各级领导必须齐心协力共同抓。每个党政机关和企事业单位都必须建立健全合理的领导结构，这是实施信息安全保障的关键所在。领导结构是指领导班子、领导层次的人才比例构成及相互关系。领导班子和领导层次是每个单位领导结构的两个关键点，领导结构的合理化，就是要寻求一个最佳领导班子，一个最优领导层次及其人才的配置。就各个领导层次的人才配置来说，最高层领导人应属于高素质的复合型人才，是保障信息安全的领军人物。优秀的信息安全领军人物应该知识渊博、经验丰富、能力超群；敢于面对风险，善于应付挑战；品格高尚，善决策、会管理、能驾驭技术；有政治头脑，有战略意识，有文化修养，有开拓创新精神。由他统率信息安全保障工作，就能保证信息化建设的安全、有序、高效进行。中层领导人应多属于管理型人才，会管理，善用人。由他们有效地组织管理信息安全工作，能够调动广大信息安全人员的积极性、主动性和创造精神，应对信息战的挑战，搞好信息安全。基层领导应是信息安全技术和管理的应用型人才，由他们尽心尽职尽责地工作，保证上级有关信息安全保障的各项决策、计划和指令的有效贯彻执行，把信息安全保障工作落到实处。各级各层领导成员，应该识大体，顾大局，经常沟通，相互支持，团结和谐，合作协调，同心协力，共同领导好信息安全保障工作。

（二）信息安全人员结构

信息安全人员结构，是指信息安全人员的构成及相互关系。最优的信息安全人员结构应是各类人才比例合理，团结和谐，工作高效。（1）各级领导班子内配备信息安全主管，全面负责信息化建设和信息安全工作，领导、组织、管理、协调信息和信息安全部门及与其他部门的关系。信息安全主管，不但懂得信息技术、信息安全、信息化管理，而且应有审视信息战的穿透力，多向思维的感召力，善于沟通的亲和力，洞察风险的分析力，防范和化解风险的真实力。（2）建立一支方向正、作风硬、业务精、干劲足的信息安全专业队伍，开发配备通过"注册信息安全专业人员"（CISP）资质认证的三类信息安全专业人才，即注册信息安全工程师（Certified Information Security Engineer），简称 CISE；注册信息安全管理人员（Certified Information Security Office），简称 CISO；注册信息安全评估师或注册信息安全审核员（Certified Information Security Auditor），简称 CISA。其中 CISE 主要从事信息安全技术开发服务工程建设等工作，CISO 从事信息安全管理等相关工作，CISA 从事信息系统的安全性审核或评估等工作。这三类信息安全专业人才的配备比例要合理。同时，要配备一定数量的通过 CISM 资质认证的"注册信息安全员"。（3）建立一支技术精，能打硬仗的信息安全技术人才队伍，不断提高自主创新能力，其中多数人应通过"国家信息安全技术水平考试"（NCSE），而且 NCSE 一级、NCSE 二级、NCSE 三级、NCSE 四级的人员比例要合理。（4）不断进行信息化和信息安全教育，提高全体员工的信息化意识、信息安全意识和技能，鼓励全体员工参与信息化建设和信息安全保障工作。

（三）知识结构

知识结构是指信息安全人才群体中具有不同知识面和不同知识水平的人才组合，并按一定的比例所组成的立体结构。知识结构的合理化在本质上就是使信息安全人才群体结构中不同知识水平的人有一个比较合理的比例，形成一个适应信息化建设和信息安全保障需要的比较完整的知识有机体。当前，制定和实施信息安全战略，构建信息安全保障新体系，在调整和优化信息安全人才的知识结构时必须特别注意"知识爆炸"所带来的知识陈旧率提高的问题。因此，对于各类信息安全专业人才，特别是信息安全技术专业人才，其知识的更新就必须跟上时代的潮流；否则，前几年认为是合理的知识结构，现在可能已过时。对于单位领导人来说，则更应注意这种变化，以便随时调整保障信息安全的战略战术。

（四）智能结构

智能是指人们的自学能力、研究能力、思维能力、表达能力、创新能力、社交能力和组织管理能力的总和；智能结构是指信息安全人才群体中不同智能类型和水平的人才的配置比例。智能结构的合理化就是指在构建信息安全保障新体系的伟大事业中具有不同智能类型和不同智能水平的人才有一个较佳的配合，也就是建立一种水平有层次、类型多方面的智能结构。

（五）年龄结构

年龄结构是指信息安全人才群体年龄的比例构成，即老年人才、中年人才和青年人才的比例问题。一般来说，青年期的人才精力充沛，思想解放，勇于接受新事物和新知识，富于创新精神，但缺乏经验、处事尚欠深思熟虑；中年期人才，积累了一定经验，知识日趋丰富，各方面臻于成熟，处事老练周到，但家庭、单位和身心方面的负担较重；老年期的人才，久经考验，经验丰富，深谋远虑，办事老练稳定，有较高的威信，但是不易接受新事物和新知识，精力不如中青年。年龄结构的合理化，本质上就是建立一个老、中、青人才比例合理的综合体，并使之处于不断发展的动态平衡之中。合理的人才年龄结构，有利于发挥处于老、中、青各个年龄阶段人才的各自优势，取得较佳的集成效能。

必须指出，人才的结构组合是一个动态的概念，没有静止的、一成不变的最佳组合状态。有的人才因其发展方向有了变化需要加以调整，还有的人才也许会出现才能衰退的现象。所以，从人才结构的合理化出发就要不断地补充、更新信息安全人才结构组合队伍，不断开发新的人才资源。

第二节　我国信息安全人才资源的开发现状分析

一　我国信息安全人才培养初成体系

党和国家非常重视信息安全人才的培养，多次发文件反复强调并作战略部署。许多高等院校和社会团体都积极倡导并参与信息安全人才的培养工作。早在 1982 年，西安电子科技大学就邀请日本学者一松信讲授"计算复杂性与密码学"，这是我国第一次请外国学者公开讲授密码学。1984年，全国第一届密码学术会议在西安电子科技大学召开。1990 年，中国科技大学研究生院建立了"信息安全国家重点实验室"，中国密码学会也同时成立。2000 年西安电子科技大学开始招收信息对抗专业本科生，全国第一个信息安全本科专业在武汉大学创建，上海交通大学创办信息安全工程学院并开始招收研究生。2001 年，北京邮电大学等高等院校也启动了信息安全专业本科生的培养工作。2002 年，又有 18 所高等院校创建了信息安全本科专业。① 截至 2006 年年底，全国已有 50 多所高校开设了信息安全本科或专科专业，西安电子科技大学、解放军信息工程学院、北京邮电大学等都设立了信息安全专业硕士点或博士点。我国信息安全专业教育已初步形成了从专科、本科、硕士到博士的正规高等教育人才培养体系。同时，在职教育、各种职业技能培训等非学历教育信息安全人才培训体系也初步形成。

（一）高等院校是信息安全人才培养教育的主体

信息安全专业不是某一学科的纯技术专业，而是学习研究信息、信息系统、信息应用等领域信息安全保障的新兴专业，涉及信息和信息安全技术、信息和信息安全工程、信息和信息安全管理及标准法规等许多领域，交叉性强，边缘性强，是庞大的综合性专业。信息安全专业的综合性决定了未经专门的系统教育的人难以适应信息安全工作的需要，必须专门设立信息安全专业，办信息安全大学，进行正规的信息安全教育。因此，美国、德国、法国、英国、日本等发达国家都创办了信息安全专业大学，设

---

① 李延丽、黎昌政：《我国信息安全人才培养初成体系》，《中国青年报》2002 年 12 月 2日。

置了并不断加强信息安全学科建设，大力开展信息安全专业人才的培育。我国党和政府也很重视信息安全人才的正规教育，教育部多次发文，以优惠的政策支持高等院校设立信息安全专业，《教育部关于进一步加强信息安全学科、专业建设和人才培养工作的意见》（教高〔2005〕7 号文件）明确规定："信息安全、电子商务等专业的开设，学校可不再组织专家论证，由各省教育厅审核后报教育部审批。"许多高等院校，充分利用党和国家的优惠政策，积极创办信息安全专业。全国已有 50 多所高校创办了信息安全专业，成为信息安全人才培养教育的主力军和先锋队，已经或正在培养出大批专业人才。

上海交通大学于 2000 年 4 月创办信息安全工程学院，成为信息安全专业人才的摇篮。信息安全工程学院的前期招生以研究生学历为主，如：全日制的研究生和研究生进修班、工程硕士，主要培养高级专业人才，后来根据需求，开始招收本科生。而信息安全基础教学的主体包括许多交叉学科，如：数学基础、管理科学基础、计算机基础、通信基础、控制理论基础、社会科学基础等，它们以计算机和通信基础作为两大类的基础支撑学科。现在有四个二级学科可以支持招生和培养人才：密码学、通信与信息系统、计算机科学与应用、软件工程。就学历教育的课程设计和学生的实验条件而言，信息安全工程学院的发展思路是：一方面，以科研实验基地作为学历教育的工程实验支撑环境；另一方面，课程体系包括工程设计类的课程，即通过大型的实验课，给学生提供公共的实验环境。他们的运作机制打破了原有的"校、院、系、教研室"模式，采用学院下由一系列的科研与实验基地相结合的模式，以科研工程化来支撑人才的培养。信息安全工程学院目前建有：密码理论与安全芯片技术研究实验室、信息安全综合管理技术研究实验室（上海市重点实验室）、电子政务和信息安全工程技术研究中心、内容安全技术研究实验室、网络攻防和信息系统安全检测评估实验室、计算机和网络远程协作技术研究实验室，并与公安、安全、机要、保密、军队等部门建立了广泛的科研和工程实验合作，大大增加了学生的工程实践和培养动手能力的机会。因此，它们培养的学生既有较扎实的理论基础，又有一定的实践经验和较强的动手能力；而且熟悉与信息安全产业有关的方针、政策及法规；具有较强的人际沟通、组织协调及领导的基本能力。所以信息安全工程学院的毕业生在政府部门、国家安全部门、军队、国内外大型企业等很受欢迎，毕业生就业率达100%。

四川大学于2001年12月创办软件学院。四川大学软件学院是教育部、国家发改委批准的首批国家级示范性软件学院之一，也是四川大学所属实体性学院。根据学院培养高水平实用型人才的培养目标，于2003年成立网络与信息安全系，目的是培养信息安全领域需要的软件开发、测试、管理、营销等高级使用型人才。网络与信息安全系把培养目标细化为：（1）素养目标。主要是着重学生的政治素养、道德情操和心理素质的培养。（2）知识目标。使学生具有健全合理的知识结构，通过严格的培养，学生应具备宽厚扎实的计算机科学和软件工程知识，一定深度的信息安全的基本理论，信息安全标准知识，熟悉国家信息安全的及各相关行业的基本方针、政策、法律、法规，掌握文献检索、资料查询的基本方法以及适度的人文社科知识。（3）能力目标。为保证学生能胜任毕业后的目标岗位，学生应具备如下能力：娴熟的计算机科学技术综合应用能力，具备将信息系统及其安全领域的知识同某一应用领域业务相结合的能力，独立完成信息安全相关领域工程师应承担任务的能力（如：在某应用领域进行操作管理、应用开发、系统设计的能力，具有独立设计安全解决方案、搭建安全防护环境、维护、管理安全环境的能力，独立设计开发信息安全产品的能力），具备追踪该领域前沿知识技术的能力以及迅速向新兴边缘技术岗位转移的能力，具备独立开展专业领域科学研究的初步能力。（4）成果目标。要求每个学生毕业时都带着实用的大小成果走出校门。如研究制定××行业的信息安全标准，设计、开发××的安全产品，参与实施某项安全工程等的实际成果。为了实现这些培养目标，网络与信息安全系采用科学而独具特色的培养教育方法，主要是准军事化管理、模拟需求的工程化教学、项目课题化的训练手段、导师化指导、尊重学生的个性化发展等。在课程设置上遵循基础课程与方向课程相结合、原版英文教材与自编教材相结合、基本原理教学与实际操练相结合、校内教育与校外教育相结合等原则，成效明显，培养出了一批适合信息安全领域需要的高水平实用型人才，出了一批科研和研发专利成果。

社会对信息安全专业人才的需求是有层次性的。本科及以上层次的教育为国家培养高级的信息安全人才，是国家制定和实施信息安全战略的关键所在。这部分人是我国在信息安全方面的领军人物，他们从事研究与开发工作，对整个国家的信息安全保障水平是至关重要的。但是大量的在应用单位从事信息安全工作的人是对高层次研究成果的运用和管理，这部分人不需要本科及以上层次的学历教育，具有专科学历就可以。由于信息技术渗透到各个领域，信息安全涉及面广，应用性强，需要大量专科层次的信息安全技术、管理和服务等应用型人才。但是，我国专科层次的信息安全专业还很少，高等职业层次的信息安全专业几乎没有，从而造成了应用型信息安全专业人才极度匮乏。所以，大力发展信息安全专科教育特别是高等职业教育，是进一步完善信息安全人才培养教育体系的当务之急。

（二）各种类型的非学历教育发展较快

在创建和发展高等院校信息安全人才培养教育体系的同时，各种类型的非学历教育发展也较快，为满足社会对信息安全人才的急需作出了贡献。

为加速信息安全专业人才培养与扩大人才储备，作为电子政务的倡导者，政府上网工程掀起了电子政务信息安全人才培训高潮，联合国内信息安全权威机构 T&D，共同举办"电子政务信息安全防范技术与管理高级研修班"，已经举办多期，今后还将继续举办。培训对象涵盖网络信息安全监管机关，各部委、地区的信息中心、计算中心，以及全国各地、各企事业单位的计算机网络主管、专业技术骨干。培训内容包括：网络与信息安全基础、认证与加密技术、防火墙技术及应用、构建安全的 Web 站及网络与信息安全管理。目的是为各地政府培养、输出专业的信息安全人才，提高现有电子政务信息技术人员的安全防护的意识，并且提高信息安全的防范能力，确保政府网站的保密性与安全性，从而保证电子政务的健康安全运行；进一步协助政府部门提高安全技术的知识，对于政府采购信息安全产品过程中的科学决策，起到积极的促进作用；同时也在确保网络和信息安全的前提下，实现政府可公开信息资源共享和动态更新，提供政府网上便民服务应用项目，推动各行各业上网进程。

2003 年，由北京北大天创信息技术有限公司、北京亚能信科技有限公司共同组建的 API 网络安全中心，现已在全国建立了多家一级中心和二级中心。中心拥有多名实践经验丰富的 NAI、SNIFFER、TREND、CISCO、HP、IBM 认证工程师和技术研究人员，主要为安全产品用户提供专业的产品服务、增值服务及技术培训。API 的网络安全培训，系统完善，覆盖面广，针对不同培训对象，设置初级培训、中级培训及高级培训，认证权威性高，注重理论与技能的结合教学，与市场上现有的培训形成互补。API 网络安全中心推出了许多信息安全专业培训项目，融合 CIW、ISEC、CISP、CISSP 等培训内容，加上全面实用的实验课，提供全方位的培训服务是 API 培训的特点。API 不走传统的产品培训认证之老路，培养的不仅是掌握某品牌、某专业领域知识的人才，而且是培养有全面安全思想，能主动发现问题、分析问题、解决问题、动手能力强，能掌握市场、技术发展动向的全面复合型技术人才。从 API 走出的学员，从技术上、思想层次上都会有极大的提高。

在各种非学历教育蓬勃发展的浪潮中，丰富多彩的各种信息安全人才培训基地应运而生。作为国家教育部、科技部共同发起创建的我国首家信息安全人才培养基地"上海信息安全人才培养基地"于 2002 年 4 月 9 日诞生。该基地由上海交通大学信息安全工程学院与上海市科委所属的上海科技开发高级培训中心联手共建。"上海信息安全人才培养基地"，着重就有关网络信息安全技术的课程建设，开设具有针对性、实用性、中立性、模块化和系统化等特点的课程。既有普及信息安全概念为主的针对管理人员的信息安全基础课程，也有针对网络技术人员的专业课程。通过理论与实践相结合的训练，教会学员如何安全设置、主动防范，从技术上提高信息安全的水平；还可以根据需要在更高层次上培训学员针对客户的信息系统，对系统进行安全评估，选择合适的安全产品，提供安全服务解决方案等内容。根据该基地项目负责人张奎亭总经理透露，交大信息安全工程学院和科技培训中心还联合国内外知名的安全产品厂商共同来完善该课程，吸引优秀的安全厂商加盟该项课程体系的设计与建设。按照"培训基地"的整体规划，全面的课程培训从 2002 年 5 月下旬开始，已培养大批优秀的信息安全人才。

2003 年 3 月成立的国家信息安全成果产业化（四川）基地培训中心，在信息安全培训方面探索了一种较好的模式。国家信息安全成果产业化（四川）基地培训中心，是由四川大学信息安全研究所、中国电子科技集团公司第 30 研究所和国家信息安全成果产业化（四川）基地公司三家合作组建。"培训中心"集四川大学信息安全学科和师资优势，中国电子科技集团信息安全研发优势和基地公司政府资源及市场运作优势为一体，致力于信息安全人才的培养。成立以来，已为四川省和成都市保密系统、党政网管理系统、重点涉密单位、四川省国防军工企业、大专院校、金融系统等开展信息安全意识和技术培训 100 多班次，受培训人数 6000 多人，并获得好评。同时，"培训中心"已拥有一支高水平专业技术教师队伍，编写了针对不同层次人员的培训教材（高、中、低）三套共 8 本，建设起了有完善设备的信息安全专业实验室，拥有 60 多个机位，可开展包括网络系统攻防演练的 12 个实验。最近，"培训中心"已由国家信息产业部授权为"国家信息技术人才培训基地"。

2004 年 10 月 29 日，思科系统（中国）网络技术有限公司和北京邮电大学信息安全中心联合建设的"思科—北京邮电大学信息安全中心培训基地"正式成立。该"基地"为北邮各年级的本科生、硕士生、博士生提供实习条件，并面向社会培养高层次电信安全人才。

二　信息安全人员的认证初见成效

在创建信息安全人才培养体系，加强信息安全人才资源开发的过程中，我国非常重视信息安全人员的测评认证。信息产业部国家信息化工程师认证考试管理中心推出并认真组织实施了"国家信息安全技术水平考试"（NCSE），中国信息安全产品测评认证中心启动了"注册信息安全专业人员"（CISP）和"注册信息安全员"（CISM）资质认证，相关大学及部分信息安全企业也开始尝试信息安全人员的资质认证，起步良好，初见成效。

（一）我国信息安全人才认证的标准及实施

1. 我国政府的认证标准。

标准是测评衡量人或事物的准则。信息安全人才认证的标准是测算、评价信息安全人才水平高低的准则、指标及量化体系，只有建立在标准体系的基础上，信息安全人才的培养和认证才能健康进行并取得社会的公认。从某种意义上说，信息安全人才资源的开发和培养关键是标准问题，达不到标准的人才不是合格人才，不合格的人才是无用的。因此，制定和实施科学的认证标准是制定和实施信息安全人才资源开发战略的基础，世界许多国家都非常重视信息安全人才认证的标准化建设。

我国政府也非常重视信息安全人才认证国家标准的建设。受国务院委托，信息产业部国家信息化工程师认证考试管理中心（NCIE）于 2003 年 8 月推出了最新 IT 认证考试——国家信息安全技术水平考试（NCSE）。①国家信息安全技术水平考试是信息产业部国家信息化工程师认证考试管理中心与美国国家通信系统工程师协会（NACSE）合作推出的专业认证考试。这是继 2002 年 4 月推出国家网络技术水平考试（NCNE）后，信息产业部认证考试中心推出的第二项国家级认证考试，是目前我国唯一信息安全专业人才不同层次的政府认证。认证考试的目的是通过建立不同级别认证考试，在普及信息安全知识的基础上，为社会培养一批信息安全的专业人才，从而提高全社会的信息安全意识，为政府机构、企业的信息安全提供技术保障，促进我国信息产业健康的发展。考生通过国家信息安全技术水平考试后，不仅可以获得信息产业部国家信息化工程师认证考试管理中心和美国国家通信系统工程师协会所颁发的相应级别认证证书（NACSE），还可以在人才资源库里，利用认证网站向各公司、机构推荐技术人才。

2. 认证等级和考试内容。

国家信息安全技术水平考试按照职业市场对信息安全人才不同的需求，由低分到高分分为 NCSE 一级到 NCSE 四级共四个认证等级，并且规定不能越级参加认证。考试采用国际最新的技术水平、教学培训理念和手段，与我国的实际需要相结合，强调信息技术的实践操作性，采取知识水平、动手操作两种考核办法，着重考核学员的实践操作能力和技能的实用性。认证采取考试和培训的分离制度，培训与考试由不同的授权机构完成，确保认证考试的中立性和权威性。培训及考试内容以我国信息化建设的切实需要为导向，与社会需求紧密联系，内容包括病毒软件的应用与部署、防火墙的安装与使用、入侵检测系统的配置等一系列安全设备及工具的操作、配置和使用等各类操作实践。NCSE 前三等级要求参加相应级别的考试，第四级作为 NCSE 认证体系里最高级别的认证，采取的是学员进行论文答辩，由专家指导委员会进行评审的形式，认证者必须通过前三等级的考试，并且通过论文答辩，方可拿到 NCSE 的最高证书。

---

① 肖丁：《信息产业部推出 NCSE——信息安全人才认证标准》，《粤港信息日报》2003 年 8 月 11 日。

3. 各等级认证条件。

NCSE 一级：认证对象为小型网络系统管理人员，各党政、企事业单位普通员工。认证目标要求具备基本安全知识和技能的信息安全应用型人才，具备处理自身或协助他人日常程序性工作中所遇到的信息安全问题的能力。

NCSE 二级：认证对象为各党政、企事业单位网络管理员，系统工程师，信息安全审计人员，信息安全工程实施人员。认证目标要求熟练掌握安全技术的专业工程技术人员，能够针对业已提出的特定企业的信息安全体系，选择合理的安全技术和解决方案并予以实现，撰写相应的文档和建议书。

NCSE 三级：认证对象为各党政、企事业单位信息技术主管，技术总监，信息安全工程管理和监理人员。认证目标要求学员必须掌握各个信息安全技术领域和体系规划，具备对信息安全和网络安全从较高的角度进行综合性总结和分析管理的能力。

NCSE 四级：这是认证的最高级别，认证的对象应是高级信息安全专家。但与前三个级别的认证不同的是，这个级别的认证不需要考试，而要求学员写作认证论文，并进行论文答辩，由专家指导委员会进行评审后，确定是否通过本级别的认证。

NCSE 的四级认证设置，既有普及推广，也有专业培训，还有专家认证，其可培训的对象涵盖了所有人群，让不同需求的人才都可以在这个培训体系中找到适合自己的位置，有助于搭建一个信息安全技术人才的"金字塔"结构，从不同的层级上有针对性地培养党政机关和企事业单位急需的信息安全技术人才。只有这些人才与信息安全设备相结合，方可从根本上解决信息安全问题。

目前，信息产业部国家信息化工程师认证考试管理中心 NCIE 培训认证体系已在全国 30 多个城市建立起培训中心和认证中心，培训学员达 4 万多人。其拥有的多领域多层次的各种培训认证课程大多数都已在上海、北京、天津、四川、广东、江苏、山东、湖北等省市推出。由于 NCIE 的课程中立实用，学员的综合应用能力较高，NCIE 培训认证得到了华为 3Com、安奈特、D－Link 等众多 IT 企业的认可。

（二）"注册信息安全专业人员"（CISP）的测评认证

为推动国家信息安全事业的健康发展，满足国家和社会对信息安全人才日益增长的需求，缓解我国信息安全专业人才需求与供给之间的矛盾，中国信息安全产品测评认证中心于 2002 年启动了"注册信息安全专业人员"（CISP）资质认证这一信息安全专业人才培训项目。[①]

"注册信息安全专业人员"的英文名称为 Certified Information Security Professional，简称 CISP。它根据测评认证体系的要求和实际工作岗位的需要分为三类，即注册信息安全工程师（Certified Information Security Engineer），简称 CISE；注册信息安全管理人员（Certified Information Security Office），简称 CISO；注册信息安全评估师或注册信息安全审核员（Certified Information Security Auditor），简称 CISA。其中 CISE 主要从事信息安全技术开发服务工程建设等工作，CISO 从事信息安全管理等相关工作，CISA 从事信息系统的安全性审核或评估等工作。这三类"注册信息安全专业人员"是有关信息安全企业、信息安全咨询服务机构、信息安全测评认证机构、社会各组织、团体、企事业信息安全系统建设、运行和应用管理技术部门必备的专业岗位人员。

几年来，CISP 培训不断蓬勃发展，CISP 注册证书作为国家信息安全领域专业人才的权威性认可，也越来越多地得到社会的认可。截至 2005 年 8 月，已有近千人获得中国信息安全产品测评认证中心颁发的 CISP 资质认证证书；到 2006 年 12 月底，获得 CISP 资质认证证书的人数已突破两千人，对提高信息安全专业人员的理论和技术水平、提升信息安全产业的竞争能力、强化国家信息安全管理起到了重要的作用。

为了适应我国信息化迅速发展对不同层次、不同水平和不同岗位信息安全人才的广泛需求，继续落实中办发〔2003〕27 号文件关于"加快信息安全人才培养，增加全民信息安全意识"的精神，加大对信息安全人才培养范围和信息安全知识的普及教育力度，中国信息安全产品测评认证中心于 2005 年 9 月 6 日在北京西苑饭店召开新闻发布会，在原 CISP 培训项目所包含的三项内容的基础上，正式向社会推出"注册信息安全员"（Certified Inform ation Security Member）这一新的培训项目，简称 CISM 资质认证。

---

① 于丽：《加快信息安全人才培养，增强全民信息安全意识》，《网络安全技术与应用》2005 年第 10 期，第 9 页。

"注册信息安全员"（CISM）资质认证主要针对的是那些在信息安全企业、信息安全咨询服务机构、信息安全测评认证机构、社会各组织、团体、大专院校、企事业单位有关信息系统（网络）建设、运行和应用管理技术部门中从事信息安全工作的人员。经中国信息安全产品测评认证中心实施国家认证，表明其具备了"注册信息安全员"的资质和能力。CISM 资质认证适用于网络安全技术人员，IT 或安全顾问人员，IT 或安全管理人员，IT 审计人员，大专院校学生，对信息安全技术感兴趣的人员以及机关、企事业单位从事信息安全工作的人员。

新推出的 CISM 培训课程涵盖信息安全保障基础、标准法规、安全技术、安全管理以及安全工程 5 个知识点，其中"安全保障基础"包括信息系统安全保障框架和信息系统安全保障测评两个内容；"标准法规"包括信息安全标准和信息安全法规；"安全技术"包括密码技术和应用、常见网络安全技术、恶意代码防护技术、系统和常见应用安全等内容；"安全管理"包括信息安全管理基础和信息安全管理技术；"安全工程"包括安全工程过程和实践以及安全工程监理咨询和实践。此课程设置根据信息安全领域不同岗位和职业的要求突出了不同的学习重点。学员通过学习，能全面、系统地了解和掌握信息安全方面的基础知识，整个学习过程为 5天。参加 CISM 培训者在经过申请、培训、考试和认证后，方可获取证书。

CISM 与 CISP 培训从知识体系与课程设置上看是一脉相承的，课程的主要内容也是一致的，其区别在于：CISM 培训时间短、收费低、适用人群广，因此，更适合信息安全知识培训的推广和普及。CISM 作为信息安全的中低端培训，与信息安全高端培训的 CISP 形成了很好的互补。

三 我国信息安全人才资源开发存在的问题

我国信息安全人才资源的开发已经迈出可喜的一步。人才培养初成体系，人员测评认证初见成效。但是，我国信息安全人才资源开发才刚刚起步，存在许多急需解决而又很难在短期内解决的重大问题。主要问题是人才培养体系还不完善，专业设置规模小，课程体系不健全，师资水平不高，实验条件落后，现有人才数量少，结构不合理。因此，制定和实施信息安全人才资源开发战略，培养又好又多的信息安全人才任重而道远。

（一）人才培养体系不完善

我国信息安全人才培养体系已初步形成，但还很不完善。从宏观看，不但高等教育规模小，很不适应信息安全保障的需要，而且本科教育与专科教育、研究生教育比例很不协调，专科特别是高职教育所占比重太小。非学历教育和测评认证才刚刚起步，而且不够规范，比较混乱。从微观看，信息安全学科的人才培养计划和相应的课程体系还很不完善，学科建设的指导思想、人才培养的规格和一些具体做法都是各个高校根据自己的情况灵活掌握的。大多数高校的信息安全学科基本上作为计算机科学与技术学科的一个二级学科，也有一些高校将信息安全学科作为通信与信息系统或者数学学科下的二级学科，与信息安全关系密切的另外一个学科"信息对抗学科"则被放在电子工程学科下。显然，这些情况并没有科学地反映信息安全学科自身的特点和国家信息化建设对信息安全学科的客观要求。实质上，信息安全学科是一个庞大而复杂的学科群体系，主要由核心学科群、支撑学科群和应用学科群三部分组成，是一个"以信息安全理论为核心，以信息技术、信息工程和信息管理等理论体系为支撑，以国家和社会各领域信息安全防护为应用方向"的跨学科的交叉性学科群体系。涉及计算机科学与技术、通信工程、电子工程、物理、数学等多个学科，横跨理科、工科和军事学三个门类。涉及的知识点也非常庞杂，仅就数学工具而言，信息安全涉及的数学领域包括数论、图论、概率论与数理统计等许多数学分支。因此，信息安全学科建设有其固有的困难性，建立科学的人才培养体系是一件极其复杂而艰巨的任务，需要长期坚持不懈地努力。

（二）专业设置规模小，课程体系不健全

目前，我国还没有建立一所信息安全大学，仅有50多所高校开设了信息安全本科专业或专科专业，其中本科专业占90%以上。本科院校2001年开始招生，专科专业2003年开始招生。目前，本科专业在校生不足10000人，专科专业在校生不足4000人，硕士和博士研究生不足500人。国内目前对信息安全专业人才的需要量高达30余万。而现在能够从事信息安全专业的技术人员仅3500余人，第一届信息安全专业本科生要到2005年7月才毕业，每年全国能够培养的信息安全专业学历人才和各种认证人员总共也不足 5000 人，远远不能满足事业和产业发展的需要。

目前，国内在信息安全方面比较典型的高校基本上都以密码学领域的科学研究与人才培养见长。而在其他信息安全领域，如计算机系统安全、网络安全等方向，还未形成系统的、完整的科学研究与人才培养体系。现有课程体系没有体现信息安全学科本身的特点，基本上是某个相近学科课程体系的翻版或延伸，在课程中注重密码学、防火墙、入侵检测等单纯安全理论与技术知识的传授，缺少系统观点与方法。较少涉及如何构建安全的操作系统、数据库系统工程、设计与实现安全的信息系统等重要问题。尽管目前国内一些理工科大学正在开设或准备开设信息安全专业，但是，它们所开设的专业课程和人才培养仍然停留在技术防护的层面，不能涵盖信息安全的主要内容，不仅造成金融、商业、公安部门、军事部门和政府部门的信息安全人才方面的很大缺口，而且很难培养出能够保障国家信息安全的高级专门人才。信息技术从开发到应用于社会生产实践到老化的周期越来越短，学生在大学期间所学习的新技术，尚未走出大学校门有的便已老化被淘汰，不再具有实用价值。

（三）师资水平不高，实验条件落后

由于我国信息安全专业教育才刚刚兴起，因此，缺乏深厚的科研开发和人才培养方面的积累，专业教师数量不足、水平不高。这种情况势必制约我国信息安全学科的发展和高级专门人才的培养。所以，我们应加强与国外的交流与合作，进一步提高我国信息安全学科教师的理论水平与实际研发能力。2003 年，国内一些高校首次创建了网络与信息安全博士点。但是，无一例外，这些博士点都是这些高校根据国务院学位委员会的有关政策自行设立的，并不代表这些学校在信息安全学科方面已经具备了良好的学术与人才培养积累，实际上它们中的大多数在信息安全学科方面还是相当薄弱的，只是由于信息安全学科的重要性，这些学校将信息安全学科作为其既定的重点发展学科或者学科方向。

信息安全学科不仅具有很强的理论性，同时也具有非常强的实践性，许多安全技术与手段需要在实践过程中去认识、去体会。实际上，国外有些院校就提倡基于仿真的信息安全教学法。而我国现阶段大多数高校尚不具备建立仿真环境的条件，具有信息安全学科的院校的实验条件还相当落后，有些仅仅进行一些简单的加密/解密、防火墙或者入侵检测等方面的实验，而对于网络对抗等更进一步的实验基本没有涉及，或者无法完成这些复杂的信息安全实验。因此，学校毕业生能力不强，多数人不符合社会立即派上用场的需要。社会普遍抱怨信息安全教育太偏重理论，以致培养出的人才走上工作岗位后，不能胜任或在很长一段时间内不能胜任工作。

（四）现有人才数量少，结构不合理

由于我国信息安全人才培养体系不完善，专业设置规模小，课程体系不健全，师资水平不高，实验条件落后，所以培养出来的人才数量少，结构不合理，很不适应信息安全发展的需要。据估算，我国信息安全业急需各种专业人才 30 多万，而每年通过正规教育培养出来的信息安全专业人才和通过测评认证的各种信息安全专业人才总共不足 5000 人，差距之大，令人惊讶。而且现有的信息安全专业人才主要集中在研究单位和信息安全的服务单位，大量的信息网络的应用单位和管理部门严重地缺少专业人才。这些单位大多没有负责信息安全的安全管理员，或者即使有，也没有经过系统的信息安全方面的培训，以至于出现了"做信息安全的人很多，懂信息安全的人很少"的尴尬状况。这样就使得许多信息安全的基础性工作无法很好地完成，如应用单位无法建立信息安全保障体系，很难进行风险自评估、落实信息安全等级保护工作等。

就现有数量很少的信息安全专业人才队伍来看，结构也很不合理。精通信息安全理论和实践的尖端人才极其匮乏，信息安全一线的高级专业人才少之又少。信息安全教育的普及率低，宣传不到位，大部分网民缺乏信息安全意识。用信息安全人才的结构理论分析，我国现有的信息安全人才结构基本上属畸形结构：在各级领导班子包括高层领导班子中，缺乏优秀的信息安全领军人物；在信息安全事件多发单位的领导班子中，有些还没有配备信息主管或信息安全主管，有的虽然配备了，但基本不懂信息安全；在信息安全专业技术队伍中，"注册信息安全专业人员"（CISP）和"注册信息安全员"（CISM）很少；在信息安全技术工人队伍中，通过"国家信息安全技术水平考试"（NCSE）的很少；信息安全人才队伍的知识结构、智能结构、年龄结构等也不够合理。因此，扩大信息安全人才数量，调整优化人才结构的任务还非常艰巨。

第三节 我国信息安全人才资源开发的战略和策略

我国信息安全人才资源开发战略和策略的基本框架可以是：以科学发展观为指导，认真学习贯彻党和国家关于人才资源开发的指示精神，树立人才是第一资源的观念，学习借鉴国外的成功经验，从实际出发，以建成国家信息安全保障新体系为目标，明确信息安全人才资源开发的使命，加强领导，统筹安排，开拓创新，探索具有中国特色和时代特征的教育发展新路，创建全面、协调、可持续发展的信息安全人才培养体系与充满生机和活力的信息安全人才资源开发机制，搞好人才的培养、引进和使用，保障信息安全，维护国家安全。

一 探索教育发展新路，创建全面、协调、可持续发展的信息安全人才培养体系

面对全球信息战的新形势和我国信息安全保障的新要求，我国信息安全人才短缺的问题在一定时期内会越来越严重。因此，必须树立超前意识，加强领导，统筹安排，开拓创新，探索具有中国特色和时代特征的教育发展新路子，培养又多又好的信息安全人才。其目标可以是：完善以素质教育为主的高等院校信息安全教育体系，积极开展终身教育和全民教育，创建以高等院校为骨干，终身教育和全民教育并重，基础教育、高等教育、成人教育和职业教育全面、协调、可持续发展的信息安全人才培养体系。

（一）在改革创新中完善高等院校教育体系

高等院校是信息安全人才培养教育的主体。能否通过高等教育培养一批批高素质的信息安全人才，是影响我国制定和实施信息安全战略的关键因素之一，是搞好信息安全人才培养的重中之重。我国的信息安全高等院校教育虽已初成体系，但还很不完善，很不健全。至今我国还没有一所专门培养信息安全高级人才的综合大学，某些大学已经开设或准备开设信息安全专业，但由于信息安全学科体系的建设还处在起步阶段，所设专业课程多为从西方国家引进翻译或参阅国外教材编译的，既不能涵盖信息安全的主要内容，又不适应国际信息安全发展趋势和我国实际，很难培养出全面担负保障国家、

企业、社会信息安全重任的人才。因此，党和政府应高度重视，统筹安排，尽快在改革创新中创办既符合国际通行规则，又具有中国特色的信息安全大学、信息安全学院、信息安全职业学院和信息安全技工学校，创建完整的信息安全高等院校人才培养教育体系。人才培养目标应该以建成国家信息安全保障新体系为目标，明确信息安全人才培养的使命，把培养信息安全硕士、博士等高级人才与信息安全的普通教育相结合，在培养又好又多的本科生和专科生的同时，加大博士生和硕士生的培养规模，更多地培养信息安全的高级人才，以满足我国信息安全保障的需要。

在改革创新中完善高等院校教育体系，宜在扩大教育规模的同时，进行全面系统的改革。近期内应着重抓好以下几方面。

1. 改革教育模式。

教育模式，是指在一定教育观念和思想指导下，由教育目标、教育内容、教育方法、评价手段等组成的相对稳定的教育教学过程和运行机制。在不同国家的不同时代，有不同的特征。[①] 高等院校的模式主要包括：专业设置、课程体系、教育主体关系、培养方案、教学组织形式、教学评价等。这些都是为实现一定的培养目标所必需的要素，它们彼此之间存在着内在逻辑关系，由于其组合方式的不同而具有不同的形态，并具有各自独特的功能。[②] 改革高等院校的信息安全人才教育模式，应对教育观念、教育体制、教育结构、教学方案、教学内容、教学方式等进行改革，变传统的应试教育为以培养创新型人才为根本的素质教育，培育又好又多的信息安全人才。重点抓好：（1）根据培养目标和毕业生就业定位编制教学方案，遵循唯物辩证法处理好基础课、专业基础课与专业课的关系，适度拓宽基础性课程，强化能力培养的技能性课程以及具有专业特色的研究性课程，体现出"宽、强、特"的特点。（2）强调实用性，突出能力培养。信息安全专业实用性很强，在教学中应克服重理论轻实践的倾向，适度开设实用性课题，增加实践教学环节，突出能力培养。使培养出来的学生具有较强的计算机安全系统的分析、设计和管理能力；对互联网和企业内联

---

① 王荣珍、郝福和：《WTO 与我国人才培养模式的改革》，《廊坊师范学院学报》2002 年第 1 期，第 73—76 页。

② 马国军：《构建创新人才培养模式的研究》，《高等农业教育》2001 年第 4 期，第 19—21 页。

网进行网络分析评估的能力；制定、开发计算机系统安全方案与政策的能力；外语的听、说、读能力；良好的语言表达能力和沟通能力；具有较好的团队协作精神，较强的自学能力、创新意识和较高的综合素质。（3）要以高层次人才和复合型通才培养为重点。信息安全不单单是技术问题，还涉及包括管理学、法律学、社会学、文化学以及心理学等方面，所以它不仅需要高层次人才，而且更需要复合型通才。据此，对特别优秀的学生，应采取某些特殊的方法加强创新型培养。（4）通过参加项目培养人才。要依托国家信息技术领域重大的发展战略、重大的工程项目、重大的科研课题来培养信息安全专业人才。

2. 搞好信息安全学科体系建设。

信息安全是随着信息战的崛起而形成和发展的一个复杂系统工程，它涉及信息基础建设、网络与系统的构造、信息系统与业务应用系统的开发、信息安全的法律法规、安全管理体系等。信息安全技术涉及信息技术的各个层次。由此而形成的信息安全学，是研究信息、信息系统及信息应用领域的信息安全防护问题的一门新兴的应用学科。该学科交叉性、边缘性强，应用领域面宽，是一个庞大的学科群体系。信息安全学学科建设，不同于其他传统学科的建设，它是以信息科学与技术学科为依托，信息安全学为核心，与各个应用领域的学科群相融合而共同构建起的"大学科群"体系。该学科群体系由核心学科群、支撑学科群和应用学科群三部分构成，是一个"以信息安全学为核心，以信息技术学、信息工程学和信息管理学为支撑，以国家、企业和社会各领域信息安全保障为应用方向"的跨学科的交叉性学科群体系，它涉及信息安全技术学、信息安全工程学和信息安全管理学等。① 因此，应将信息安全学科确定为一级学科，下设密码学、信息内容安全、信息系统安全、信息安全管理、信息安全法规与标准、信息安全测评认证等二级学科。编写教材是学科建设的重要组成部分，国家教育部应成立信息安全学科教材领导和规划小组，确定信息安全学科的骨干课程，精心组织信息安全学科的教材规划与编写工作，将最新的科研成果、最新技术发展引入教材，同时更多地有选择地引入国外优秀教材，高质量地满足信息安全学科多层次、多规格、多种形式培养人才的需求。必要的资金

① 沈伟光：《信息安全人才培养迫在眉睫》，《光明日报》2002 年 4 月 30 日。

投入是搞好学科体系建设的保证，应建立健全科学的资金筹措机制，不断增加资金投入，促进信息安全学科的跨越式发展。

3. 加强实践基地建设。

高等教育不仅要给学生传输知识，更要培养学生掌握应用知识的方法、能力，而达到这一目的的捷径就是实践。上机实验和程序设计是计算机专业在课程教学中必不可少的实践教学环节，通过实验教学加深学生对所学理论的理解，培养学生进行科学实验和独立工作的能力。学校应采用机房开放式管理，为学生提供更多的上机实践机会。最重要的是加强信息安全实践基地建设，实现信息安全的产学研有机结合。目前，国家教育部已经设立了部分信息安全重点实验室。应继续扩建重点实验室，并以实验室为基础建立国家级教学研究开发实践基地。不断增加实践基地建设的人、财、物投入，尽快完善信息安全学科的实验平台。目前国内的信息安全产品主要包括一些加密/解密终端、入侵检测和防火墙等，而真正能够满足信息安全学科需要的网络攻防平台、实验仿真工具等信息安全产品还很少见。为此我们建议，加大对计算机网络与信息安全教育部重点实验室及信息安全科研和人才培养高层次基地的经费投入，将研发适合信息安全学科、相近学科建设和人才培养需要的信息安全技术和工具的任务作为这些研究机构的一项重要任务，从而更好地满足学科建设和人才培养的需要。

4. 加强师资队伍建设。

目前，我国高校信息安全师资队伍存在两方面问题：一是数量少；二是水平不高。有些老师知识面太窄，在讲信息安全课时，跳不出"防病毒、防火墙、IDS"老三样，这样怎么能培养出合格的人才呢？高校教育关键是师资队伍。拥有一支复合型、高水平师资队伍，才能培养出高水平、复合型的信息安全专业人才。师资力量薄弱已经成为制约我国信息安全专业队伍培养的关键因素。加强师资队伍建设应在扩充数量的同时，提高师资队伍素质。为此，我们建议，在信息安全学科建设与人才培养方面有较好积累的学校建立信息安全学科建设与人才培养示范基地，在这些高校设立信息安全类学科的访问学者计划，从学历教育和非学历教育两个方面提高信息安全学科的师资力量。国内目前已有为数不多的几所院校在信息安全学科建设与人才培养方面具有很好的积累，如西安电子科技大学、武汉大学、解放军信息工程大学等。同时，我们建议在教育部、科技部等国家相关部门的领导下，成立信息安全的科研开发与人才培养基地，例如可以参照国家示范性软件学院的模式，在若干所大学成立示范性信息安全学院，解决信息安全学科建设与师资培养中存在的问题。当然，这样的学院不仅要解决信息安全人才培养的问题，同时也应该在信息安全核心技术的研究方面有所突破。因此，这样的示范性信息安全学院在功能上要高于当前的示范性软件学院。目前，我们首先应该充分发挥信息安全重点实验室等科研与人才培养基地在学科建设、科学研究和人才培养方面的优势，在科学研究和高层次人才培养方面为信息安全学科的发展作出重大贡献。

5. 加强国际学术交流与合作。

信息战和信息安全是具有全球性的重大问题。信息安全教育和人才培养具有国际性、综合性、复杂性等特点，加强国际学术交流与合作，学习借鉴国外先进经验是办好高等院校，完善高等教育体系的重要途径之一。我国某些高校在这方面已经做出了显著成绩，积累了宝贵经验。上海交通大学信息安全工程学院不断加强与国际著名大学及研究机构的学术交流与合作，他们与美国的（ISC）、法国国家第七工业大学、美国的普渡大学、贝尔实验室、新加坡国家管理学院、香港中文大学等都建立了合作关系，并从国外引进了一批高级专业人才，扩充了师资队伍，提高了教学和科研水平，增强了竞争力。应该总结推广先进经验，典型引路，在改革创新中完善高等院校教育体系。

（二）积极开展各类信息安全工作人员的终身教育

信息化时代，科技发展迅猛，知识更新加快，专业性教育或一次性学校教育学习已经无法适应社会的需要，使人一生都面临怎样生存和发展的挑战，终身教育正是在这样的时代背景下提出的。信息化的蓬勃发展在给人们带来巨大方便和利益的同时，也带来了日趋激烈的信息战。信息安全问题将伴随着信息化和信息战长期存在，因此必须对各种类型的信息安全工作人员进行终身教育。

终身教育是指对一个人一生都要不断进行教育，学前教育、学校教育、成人教育、继续教育等等，都包含在终身教育的内涵之中。终身教育的目的是不断改善个人社会生活的质量，以适应社会的急剧变化和科技的飞速发展。终身学习是终身教育的手段，它不是指自发的、日常生活本能的学习，而是指有计划的、贯彻一生的认真选择、目标明确的学习。终身学习已远远超出了学校式的学习，而是在所有时间与场所的学习。"学习即生活"、"生活学习化"，"学习即工作"、"工作学习化"，已经成为现代人的一种生活形态。人们对知识需要的水平和满足学习的程度是信息经济发展水平的主要标志。

职工在职培训，是终身教育的主要内容和重要环节。美国、德国、法国、日本的政府部门和企事业单位都非常重视在职培训，每年都拨巨款支持在职培训，其中40%以上的经费用于信息技术和信息安全培训。学习借鉴美国、日本等信息化强国的经验，我国党政机关和相关的企事业单位都应集中必要资金进行在职培训，且培训的重点逐步转向信息化和信息安全人才。国家商务部、信息产业部、上海市政府等都采取多种措施构筑全方位、多层次的信息化和信息安全职工培训体系，每年都采取多种形式培训信息安全工作人员。许多大型骨干企业都建立了职工大学或培训中心，专门进行人才包括信息安全人才的培训。青岛海信集团每年用于职工教育培训的经费多达2000万元。他们创建了海信学院，定期或不定期地组织高级经理研修班、营销人员培训班、信息技术和信息安全培训班及其他各种类型的职工培训班。另外，他们还每年派出100人至200人到国外学习，还与有关大学合作培养硕士、博士等……应该认真总结推广他们的经验，使其在全国各地开花结果。

今后，各级政府部门、各相关企事业单位，都应制订和实施科学合理的在职培训计划，对现有信息安全人员进行科技、管理、知识和能力的在职培训，培训的方式可以灵活多样，如委托培训、代理培训、联合培训、挂职锻炼、国外深造等。除继续组织利用好现有的业大、职大、涵大等的培训工作外，还应在创建新的信息安全人才培训基地（或中心）的同时，充分发挥现有人才培训基地（或中心）的作用。选择有一定理论水平和实践经验、身体健康、有作为、有前途的中青年骨干到基地进行集中培训。培养的重点是：有政治头脑、有战略意识、识大体、顾大局，敢于面对风险、善于应对挑战、知识渊博、经验丰富、懂经营、会管理、能力超群的信息安全领导、管理者和企业家；理论功底雄厚，实践经验丰富，有开拓创新精神，技术水平高，专业能力强的信息安全专业技术人员；作风硬、技术精、实践能力强、敢打硬仗、能够解决技术难题的信息安全高级技工。依靠他们抓住机遇，迎接挑战，开创信息安全保障工作的新局面。

（三）切实搞好全民宣传教育

信息安全是关系国家安全、经济社会可持续发展、广大人民群众切身利益的重大问题，绝不仅仅是少数领导和信息安全管理部门的事。只有加强宣传教育，动员全民参与，团结一致，共同努力，才能搞好。

理论和实践都说明，我国信息安全方面的问题，非常突出地表现在我国全民的信息安全意识薄弱。麻痹大意、不以为然、侥幸心理在干部和群众中普遍存在。有许多事实很能说明问题。有资料统计，2003 年，我国计算机用户感染病毒面达 85.57%，而同期，在日本，计算机病毒的感染面却在 10% 以下。2004 年，我国受病毒感染的计算机上升到 87.93% 以上，同期，在日本，受病毒感染的计算机数却在 9% 以下。究其原因，主要就是我国公民的信息安全意识淡薄，不注意防毒技术的使用、随意复制文件和程序、随意访问网站、下载文件和收发邮件。另外，在信息系统的规划、建设、使用、管理各个方面不经意、不在意、随意的现象普遍存在。这些问题不解决，无论多么高级、多么完善的技术也难保信息安全。正是基于对这种情况的深入了解，中共中央办公厅和国务院办公厅〔2003〕27 号文件明确指出："要开展全社会特别是对青少年的信息安全教育和法律法规教育，增强全民信息安全意识，自觉规范网络行为。"后来，又多次发文强调搞好全民信息安全宣传教育的重要性。

进行全民宣传教育，宜主要从四个方面努力。第一，不断加强对信息安全保障工作队伍的教育。除采取多种形式举办不同类型的学习班和各种讲座外，还应经常对领导干部、信息安全管理人员、信息系统管理人员、企事业单位信息安全主管和相关人员、计算机操作人员等，分别进行有针对性的教育，不断提高他们的信息安全意识和信息安全工作素质，自觉维护信息安全。第二，在完善高等院校信息安全教育体系的同时，教育部门和各类学校都要安排信息安全的课程或讲座，尤其要注重在中小学校开展信息安全教育、信息网络行为的规范和道德教育、相关的法律法规教育等，培育学生的信息安全意识，自觉规范网络行为。教师和家长也要接受信息安全专业组织和专家的教育和培训，重视信息安全和网络行为道德规范问题。第三，深入开展信息安全宣传工作，组织多种形式的科普教育活动，培养树立全民的信息安全意识。新闻媒体和互联网要加大信息安全宣传力度，通过多种形式和手段，使广大网民增强法制观念，掌握必要的信息安全知识与技能，自觉遵守网络道德，自觉维护信息安全。力争做到：不用计算机去伤害别人或组织，不干扰别人或单位的计算机工作，不窥视别人或组织的机密文件，不用计算机进行偷窃，不用计算机造谣生事、散布流言蜚语或作伪证，不使用或复制自己没有付钱的软件，未经允许不使用别人或组织的信息资源，不剽窃或盗用别人的智力成果，不编有害社会的程序，不发送垃圾邮件，不利用计算机进行违法犯罪活动，自觉同网络违法犯罪活动作斗争。第四，教育、分化"黑客"人群，利用其觉醒者为保障信息安全作贡献。"黑客"一般被视为信息安全的大敌。但是，"黑客"人群不是铁板一块，其中某些人通过教育、引导，觉醒后可为保障信息安全作出贡献。某些部门的网络系统比较复杂，一般的信息安全员不具备管理能力，找不到漏洞，不能排除风险；但一些"黑客"高手都有这方面的知识和技能，为我所用后可转变为保障信息安全的高手。因此，我们应该加强宣传教育，用各种手段分化瓦解"黑客"人群，甚至用高薪收买，引导利用他们的能力为保障信息安全服务。

二　建立充满生机和活力的人才资源开发机制

人才资源开发机制是一个庞大而复杂的系统过程，主要包括人才的培养教育、引进、使用、认证等内容，其中培养教育是基础，引进是补充，使用是关键，测评认证是保证。制定和实施信息安全人才资源开发战略，必须建立充满生机和活力的人才资源开发机制。在创建全面、协调、可持续发展的信息安全人才培养体系的同时，采取有效措施，积极引进人才，用好人才，搞好人才的测评认证，充分发挥各类信息安全人才的聪明才智，搞好信息安全保障。

（一）采取有效措施，积极引进人才，留住人才

培养人才，周期较长，难以满足当前的急需。因此，在抓紧抓好人才培养的同时，还应积极引进人才。所谓引进人才，就是从境外、从国外聘用优秀人才，为祖国的信息安全服务。进入 21 世纪后，世界许多国家和地区，都竞相以高薪和优厚待遇，从世界各地招聘人才，特别是高素质的信息技术、信息化管理和信息安全人才。有人非常形象地说："某种意义上，第三次世界大战已经开始了，只是战略目标从国土资源的争夺转移到

人才资源的争夺。"① 我们国家也应采取综合配套的措施，积极引进高层次人才。这是解决我国特别是信息安全领域人才缺乏的有效途径。近几年来，北京、上海、天津、广东、江苏、山东等省市，每年都从境外、国外引进一批有关信息安全的人才，青岛海尔、海信集团创出了宝贵经验。信息安全人才是高度稀缺的人才，"含金量"高，应制定和实施优惠政策，积极引进。为吸引高层次的专业人才加盟，海信集团打破了国有企业的许许多多框框，规定凡到海信工作的博士、博士后，都享受 15 万—30 万元的"入门年薪"，提供三室一厅的住房，并配有空调、计算机、电话等，同时解决家属工作和子女就业入托问题。目前，在海信，有专业技术职称的技术人员的平均收入，是集团全体职工平均收入的 3 倍以上。高薪和住房等条件固然是引人、留人的有效办法，然而，更多的人才则是以个人价值、个人事业的目标得到充分展示和实现为最终要求。鉴于此，海信在内部又制定了课题招标制、项目承包制和导师制、个人入股等政策，其中个人技术入股比例可达 10%—25%，并允许每年有 30% 左右的科研项目"失败"。当然，还有另外一项制度，即每年也有 10% 的科技人员被"淘汰"。灵活、刺激的机制，吸引了许多有才华、有抱负的年轻志士投身海信旗下，并取得了优异的成绩。这是在竞争日趋激烈的市场经济惊涛骇浪中，海信集团发展成为国有企业"旗舰"的根本原因。

需要特别指出的是，信息安全人才不仅是"含金量"高的稀缺人才，而且是不同于一般人才的特殊人才，引进时必须经过严格的背景审查和信誉调查，对背景不清或信誉不佳者一般不予考虑，从事机密工作的人才必须绝对可靠。

许多事实说明，国外某些机构和跨国公司凭借资金、管理和信息网络等优势，和我们争夺本来已经相当匮乏的高级人才，包括信息安全人才，我国人才安全的形势非常严峻：出国留学、滞留国外的高级人才势头不减，而高级人才流向外企及研发机构，并以此为跳板流失海外的也大有人在。在某些发达城市的高科技领域甚至出现了团队性、群体性的人才外流现象，有的命脉行业甚至出现 200 名以上核心技术人才"齐整移师"国外。② 面对严峻现

---

① 《国际商报》2001 年 7 月 6 日第 8 期。

② 李春森：《构建人才安全体系刻不容缓》，《光明日报》2005 年 5 月 19 日第 11 期。

实，应在积极引进人才的同时，加紧构建我国人才安全工作体制，进行科学地、强有力地干预和导向，政府、企业、社会乃至个人积极参与，以坚实的组织依托为保障，以主体明确、责任明确的体制机制为支撑，实施留人聚才战略，留住高素质的人才，减少高精尖人才的流失，保障人才安全。

（二）深化用人体制改革，用好人才

比培养和引进人才更重要的是用人问题。应在党的领导下，学习借鉴国外先进经验，从实际出发，贯彻以人为本的指导思想，深化改革，强化竞争机制，健全激励机制，创造有利于人力资源全面发展的良好环境，保证用好人才。

1. 多种激励手段并用，激发人才资源的潜能。

分析了解人才的需要，采用多种激励手段，激发和调动人才资源的积极性，是用好人才的关键。激励，既包括物质激励，又包括精神激励。物质激励包括工资、奖金、各种津贴、住房分配（销售）及其他福利等；精神激励方式主要有：建立明确的目标，激发员工的工作热情，实现目标后给予肯定和表彰（特别优秀的授予荣誉称号），再制定新的更高的目标……当务之急，一是加大对信息安全产业的投资，以产业的发展集聚人才、培养锻炼人才，以高素质的人才促进产业发展。大力实施领军人才开发计划，鼓励以杰出的科学家为核心，在对信息安全产业发展有重要影响的领域建立一些高水平的研发中心，采用科学手段促进企业家与科学家联手研发关键技术和核心技术及其产品，并促其产业化。二是要探索建立多元化的人才资本认可及激励机制，充分保障人才经济利益。可学习借鉴美国经验，对信息安全从业人员评聘专业技术职务（即职称），宜评初级安全师、中级安全师、高级安全师三级，并和工资待遇挂钩。在从事信息安全产品生产经营的大中型企业，可评选首席信息安全官和信息安全官，评聘信息安全技术员、信息安全助理工程师、信息安全工程师及信息安全高级工程师。进一步改革国家奖励制度，重奖有杰出贡献的信息安全科研人员；在制度层面探索实现分配向人才及智力资本的转化，最大限度保障人才经济利益、激发人才资本积极作为，最终形成一流人才、一流回报、人尽其才的良好机制。

2. 创造有利于人才资源发展的良好环境。

信息安全界除了满足员工的合理需要、激发员工的积极性之外，还应为人才资源的充分发展塑造良好的环境。首先，应塑造尊重知识、尊重人才的环境，员工处在这样的环境中会深感知识技能的可贵，进而会努力学习，不断丰富知识、提高技能。在尊重知识、尊重人才的环境中，组织用人的原则是"任人唯贤"而不是"任人唯亲"，使内部真正有才能的员工能得到信任，担当重任，从而在工作实践中具有成就感，在接受重任的挑战中不断成长。其次，塑造适度竞争的环境，竞争能给人以压力，激励员工不断进取、不断成长。可通过建立适度的竞争机制，使用科学的评价标准，公正、合理地对员工进行综合评价，根据评价结果奖优罚劣，优胜劣汰，形成既有动力、又有压力的适度竞争机制。这既有利于员工奋发向上，积极进取，不断提高素质，同时也为青年优秀员工脱颖而出创造条件。

在深化用人体制改革，用好人才方面，青岛海尔集团已经创造了宝贵经验。它们认为，在市场经济条件下，依靠少数"伯乐相马"来选用人才，难以做到公开、公正和公平，难以使优秀人才脱颖而出。因此，它们"变伯乐相马为赛马"，通过"赛马"，不拘一格选拔人才，使用人才。具体做法是：一是实行试用员工、合格员工、优秀员工"三工转换"制度。全体员工根据工作实绩分为试用、合格、优秀三个等级，不同等级享受不同待遇，领取不同工资。做出优异成绩者可晋升等级，不能保持原有工作水平者被相应降级，直至退出员工队伍，基本做到了劳动、分配、用工全面市场化。二是实行"在位要受控，升迁靠竞争，届满要轮流"制度，强化对企业管理人员的激励和约束，实现了干部队伍的优胜劣汰、动态管理。通过"三工转换"、"优胜劣汰"，调动了广大干部群众的积极性、主动性和创造性，使海尔集团的竞争力不断增强，成为"中国家电第一，世界家电一强"。还有许多单位创造了成功经验，应该认真总结推广先进经验，尽快建立充满生机和活力的用人机制，使各类人才走向施展才华的合适岗位。

3. 塑造面向信息经济时代的灿烂文化。

民族文化作为知识、信仰、伦理、道德、价值、法律、风俗习惯等的总和，是民族的灵魂和发展动力，对信息安全乃至整个国家安全的影响是全方位、全系统、全过程的。塑造面向信息经济时代的灿烂民族文化，应对全民特别是信息网络工作人员进行信息安全教育，提高全民族维护信息安全的意识和能力。企业文化是民族文化的重要组成部分，是企业的灵魂，是企业员工的精神支柱和企业发展的动力，全方位、全过程地影响着企业的信息安全。企业文化的建设有利于在企业中形成一种和谐进取、学习创新、品格高尚、团结协作的环境与氛围，使得员工在这种环境与氛围中可以充分发挥自己的聪明才智，在完善自我的过程中，实现自身的价值，同时也促进企业的不断发展。面向信息经济时代的企业文化首先应该是团队精神，在实现整体目标的同时能融合各种不同文化的差异，以信任和自责取代监督，追求合作中共同收益；其次是良好的学习氛围，通过不断的学习和内部交流提高员工的素质，因为只有较高的知识水平才能在信息经济条件下充分沟通信息，减少因知识层次差异导致的交流障碍；最后是勇于创新精神，要不拘于常规，勇于"冒险"进行创造性的活动，充分发挥企业成员知识结构的整体优势。青岛海信集团董事长周厚健通过长期实践得出结论："创新文化比创新技术更重要"，因此带领广大员工创立了"海信文化"，以先进的企业文化理念、和谐进取的价值观、拼搏创新的企业精神，推动企业的改革开放，不断增强企业的自主创新能力和核心竞争力，以研发核心技术为重点实施全面创新带动了企业的突破性、跨越式发展。2005 年 6 月 26 日，海信自主研发的国内首款"高清晰、高画质数字视频媒体处理芯片与应用技术"项目通过国家信息产业部组织的权威性鉴定，达到了国际先进水平，被命名为"信芯"。具有自主知识产权并迅速实现产业化的"信芯"的研发成功，打破了我国信息产业核心芯片长期依赖从国外进口，受制于人的局面，对于保障我国信息安全和增强电子信息产业的国际竞争力具有重大战略意义。① 党和国家领导人纷纷题词祝贺，温家宝总理给予高度评价，并亲临海信视察。山东省委、省政府和青岛市委、市政府给予重奖。

（三）从实际出发，搞好人才的测评认证

对信息安全专业人员的测评认证和注册，是提高信息安全从业人员职业道德和技术水平、提升信息安全产业的竞争力和强化国家信息安全管理的有效手段，也是培养高层次信息安全专业人才的有效途径。我国政府及相关企事业单位都非常重视信息安全人才的测评认证，已经推出并认真组织实施了"国家信息安全技术水平考试"（NCSE）、"注册信息安全专业人员"（CISP）和"注册信息安全员"（CISM）资质认证等，取得了较好

---

① 周厚健：《创新文化比创新技术更重要》，《海信时代》2006 年 3 月 17 日第 1 期。

成效。今后，应加强和完善政府的指导和调控，促使测评认证的规范化，在巩固现有成果的基础上，继续扩大测评认证的类型和规模。从长远看，宜在政府的指导下，走市场化运作之路。只有适应市场需求的测评认证，才是成功有效的测评认证。政府可通过建立健全宏观调控体系，为测评认证培训创造良好的环境。理论和实践都说明，实施官、产、学、研相结合，政府有关部门、信息安全专业公司、高等院校、研究院（所）有机结合组建的测评认证机构是最好的测评认证组织形式，我国应积极组建。

使用具有自主知识产权的技术和产品是保障信息安全的基础和前提，研究开发具有自主知识产权的技术和产品并使之产业化具有重大战略意义。而研发具有自主知识产权的技术和产品并使之产业化的主要基地是信息安全企业。国家之间的信息战、地区之间的信息战、企业之间的信息战，在很大程度上是信息安全企业之间的对抗；信息安全企业之间的对抗，在很大程度上又是信息安全企业家群体之间的对抗。如果没有一批高素质的知识型信息安全企业家，就很难在日趋激烈的信息战中求得生存和发展，信息安全乃至国家安全就很难保障。因此，高素质的信息安全企业家群体既是信息安全企业的生命和灵魂，又是国家信息安全乃至国家信息化发展的栋梁。我们必须采取有效措施，培养造就高素质的知识型信息安全企业家。

高素质的知识型信息安全企业家，是指与信息战发展和信息安全保障相适应，知识渊博、经验丰富、能力超群；敢于面对风险，善于应付挑战；品格高尚，善经营、会管理、能驾驭技术；有政治头脑、有战略意识，有文化修养，有开拓创新精神；对推动企业发展及社会信息安全作出重大贡献的人才。高素质的知识型信息安全企业家应该具备以下特质：（1）知识渊博，有丰富的想象力，善于创新；（2）是全球战略家，善于在复杂的国际国内信息战环境中实行战略经营；（3）有生产企业的先见之明、踏实的经营作风和在信息安全保障工作的经验；（4）有迎战信息战威胁和挑战的崇高志向、英雄气魄和夺取信息战胜利的能力；（5）是杰出的政治活动家和宣传鼓动家，有很强的组织协调能力和公关能力，能够在金融界、企业界和政界之间应付自如；（6）品格高尚，严于律己，乐于助人，体恤下属，廉洁勤政，谦虚谨慎。

党组织和人民政府应制定和实施高素质知识型信息安全企业家的培养

规划，采取学校培养、委托培养、代理培养、联合培养、挂职锻炼、国外深造等灵活多样的方式进行培养；还应建立知识型信息安全企业家培训基地，选择有一定理论水平和实践经验、身体健康、有作为、有前途的中青年骨干到基地进行特殊培训，经过测评认证后把优秀者放在关键岗位进行锻炼提高……

人才是信息安全之本。信息安全人才是特殊人才。蓬勃发展的信息化建设和信息安全事业需要大批高素质的信息安全人才。我国信息安全人才短缺的问题短期内难以解决，信息安全人才资源的开发任重而道远。

保护生态环境促进环渤海经济圈可持续发展

——关于环渤海经济圈可持续发展的调查研究报告

卢新德　江奔东

环渤海经济圈（包括山东、山西、河北、北京、天津、辽宁四省二市）是我国经济区域布局中的一个重要地区，保护该区生态环境，促进该区可持续发展，对我国经济全局和跨世纪发展有重要的意义。

一　环渤海经济圈可持续发展面临的问题

（一）人口负担越来越重

人均国民生产总值是一个国家或地区经济社会发展水平的综合指标，是从总体上反映人口与经济可持续发展的核心指标，它代表一个国家或地区经济社会发展的程度、富裕程度及人民生活水平。从环渤海经济圈的发展过程看，人口多而且增长过快，影响了人均国民生产总值水平的提高。如山东省是 80 年代以来环渤海经济圈中经济发展最快的省（市），国民生产总值多年稳居环渤海经济圈各省（市）之首，1995 年末达到 5002 亿元。但是，由于人口基数大，人口总量增长快，1995 年末达到 8700 多万，人均国民生产总值仅 5750 元，在沿海十省市中列第七位，仅高于福建、广西和海南。和广东、江苏两省比较，差距更大。进入 90 年代后，广东、江苏、山东三省国民生产总值一直占据全国前三位，1995 年分别为 5440 亿元、5150 亿元、5002 亿元，相差并不多。但山东总人口比广东多 1830 多万，比江苏多 1630 多万，使得山东人均国民生产总值大大低于广东和江苏，分别少 2170 元、1538 元。

环渤海经济圈资源种类多，储量大，属资源型经济区。煤炭、铁矿、菱镁矿、自然硫、金刚石、黄金等储量和产量都居全国各经济区首位，其中煤炭占全国总量的 60%，铁矿占 50%，黄金占 65%，油气占 40% 以上；海盐资源也很丰富，全国四大盐区有三个在环渤海，产量占全国的 50% 以上；农业资源丰富，农业总产值、粮食、花生、水果、禽蛋、蔬菜等产量都居全国各大经济区首位。但人口密度大，按人口平均，占有量就很少了。人均矿产资源接近全国平均水平，但还不到世界人均占有量的 50%；人均淡水资源只占全国平均水平的 25%，还达不到世界人均量的 7%；人均耕地面积仅为全国人均占有量的 22%，世界人均占有量的 7%。1995 年，环渤海经济圈人口已达 2.45 亿，到 2010 年将超过 2.8 亿。人口的大幅度增长，将对经济建设、资源环境等造成越来越大的压力。特别是人口素质不高，平均受教育水平、职业技术水平、医疗保健水平等指标普遍低于发达国家和新兴工业化国家进入工业化中期的水平（环渤海经济圈目前还处于从工业化初期向中期过渡的阶段）。随着形势的发展和人民生活水平的提高，人口老龄化的趋势随之出现，环渤海经济圈 60 岁以上的人口到本世纪末将占到总人口的 10%，从而进入老龄化社会。人口数量多、素质低、结构趋于老化等问题，都会制约环渤海经济圈经济社会的发展。

（二）长期粗放经营，资源浪费严重

粗放经营的主要特点是依靠上新项目、铺新摊子、扩大投资规模，来实现经济增长，其增长速度越快，资源浪费就越大，环境污染和生态破坏就越严重，发展的持续能力也就越低。过去，环渤海经济圈主要依靠粗放经营拉动经济增长，外延扩张的速度很快，但经济效益很不理想。农业劳动生产率还不及发达国家的 10%，工业劳动生产率还达不到发达国家的 20%，资本利润率还不及发达国家的 15%，直接影响着可持续发展。

环渤海经济圈人均占有资源量很少，能源和原材料短缺是长期制约经济发展的"瓶颈"。长期粗放经营，资源消耗高，产出低，浪费大。环渤海经济圈，主要工业产品的原材料消耗比发达国家高 60%，单位产品用水量比发达国家高出 3 至 5 倍，单位工业增加值所消耗的矿物原料比发达国家高 3 倍；能源利用效率只有 30%，单位国民生产总值能耗是发达国家的 3 至 4 倍。矿产资源总回采率仅为 30% 左右，比世界平均水平低

20%，采富弃贫、采易弃难，甚至掠夺性开采的问题还大量存在。二次能源利用率仅相当于世界先进水平的 35%，每年因资源浪费所造成的经济损失高达 50 亿元。据有关专家论证，在环渤海经济圈有重大开采价值的40 多种矿产资源中，已有近 10 种探明的储量不能满足"九五"计划和2010 年发展目标的需要，胜利油田剩余可采储量日益减少，开采成本迅速上升，经济效益下降。预计到 2000 年，因资源开采过度和浪费严重，金矿生产能力将减少 30%，铁矿生产能力将减少 10%，铜矿生产能力将减少 35%，铝、锌矿生产能力将减少 40%。如不转变经营方式，不合理开采利用和节约资源，就难以实现资源的永续利用。

环渤海经济圈海洋资源比较丰富，渔业经济在整个国民经济中占有举足轻重的地位。但是，长时间以来单纯的追求经济利益，对渤海生物进行掠夺性捕捞，渔业资源越来越少，有些经济鱼类已濒临绝迹。近十几年来，渤海各种经济鱼虾的产量和质量都有下降的趋势。对虾年产量 1979年是 3 万吨，近几年一直在 3000 吨左右徘徊；鲅鱼，1990 年年产量 12 万吨，1995 年只有 9 万吨，而且大个体、高龄鱼比例日趋减少，小个体、小龄鱼比例日渐上升。照此下去，到 2010 年在渤海近海将很难捕到经济鱼虾。

（三）生态环境脆弱，自然灾害频繁

农业，是人类对自然资源影响和依赖性最大的部门，而且是国民经济的基础产业，一个国家和地区的经济发展和社会进步有赖于农业发展产生的"关联效应"。与此相适应，农业生态环境是整个生态环境的基础，农业生态环境被破坏，整个生态环境的"大厦"就会动摇。环渤海经济圈的农业生态环境存在着水土流失、荒漠化、草原退化、物种减少等许多问题，生态环境非常脆弱。目前，环渤海经济圈水土流失面积达 10 万多平方公里，占总面积的 15%。有些市（地）、县（区）水土流失使土地严重退化，造成水库、湖泊和河道淤塞，黄河下游河床平均每年抬高 10 厘米左右。山东省水土流失面积 6 万平方公里，土壤侵蚀模数为 1000～3000 吨/平方公里。年，每年土壤流失量达 2.8 亿吨，不仅带走 350 多万吨氮、磷、钾肥，使地力减退、耕地减少、河底淤泥，而且使生态环境日趋恶化。河北和山西的太行山区、吕梁山区，土层薄、植被少、水土流失严重，年平均水土流失量近亿吨，农业落后，工业发展缓慢，政府和人民

群众都较困难。环渤海经济圈是多风沙地区，15% 左右的土地面积和
20% 左右的人口受到荒漠化的危害和威胁。北京市 1977 年被世界沙漠化
会议列为受沙漠化危害较严重的地区，每年因沙漠化而造成的经济损失达
20 亿元左右，河北省坝上高原各种风蚀沙化面积 880 万亩，刮出土豆种、
刮到犁底层的灾害时常出现，100 万人生活非常困难。物种多样性曾是环
渤海经济圈的一大特色，陆地生物、海洋生物等曾达 100 多万种，但由于
自然灾害、掠夺式捕猎和环境污染，物种急剧减少，辽河、海河、小清河
等河流多数经济鱼虾已绝迹。

　　环渤海经济圈自然灾害种类繁多，发生频繁，危害很大。旱、涝、
风、雹、霜冻及病虫害等频繁出现，严重危害农业，造成减产减收，局部
地区甚至绝产绝收。环渤海位于环太平洋地震带，地震、地面沉降、塌
陷、滑坡等地质灾害对人类生命财产、工农业生产、生态环境等都会造成
破坏，1976 年的唐山大地震（7、8 级），夺去了几十万人的生命，经济
损失超过 200 亿元。风暴潮、海冰、海浪、海水内侵、海面上升、赤潮等
海洋灾害经常在渤海出现，对人民的生命财产、海洋生态、海水养殖、海
洋捕捞、滨海旅游等都有重大负效应影响。另外，盐碱地、洪涝、河湖库
底淤积、地方病等灾害，也在环渤海某些市（地）、县（区）时有发生，
产生不同程度的负影响和破坏。据有关专家估算，近十几年来，由于自然
灾害给环渤海经济圈造成的直接经济损失高达 3000 亿元，相当于 1995 年
国民生产总值 14286 亿元的 21%。

　　（四）环境污染逐渐加重，治理难度越来越大

　　环渤海经济圈生态环境脆弱，自然灾害频繁，长期粗放经营，以煤炭
为主的能源结构排放出大量废气、烟尘、废水和废渣，环境污染不断加
重，生态平衡遭到严重破坏。据调查测算，环渤海经济圈大中城市的大气
质量没有一个符合国家一级标准；工业废水处理率不到 60%，生活污水
处理率不到 10%，固体废弃物和生产垃级处理率不超过 30%，其余都未
经处理排放，污染越来越严重，治理难度越来越大。渤海沿岸有 217 个排
污口不分昼夜的向渤海排污，仅 1995 年流入渤海的污水总量就达 28 万
吨，排入的污染物总量达 70 万吨。渤海近海的一些海域，海底泥中重金
属含量竟超过国家标准 2000 倍。许多专家呼吁，渤海的环境污染已经达
到临界点，不仅破坏了水系和海域水环境的生态平衡，而且破坏了海洋生

物的生存环境，使许多生物资源绝迹。如不采取措施控制和治理污染，十几年后渤海将可能成为"死海"，环渤海人将失去生存和发展的物质基础，甚至承受巨大灾难。环渤海经济圈的环境污染有三个显著特点：第一，污染空间广。天上地下，内陆、海洋、河流、湖泊；城市、农村等，都存在污染。第二，污染领域宽。大气、土壤、水，森林、草场、动物、植物、人体健康等，都受到不同程度的污染。第三，污染危害严重。其中受污染危害最严重的是城市、大气和地表水。尤其是水污染，殃及环渤海各省（市）、各方面、各领域。辽宁是全国水污染最严重的省，废水排放量占全国的9%，大辽河、太子河、浑河等河水都污染严重；京津冀、鲁北的一些水系如永定河、海河、小清河、淄河等也受到严重污染；地面水的污染引起了辽中、京津唐、胶济铁路沿线、石家庄邯郸等地区地下水水质普遍超标。

二　保护生态环境，促进环渤海经济圈可持续发展

（一）进行生态环境的预警性研究，利用生态经济规律指导经济发展

农业是环渤海经济圈的基础产业，也是受自然生态环境变化影响最大的产业。因此，环渤海经济圈应首先进行农业生态环境的预警性研究，及时准确地提供生态环境变化的监测数据，分析生态破坏和环境污染的趋势，不断提醒人们维持生态平衡。

环渤海经济圈赖以形成的自然基础优势在于海，但渤海近海的污染已经到了令人触目惊心的程度。因此，必须搞好渤海海域生态环境的预警性研究。当务之急，是建立健全两个系统：一是海洋污染监视、监测系统；二是海洋污染综合治理系统，采取有效措施，促使海洋环境保护与海洋经济同步发展。

从环渤海经济圈的整体看，进行生态环境的预警性研究，需要着重抓好三个方面：一是用现代化的科学技术手段武装经济信息系统（包括财政、金融、计划、统计、物价、物资等行业的信息系统）和生态环境信息系统（包括地质、气象、水文、生物、生态、环保、海洋、测绘等部门的信息机构），以便高效、准确、及时地处理收集到的原始信息，经过筛选加工后，供决策部门参考。二是对环渤海经济圈的自然资源及其开发利用进行全面调查、勘察和科学研究工作，使经济决策机构的决策，建立

在生态系统正确信息的基础之上。三是按照生态经济学原理改革统计指标体系，在统计指标中增加若干反映生态环境信息的指标，使指标的设置符合生态经济规律。

（二）遵循生态经济规律，调整和优化产业结构

产业结构的不断优化和升级，是经济可持续发展的基础。经过长期的演变，环渤海经济圈的产业结构成为重型的结构，重工业在工业中的比重高出全国平均数的6%，在工农业中的比重高出长江三角洲10%以上、高出珠江三角洲20%以上，而且设备陈旧，技术落后，消耗大，排污多；第一产业基础脆弱，第三产业与本区域庞大的经济规模很不适应。辽宁、河北、山西、山东四省的第三产业占全部国内生产总值的比重都低于全国平均水平。这样的产业结构是污染严重、生态平衡遭到破坏的深层次原因，是影响经济可持续发展的根本性因素，必须遵循生态经济规律不断调整和优化产业结构。

遵循生态经济规律，调整和优化环渤海经济圈产业结构的基本思路可以是：在合理开发和有效利用资源的同时，加强生态环境的保护和跟踪治理，因势利导，大搞生态农业和城市生态工业，积极发展"生态产业群"及为其服务的第三产业，为经济的可持续发展创建良好的产业基础。发展"生态产业群"，需要采取综合配套措施：第一产业坚持以科技兴农为先导，以高产、优质、高效为核心，从"农业的根本出路在于机械化"的技术路线转到"在于生物工程"的技术路线上来，多渠道增加农业投入，大力发展"生态农业"和"立体农业"，促进农业生态与经济的良性循环；运用生态规律和系统工程方法经营和管理第二产业，在各种工业中推广"生态工程"、"环境工程"和"无污染工艺"等新技术，使能源和资源通过综合利用获得高效益而不产生或少产生污染物；按照社会主义市场经济的要求和发展"生态产业群"的需要，大力发展对环渤海经济圈具有全局性、先导性、高效益的交通、通信、金融保险、信息咨询、房地产、商业服务等第三产业。

环渤海经济圈是自然灾害频繁而严重的地区，应创建能够防御自然灾害的可持续发展产业体系。例如，从近海向陆地可建立"海岸带复合生态体系"。即"水产养殖业或盐业→林业（防护业体系）→畜牧业→种植业→加工业"；在农村可建立"农村复合生态体系"，包括"饲料→沼

气→蚯蚓→肥料"多次利用体系、"蘑菇→饲料→沼气→蚯蚓→肥料"循
环体系等。

（三）遵循生态法则进行适度消费

著名生态经济学家爱伦·达尔宁按照生态法则，把地球上的居民分为
三个社会生态阶层，即超量消费者、维持性消费者和收益仅敷支出的消费
者。超量消费者占世界人口的 20%，却消费世界资源的 80%；收入仅敷
支出的消费者也占人口的 20%，消费的资源很少很少，少得难以计算比
例；维持性消费者大约占世界人口的 60%，以或多或少的可持续性的生
活资料来满足其基本需求。遗憾和可悲的是，有人追求无限的富裕，想把
所有人都带到超量消费的层次。我们不能用爱伦·达尔宁设计的模式来套
环渤海经济圈的现实，但可以用他提出的原则分析和指导环渤海经济圈人
民的消费。改革开放以来，环渤海经济圈的消费总水平提高较快，但大大
低于长江三角洲和珠江三角洲，人均消费水平还低于广东、江苏。从
1995 年全社会消费品零售总额看，山东为 1416 亿元，比江苏的 1645 亿
元少 229 亿元，比广东的 2300 亿元少 884 亿元。而山东省的人口总量分
别比江苏、广东多 1630 多万、1830 多万，可见山东省消费水平之低。若
从人均生活消费支出指标看，山东省与江苏、广东的差距更大。1995 年，
山东省城镇人均生活消费支出额 3285 元，比江苏的 1938 元少 600 元，比
广东的 2255 元少 917 元，……山东省的生活消费水平如此低下，环渤海
经济圈其它一些省市就可想而知了。就是在这样低的消费水平条件下，许
多人特别是一些青年人还极力追求高消费和超量消费。我们应该提倡做
"维持性消费者"，进行适度消费，过安全、舒适、充实和不浪费资源、
不污染环境的生活，保证资源的可持续利用和良好的生态环境。

（四）控制新污染，治理老污染

环渤海经济圈的环境污染，具有复杂性、综合性和严重性，它涉及到
各方面的经济利益和经济关系，因而对环境污染的控制和治理也应采取多
种措施和方法，综合配套实施。其中，主要有经济方法、科技方法、法律
方法、行政方法、宣教方法等，这些方法相互联系、相辅相成，构成统一
的环境保护与治理体系。环渤海经济圈应全面、认真地贯彻实施。"九
五"计划期间，应着重抓好三方面的工作：一是严格把好新建、扩建、
改建和技术改造项目关，坚持经济建设、城乡建设与环境建设同步规划、

同步实施、同步发展，建设对环境有影响的项目必须依法严格执行环境影响评价制度和环境保护设施与主体工程同时设计、同时施工、同时投产制度，坚决控制新污染；二是对现有排污单位超标排放污染物的，依法责令限期治理，限期达标，对逾期不能达标的由县级以上人民政府依法责令其关闭、停业或转产；三是对污染严重的河、湖、库、海域采取有效措施治理，限期达标。渤海是一个半封闭的海湾，环渤海经济圈环境是一个整体。圈内任何地区的环境问题都会对整个区域的环境产生不良影响。因此，保护环渤海经济圈的资源和环境特别是海洋资源和海洋环境，单靠个别省（市）、个别部门是做不到的，只有开展区域合作，各省（市）、各部门联合起来，齐抓共管，综合法理，才能适度有效地利用资源，保护好环境，实现可持续发展。

（五）转变经济增长方式，实行集约经营

首先，实行集约经营，把提高经济效益放在首位。环渤海经济圈的实践证明，那种主要依靠增加投入、铺新摊子、单纯追求数量、忽视质量的粗放经营方式，必然是资源消耗高、利用率低、污染严重、经济效益差，不能支持国民经济的可持续发展。因此，必须更新发展思路，促使经济增长方式从粗放型向集约型转变，把提高经济效益放在首位，在此前提下追求高速度。

其次，把生态环境保护与推进经济增长方式的转变有机结合起来，在转变过程中实现资源的合理配置和有效利用，减轻环境污染，维护生态平衡。要引导企业发展技术起点高、低耗、高产、无污染、少污染的产业、产品和工艺，加强企业管理，进行文明、清洁生产。建立淘汰落后工艺、产品和设备制度，禁止发展消耗高、灌溉重的产业、项目和产品。建立污染物排放总量控制体系，全面实施水、气污染物和固体废物排放总量控制，从根本上降低污染负荷，降低单位国民生产值的污染排放量。

同时，积极开展资源工程学的研究，快速地查明资源、高效地利用资源、不断地创造新资源，保证资源的永续利用。

（六）协调好人口与生态系统的关系

环渤海经济圈存在着人口增长过快、素质不高等问题，使得人口与生态系统的关系不协调，制约着经济的可持续发展。因此，必须在保护好生态环境的同时，实行计划生育和优生优育，控制人口数量，提高人口质量，优化人力资源与自然资源的组合。

近十几年来，环渤海经济圈的人口出生率和自然增长率都有所下降，但由于人口基数大，净增长人口仍大得惊人，每年约净增 280 万，相当于新加坡全国的人口。如不严格控制，只能使人均资源越来越少，后果不堪设想。因此，必须认真落实"计划生育"这一基本国策，从全社会的长远利益和整体利益来考虑人口增长率，使环渤海经济圈的人口自然增长率低于全国平均水平。同时，要学习借鉴国内外的先进经验，从环渤海经济圈的实际出发，树立"以人为本"的可持续发展思想，走"培育人、保护人、服务人、造福人"的可持续发展道路。首先要培育人，增加教育投入，优化教育结构，积极发展教育、科技、卫生等社会事业，提高人的整体素质，培养全面发展的高质量人才。

（七）建立健全可持续发展的保证机制

近几年来，环渤海经济圈各省市制定和执行了一些促进经济发展、保护生态平衡的政策措施。但从环渤海经济圈整体看，从实现可持续发展的要求看，现在的保证机制还很不完善。必须采取有效措施，建立健全可持续发展的保证机制。

首先是可持续发展的协调决策机制。环渤海经济圈的生态环境情况比较复杂，涉及面广。建议国务院加强对环渤海四省二市生态环境保护和可持续发展问题的协调，可采取环渤海经济圈联席会议的形式，在区域开发、城市发展、资源配置、生产力布局等重大行动方面，进行环境影响论证，协调产业政策、环境经济政策、投资政策、激励政策，做到环渤海经济圈一盘棋，注意克服省（市）地方主义。

二是环保资金筹措机制。环渤海经济圈正处于经济高速增长时期，百业待兴，需要巨额资金。资金短缺是环渤海经济圈生态环境保护面临的最大难题，必须多层次、多渠道、多方式筹措资金，不断增加环保投入。要建立健全"污染者付费、利用者补偿、开发者保护、破坏者恢复、政府增加投入"的资金筹措机制。山东、辽宁、北京等省市政府已经将生态环境保护项目所需资金纳入固定资产投资计划之中，进一步加大对重点流域和跨地区的污染综合治理及环境保护示范工程的投入。银行系统应加大环保贷款规模，保护生态环境，促进可持续发展。

三是环保法规体系和监管体系。法律法规是可持续发展保证机制的重要组成部分。环渤海经济圈各省市也都颁布了一些环保法规。建议环渤海经济圈四省二市就建立区域性环境保护法规问题加强研究工作,按照"注重配套,急用先立,体现特色"的原则,促成全国人大尽早出台《环渤海经济圈环境保护法》、《环渤海经济圈固体废物污染环境防治法》、《渤海水资源保护法》、《环境保护工程市场监督管理办法》等区域性环境保护法规,并逐步建立比较齐全的相关法规体系。有了法,还要严格执法,加大监管力度。

(八) 不断加强环渤海经济圈各省 (市) 的联合

渤海是我们中国的内海,环渤海沿岸四省二市共用一个海,相互联系、相互依存,形成一个经济圈,只有各省 (市)、各市 (地)、各部门加强联合,密切合作,共同采取配套措施,才能保证环渤海经济圈的可持续发展。

环渤海经济圈各省市早就认识到了联合和协作的重要性,从 1986 年开始不断加强和扩大联合,成效越来越明显。联合的层次不断升级,由过去自下而上、自发联合、小规模零星合作,逐步向国家出面、政府组织、统筹规划、上下结合、优势互补、互惠互利、协调发展转变。但是,这种联合和协作还处在初级阶段,要想实现环渤海经济圈的可持续发展,还必须把联合和协作推向新阶段,提高到新水平。

把联合和协作推向新阶段,关键是寻求联合各方共同利益的结合点,建议从四个方面进行探索实践,推进联合: (1) 搞好四省二市发展思路和战略规划对接,明确产业重点和分工,不走大而全、小而全的老路,促成各自的规模产业。(2) 选择单个省 (市) 或市 (地) 开发不了或开发起来有困难的重要资源,如渤海海底石油资源、黄河三角洲的土地资源等,进行联合开发。(3) 联合协同对外,稳步推进国际经济合作,重点是积极参与东北亚地区的经济合作。(4) 建立四省二市双边或多边主要领导定期对话制度,及时交流解决共同发展中的问题。

中国加入 WTO 对山东服务业的影响

卢新德

山东服务业及服务贸易发展状况

在现代市场经济中，服务业处于中心地位。服务业的现代化是一国或一地区经济现代化的基础和重要标志。改革开放以来，山东省的服务业及服务贸易发展较快，已成为山东经济的重要产业部门，但水平还不高。

（一）服务业

第一，发展速度较快，但仍较落后。

据统计，山东省服务产业增加值，1952 年为 6.99 亿元，1960 年为 16.77 亿元，1970 年为 20.37 亿元，1980 年为 39.59 亿元，1990 年为 449.92 亿元，1999 年为 2735.9 亿元。从 1952 年到 1999 年服务业增加值增长了 140 多倍，平均每年递增 11%。总的看，改革开放前服务业发展缓慢，改革开放后发展较快。1978 年至 1999 年以年均 15% 的速度递增，比第一产业高约 9%，比第二产业高约 1.22%，同时比国内生产总值高约 4%。因为服务业增长速度快，所以在国内生产总值中所占的比重也不断增长。1978 年服务业增加值占国内生产总值的 13.77%，1984 年为 20.66%，1990 年为 29.77%，1999 年又增加到 35.7%。

虽然山东服务业发展较快，但仍较落后。目前，发达国家服务业占国内生产总值的比重都在 70% 左右，美国高达 78%，是山东的 2 倍多。山东服务业占国内生产总值的比重不但大大低于发达国家，而且低于发展中国家平均约 50% 的水平。

第二，内部结构逐步优化但不够合理。

根据 WTO《服务贸易总协定》，从我国实际出发，我们把服务业分为四个层次。第一层次，流通服务业，主要包括商业、饮食、物资供销和仓储、交通运输、邮电通讯业等；第二层次，生产和生活服务业，主要包括金融、保险、咨询、房地产、公用事业、旅游、综合服务等行业；第三层次，为提高科学文化水平和居民素质的服务，主要包括科学、教育、文化、卫生、体育和社会福利业等；第四层次，为社会公共需要服务的部门和行业。国内外的理论和实践都说明，随着产业结构和经济现代化的发展，服务业内部结构也应不断优化，由低级向高级发展。一般情况下，第一层次即流通服务占主导地位时为低级阶段；第二层次占主导地位时为中级阶段；第三层次占主导地位时为高级阶段。80年代初，山东服务业内部第一层次增加值占整个服务业的50%，处于低级阶段。经过20多年的发展，山东服务业内部第二、三层次的许多类服务业有了很大增长。目前，在服务业增加值的内部构成中，第一层次约占40%，第二层次约占35%，第三层次约占25%。可见，山东服务业内部结构在不断优化，第一层次所占比重不断下降，第二层次、第三层次所占比重不断上升，正处于中级阶段。

从总体看，山东服务业内部结构还不够合理。技术、知识密集型服务业发展滞后，新兴行业少。例如，科学技术服务业发展缓慢，为企业提供信息和咨询的服务业很落后，金融保险业很不适应经济社会发展的需要，邮电通讯业也跟不上时代发展步伐。

第三，带动了产业结构的优化和经济发展。

从近100年发达国家产业的演进看，三次产业在国内生产总值中的构成是按照"二一三"→"二三一"→"三二一"的规律发展的。在山东，1978年改革开放启动时，三次产业在国内生产总值中所占的比重，第一产业为33.3%，第二产业为52.9%，第三产业（即服务业）为13.8%，即呈现"二一三"结构。之后，第三产业迅速发展，带动了产业结构的优化。到1990年，三次产业的构成改变为：第一产业占28.1%，第二产业占42.1%，第三产业占29.8%，实现了产业结构从"二一三"向"二三一"的历史性转变。1999年，第三产业的比重上升到35.7%，第二产业升至48.4%，第一产业降至15.9%，进一步优化。自1978年至1999年，服务业所占比重增加了22个百分点，年平均增长近1个百分点。按照这个变化速率，到2010年前后，山东的产业结构将从"二三一"优化为"三二一"。

服务业的发展带动了产业结构的优化，产业结构的优化又带动了整个国民经济的发展。1978 年山东省国内生产总值为 225.5 亿元，1999 年增加到 7662.3 亿元，年均增长 11% 左右。其中服务业对国民经济增长的贡献率（即一定时期内服务业增加值的增加额占同期国内生产总值增加额的比重）为：1978 ~ 1985 年为 26.5%，1986 ~ 1990 年为 35.9%，1996 ~ 1999 年为 39.6%。这说明，服务业在带动国民经济发展中的作用越来越大。但是，与世界先进水平比，还差得很远。目前，美国服务业对国民经济增长的贡献率已达 75%，我国香港地区已达 80%。

（二）服务贸易

第一，起步晚，发展快，但总体水平低。

山东服务贸易起步较晚，发展较快，在全省进出口贸易总额中的比重不断上升。1982 年服务贸易进出口额仅 0.8 亿美元，占全省进出口总额的 4.45%；1997 年增长到 14.04 亿美元，占进出口总额的 8%；1999 年增长到 18.28 亿美元，占进出口总额的 10%。可见，山东国际服务贸易 17 年增长 22.85 倍，平均增长率为 20.2%，和全国平均水平相近。这个增长率大大高于货物贸易增长率和国内生产总值增长率。但是，总体水平仍很低。1997 年，发达国家服务贸易进出口额占进出口总额的比重已达 30%，新兴经济体为 16%，而山东仅为 8%，1999 年才达 10%。这与山东经济大省及进出口贸易在全国的地位，极不相称。

第二，服务贸易结构不断优化，但仍不够合理。

随着山东服务贸易规模的迅速扩大，服务贸易结构也不断优化。在出口方面，1985 年，交通运输占 27%，旅游占 27.6%，对外承包劳务占 20%，其他占 24.4%；到 1996 年，交通运输占 17%，旅游占 35.5%，对外承包劳务占 23%，其他占 24.5%；1999 年，交通运输占 12%，旅游占 38.5%，对外承包劳务占 25%，其他占 24.5%。可见，山东交通运输业特别是海运服务有一定竞争力，但所占比重明显下降；旅游业具有较强的竞争力，所占比重大幅度上升；劳务服务出口也有较强竞争力，其他变化不大。这基本符合国际服务贸易结构的演进规律，但多为劳动密集型服务业出口，科技含量低，附加值低，创汇效益低。在进口方面，1985 年交通运输占 48%，旅游占 14%，对外承包劳务占 18%，其他占 20%；1996 年，交通运输占 36%，旅游占 18%，对外承包劳务占 20%，其他占

26％；1999 年，交通运输占 30％，旅游占 20％，对外承包劳务占 21％，其他占 29％。可见，交通运输业所占比重下降明显，但始终占主导地位；旅游、劳务承包所占比重逐步上升，其他所占比重上升幅度较大。这说明，山东服务贸易进口范围不断扩大，结构日趋优化。

但总的看，山东服务贸易结构还不够合理。无论出口还是进口，交通运输、旅游和劳务等劳动密集型服务都占很大比重，而咨询、电讯、教育、环境、健康、科技等技术密集型、知识密集型、资本密集型服务贸易所占比重太低。这与发达国家、新兴工业化国家和地区的服务贸易结构还有很大差距。

第三，服务贸易发展存在许多不平衡。

1. 如上所述，服务贸易总体水平低、竞争力弱，与商品贸易发展不平衡；服务贸易内部，技术、知识、资本密集型服务贸易落后，缺乏国际竞争力，与劳动密集型服务贸易发展不平衡。

2. 地区间发展不平衡。因山东各地区间生产力发展水平差异大，工业化进程不同，地区间服务贸易的发展不平衡。总的看，经济较发达的青岛、烟台、威海等东部沿海地区服务贸易发展快；而菏泽、聊城、滨州等西部地区服务贸易发展慢，服务业落后。

3. 市场开放度不平衡。山东商品贸易市场开放早，发展较快，开放度较大；而服务贸易市场开放晚，发展慢，开放度小。

4. 研究开发工作不平衡。山东比较重视商品贸易的研究开发，统计分析机制比较完善，统计资料基本健全；而对国际服务贸易的研究开发工作一直没引起高度重视，没有建立健全统计分析机制，统计资料少且零乱。

5. 法律政策体系不健全。山东商品贸易中的法律政策体系已基本健全；而服务贸易法律政策体系尚不健全。

中国加入 WTO 对山东服务业的影响

我国政府已经承诺，加入 WTO 后将遵循《服务贸易总协定》，逐步、分阶段开放金融、保险、电讯、商品零售批发、旅游、专业服务、医疗服务等服务业市场。这将给山东省服务业和服务贸易带来历史性良好机遇。一方面，我省可以享受 WTO 所有成员方给予的最惠国待遇、国民待遇及给予发展中国家成员的所有优惠待遇，更顺畅地走向世界，发展自己的服务业，为服务业创造更广阔的活动空间；另一方面，将为我省服务业扩大利用外资创造更加宽松的国际国内环境，促进服务业更好、更快地发展。中国加入WTO，在给山东服务业和服务贸易带来良好发展机遇的同时，也带来严峻的挑战。因为，山东服务业总体水平低，企业规模小，管理落后，技术进步慢，抗风险能力弱，难以和外国服务企业抗衡。所以，山东服务业走向世界，对国外服务业的威胁不大；但外国服务业进入中国、进入山东，就会对山东服务业产生巨大冲击，一些服务企业将受到市场竞争规律的惩罚而被淘汰。

（一）商业

商业是服务业的重要部门。1999年全省已有商业企业120多万家，商品零售总额2310.1亿元，居全国前列，但还不及美国沃尔玛公司一家营业额1322亿美元的五分之一。中国加入WTO，将给山东商业带来巨大影响。有利影响主要是：第一，市场准入限制逐步取消，有利于吸引外资、外国先进技术和管理经验，促进商业经济快速发展；第二，有利于商业企业积极利用国际跨国商业集团进行全球采购的机遇，不断扩大出口贸易；第三，有利于通过进口国外商品，活跃国内市场，提高人民生活水平。不利影响主要是：第一，山东商业企业与国外企业相比，普遍存在规模小、管理水平低、技术装备差、抗风险能力弱等问题，而发达国家的商业企业普遍具有经营方式、管理水平、技术装备、资金、人才、服务质量等方面的优势。加入WTO后，外资商业企业会依靠自身优势，抢夺我们的市场份额，扩大市场占有率，从而瓦解我们原有的商业体系。第二，山东商业多为劳动密集型行业，是吸纳就业的主要部门，但全省商业行业下岗职工人数已近13万，占在职职工人数的15%。入世后，外资商业企业的进入，使商业整合力度加大，失业问题会更加突出。

（二）旅游业

山东文化历史悠久，自然风光秀丽，旅游资源丰富多彩，旅游景点多，发展潜力大，前景广阔。党的十一届三中全会以来，已经获得了较快发展。1980年至1999年，全省接待海外旅游人数年均增长22%，旅游外汇收入年均增长23.3%。1999年，全省共接待海外过夜旅游者56.2万人次，国际旅游外汇收入达2.7亿美元，旅游总收入达307.2亿元。现在山东已形成"五区一线"的旅游区格局，即山水圣人（泰山、济南泉水、孔子故里曲阜）旅游区、海滨旅游区、民俗旅游区、齐文化旅游区、黄河口旅游区以及"水浒"旅游线。

但是，山东和国外旅游业相比差距很大，很不适应入世要求。主要问题是：管理体制不顺，行业管理机制不健全，很难与国际旅游业接轨；旅游企业和景点多头管理，各自为政，相互之间无序竞争严重存在；旅游企业自律力不强，从业人员素质不高；客源招徕渠道狭窄，市场开发力度不够；旅行社和旅游饭店过剩，无序竞争严重，效益低下。入世后，外资旅行社和旅游饭店将陆续进入。它们依靠经济实力、管理科学、游客资源优势特别是双向携客、全球性经营服务网络等优势，争夺我省旅游市场和游客，我省旅游业将面临业务萎缩的威胁。

（三）金融保险业

在加入 WTO 的谈判中，我国在金融服务方面承诺，允许外资经营非居民外汇储蓄服务、结算业务、外汇贷款、担保、客户的账户交易、保管储蓄及信托服务等，并逐步取消外商投资金融领域的地域限制，逐步扩大外资金融机构经营人民币业务的试点地域和经营规模。据此，外资银行就会逐步顺利进入我国市场，依靠自身经营灵活、经验丰富、管理水平高、资金雄厚等优势，挤占中资银行的市场，冲击我们的金融体制。

保险业是中国的新兴产业，山东省也有一定发展。中国加入 WTO，将迫使我们深化改革，搞好保险业的结构调整，使保险业更加市场化，与国际保险业运行接轨，从而带来发展机遇。但我们的保险业还处在幼稚期，保险密度、保险深度、经营管理水平很低。加入 WTO 后，外资将逐步进入保险业，并且持股比例将达 50％ 左右，以后还允许外商独资经营，我们的保险业将受到巨大冲击。

（四）交通运输业

交通运输业是重要的服务部门。改革开放以来，山东交通运输业发展较快。1999 年，全省公路旅客运输量完成 7.8 亿人、311 亿人公里；水路旅客运输量完成 862.5 万人、4.1 亿人公里。公路货物运输量完成 6.8 亿吨、周转量 353.5 亿吨公里；水路货物运输量完成 1956.2 万吨、周转量 183.3 亿吨公里，沿海港口货物吞吐量完成 1.4 亿吨；均居全国前列。目前，山东公路运输业开放程度较低，海运业开放程度较高。中国加入

WTO，既会给山东交通运输业带来发展机遇，又会带来挑战。

中国加入 WTO 后，外资进入公路运输领域的步伐将加快。一方面，可以缓解交通资金不足的矛盾，有利于更新运力、提高运输质量和服务水平，有利于打破地域限制、条块分割，促进运输企业的战略性重组，实现运输产业的结构升级；另一方面，会加剧全省公路运力总体过剩的矛盾，市场竞争更加激烈，企业两极分化日趋明显，部分企业将面临破产的威胁。中国加入 WTO 后，对外贸易的迅速发展，将为山东海运业发展跨国经营、全面参与国际航运市场竞争创造新的发展机遇，并将带动港口设施建设的更快发展。但是，随着国外航运公司的进入，竞争将会加剧，山东海运企业的部分市场将被挤占，某些企业可能受到巨大冲击。

（五）电信及其他服务业

WTO《基础电信协议》是 WTO 在其《服务贸易总协定》框架下于1997 年签订的一个重要协议，它要求协议各方相互开放电信市场。所谓开放电信市场，是指开放以电话为主的基本电信业务市场。经过改革开放20 多年的发展，山东的电信与信息服务业已初具规模，初步建立了比较完善的城乡公众电话网、移动通信网、公用数据和多媒体通信网，通信条件明显改善。1999 年，全省完成电信业务总量 176.6 亿元；年末全省长途电话 11 万路，长途自动交换机容量 1052 万门；电话普及率达 10.6 部/百人，移动电话户数已达 248.9 万户。但是，由于行业垄断，山东电信业的管理体制和企业经营机制很不适应 WTO《基础电信协议》的要求。仅从我们的电话费高于美国的 7 倍，就可看出它毫无竞争力。中国加入WTO 后，外资的进入以及电信设备和服务实行零关税，山东的电信业将面临严峻挑战。

其他服务部门，如教育、建筑、环境、医疗等服务，山东都比较薄弱。中国加入 WTO 后，外资进入这些部门，一方面会促进其发展，另一方面会带来挑战。我们应该抓住机遇，迎接挑战，加快这些服务部门的发展。

山东服务业国际化的战略选择

面对加入 WTO 的机遇和挑战，山东的服务业应按照《服务贸易总协定》走经济国际化之路，选择科学的国际化战略模式，遵循正确的原则，制定切实可行的战略措施。

（一）世界服务业国际化模式

随着世界经济国际化的蓬勃发展，服务业国际化的热潮迅速兴起。目前，世界上服务业国际化发展的战略模式可分为三种类型：积极开放型、稳步开放型、限制开放型。

积极开放型　采取积极开放型战略模式的国家往往是服务贸易出口大国。这些国家服务业发达，总体实力强，在服务业许多部门中具有竞争优势，生产能力大量过剩，需要积极开拓国际市场，输出过剩的生产能力。在开拓国际市场的过程中，往往进行一定程度的扩张，即利用自己的优势，推行服务贸易自由化，强制性地要求其他国家开放其国内服务市场，从而谋取最大限度的比较利益。

稳步开放型　采取稳步开放型战略模式的国家，在服务业中仅仅具有一定的实力，某些部门具有比较优势或一定竞争力。一方面，国内市场是孕育其服务业的摇篮，为国内相关服务业提供基本市场保障；另一方面，其生产能力已经开始立足国内，走向世界。因此，这类国家对国内服务市场的开放是稳步的，其战略模式的指导思想是：凭借国内市场发挥服务生产潜力，按步骤分阶段扩大，最终与国际市场融合。

限制开放型　在经济全球化和经济国际化历史潮流滚滚向前的当今世界，断然拒绝开放其服务市场的国家是没有的。但是，某些国家出于种种原因，采取限制开放型战略模式，对服务市场的开放实施一些限制。还有一些国家把限制开放型战略模式当作追求和保护国有经济利益的手段和策略，把开放服务市场作为一种谈判的筹码，来提高本国在国际谈判中的地位。

（二）山东服务业国际化的战略选择

面对加入 WTO，选择服务业国际化战略模式，应把握和遵循我国政府关于服务业开放的基本原则，即：坚持国家主权与遵守《服务贸易总协定》的基本原则相结合；坚持适度保护与鼓励公平竞争相结合；在全面组织实施国际化战略的基础上重点扶持西部地区服务业的发展；认真贯彻"以市场换技术"、"以市场引导外资投向"；坚持发挥劳动密集型服务部门优势与努力提高技术含量相结合；完善政策法规体系，坚持依法调控、维护服务贸易的健康发展。

遵循上述原则，从山东服务业发展水平低、国际竞争力弱的实际出发，21世纪初山东宜选择稳步开放型国际化战略模式。其基本思路可以是：解放思想，提高认识，深化改革，强化管理，发挥比较优势，适度地、渐进式对外开放，逐步拓宽领域，膨胀规模，优化结构，尽快提高山东服务业和服务贸易的整体竞争力，力争到2010年服务贸易总量跃居全国前列。

体现上述基本思路，宜主要采取以下几项战略措施。

第一，解放思想，提高认识。以邓小平的对外开放思想为指导，学习把握WTO《服务贸易总协定》的主要内容和基本原则，解放思想，提高认识，实现"五破五立"，即：破除把服务业等同于商业服务的传统观念，树立大服务、大流通、大市场的意识；破除服务业仅仅是为工农业服务的旧观念，树立服务业是主导产业的新思想；冲破条块分割、地区保护的思想束缚，树立顾大局、看长远的思想观念；破除墨守陈规的保守思想，树立创新意识、竞争意识、效益意识；破除"自我封闭"、"内部循环"的观念，树立大开放，参与国际大循环的思想。

第二，深化改革，完善科学管理体系。遵循WTO《服务贸易总协定》的要求，深化改革，完善山东服务业管理体制和服务贸易发展协调机构，制定和实施"服务贸易发展总体规划"，组织、管理、协调好全省服务业和服务贸易的发展。

第三，建立和健全政策法规体系。首先，在遵守《服务贸易总协定》基本原则的前提下，制定促进山东服务业及服务贸易发展的优惠政策，在财政、税收、信贷、科技、人才开发等方面给予扶持。同时，根据《服务贸易总协定》的要求，建立和健全有关服务贸易的法律法规体系，使服务贸易真正实现制度化、规范化。还要利用《服务贸易总协定》的有关例外条款，制定适度保护政策，凡涉及国家主权、安全、机密及关系到国民经济命脉和人民生活安定的重要部门、项目应适度限制甚至禁止开放，以保护我省服务业的正常发展。

第四，发挥优势，重点突破。充分发挥山东区位优势、劳动力资源优势、历史文化特色等优势，大力发展对外承包工程和劳务合作、旅游、运输等劳动密集型及资本密集型对外服务贸易，高起点发展电信、咨询、广告、会议、展览等技术和知识密集型国际服务贸易，争取在这些重点领域实现对外服务贸易发展的重大突破。

第五，拓展领域，膨胀规模。大力拓展旅游、运输、金融、保险、石油开采、建筑、工程设计、信息、咨询、会计、律师、商业、广告、展览、教育、医疗保健、社区服务等对外服务贸易的领域。通过税收等优惠政策，增强企业自我发展的实力，促进其迅速膨胀规模，从而增加全省对外服务贸易的总量。

第六，适度、渐进式对外开放。与货物贸易不同，服务贸易的某些领域涉及国家主权、安全、机密等，需要确定合理的开放度，积极、稳妥、渐进式对外开放。一方面，根据不同行业的国际竞争力的高低、对国民经济发展的重要程度、改革和发展的状况，分别情况，有计划、有步骤地开放；另一方面，对不同地区也应区别对待，沿海城市可先行一步，逐步拓展到内地。

第七，搞好服务业人才特别是服务贸易人才的培养、引进和使用，重点培养一批知识渊博、经验丰富、精明能干的"国际型经理"，依靠他们带领企业开创服务贸易的新局面。

山东服务业国际化的部门策略选择

（一）商业服务业

第一，跨国境的服务提供和消费可不设置市场准入障碍。但是，对自然人存在和商业存在应作出股权比例和雇用当地人员的比例规定。

第二，经审查批准，允许外国商业服务的专家、高级管理人才及技术人员以自然人身份到山东省提供服务；经授权允许外商在山东成立中外合资性质的商业服务企业，但外商股权不得超过49%，并且雇用当地人员占企业总雇员的比例不得低于三分之二；对经授权批准注册的商业服务性中外合资企业给予国民待遇。

第三，有步骤分阶段地全面开放零售业，近期内可采取适度开放策略，对零售业的开放试点从青岛延伸至全省大中城市。对股权要求，应坚持合资、合作，外商投资不能超过49%的股权比例。从长期看，应根据国家对外开放批发业务的战略部署和政策法规，逐步开放批发业务，争取早日实现山东商业体制与国际接轨。

（二）旅游业

第一，允许外国服务提供者通过合作、合资经营方式在山东开办旅馆和饭店；允许外资进入的国家级旅游度假区，外国高级管理人员、专家及经理、专业技术人员可以获准提供服务。

第二，通过试点，允许外商在全省范围内举办中外合资的旅行社，以便强化旅游市场的竞争，引进国外先进的旅游管理经验、营销经验、先进技术等，提高山东旅游业的整体素质。

第三，制定和实施财政、税收、信贷等优惠政策，积极扶持旅游产品生产企业，鼓励旅游产品出口，多创外汇。

第四，取消对跨国境旅游服务消费的限制，欢迎外国人及港、澳、台同胞到山东旅游；对跨国境的旅游服务提供可通过试点逐步放开，宜首先允许外资到鲁西地区旅游资源丰富的市、地进行旅游景点的开发与建设。

（三）金融保险业

争取在济南、青岛、烟台、威海四市允许试点举办中外合资的金融中介服务机构，允许在济南、青岛的一些符合条件的外资银行代表处升级为分行，在青岛试点允许外资金融机构经营人民币业务，适度放宽外资银行业务范围，鼓励外资银行开展融资信贷业务。在青岛、济南允许外商采取中外合资方式投资设立保险企业，经营国家指定的保险业务；允许外资经营开展我国目前尚缺乏且需要开展的新险种、新业务、新技术。省内中资金融保险业应树立责任感和危机感，努力扩大服务范围，增加服务网点，提高服务质量，增强竞争力和抗风险能力。

（四）交通运输业

允许外商投资从事公路运输的基础设施建设，促进运输企业的战略性重组，实现交通资源的合理配置，带动运输产业的结构优化和升级。选择有条件的港口进行试点，允许外商投资租用或建造码头；允许兴办中外合资、合作企业，外方股权或出资比例不宜超过49%，短期内不许外商独资经营。航空运输服务宜以山东航空公司为主体，省计委、经委、外贸厅、民航管理部门等积极配合，采取合资、合作以及出售股权等方式，组建股份制航空公司。货运市场开放应采取适当保护、有序推进开放的策略；客运服务应实行对等互惠的开放，并严格审批制度，加以适度限制。

（五）电信服务业

我国政府已经决定，电信服务业要不失时机地向外资开放，但对不同电信服务业要区别对待。首先从快递服务及增值电信服务部门进行试点，然后逐步扩大到基础电信产业，实行中外合资经营，但外方股权不能超过49%，中方雇员比例不能低于三分之二。建议山东省委、省政府协调国家电信部门认真分析山东省电信产业发展的现状和发展趋势，积极争取电信服务业的试点，允许外商与山东省合资建设和经营快递服务及增值电信服务，推进电信业对外开放，更好地为全省经济建设服务。

（六）文教卫生服务

鉴于我国社会制度的现实和山东文化、娱乐、体育服务发展还比较落后，这类服务业的开放应坚持以下方针：出版、印刷、广播、电视、电影及其他严禁外商独资经营的文化、娱乐、体育等服务企业，允许合资、合作经营，但我方股权应超过51%。教育服务在近期内不宜全面开放，但可引进国外资金、先进的教学手段、教学方式等，也可聘用国外高层次教学人才，推进全省教育事业的发展。我国的保健服务、疗养服务还没有对外开放，但允许试点。山东可选择具备试点条件的市（地）试办中外合资的医疗、保健服务业，以便探讨与健康有关的服务及社会服务进一步对外开放的可能性。

（七）其他服务业

对于其他服务业，山东也应稳步推进对外开放。如在环保服务领域可试点允许外资以合资或合作经营方式进入山东市场，但外资股权限制在49%以下，人员以中方雇员为主。山东还可试点兴办中外合资的建筑服务企业，我方股权不得低于51%，以使我们有较强竞争力的企业开展国际化经营。

主要参考文献

［1］沈伟光：《信息战》，杭州：浙江大学出版社 1990 年版。

［2］沈伟光：《信息时代》，北京：中共中央党校出版社 1993 年版。

［3］沈伟光：《新战争论》，北京：人民出版社 1997 年版。

［4］沈伟光：《解密信息安全》，北京：新华出版社 2003 年版。

［5］周学广：《信息安全导论》，南京：海军工程大学电子工程学院 1998 年版。

［6］周学广：《内联网网络攻击研究》，南京：海军工程大学电子工程学院 2001 年版。

［7］周学广等：《军事信息安全需求研究》，南京：海军工程大学电子工程学院 2002 年版。

［8］周学广、刘艺：《信息安全学》，北京：机械工业出版社 2003 年版。

［9］王普丰：《信息战争与军事革命》，北京：军事科学出版社 1995 年版。

［10］于志刚：《计算机犯罪研究》，北京：中国检察出版社 1999 年版。

［11］侯印鸣：《综合电子战》，北京：国防工业出版社 2000 年版。

［12］龚俭等：《计算机网络安全导论》，南京：东南大学出版社 2000 年版。

［13］芮迁光、钟伟春、郑燕华：《电子商务安全与社会环境》，上海：上海财经大学出版社 2000 年版。

［14］赵斌斌：《网络安全与黑客工具防范》，北京：科学出版社 2001 年版。

〔15〕聂元铭、丘平：《网络信息安全技术》，北京：科学出版社2001年版。

〔16〕陈细木：《中国黑客内幕》，北京：民主与建设出版社2001年版。

〔17〕卿斯汉：《密码学与计算机网络安全》，北京：清华大学出版社2001年版。

〔18〕陈增运、王树林、唐德卿：《无形利剑电子战》，石家庄：河北科学技术出版社2001年版。

〔19〕蒋坡：《国际信息政策法律比较》，北京：法律出版社2001年版。

〔20〕王建华、李井：《神秘莫测网络战》，石家庄：河北科学技术出版社2001年版。

〔21〕王建华：《信息技术与现代战争》，北京：国防工业出版社2004年版。

〔22〕张楚、董涛、安永勇：《电子商务与交易安全》，北京：中国法制出版社2001年版。

〔23〕夏锦尧：《计算机犯罪问题的调查与分析》，北京：中国人民公安大学出版社2001年版。

〔24〕杨力平：《计算机犯罪与防范》，北京：电子工业出版社2002年版。

〔25〕〔俄〕对外情报总局、联邦安全总局等著：《信息恐怖主义——国际安全的新威胁》，杨晖总译审，北京：军事谊文出版社2002年版。

〔26〕张新华：《信息安全：威胁与战略》，上海：上海人民出版社2003年版。

〔27〕曾贝、范海燕、贾海军、上官绪智等：《信息战争——网电一体的对抗》，北京：军事科学出版社2003年版。

〔28〕晓宗：《信息安全与信息战》，北京：清华大学出版社2003年版。

〔29〕〔美〕Linda McCarthy 著：《信息安全——企业抵御风险之道》，赵学良译，北京：清华大学出版社2003年版。

〔30〕巨乃岐、欧仕金、王育勤：《网络世界的保护神》，北京：军事

科学出版社 2003 年版。

［31］趋势科技网络（中国）有限公司：《网络安全与病毒防范》，上海：上海交通大学出版社 2004 年版。

［32］马燕曹、周湛：《信息安全法规与标准》，北京：机械工业出版社 2004 年版。

［33］张国锋：《计算机网络系统的信息安全》，《计算机时代》1998 年第 1 期。

［34］何德全：《面向 21 世纪的 Internet 信息安全问题》，《电子展望与决策》1999 年第 1 期。

［35］王北星：《政务信息处理中安全域控制研究》，《情报科学》1999 年第 2 期。

［36］李鹏：《网络安全最高危机》，《中国计算机用户》1999 年第 29 期。

［37］文军：《信息社会、信息犯罪与信息安全》，《电子科技大学学报》（社科版）2000 年第 1 期。

［38］杨志伟：《电子政务的信息网络安全及防范对策》，成都：电子科技大学学报（社科版）2002 年第 1 期。

［39］严望佳：《21 世纪的网络与安全》，《信息安全与通信保密》2000 年第 3 期。

［40］屈学武：《因特网上的犯罪及其遏制》，《法学研究》2000 年第 4 期。

［41］王伟军：《网络信息安全问题的根源分析》，《图书馆杂志》2000 年第 4 期。

［42］刘宝旭：《网络信息系统安全与管理》，《中国信息导报》2000 年第 11 期。

［43］林聪榕：《世界主要国家信息安全的发展动向》，《中国信息导报》2001 年第 1 期。

［44］刘强：《计算机网络犯罪分析与基本对策》，《网络安全技术与应用》2001 年第 1 期。

［45］葛立德：《信息安全：国家安全的一个新重心》，《信息安全与通信保密》2001 年第 3 期。

［46］于志刚：《计算机犯罪的定义及相关概念辨析》，《网络安全技术与应用》2001 年第 4 期。

［47］杨曼：《电子商务活动中的信息安全保障》，《中国信息导报》2001 年第 6 期。

［48］梅海燕：《我国信息安全的保障》，《中国信息导报》2001 年第 10 期。

［49］张贵荣：《电子商务的信息安全》，《情报科学》2002 年第 6 期。

［50］黄志澄：《美军的"网络中心战"和全球信息网络》，《中国信息导报》2003 年第 3 期。

［51］魏忠、陈长松：《系统性的信息安全工程体系》，《中国信息导报》2003 年第 4 期。

［52］宇凡：《影响电子商务信息安全的因素及其防范措施》，《广西教育学院学报》2003 年第 6 期。

［53］唐岚：《网络恐怖主义面面观》，《国际资料信息》2003 年第 7 期。

［54］沈昌祥：《基于积极防御的信息安全保障框架》，《中国信息导报》2003 年第 10 期。

［55］李晓勇、左晓栋：《信息安全的等级保护体系》，《信息网络安全》2004 年第 1 期。

［56］刘强：《网络恐怖主义的特性、现状及发展趋势》，《世界经济与政治论坛》2004 年第 4 期。

［57］李潮洪：《宽带城域网的网络安全分析》，《信息技术与信息化》2004 年第 4 期。

［58］田野：《信息安全等级保护体系的设计》，《信息安全与通信保密》2004 年第 4 期。

［59］陈宁、严磊：《论信息网络化对国家安全主权的挑战》，《世界经济与政治论坛》2004 年第 5 期。

［60］景乾元：《信息安全等级保护》，《电力信息化》2004 年第 5 期。

［61］左晓栋、李晓勇：《关于信息安全等级保护中认证认可工作的

思考》,《网络安全技术与应用》2004 年第 6 期。

[62] 张毅:《电子商务的信息安全及技术研究》,《科技创业月刊》2004 年第 7 期。

[63] 王科:《时代的困惑——从信息与中央权力嬗变的角度解析中国安全》,《世界经济与政治》2004 年第 8 期。

[64] 舒凯:《移动电子商务的信息安全研究》,《移动通信》2004 年第 9 期。

[65] 马建峰、李风华:《信息安全学科建设与人才培养现状问题与对策》,《计算机教育》2005 年第 1 期。

[66] 右增瑞:《信息安全等级保护浅析》,《网络安全技术与应用》2005 年第 2 期。

[67] 右增瑞:《如何理解和确定信息系统的安全等级》,《信息网络安全》2005 年第 5 期。

[68] 朱建平、李明:《信息安全等级保护标准体系研究》,《信息技术与标准化》2005 年第 5 期。

[69] 景乾元:《试论信息安全等级保护科学基础》,《网络安全技术与应用》2005 年第 5 期。

[70] 周璐:《我国电子政务信息安全建设探析》,《理论与现代化》2005 年第 7 期。

[71] 张新枫:《为金盾作盾,强全国警力》,《信息网络安全》2005 年第 8 期。

[72] 网御:《电子政务登记保护实施的总体过程》,《信息安全与通信保密》2005 年第 9 期。

[73] 陈佛晓:《我党政机关信息化建设走过二十载》,《信息网络安全》2005 年第 9 期。

[74] 任锦华:《建设电子政务信息安全等计划的保密体系》,《信息网络安全》2005 年第 9 期。

[75] 网御:《电子政务等级保障实施的总体过程》,《信息安全与通信保密》2005 年第 9 期。

[76] 于丽:《加快信息安全人才培养,增强全民信息安全意识》,《网络安全技术与应用》2005 年第 10 期。

［77］刘光言、娄策群：《我国电子政务发展中存在的问题及对策》，《电子政务》2005 年第 10 期。

［78］张丽静：《我国电子商务安全防范的现状及解决途径》，《北方经贸》2005 年第 10 期。

［79］刘风勤、徐波、聂瑞英：《我国电子政务发展现状及对策研究》，《情报科学》2005 年第 11 期。

［80］公安部公共信息网络安全监察局：《2005 年全国信息网络安全状况与计算机病毒疫情调查分析》，《信息网络安全》2005 年第 11 期。

［81］公安部公共信息网络安全监察局：《2005 年全国信息网络安全状况与计算机病毒疫情调查分析》，《信息网络安全》2005 年第 11 期。

［82］秦天保：《电子政务新鲜全体系结构研究》，《计算机系统应用》2006 年第 1 期。

［83］吕欣：《关于信息安全人才培养的建议》，《计算机安全》2006 年第 2 期。

［84］孟令梅：《电子政务为信息时代的政府治理提供范式》，《信息安全与通信保密》2006 年第 4 期。

［85］吴鸿钟、丁世平：《计划信息安全保障体系设计思想》，《信息安全与通信保密》2006 年第 6 期。

［86］杨成卫：《浅谈防范网络犯罪的技术对策》，《信息网络安全》2006 年第 6 期。

［87］吕欣：《构建国家信息安全人才体系的思考》，《信息网络安全》2006 年第 6 期。

［88］黄伟：《信息网络安全管理组织构建》，《信息网络安全》2006 年第 6 期。

［89］张建军：《新时期电子政务如何应对信息安全的挑战》，《信息网络安全》2006 年第 9 期。

［90］李雪：《信息安全人才培养进入"热潮期"》，《信息安全与通信保密》2006 年第 12 期。

［91］公安部第三研究所：《中国计算机学会计算机安全专业委员会》，《信息网络安全》2004 年第 1—12 期，2005 年第 1—12 期，2006 年第 1—12 期。

[92] 中国电子科技第三十研究所主办、中国信息安全产品测评认证中心协办:《信息安全与通信保密》2004 年第 1—12 期,2005 年第 1—12 期,2006 年第 1—12 期。

[93] 梦溪:《普京执政又出重拳——俄首次制定〈国家信息安全学说〉》,《解放军报》2000 年 08 月 09 日。

[94] 吴世忠:《中国信息安全的现状,问题与前景》,《光明日报》2002 年 1 月 9 日。

[95] 刘森山:《着眼于信息联合作战》,《解放军报》2002 年 2 月 5 日。

[96] 沈伟光:《信息安全人才培养迫在眉睫》,《光明日报》2002 年 4 月 30 日。

[97] 假新闻黑了:《〈今日美国报〉网站》,《北京青年报》2002 年 7 月 14 日。

[98] 邓惠平:《"兵不血刃"信息战》,《光明日报》2002 年 7 月 17 日。

[99] 陈伯江:《网络恐怖信息时代新威胁》,《光明日报》2002 年 7 月 16 日。

[100] 李延丽、黎昌政:《我国信息安全人才培养初成体系》,《中国青年报》2002 年 12 月 2 日。

[101] 肖丁:《信息产业部推出 ZCSE——信息安全人才认证标准》,《粤港信息日报》2003 年 8 月 11 日。

[102] 吴世忠:《2003 年世界信息安全十大看点》,《光明日报》2004 年 1 月 21 日。

[103] 吴世忠:《2003 年世界信息安全十大看点》,《光明日报》2004 年 2 月 4 日。

[104] 吕如:《信息安全产业亟待做大做强》,《光明日报》2004 年 2 月 13 日。

[105] 杨谷:《信息安全五方对话》,《光明日报》(信息化周刊)2004 年 4 月 28 日。

[106] 何德功:《各国如何打击网络色情况犯罪》,《中国青年报》2004 年 8 月 6 日。

［107］丹娜：《让网友一起反垃圾邮件》，《光明日报》2004 年 08 月 11 日。

［108］曲玲年：《做中国信息安全的"专业孵化器"》，《中国企业报》2004 年 11 月 16 日。

［109］尹川：《政府网站缘何成了"瞌睡虫"》，《大众日报》2005 年 1 月 3 日。

［110］陈庆修：《电子政务关键在政务》，《光明日报》2005 年 1 月 4 日第 9 版。

［111］刘君：《重视对未成年人的"网德"教育》，《光明日报》2005 年 2 月 1 日。

［112］吕如：《清除垃圾邮件，维护网络安全》，《光明日报》2005 年 2 月 16 日。

［113］吴国华：《锻造信息化战争的"合金钢"》，《光明日报》2005 年 3 月 2 日。

［114］赵景芳：《美国缘何提出"先发制人"的反谍报战略》，《光明日报》2005 年 3 月 25 日。

［115］李春淼：《构建人才安全体系刻不容缓》，《光明日报》2005 年 5 月 19 日。

［116］楼启军：《网络黑客团伙覆灭记》，《光明日报》2005 年 5 月 31 日。

［117］刘立伟：《"特洛伊木马"案震惊以色列》，《参考消息》2005 年 6 月 2 日。

［118］［英］多米尼克·奥康奈尔：《美军展示"网络中心战"》，《参考消息》2005 年 6 月 11 日。

［119］韩旭东：《电子商务将进千家万户》，《齐鲁晚报》2005 年 6 月 20 日。

［120］石国胜：《1600 多名干部因赌被查》，《人民日报》2005 年 7 月 15 日。

［121］陶少华、周炜：《2005：中国信息产业的坚实步伐》，《光明日报》2006 年 2 月 7 日第 6 版。

［122］杨斌、王京传：《"信息菜园子"与现代农业》，《大众日报》

2006 年 4 月 14 日。

［123］傅莲英：《电子商务中心：打开网上贸易之窗》，《国际商报》2006 年 4 月 15 日第 19 版。

［124］裴玥：《对电子商务欺诈行为说 "不"》，《国际商报》2006 年 5 月 15 日第 A1 版。

［125］李文：《电子商务迎来 "免费午餐"》，《国际商报》2006 年 7 月 6 日第 6 版。

［126］李高超：《商务部采取有力措施引导电子商务健康发展》，《国际商报》2006 年 5 月 20 日第 1 版。

［127］何德全、吴世忠：《2000 年国内外信息安全概况》，http：//www. cnnic. net. cn.

［128］王渝次：《构建国家信息安全战略刻不容缓》，http：//note-book. yesky. com.

［129］魏岳江：《闻名世界的世界信息战中心》，中国公众科技网。

［130］吴康迪：《日本官方建立信息安全分析机构》，计世网。

［131］美国白宫科技顾问称美国面临网络恐怖袭击的威胁。

［132］http：//www. nsfocus. com.

［133］http：//www. infosec. org. cn.

［134］http：//www. cert. org.

［135］http：//www. cve. mitre. org.

［136］http：//www. nessus. org.

［137］http：//www. alw. nih. gov/Security/FIRST/papers/protocow.

［138］http：//www. ietf. org.

［139］http：//www. iatf. net.

［140］http：//tech. sina. com. cn/i/w/2002—02—14/103162. sheml.

［141］http：//www. firstgov. gov.

［142］U. S. Department of Commerce. *The Emerging Digital Economy* Ⅱ, Washington. DC：Department of Commerce, June 1999.

［143］Viktor Mayer – Schonberger. Impeach the Internet! ［J］. *Loyola Law Review*, Fall 2000.

［144］Vincent Chiapp etta. The Impact of E – commerce on the Laws of

Nations Forward, Williamette ［J］. *Journal of International Law and Dispute Resolution*, 2000.

［145］ Peter S. Cohan. e – Profit ［J］. *AMACOM*, 2000.

［146］ Steven Hetcher. Climbing the Walls of Your Electronic Cage ［J］. *Michigan Law Review*, May 2000.

［147］ Thomas L. Friedman. The Lexus and the Olive Tree ［J］. *Anchor Books*, 2000.

［148］ Timothy J. Shimeall, Caesy J. Dunlevy, Phil Williams. lntelligence Analysis for Internet Security: Ideas, Barriers and Possibilities ［J］. CERT A-nalysis Center, Software Engineering Institute, Carnegie Mellon University, May, 2001.

［149］ William J. Bayles. The Ethics of Computer Network Attack ［J］. *Parameters*, Spring 2001.

［150］ Jan Killmeyer Tudor. lnformation Security Architecture ［J］. CRC Press LLC, 2001.

［151］ Mikell P. Groover. Automation, Production System and CIM ［J］. Prentice Hall, 2001.

［152］ James Stanger, Patrick Lane, Tim Crothers. CIW: Security Profes-sional Study Guide ［J］. SYBEX, 2001.

［153］ Shon Harris. CISSP Certification ［J］. McGraw – Hill, 2002.

［154］ Odd Nilsen. Protection of Information Assets, March 17, 2002.

［155］ Dorothy E. Denning. CYBERTERRORISM, Testimony before the Special Oversight Panel on Terrorism Committee on Armed Services U. S. House of Representatives. Georgetown University, May 23, 2000. http: //www. cs. georgetown. edu/ – denning/inrosec/cyberterror. html.

［156］ Mark M. Pollitt. CYBERTERRORISM – Fact or Fancy? FBI Labo-ratory, 935 Pennsylvania Ave. NW Washington, D. C. 20535. http: //www. cs. gerrgetown. edu/ – denning/infosec/pollitt. html.

后　记

　　这部专著，是在国家社科基金项目《全球信息战的新形势与我国信息安全战略的新思路》（批准号 04BGJ021）的最终成果的基础上，进一步研究写作而成的。项目的最终成果为约 20 万字的长篇研究报告，包括正文和两份附件。在出版专著时，没有收入附件，但在研究写作过程中采用的附件主要是附件 2《我国电子政务信息安全的现状和对策研究》的部分观点和资料。在此，对附件的作者谢淑娟、王运福、王署光、杨锐四同志表示感谢。

　　该专著由卢新德研究员主持研究写作和最终统编定稿。卢新德培养的毕业研究生（获硕士学位）王强写了第二章，青年研究人员王鹏飞写了第四章的第二、第三、第四节，其余章节都由卢新德研究写作。

　　在研究写作过程中，笔者参阅了与本专著内容有关的一些研究成果和文献资料（目录附正文后），得到了许多朋友的热情帮助。在此，向研究成果和文献资料的作者及帮助我们的朋友一并表示最诚挚的感谢！

　　中国社会科学出版社对专著的出版给予了大力支持，山东社会科学院给予了出版资助。特表示最诚挚的感谢！

作者

2007 年 4 月 9 日　于济南